EL LIBRO DE LA CIENCIA

EL LIBRO DE LA
CIENCIA

DK

LONDRES, NUEVA YORK, MELBOURNE, MUNICH Y NUEVA DELHI

DK LONDRES

EDICIÓN DE ARTE DEL PROYECTO
Katie Cavanagh

EDICIÓN SÉNIOR
Georgina Palffy

COORDINACIÓN DE ARTE
Lee Griffiths

DIRECCIÓN EDITORIAL
Stephanie Farrow

DIRECCIÓN DE PUBLICACIONES
Jonathan Metcalf

COORDINACIÓN
DE PUBLICACIONES
Andrew Macintyre

DISEÑO DE CUBIERTA
Laura Brim

EDICIÓN DE CUBIERTA
Maud Whatley

DISEÑO DE CUBIERTA SÉNIOR
Sophia MTT

PREPRODUCCIÓN
Adam Stoneham

PRODUCCIÓN
Nancy-Jane Maun

ILUSTRACIÓN
James Graham y Peter Liddiard

Producido para DK por

TALLTREE LTD

EDICIÓN
Rob Colson
Camilla Hallinan
David John

DISEÑO Y DIRECCIÓN DE ARTE
Ben Ruocco

DK DELHI

EDICIÓN DEL PROYECTO
Priyaneet Singh

ASISTENTE DE EDICIÓN DE ARTE
Vidit Vashisht

MAQUETACIÓN
Jaypal Chauhan

DIRECCIÓN EDITORIAL
Kingshuk Ghoshal

COORDINACIÓN DE ARTE
Govind Mittal

DIRECCIÓN DE PREPRODUCCIÓN
Balwant Singh

Estilismo de

STUDIO 8

Publicado originalmente
en Gran Bretaña en 2014
por Dorling Kindersley Ltd.
80 Strand, London, WC2R 0RL

Parte de Penguin Random House

Título original: *The Science Book*
Primera edición 2017

Copyright © 2014
Dorling Kindersley Ltd.
© Traducción en español 2015
Dorling Kindersley Ltd.

Servicios editoriales: deleatur, s.l.
Traducción: Montserrat Asensio

ISBN: 978-1-4654-7170-3

Impreso y encuadernado en China

UN MUNDO DE IDEAS
www.dkespañol.com

COLABORADORES

ADAM HART-DAVIS (ASESOR EDITORIAL)

Adam Hart-Harris estudió química en las universidades de Oxford y York (RU) y de Alberta (Canadá). Trabajó cinco años como editor de libros de temas científicos y ha intervenido en programas de radio y de televisión sobre ciencia, tecnología, matemáticas e historia, como productor y presentador, durante tres décadas. Es autor de treinta libros sobre ciencia, tecnología e historia.

JOHN FARNDON

John Farndon es un escritor de divulgación científica cuyos libros han sido selecionados para el premio de la Royal Society al mejor libro de divulgación científica para jóvenes en cuatro ocasiones y para el Society of Authors Education Award. Entre ellos figuran *The Great Scientists* y *The Oceans Atlas*. Fue colaborador de *Ciencia* y *Science Year by Year* de DK.

DAN GREEN

Dan Green es escritor y divulgador científico. Posee un máster en Ciencias Naturales por la Universidad de Cambridge y ha publicado más de cuarenta títulos. Cuenta con dos nominaciones para el premio al mejor libro divulgativo para jóvenes de la Royal Society de 2013, y de su serie *Basher Science* se han vendido más de dos millones de ejemplares.

DEREK HARVEY

Derek Harvey es un naturalista especialmente interesado en la biología evolucionista que ha colaborado en obras de DK como *Ciencia* y *El libro de la naturaleza*. Estudió zoología en la Universidad de Liverpool, ha formado a una generación de biólogos y ha dirigido expediciones a Costa Rica y Madagascar.

PENNY JOHNSON

Penny Johnson, ingeniero aeronáutico, trabajó diez años en la fabricación de aviones militares antes de convertirse en profesor de ciencias y después en editor de libros de ciencia escolares. Ha sido escritor de libros educativos durante diez años de dedicación exclusiva.

DOUGLAS PALMER

Douglas Palmer, escritor de divulgación científica residente en Cambridge (RU), ha publicado más de veinte libros en los pasados catorce años y, en fechas recientes, una app (NHM Evolution) para el Museo de Historia Natural de Londres y el libro de DK *WOW Dinosaur* para niños.

STEVE PARKER

Steve Parker es autor y editor de más de trescientos libros especializado en temas científicos. Licenciado en zoología, es miembro sénior de la Zoological Society de Londres y ha escrito obras para una amplia gama de edades y editoriales. Entre sus numerosos premios cuenta con el de la Asociación de Bibliotecas Escolares británica al mejor libro divulgativo de 2013 por *Science Crazy*.

GILES SPARROW

Giles Sparrow estudió astronomía en el University College de Londres y comunicación científica en el Imperial College, también en Londres, y es un escritor sobre ciencia y astronomía lider de ventas. Entre sus obras destacan *Cosmos, Spaceflight, The Universe in 100 Key Discoveries* y *Physics in Minutes,* así como colaboraciones en libros de DK como *Universo* y *Space*.

CONTENIDO

UN CAMBIO DE PARADIGMA
1900–1945

LOS CONSTITUYENTES ÚLTIMOS
1945–PRESENTE

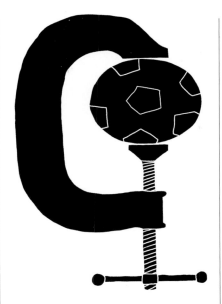

INTRODU

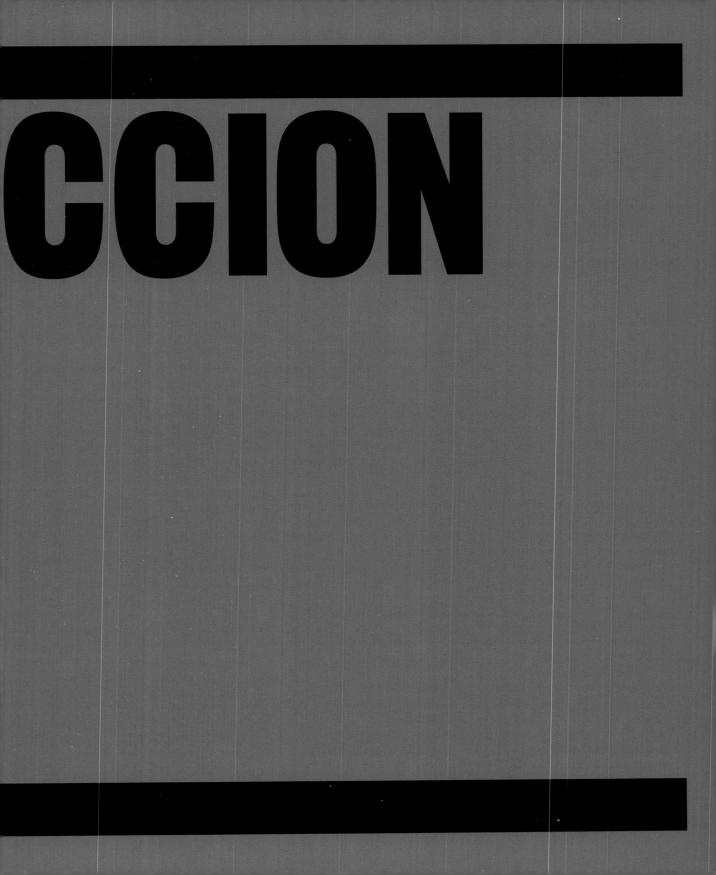

La ciencia es una búsqueda constante de la verdad, un esfuerzo perpetuo, que se remonta a las primeras civilizaciones, por descubrir cómo funciona el Universo. Impulsada por la curiosidad humana, se ha desarrollado gracias al razonamiento, la observación y la experimentación. El filósofo griego Aristóteles escribió extensamente sobre temas científicos y sentó las bases de gran parte del trabajo posterior; sin embargo, y pese a ser un buen observador de la naturaleza, recurrió exclusivamente al pensamiento y al razonamiento, y no realizó experimento alguno. Como resultado, erró en algunas cosas. Por ejemplo, afirmó que los objetos grandes caen a mayor velocidad que los pequeños y que un objeto que pese el doble que otro caerá al doble de velocidad. Nadie lo puso en duda hasta que, en 1590, el astrónomo italiano Galileo Galilei demostró que era un error. Hoy parece obvio que un científico debe recurrir a la evidencia empírica, pero no siempre ha sido así.

El método científico

A principios del siglo XVII, el filósofo inglés Francis Bacon presentó un sistema lógico de procedimiento científico basado en la obra del científico árabe Alhacén, 600 años anterior, y consolidado poco después por el filósofo francés René Descartes. Este método requiere realizar observaciones, formular una teoría para explicar lo observado y llevar a cabo experimentos para comprobar si se cumple o no. Si parece confirmarse, los resultados se someten a una evaluación de pares, invitando a científicos que trabajan en el mismo campo o campos similares a hallar errores en la teoría, y refutarla, o a replicar los experimentos para comprobar que los resultados son correctos.

Siempre es útil formular una hipótesis o una predicción verificable. Cuando el astrónomo inglés Edmond Halley observó el cometa de 1682, se dio cuenta de que se parecía a los cometas registrados en 1531 y en

Todas las verdades son fáciles de entender una vez descubiertas. La cuestión es descubrirlas.
Galileo Galilei

1607, y sugirió que los tres eran el mismo objeto, en órbita alrededor del Sol. Predijo que regresaría en 1758 y acertó, aunque por poco, ya que se avistó el 25 de diciembre. Ese cometa hoy se conoce con el nombre de cometa Halley. Como rara vez pueden llevar a cabo experimentos, los astrónomos solo pueden obtener evidencias mediante la observación.

Los experimentos también pueden ser meramente especulativos. Mientras observaba a sus alumnos disparar partículas alfa contra un pan de oro en busca de pequeñas refracciones, el físico británico de origen neozelandés Ernest Rutherford les sugirió que colocaran el detector junto a la fuente: para su asombro, algunas partículas rebotaban en la finísima lámina. En palabras de Rutherford, era como si un obús rebotara en papel de seda. Esto le llevó a desarrollar una nueva idea sobre la estructura del átomo.

A veces, los científicos se arriesgan a predecir el resultado de los experimentos al plantear un mecanismo o una teoría nuevos. Si obtienen el resultado predicho, dispondrán de evidencias que sustenten sus hipótesis. Sin embargo, ni siquiera así puede la ciencia probar que una teoría sea correcta: como sugirió en el siglo XX el filósofo de la ciencia Karl Popper, solo puede refutarla. Todo

experimento que da la respuesta esperada es una evidencia, pero basta uno solo fallido para echar por tierra toda una teoría.

A lo largo de los siglos, conceptos ampliamente aceptados, como el Universo geocéntrico, los cuatro humores corporales, el quinto elemento inflamable (flogisto), o un medio misterioso llamado éter, han sido refutados y sustituidos por teorías nuevas. Estas, a su vez, quizá sean refutadas algún día, aunque en muchos casos es poco probable, dadas las evidencias que las sustentan.

El progreso de las ideas

La ciencia no suele avanzar en simples pasos lógicos. Aunque, a veces, distintos científicos que trabajan de manera independiente pueden llegar a un mismo descubrimiento simultáneamente, casi todos los avances derivan en mayor o menor medida de trabajos y teorías anteriores. Uno de los motivos por los que se construyó el gigantesco instrumento conocido como Gran Colisionador de Hadrones fue la búsqueda del bosón de Higgs, cuya existencia había sido predicha cuarenta años antes, en 1964. La predicción se basaba en décadas de trabajo teórico sobre la estructura del átomo, que se remontaba hasta Rutherford y las aportaciones del físico danés Niels

Bohr en la década de 1920, que a su vez partían del descubrimiento del electrón en 1897, que se encontró tras el descubrimiento de los rayos catódicos en 1869, que hubiera sido imposible sin la bomba de vacío y la invención, en 1799, de la pila eléctrica: la cadena se prolonga a lo largo de décadas y siglos. Cuando el gran físico inglés Isaac Newton dijo: «Si he podido ver más lejos, es porque me he subido a hombros de gigantes», se refería sobre todo a Galileo, pero es probable que también hubiera accedido a una copia del *Libro de óptica* de Alhacén.

Los primeros científicos

Los primeros filósofos de orientación científica trabajaron en la antigua Grecia durante los siglos VI y V a.C. Tales de Mileto predijo un eclipse solar en 585 a.C. y Pitágoras fundó una escuela matemática en el sur de la Italia actual cincuenta años después. Jenófanes halló conchas marinas en una montaña y dedujo que, en algún momento, toda la Tierra tuvo que estar cubierta por el mar.

En el siglo IV a.C., en Sicilia, Empédocles afirmó que la tierra, el aire, el fuego y el agua son las «cuatro raíces de todo». Según una tradición, llevó a sus seguidores al cráter del Etna y saltó dentro, supuestamente para demostrar que era inmortal: de

hecho, aún se le recuerda en la actualidad.

Observadores de estrellas

Por su parte, los pueblos de India, China y el Mediterráneo intentaban comprender los movimientos de los cuerpos celestes. Trazaron mapas del cielo y dieron nombre a estrellas y grupos de estrellas. También se fijaron en que algunas seguían una trayectoria irregular cuando se las comparaba con las «estrellas fijas». Los griegos llamaron «planetas» a esas estrellas errantes. En 240 a.C., los chinos observaron el cometa Halley y, en 1054, la supernova que hoy día se conoce como nebulosa del Cangrejo. »

Para examinar la verdad es preciso, una vez en la vida, poner en duda todas las cosas tanto como sea posible.
René Descartes

La Casa de la Sabiduría

A finales del siglo VIII d.C., el califato abasí instauró la Casa de la Sabiduría, una magnífica biblioteca en Bagdad, su nueva capital. La institución impulsó rápidos avances en la ciencia y la tecnología islámicas. Se inventaron ingeniosos aparatos mecánicos, además del astrolabio, un instrumento de navegación que se servía de las posiciones de las estrellas. La alquimia floreció, y se desarrollaron técnicas como la destilación. Los eruditos de la biblioteca recopilaron los libros más importantes de Grecia e India y los tradujeron al árabe: así es como Occidente redescubrió más tarde las obras de los autores antiguos y conoció los números «arábigos», incluido el cero, importados de India.

El nacimiento de la ciencia moderna

En 1543, el monopolio de la Iglesia sobre la verdad científica en Occidente ya había empezado a debilitarse y se publicaron dos libros revolucionarios. El anatomista flamenco Andrés Vesalio publicó *De humanis corporis fabrica libri septem*, donde describía sus disecciones de cadáveres humanos con exquisitos grabados. Ese mismo año, el clérigo polaco Nicolás Copérnico publicó *Sobre las revoluciones de los orbes celestes*, donde afirmaba que el Sol es el centro del Universo, en contradicción con el modelo geocéntrico propuesto por Tolomeo mil años antes.

El año 1600, el médico inglés William Gilbert publicó *De magnete*, donde explicaba que las agujas de las brújulas apuntan al norte porque la Tierra es un imán; también afirmaba que el núcleo terrestre era de hierro. En 1623, otro médico inglés, William Harvey, describió por primera vez la función de bombeo del corazón para llevar la sangre a todo el cuerpo y desmontó así para siempre las teorías previas, que se remontaban a 1.400 años atrás, hasta el médico grecorromano Galeno. En la década de 1660, el químico anglo-irlandés Robert Boyle publicó una serie de libros, entre ellos *El químico escéptico*, donde definía los elementos químicos. Esto marcó el nacimiento de la química como ciencia y como disciplina independiente de la alquimia.

Robert Hooke, que fue ayudante de Boyle durante un tiempo, escribió en 1665 el primer éxito de ventas científico, *Micrographia*, con magníficas ilustraciones desplegables de objetos como el ojo de una mosca o una pulga que abrían un mundo microscópico que nadie había visto jamás. En 1687 vio la luz el que muchos consideran el libro científico más importante de todos los tiempos: *Principios matemáticos de la filosofía natural*, de Isaac Newton. Sus leyes del movimiento y el principio de la gravitación universal sentaron los cimientos de la física clásica.

Elementos, átomos y evolución

En el siglo XVIII, el químico francés Antoine Lavoisier descubrió el papel del oxígeno en la combustión e invalidó la antigua teoría del flogisto. A partir de entonces se investigaron muchos gases nuevos y sus propiedades. Reflexionando sobre los gases de la atmósfera, el meteorólogo británico John Dalton llegó a

[...] he sido como un niño que, jugando en la playa, se entretiene al encontrar de tarde en tarde un guijarro más fino [...] mientras el gran océano de la verdad se extiende inexplorado ante mí.
Isaac Newton

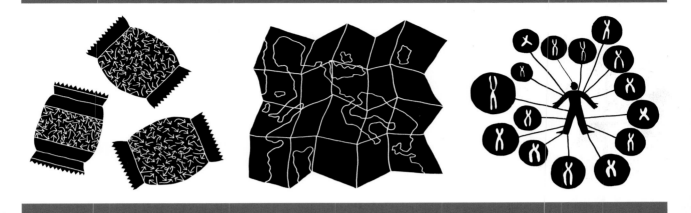

la conclusión de que cada elemento se componía de átomos únicos y propuso la idea de los pesos atómicos. Luego, el químico alemán August Kekulé desarrolló la base de la estructura molecular, mientras que el ruso Dmitri Mendeléiev creó la primera tabla periódica de los elementos que se aceptó de forma generalizada.

La invención de la pila eléctrica por el italiano Alessandro Volta en 1779 abrió nuevos caminos a la ciencia por los que transitaron el físico danés Hans Christian Ørsted y su contemporáneo británico Michael Faraday para descubrir elementos químicos nuevos y el electromagnetismo que condujo a la invención del motor eléctrico. Mientras, las ideas de la física clásica empezaron a aplicarse a la atmósfera, las estrellas, la velocidad de la luz y la naturaleza del calor: así surgió la ciencia de la termodinámica.

Los geólogos que estudiaban los estratos rocosos comenzaron a reconstruir el pasado de la Tierra. La paleontología se puso de moda a medida que aparecían restos de seres extintos. Con los dinosaurios surgieron el concepto de evolución, sobre todo gracias al naturalista británico Charles Darwin, y nuevas teorías sobre el origen de la vida y la ecología.

Incertidumbre e infinitud

A principios del siglo XX, un joven alemán llamado Albert Einstein propuso su teoría de la relatividad, que sacudió los cimientos de la física clásica y acabó con la idea de un tiempo y un espacio absolutos. Se propusieron nuevos modelos atómicos, se demostró que la luz actuaba a la vez como partícula y como onda, y otro alemán, Werner Heisenberg, confirmó que el Universo es incierto.

Quizá lo más extraordinario del siglo XX fuera la velocidad inédita a la que el progreso tecnológico hizo avanzar a la ciencia. Colisionadores de partículas cada vez más potentes revelaron nuevas unidades de materia fundamentales. Telescopios de mayor alcance mostraron que el Universo se expande y que se originó con una gran explosión, el Big

> " La realidad es una mera ilusión, aunque muy persistente.
> **Albert Einstein** "

Bang. La idea de los agujeros negros empezó a consolidarse. La energía y la materia oscuras, fueran lo que fueran, parecían llenar el Universo, y los astrónomos empezaron a descubrir mundos nuevos: planetas en órbita en torno a estrellas lejanas, algunos de los cuales podrían albergar vida. El matemático británico Alan Turing concibió la máquina computadora universal, y cincuenta años después tuvimos ordenadores personales, Internet y teléfonos inteligentes.

El secreto de la vida

En biología, se descubrió que los cromosomas son la base de la herencia genética y se decodificó la estructura química del ADN. Esto condujo, cuarenta años después, al proyecto del genoma humano, una tarea ingente que, sin embargo, avanzó a una velocidad cada vez mayor gracias a la informática. La secuenciación de ADN se ha convertido en una tarea de laboratorio casi rutinaria, la terapia génica ha pasado de ser una esperanza a una realidad, y se ha clonado el primer mamífero.

Sobre la base de estos y otros descubrimientos, la búsqueda de la verdad continúa. Puede que siempre haya más preguntas que respuestas, pero, con toda seguridad, los hallazgos futuros serán igualmente asombrosos.

LOS ORI
DE LA C
600 A.C.–1400 D

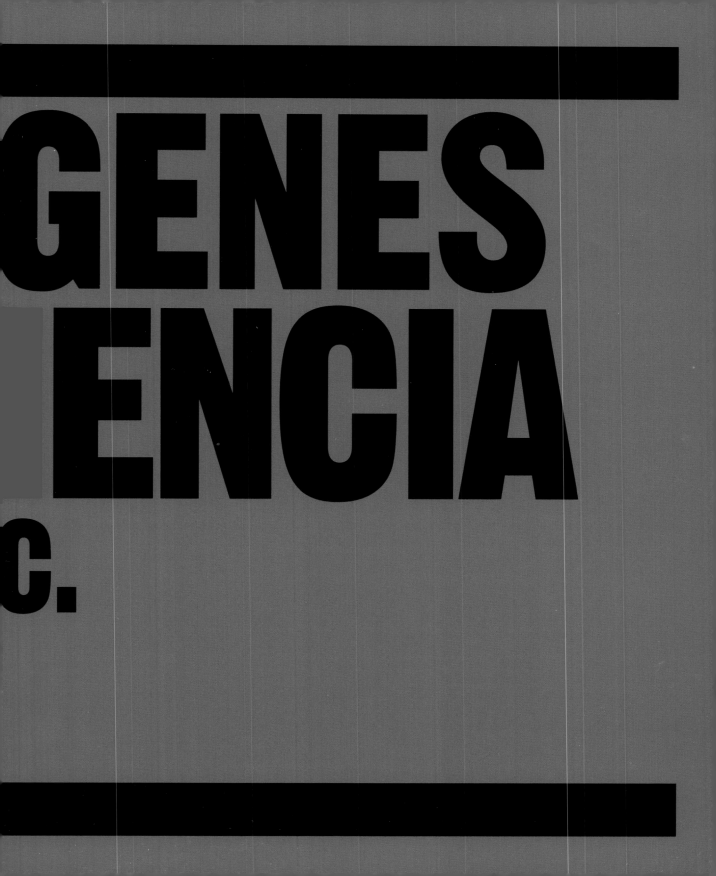

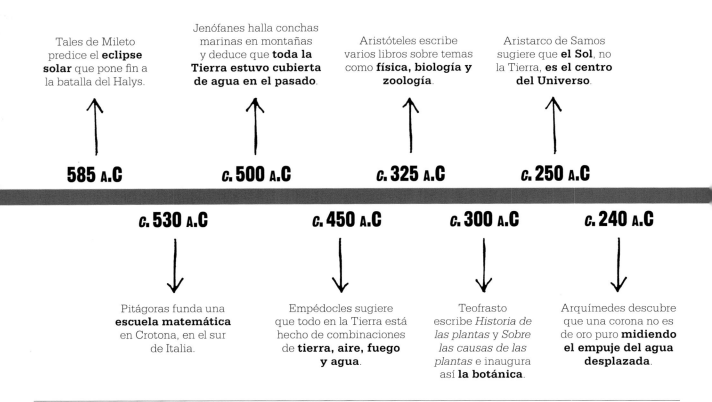

Tales de Mileto predice el **eclipse solar** que pone fin a la batalla del Halys.

Jenófanes halla conchas marinas en montañas y deduce que **toda la Tierra estuvo cubierta de agua en el pasado**.

Aristóteles escribe varios libros sobre temas como **física, biología y zoología**.

Aristarco de Samos sugiere que **el Sol**, no la Tierra, **es el centro del Universo**.

585 A.C   *c.* **500 A.C**   *c.* **325 A.C**   *c.* **250 A.C**

c. **530 A.C**   *c.* **450 A.C**   *c.* **300 A.C**   *c.* **240 A.C**

Pitágoras funda una **escuela matemática** en Crotona, en el sur de Italia.

Empédocles sugiere que todo en la Tierra está hecho de combinaciones de **tierra, aire, fuego y agua**.

Teofrasto escribe *Historia de las plantas* y *Sobre las causas de las plantas* e inaugura así **la botánica**.

Arquímedes descubre que una corona no es de oro puro **midiendo el empuje del agua desplazada**.

El estudio científico del mundo tiene sus raíces en Mesopotamia. La invención de la agricultura y de la escritura proporcionó a las personas, respectivamente, el tiempo para dedicarse al estudio y el medio para transmitir el resultado de dicho estudio a las generaciones siguientes. La primera ciencia nació de la curiosidad que despertaba el cielo nocturno. Desde el IV milenio a.C., los sacerdotes sumerios estudiaron las estrellas y registraron sus resultados en tablillas de arcilla. Aunque no dejaron escritos sus métodos, una tablilla de 1800 a.C. revela que conocían las propiedades de los triángulos rectángulos.

La antigua Grecia

Aunque en la antigua Grecia no se entendía la ciencia como disciplina independiente de la filosofía, la primera figura cuyo trabajo puede calificarse de científico fue Tales de Mileto, de quien Platón dijo que pasaba tanto tiempo soñando despierto y mirando las estrellas que una vez se cayó a un pozo. Posiblemente gracias a datos recogidos en 585 a.C. por los primeros babilonios, Tales predijo un eclipse solar y demostró así el poder del método científico.

La antigua Grecia no era un país unificado, sino un conjunto disperso de ciudades-estado. Mileto (hoy en Turquía) fue la cuna de varios filósofos ilustres. Muchos otros de los primeros filósofos griegos estudiaron en Atenas. Allí, Aristóteles fue un observador sagaz, pero nunca realizó experimentos; creía que si lograba reunir a suficientes hombres inteligentes, la verdad surgiría por sí sola. El ingeniero Arquímedes, que vivió en la ciudad de Siracusa (Sicilia), exploró las propiedades de los fluidos. Alejandría, fundada por Alejandro Magno en la desembocadura del Nilo el año 331 a.C., se convirtió en un nuevo centro de conocimiento, donde Eratóstenes midió el tamaño de la Tierra, Ctesibio construyó relojes precisos y Herón inventó la máquina de vapor. Mientras, los bibliotecarios alejandrinos reunieron los mejores manuscritos en la mejor biblioteca del mundo, incendiada y destruida cuando los romanos y los cristianos se apoderaron de la ciudad.

La ciencia en Asia

En China, la ciencia floreció siguiendo su propio curso. Los chinos inventaron la pólvora (y, con ella, los fuegos artificiales, los cohetes y las armas de fuego) y construyeron fuelles para trabajar el metal. También

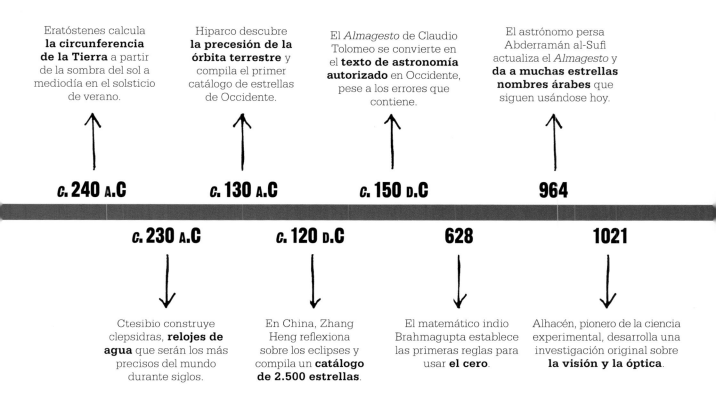

Eratóstenes calcula **la circunferencia de la Tierra** a partir de la sombra del sol a mediodía en el solsticio de verano.

Hiparco descubre **la precesión de la órbita terrestre** y compila el primer catálogo de estrellas de Occidente.

El *Almagesto* de Claudio Tolomeo se convierte en el **texto de astronomía autorizado** en Occidente, pese a los errores que contiene.

El astrónomo persa Abderramán al-Sufi actualiza el *Almagesto* y **da a muchas estrellas nombres árabes** que siguen usándose hoy.

c. 240 A.C

c. 130 A.C

c. 150 D.C

964

c. 230 A.C

c. 120 D.C

628

1021

Ctesibio construye clepsidras, **relojes de agua** que serán los más precisos del mundo durante siglos.

En China, Zhang Heng reflexiona sobre los eclipses y compila un **catálogo de 2.500 estrellas**.

El matemático indio Brahmagupta establece las primeras reglas para usar **el cero**.

Alhacén, pionero de la ciencia experimental, desarrolla una investigación original sobre **la visión y la óptica**.

---

inventaron un precursor del sismógrafo y la brújula. En 1054 d.C., astrónomos chinos observaron una supernova que se identificó en 1731 como la nebulosa del Cangrejo.

En India se desarrolló parte de la tecnología más avanzada en el I milenio d.C., como la rueca, y China envió emisarios para estudiar las técnicas agrícolas indias. Los matemáticos indios desarrollaron el sistema numérico hoy denominado «arábigo», que comprendía los números negativos y el cero, y definieron las funciones trigonométricas de seno y coseno.

La edad de oro del Islam
A mediados del siglo VIII, la dinastía abasí trasladó la capital del califato de Damasco a Bagdad. Inspirado por la sentencia de Mahoma «La tinta del sabio es más sagrada que la sangre del mártir», el califa Harun al-Rasid fundó la Casa de la Sabiduría en la nueva capital, con la intención de que se convirtiera en biblioteca y centro de investigación. Allí, los eruditos reunieron libros de las antiguas ciudades-estado griegas y de India, y los tradujeron al árabe: así es como muchos textos antiguos acabaron llegando a Occidente, donde fueron desconocidos por lo general en la Edad Media. A mediados del siglo IX, la biblioteca de Bagdad se había convertido en una digna sucesora de la de Alejandría.

Entre los sabios inspirados por la Casa de la Sabiduría hubo varios astrónomos, como Al-Sufi, que desarrolló su obra a partir de la de Hiparco y Tolomeo. Para los nómadas árabes, la astronomía tenía un gran interés práctico, ya que les ayudaba a orientarse y avanzar de noche con sus caravanas. Alhacén, nacido en Basora y educado en Bagdad, fue uno de los primeros científicos experimentales, y su tratado sobre óptica se ha equiparado en importancia a la obra de Isaac Newton. Los alquimistas árabes desarrollaron la destilación, entre otras técnicas nuevas, y acuñaron términos como álcali, aldehído y alcohol. El médico Al-Razi introdujo el jabón, diferenció por primera vez la viruela y el sarampión, y escribió en uno de sus muchos libros: «El objetivo del médico es hacer el bien, incluso a nuestros enemigos.» Al-Juarizmi y otros matemáticos inventaron los algoritmos y el álgebra, y el ingeniero Al-Jazari ideó el sistema de cigüeñal, que aún se usa en bicicletas y automóviles. Los científicos europeos tardaron varios siglos en ponerse al nivel de estos logros. ∎

LOS ECLIPSES DE SOL PUEDEN PREDECIRSE

TALES DE MILETO (624–546 A.C.)

EN CONTEXTO

DISCIPLINA
Astronomía

ANTES
C. **2000 A.C.** Es posible
que monumentos europeos
como Stonehenge se usaran
para predecir eclipses.

C. **1800 A.C.** Primera
descripción matemática
registrada del movimiento
de los cuerpos celestes,
en Babilonia.

II milenio a.C. Los
astrónomos babilonios
desarrollan métodos para
predecir eclipses, pero se
basan en observaciones
de la Luna, no en ciclos
matemáticos.

DESPUÉS
C. **140 A.C.** El astrónomo
griego Hiparco desarrolla
un sistema para predecir
eclipses a partir de ciclos
de saros (repetición) de
movimientos del Sol y
de la Luna.

Tales, nacido en la colonia griega de Mileto, en Asia Menor, suele considerarse el fundador de la filosofía occidental, pero también fue una figura clave para el desarrollo de la ciencia. Ya en vida gozó de fama por su pensamiento sobre matemáticas, física y astronomía.

Quizá el logro más célebre de Tales sea también el más controvertido. Según el historiador griego Heródoto, que escribía más de un siglo después del acontecimiento, Tales había predicho el eclipse solar, actualmente fechado el 28 de mayo de 585 a.C., que detuvo una batalla entre lidios y medos.

Una historia controvertida

Pasaron varios siglos antes de que alguien repitiera la hazaña de Tales, y los historiadores de la ciencia han debatido largo tiempo sobre cómo lo consiguió e incluso sobre si lo hizo. Para algunos, el relato de Heródoto es vago e impreciso, pero la hazaña de Tales parece haber sido de conocimiento general, y autores posteriores, que sabían que debían leer con cautela la obra de Heródoto, la aceptaron como un hecho. De ser así, es probable que Tales hubiera descubierto un ciclo de 18 años de los movimientos del Sol y de la Luna conocido como saros y utilizado después por los astrónomos griegos para predecir eclipses.

Usara el método que usara, su predicción tuvo un efecto extraordinario en la batalla del río Halys (Kizil Irmak, en la Turquía actual). El eclipse no solo puso fin a la lucha, sino también a quince años de guerra entre medos y lidios. ∎

> [...] el día se convirtió
> en noche, y Tales el
> milesio había predicho
> esta mutación del día [...]
> **Heródoto**

Véase también: Zhang Heng 26–27 ▪ Nicolás Copérnico 34–39 ▪ Johannes Kepler 40–41 ▪ Jeremiah Horrocks 52

LAS CUATRO RAÍCES DE TODAS LAS COSAS
EMPÉDOCLES (490–430 A.C.)

La naturaleza de la materia fue una de las preocupaciones de muchos filósofos griegos. Habiendo visto agua líquida, hielo sólido y niebla gaseosa, Tales de Mileto concluyó que todo debía estar hecho de agua. Aristóteles sugirió que «lo que nutre a todas las cosas es húmedo, hasta el punto de que el calor mismo nace de la humedad y vive de ella». Dos generaciones después de Tales, Anaxímenes sugirió que el mundo está hecho de aire, argumentando que cuando el aire se condensa produce niebla, luego lluvia y, al final, piedras.

Empédocles, médico y poeta de Agrigento (Sicilia), concibió una teoría más compleja, según la cual todas las cosas están hechas de cuatro raíces (no utilizó el término «elementos»): tierra, aire, fuego y agua. La combinación de estas cuatro raíces produce cualidades como el calor o la humedad que, a su vez, originan la tierra, las piedras y todas las plantas y animales. Al principio, las cuatro raíces formaban una esfera perfecta, unidas gracias al amor, o fuerza centrípeta, pero la fuerza centrífuga

Empédocles entendía las cuatro raíces de la materia como pares de opuestos: agua/fuego y aire/tierra, que se combinan para generar todo lo visible.

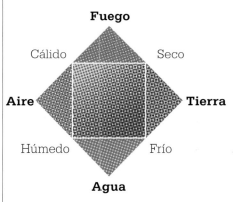

(la discordia o el odio), empezó a separarlas gradualmente. Para Empédocles, el amor y el odio son las dos fuerzas que modelan el Universo. En este mundo tiende a predominar el odio, y eso explica que la vida sea tan difícil.

Esta teoría relativamente sencilla dominó el pensamiento europeo (que hablaba de los «cuatro humores») hasta el siglo XVII, en el que se desarrolló la química moderna.

Véase también: Robert Boyle 46–49 ▪ John Dalton 112–113 ▪ Dmitri Mendeléiev 174–179

LA MEDICION DE LA CIRCUNFERENCIA DE LA TIERRA

ERATÓSTENES (276–194 A.C.)

EN CONTEXTO

DISCIPLINA
Geografía

ANTES
Siglo VI A.C. El matemático griego Pitágoras sugiere que la Tierra es esférica, no plana.

Siglo III A.C. Aristarco de Samos es el primero en situar al Sol en el centro del Universo y utiliza un método trigonométrico para calcular el tamaño relativo del Sol y de la Luna, y su distancia a la Tierra.

Finales del siglo III A.C. Eratóstenes introduce en sus mapas los conceptos de paralelo y meridiano (equivalentes a la longitud y la latitud actuales).

DESPUÉS
Siglo XVIII Científicos españoles y franceses llevan a cabo enormes esfuerzos para determinar la circunferencia y la forma verdaderas de la Tierra.

El astrónomo y matemático griego Eratóstenes es recordado sobre todo por haber sido el primero que midió el tamaño de la Tierra, pero también se le considera el fundador de la geografía: no solo acuñó el término, sino que estableció muchos de los principios básicos para medir ubicaciones en nuestro planeta. Nacido en la ciudad de Cirene (actualmente en Libia), viajó ampliamente por el mundo griego y estudió en Atenas y Alejandría, de cuya gran biblioteca fue director.

Fue allí donde supo que el Sol pasaba directamente sobre la ciudad egipcia de Siena, al sur de Alejandría, a mediodía del solsticio de verano (el día más largo del año, cuando el Sol se alza en su punto más alto en el cielo). Asumiendo que el Sol estaba tan lejos que sus rayos eran casi paralelos al llegar a la Tierra, Eratóstenes utilizó una vara vertical, o gnomon, para proyectar sombra en el mismo momento en Alejandría y de tal forma determinó que en esta ciudad el Sol estaba a 7,2° (es decir, 1/50 de cir-

cunferencia) al sur del cénit. Por lo tanto, la distancia entre las dos ciudades a lo largo de un meridiano norte-sur debía equivaler a 1/50 de la circunferencia de la Tierra. Esto le permitió calcular la medida de dicha circunferencia en 230.000 estadios, o 39.690 km, con un error inferior al 2%. ■

La luz solar caía perpendicular en Siena, pero proyectaba sombras en Alejandría. El ángulo de la sombra del gnomon permitió a Eratóstenes calcular la circunferencia terrestre.

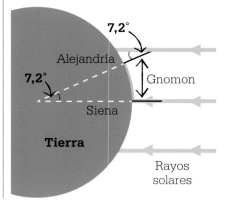

Véase también: Nicolás Copérnico 34–39 ▪ Johannes Kepler 40–41

EL SER HUMANO ESTA RELACIONADO CON LOS SERES INFERIORES
AL-TUSI (1201–1274)

EN CONTEXTO

DISCIPLINA
Biología

ANTES
***C.* 550 a.C.** Anaximandro de Mileto propone que la vida animal comenzó en el agua y evolucionó desde allí.

***C.* 340 a.C.** Según la teoría de las formas (ideas) de Platón, las especies son inmutables.

***C.* 300 a.C.** Epicuro dice que hubo muchas otras especies, pero solo las mejores sobreviven o tienen descendencia.

DESPUÉS
1377 Ibn Jaldún escribe en *Muqaddima* que los humanos se desarrollaron a partir de los monos.

1809 Jean-Baptiste Lamarck propone una teoría de la evolución de las especies.

1858 Alfred Russell Wallace y Charles Darwin sugieren una teoría de la evolución por selección natural.

El erudito persa Nasir al-Din al-Tusi, nacido en Bagdad en 1201, fue poeta, filósofo, matemático y astrónomo, y uno de los primeros en proponer un sistema evolutivo. Sugirió que, al principio, el Universo contenía elementos idénticos que se fueron diferenciando: algunos se convirtieron en minerales, y otros, que cambiaron a mayor velocidad, en plantas y animales.

En su obra sobre ética *Ajlaq-i-nasri*, Al-Tusi establece una jerarquía de formas de vida en la que los animales son superiores a las plantas, y los seres humanos son superiores al resto de animales. Consideraba que la voluntad consciente de los animales constituía un paso hacia la conciencia humana. Los animales pueden moverse de forma consciente en busca de alimento y aprender cosas nuevas: en esta capacidad de aprendizaje vio Al-Tusi capacidad de razonamiento: «El caballo o el halcón entrenados están en un punto de desarrollo más elevado en el mundo animal». Y añadió: «Los primeros pasos hacia la perfección humana se hallan aquí».

Los organismos que adquieren los nuevos rasgos más rápido son más variables. En consecuencia, tienen ventaja sobre los demás.
Al-Tusi

Al-Tusi cree que los organismos cambian con el tiempo y concibe ese cambio como un avance hacia la perfección. Los seres humanos están «a medio camino en la escala evolutiva» y, gracias a su voluntad, son capaces de alcanzar un nivel de desarrollo superior. Fue el primero en sugerir no solo que los organismos cambian a lo largo del tiempo, sino que todos los seres vivos han evolucionado a partir de un momento en que no existía vida en absoluto. ∎

Véase también: Carlos Linneo 74–75 ▪ Jean-Baptiste Lamarck 118 ▪ Charles Darwin 142–149 ▪ Barbara McClintock 271

UN OBJETO FLOTANTE DESALOJA UN VOLUMEN DE LIQUIDO IGUAL AL SUYO
ARQUÍMEDES (287–212 A.C.)

EN CONTEXTO

DISCIPLINA
Física

ANTES
III milenio a.C. Los metalurgistas descubren que fundiendo y mezclando metales se obtiene una aleación más fuerte que los metales originales por separado.

600 A.C. En Grecia se fabrican monedas de electro, una aleación de oro y plata.

DESPUÉS
1687 En *Principios matemáticos*, Isaac Newton presenta su teoría de la gravedad y explica que existe una fuerza que atrae a todos los objetos hacia el centro de la Tierra, y viceversa.

1738 El matemático suizo Daniel Bernoulli desarrolla su teoría cinética de los fluidos y explica que estos ejercen presión sobre los objetos mediante el movimiento aleatorio de sus moléculas.

En el siglo I a.C., el romano Vitruvio recoge en sus escritos una anécdota (posiblemente apócrifa) sucedida 200 años antes. Hierón II, rey de Sicilia, había encargado una corona de oro nueva. Cuando el rey la recibió, sospechó que el orfebre se había quedado con parte del oro y había fundido con plata el resto para que pareciera oro puro, y pidió al gran científico Arquímedes que investigara el asunto.

Arquímedes no sabía cómo resolver el problema. La corona nueva era valiosísima y no podía sufrir daño alguno. Para relajarse y reflexionar sobre la cuestión, decidió ir a los

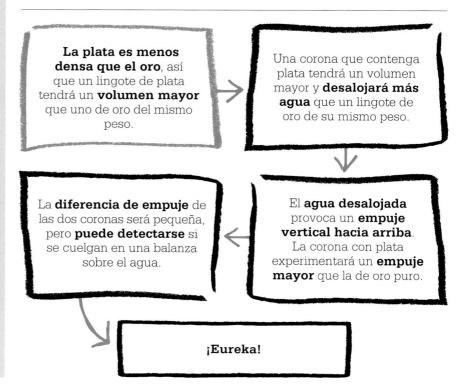

La plata es menos densa que el oro, así que un lingote de plata tendrá un **volumen mayor** que uno de oro del mismo peso.

Una corona que contenga plata tendrá un volumen mayor y **desalojará más agua** que un lingote de oro de su mismo peso.

El **agua desalojada** provoca un **empuje vertical hacia arriba**. La corona con plata experimentará un **empuje mayor** que la de oro puro.

La **diferencia de empuje** de las dos coronas será pequeña, pero **puede detectarse** si se cuelgan en una balanza sobre el agua.

¡Eureka!

Véase también: Nicolás Copérnico 34–39 ▪ Isaac Newton 62–69

baños públicos de Siracusa. Al entrar en la bañera, que estaba llena hasta el borde, sucedieron dos cosas que le hicieron dar con la solución: parte del agua se derramó al subir su nivel, y él sintió que pesaba menos y flotaba. Entonces gritó: «¡Eureka!» (¡Lo he encontrado!), y regresó a su casa corriendo desnudo.

Medir el volumen

Arquímedes se había dado cuenta de que si introducía la corona en un cubo lleno de agua hasta el borde, desalojaría parte del agua (exactamente la equivalente a su propio volumen) y él podría medir la cantidad de agua derramada: así determinaría el volumen de la corona. Como la plata es menos densa que el oro, a igual peso, una corona de plata sería más grande que una de oro y desalojaría más agua. Por lo tanto, una corona adulterada desalojaría más agua que una de oro puro y que un lingote de oro del mismo peso. En la práctica, el efecto sería muy pequeño y difícil de medir. Pero Arquímedes también se había dado cuenta de que un objeto sumergido en un líquido experimenta un empuje vertical hacia arriba, o fuerza ascendente, igual al peso del líquido desalojado.

Posiblemente Arquímedes resolvió el problema colgando la corona y un lingote de oro del mismo peso en los extremos opuestos de una vara, que a continuación suspendió por el centro para que ambos pesos quedaran equilibrados. Luego los sumergió en una bañera llena de agua: si la corona era de oro puro, tanto esta como el lingote experimentarían el mismo empuje, y la vara quedaría horizontal; si, por el contrario, contenía plata, su volumen sería superior al del lingote, desalojaría más agua, y la vara se inclinaría.

Esta idea se plasmó en el denominado principio de Arquímedes, que sostiene que el empuje de un objeto sumergido en un fluido es igual al peso del fluido desalojado por dicho objeto. Así se explica por qué flotan en el agua objetos de materiales densos. Un barco de acero de una tonelada se hundirá en el mar hasta que haya desalojado una

> Si un sólido más pesado que un fluido se abandona en este, descenderá hasta el fondo, y dentro del fluido su peso será menor que el verdadero en una cantidad igual al peso del fluido desalojado.
> **Arquímedes**

tonelada de agua, pero llegado a ese punto dejará de hundirse. Su casco profundo y hueco tiene mayor volumen que un bloque de acero del mismo peso, por lo que desaloja más agua y flota gracias a un empuje mayor.

Vitruvio narra que, en efecto, se halló que la corona de Hierón contenía plata, y el orfebre recibió el debido castigo. ∎

Arquímedes

Arquímedes, probablemente el mayor matemático del mundo antiguo, nació hacia 287 a.C. en Siracusa y murió a manos de un soldado cuando los romanos tomaron la ciudad en 212 a.C. Había diseñado varias máquinas de guerra para mantener a raya a la flota romana que atacaba Siracusa: una catapulta, una grúa que alzaba la proa de los barcos y un sistema letal de espejos que concentraban los rayos del sol para incendiar las naves. Es probable que también inventara el tornillo de Arquímedes, que aún se usa para el riego, en un viaje a Egipto. También calculó una aproximación de pi (la relación entre la longitud de la circunferencia y su diámetro) y enunció las leyes de las palancas y las poleas. El logro del que se sentía más orgulloso era la prueba matemática de que el cilindro más pequeño en que puede encajarse una esfera dada tiene 1,5 veces el volumen de dicha esfera. En su lápida se grabó una esfera inscrita en un cilindro.

Obra principal

C. 250 a.C. *Sobre los cuerpos flotantes.*

EL SOL ES COMO EL FUEGO, LA LUNA ES COMO EL AGUA

ZHANG HENG (78–139 D.C.)

EN CONTEXTO

DISCIPLINA
Física

ANTES
140 A.C. Hiparco descubre cómo predecir eclipses.

150 D.C. Tolomeo mejora la obra de Hiparco y elabora tablas para calcular las posiciones futuras de los cuerpos celestes.

DESPUÉS
Siglo XI Shen Kuo escribe *Ensayos del tesoro de los sueños*, donde usa las fases lunares para demostrar que todos los cuerpos celestes (excepto la Tierra) son esféricos.

1543 Nicolás Copérnico publica *Sobre las revoluciones de las esferas celestes*, donde describe el sistema heliocéntrico.

1609 Johannes Kepler explica los movimientos de los planetas como cuerpos suspendidos que describen elipses.

De día, la **Tierra** está **iluminada** y proyecta **sombras** gracias a la luz solar.

A veces, también la **Luna** está **iluminada** y proyecta **sombras**.

La Luna debe **iluminarse** gracias a la **luz solar**.

El Sol es como el fuego y la Luna es como el agua.

Hacia el año 140 a.C., el griego Hiparco, probablemente el astrónomo más importante de toda la Antigüedad, compiló un catálogo de unas 850 estrellas. También explicó cómo predecir los movimientos del Sol y de la Luna, y las fechas de los eclipses. En el tratado astronómico *Almagesto* (*c.* 150 d.C.), Claudio Tolomeo enumeró 1.000 estrellas y 48 constelaciones. En realidad, la mayor parte de su obra era una versión actualizada y más práctica de la de Hiparco. En Occidente, el *Almagesto* fue la obra astronómica de referencia durante toda la Edad Media. Sus tablas contenían la información necesaria para calcular las posiciones futuras del Sol, la Luna, los planetas y las principales estrellas, además de los eclipses solares y lunares.

Hacia el año 120 d.C., el polímata chino Zhang Heng escribió en su tratado de astronomía titulado *Ling xian* que «el cielo es como un huevo de gallina y redondo como un balín de ballesta, y la Tierra es como la yema, que yace sola en el centro. El cielo es grande, y la Tierra, pequeña». Se trata de un modelo geocéntrico del Universo, similar a los de Hiparco y Tolomeo. Zhang

Véase también: Nicolás Copérnico 34–39 ▪ Johannes Kepler 40–41 ▪ Isaac Newton 62–69

> La Luna y los planetas
> son yin; tienen forma,
> pero carecen de luz.
> **Jing Fang**

Heng catalogó 2.500 estrellas «muy brillantes» y 124 constelaciones, y añadió que «hay 11.520 estrellas muy pequeñas».

Eclipses lunares y planetarios

Fascinado por los eclipses, Zhang Heng escribió: «El Sol es como el fuego y la Luna es como el agua. El fuego despide luz, y el agua la refleja. Por lo tanto, el brillo de la Luna es resultado de los rayos del Sol, y la oscuridad de la Luna se debe a que la luz solar queda obstruida. La cara orientada al Sol está totalmente iluminada, y la cara que está de espaldas al Sol permanece en la oscuridad». También describió los eclipses lunares, cuando la luz solar no llega a la Luna porque la Tierra se interpone. Reconoció igualmente que los planetas «son como el agua» y reflejan la luz, y por tanto, están sujetos a eclipses. «Cuando [un efecto similar] se produce en un planeta, lo llamamos ocultación; cuando la Luna pasa frente al Sol, lo llamamos eclipse solar».

En el siglo XI, Shen Kuo, otro astrónomo chino, amplió la obra de Zhang Heng en un aspecto muy importante: explicó que las fases creciente y menguante de la Luna demostraban que los cuerpos celestes son esféricos. ∎

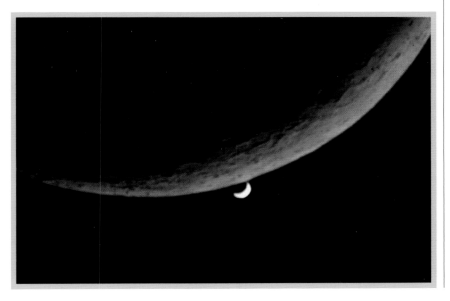

Venus en fase creciente está a punto de quedar oculto tras la Luna. Sus observaciones llevaron a Zhang Heng a concluir que, al igual que la Luna, los planetas no emiten luz propia.

Zhang Heng

Zhang Heng nació el año 78 d.C. en la ciudad de Xi'e (en la actual provincia de Henan), bajo la dinastía de los Han Orientales. A los 17 años abandonó su tierra natal para estudiar literatura y formarse como escritor. Antes de cumplir los 30 se había convertido en un matemático experto y fue llamado por el emperador An-ti, que le nombró astrónomo real el año 115.

Zhang vivió en una época de rápidos avances científicos. Además de escribir sobre astronomía, ideó una esfera armilar (un modelo de los objetos celestes) impulsada por agua e inventó un detector de terremotos, ridiculizado hasta que el año 138 registró un seísmo a 400 km de distancia. Creó el primer odómetro, para medir la distancia que recorrían los vehículos, y una brújula no magnética que apuntaba al sur con forma de carruaje. Fue asimismo un notable poeta cuyas obras ofrecen un vívido retrato de la vida cultural de la época.

Obras principales

C. **120** D.C. *Ling xian.*
C. **120** D.C. *El mapa del Ling xian.*

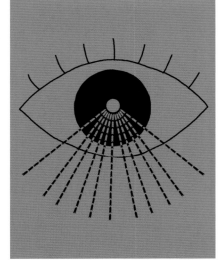

LA LUZ VIAJA EN LÍNEA RECTA HASTA NUESTROS OJOS
ALHACÉN (*c.* 965–1040)

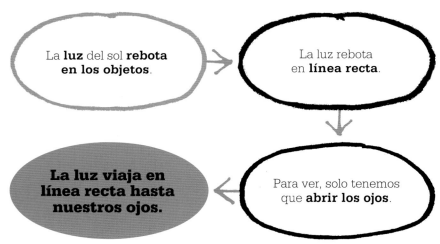

La **luz** del sol **rebota en los objetos**.

La luz rebota en **línea recta**.

Para ver, solo tenemos que **abrir los ojos**.

La luz viaja en línea recta hasta nuestros ojos.

EN CONTEXTO

DISCIPLINA
Física

ANTES
350 A.C. Aristóteles afirma que la visión deriva de formas físicas que entran en el ojo desde un objeto.

300 A.C. Euclides afirma que el ojo emite haces que rebotan y vuelven a él.

Década de 980 Ibn Sahl investiga la refracción de la luz y deduce las leyes de la refracción.

DESPUÉS
1240 El obispo inglés Robert Grosseteste aplica la geometría en sus experimentos de óptica y describe la naturaleza del color.

1604 Johannes Kepler basa su teoría de la imagen retiniana en la obra de Alhacén.

Década de 1620 Las ideas de Alhacén influyen en Francis Bacon, que defiende un método científico experimental.

El astrónomo y matemático árabe Alhacén, que vivió en Bagdad durante la edad de oro islámica, fue probablemente el primer científico experimental. Los pensadores griegos y persas anteriores habían explicado el mundo natural de distintas maneras, pero habían llegado a sus conclusiones mediante el razonamiento abstracto, no mediante la experimentación. Alhacén, que trabajó en el seno de una cultura islámica que bullía de curiosidad y afán investigador, fue el primero en utilizar el que actualmente denominamos método científico: plantear hipótesis y ponerlas a prueba con experimentos sistemáticos. Tal como observó: «Quien busca la verdad no estudia los escritos de los antiguos y […] confía en ellos, sino que sospecha de su fe en ellos y cuestiona lo que en ellos encuentra, y lo somete a discusión y demostración».

Entender la visión
En la actualidad se recuerda a Alhacén como el fundador de la ciencia de la óptica. Sus obras fundamentales son estudios sobre la estructura del ojo y el proceso de la visión. Los pensadores griegos Euclides, primero, y Tolomeo, después, pensa-

Véase también: Johannes Kepler 40–41 ▪ Francis Bacon 45 ▪ Christiaan Huygens 50–51 ▪ Isaac Newton 62–69

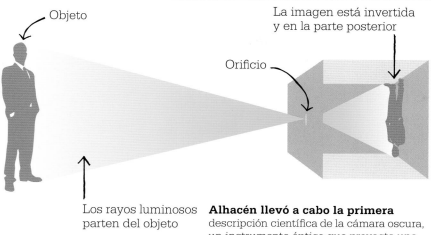

Objeto

Los rayos luminosos parten del objeto

La imagen está invertida y en la parte posterior

Orificio

Alhacén llevó a cabo la primera descripción científica de la cámara oscura, un instrumento óptico que proyecta una imagen invertida sobre una pantalla.

ban que la visión se debía a «rayos» que nacían de los ojos y rebotaban en lo que la persona miraba. A partir de sus observaciones de las sombras y de la reflexión de la luz, Alhacén demostró que la luz rebota en los objetos y viaja en línea recta hasta nuestros ojos; de esta manera, la visión es un fenómeno pasivo, no activo, al menos hasta que la luz llega a la retina. Afirmó que «de todos los puntos de todos los cuerpos co-

loreados e iluminados por cualquier luz, parten luz y color a lo largo de todas las líneas rectas que puedan trazarse desde dicho punto». Para ver las cosas, solo tenemos que abrir los ojos y dejar que entre la luz. No es preciso que los ojos emitan rayos, ni siquiera aunque fuera posible.

Gracias a sus experimentos con ojos de bueyes, Alhacén también descubrió que la luz entra por un pe-

queño orificio (la pupila) y es enfocada por una lente (el cristalino) sobre una superficie sensible (la retina) en la parte posterior del ojo. Sin embargo, no explicó cómo el ojo o el cerebro forman las imágenes.

Experimentos sobre la luz

La monumental obra en siete volúmenes *Libro de óptica*, en la que Alhacén expone sus teorías de la luz y de la visión, fue la principal autoridad en este tema hasta Newton. En ella explora la interacción de la luz con las lentes y describe el fenómeno de la refracción (cambio de dirección) de la luz, 700 años antes de que el científico holandés Willebrord Snell van Royen enunciara su ley de la refracción. También examina la refracción en la atmósfera y describe sombras, arcoíris y eclipses.

El *Libro de óptica* influyó sobremanera en científicos occidentales posteriores como Francis Bacon, uno de los responsables de que el método científico de Alhacén se retomara durante el Renacimiento. ■

El deber del hombre que investiga los textos de los científicos, si tiene como objetivo conocer la verdad, es convertirse en enemigo de todo lo que lee.
Alhacén

Alhacén

Abu Alí al-Hasan ibn al-Haytham (conocido en Occidente como Alhacén) nació en Basora (actualmente en Iraq) y estudió en Bagdad. De joven obtuvo un puesto de funcionario en su ciudad natal. Se dice que, al saber de los problemas que causaba la crecida anual del Nilo en Egipto, escribió al califa Al-Hakim ofreciéndose a construir una presa que regulara el cauce y fue recibido con honores en El Cairo. Sin embargo, cuando

viajó al sur de la ciudad y vio la inmensidad del río (casi 1,6 km de anchura en Asuán), comprendió que la tarea era imposible con la tecnología de que se disponía entonces. Para evitar la ira del califa, fingió estar loco y vivió bajo arresto domiciliario doce años, durante los cuales llevó a cabo su obra más importante.

Obras principales

1011–1021 *Libro de óptica.*
C. 1030 *Discurso sobre la luz.*
C. 1030 *Sobre la luz de la Luna.*

LA REVO
CIENTIF
1400—1700

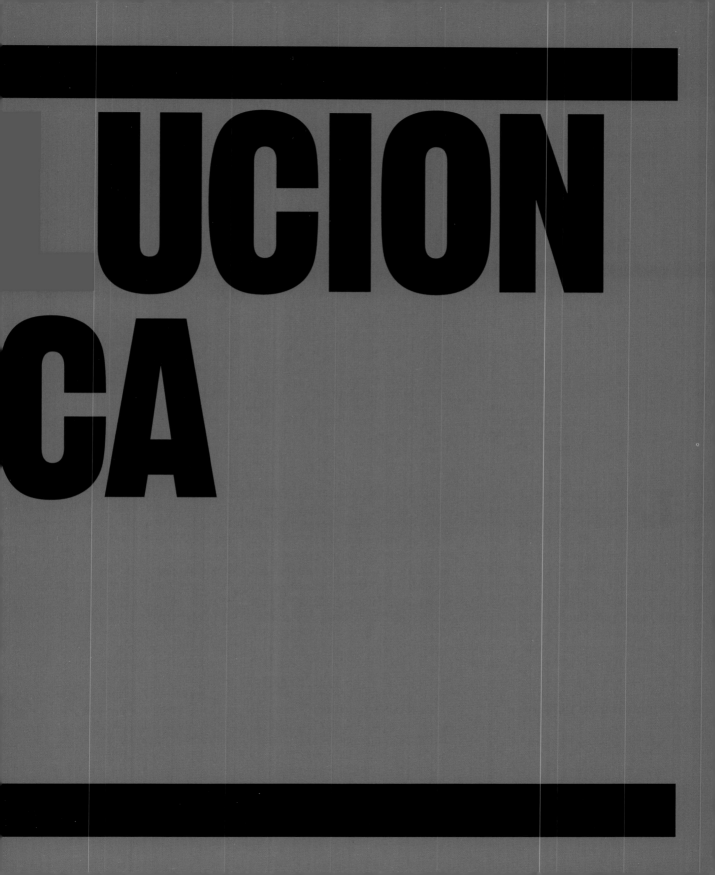

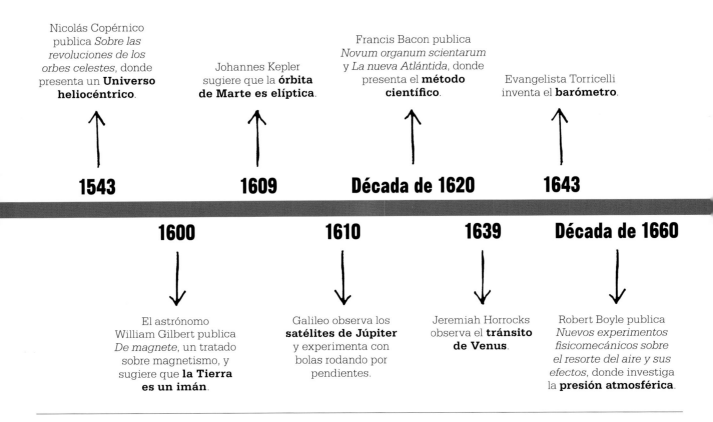

Nicolás Copérnico publica *Sobre las revoluciones de los orbes celestes*, donde presenta un **Universo heliocéntrico**.

Johannes Kepler sugiere que la **órbita de Marte es elíptica**.

Francis Bacon publica *Novum organum scientarum* y *La nueva Atlántida*, donde presenta el **método científico**.

Evangelista Torricelli inventa el **barómetro**.

1543

1609

Década de 1620

1643

1600

1610

1639

Década de 1660

El astrónomo William Gilbert publica *De magnete*, un tratado sobre magnetismo, y sugiere que **la Tierra es un imán**.

Galileo observa los **satélites de Júpiter** y experimenta con bolas rodando por pendientes.

Jeremiah Horrocks observa el **tránsito de Venus**.

Robert Boyle publica *Nuevos experimentos fisicomecánicos sobre el resorte del aire y sus efectos*, donde investiga la **presión atmosférica**.

La edad de oro islámica fue una época de florecimiento de las ciencias y las artes que empezó en Bagdad, la capital del califato abasí, a mediados del siglo VIII y se prolongó unos 500 años, durante la cual se sentaron los cimientos de la experimentación y el método científico moderno. Mientras, en Europa tuvieron que pasar cientos de años antes de que el pensamiento científico superara las limitaciones que imponía el dogma religioso.

Pensamiento peligroso

Durante siglos, la visión del Universo de la Iglesia católica se basó en la idea aristotélica de que la Tierra estaba en el centro orbital de todos los cuerpos celestes. Hacia 1532, tras años de cálculos matemáticos complejos, el polaco Nicolás Copérnico completó su modelo del Universo con el Sol en el centro. Consciente de la herejía que suponía, tuvo la precaución de puntualizar que solo era un modelo matemático y esperó a estar al borde de la muerte para publicarlo. Aun así, el modelo copernicano atrajo rápidamente a numerosos defensores. El astrónomo alemán Johannes Kepler perfeccionó la teoría copernicana gracias a las observaciones de su mentor, el danés Tycho Brahe, y calculó que las órbitas de Marte y, por inferencia, del resto de planetas, eran elípticas. La mejora de los telescopios permitió al polímata italiano Galileo Galilei identificar cuatro satélites de Júpiter en 1610. El potencial explicativo de la nueva cosmología era innegable.

Galileo también demostró la eficacia de la experimentación científica con su investigación de la física de la caída de los cuerpos y el diseño del péndulo para medir el tiempo, que el holandés Christiaan Huygens utilizó para construir el primer reloj de péndulo en 1657. El filósofo inglés Francis Bacon escribió dos libros donde expuso sus ideas sobre el método científico y sentó los cimientos teóricos de la ciencia moderna, basada en la experimentación, la observación y la medida.

Los nuevos descubrimientos se sucedieron a gran velocidad. Robert Boyle utilizó una bomba neumática para investigar las propiedades del aire, mientras que Huygens y el físico inglés Isaac Newton formularon teorías opuestas sobre cómo se desplaza la luz y fundaron la ciencia de la óptica. El astrónomo danés Ole Rømer detectó discrepancias en los horarios de los eclipses de los satélites de Júpiter y las utilizó para calcular el valor aproximado de la

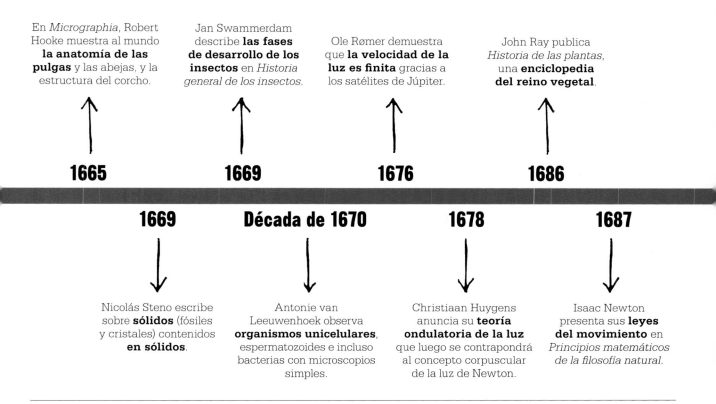

En *Micrographia*, Robert Hooke muestra al mundo **la anatomía de las pulgas** y las abejas, y la estructura del corcho.

Jan Swammerdam describe **las fases de desarrollo de los insectos** en *Historia general de los insectos*.

Ole Rømer demuestra que **la velocidad de la luz es finita** gracias a los satélites de Júpiter.

John Ray publica *Historia de las plantas*, una **enciclopedia del reino vegetal**.

1665 **1669** **1676** **1686**

1669 **Década de 1670** **1678** **1687**

Nicolás Steno escribe sobre **sólidos** (fósiles y cristales) contenidos **en sólidos**.

Antonie van Leeuwenhoek observa **organismos unicelulares**, espermatozoides e incluso bacterias con microscopios simples.

Christiaan Huygens anuncia su **teoría ondulatoria de la luz** que luego se contrapondrá al concepto corpuscular de la luz de Newton.

Isaac Newton presenta sus **leyes del movimiento** en *Principios matemáticos de la filosofía natural*.

velocidad de la luz. El obispo Nicolás Steno, compatriota de Rømer, veía con escepticismo la mayor parte del conocimiento antiguo y desarrolló sus propias ideas sobre anatomía y geología. Especificó los principios de la estratigrafía (estudio de las capas rocosas) y sentó así nuevas bases científicas para el estudio de la Tierra.

Micromundos

Durante el siglo XVII, los avances tecnológicos impulsaron los descubrimientos científicos en el ámbito de lo más pequeño. A principios del siglo, unos ópticos holandeses fabricaron los primeros microscopios; Robert Hooke construyó el suyo décadas después y realizó dibujos bellísimos de sus descubrimientos, que revelaron por primera vez la intrincada estructura de animales diminutos, como las pulgas. El holandés Antonie van Leeuwenhoek, quizá inspirado por los dibujos de Hooke, construyó cientos de microscopios para su uso personal y vio formas de vida diminutas donde a nadie se le había ocurrido mirar antes, por ejemplo, en el agua. Descubrió formas de vida unicelulares a las que denominó «animálculos», e informó de sus hallazgos a la Royal Society británica, que envió a tres sacerdotes para certificar que, efectivamente, las había visto. El microscopista holandés Jan Swammerdam demostró que el huevo, la larva, la pupa y el insecto adulto son fases del desarrollo del mismo animal, no animales distintos creados por Dios. Los nuevos descubrimientos arrasaron con viejas ideas que se remontaban a Aristóteles. Mientras, el biólogo inglés John Ray compiló una gran enciclopedia de las plantas que supuso el primer intento serio de clasificación sistemática.

Análisis matemático

Estos hallazgos preludiaron la Ilustración y fundamentaron las disciplinas científicas modernas como la astronomía, la química, la geología, la física y la biología. El hito más importante del siglo fue el tratado *Principios matemáticos de la filosofía natural*, donde Newton presentó sus leyes del movimiento y de la gravedad. La física newtoniana fue la mejor descripción del mundo físico durante dos siglos y, junto con las técnicas de cálculo analíticas que desarrollaron de manera independiente Newton y Gottfried Wilhelm Leibniz, se convirtió en una poderosa herramienta para el estudio científico futuro. ■

EN EL CENTRO DE TODAS LAS COSAS ESTA EL SOL

NICOLÁS COPÉRNICO (1473–1543)

EN CONTEXTO

DISCIPLINA
Astronomía

ANTES
Siglo III a.C. En *El arenario*, Arquímedes recoge las ideas de Aristarco de Samos, que propuso que el Universo era mucho mayor de lo que se pensaba y que el Sol estaba en su centro.

150 d.C. Claudio Tolomeo utiliza las matemáticas para describir un modelo geocéntrico (con la Tierra en el centro) del Universo.

DESPUÉS
1609 Johannes Kepler resuelve las dificultades pendientes del modelo heliocéntrico (con el Sol en el centro) del Sistema Solar proponiendo órbitas elípticas.

1610 Tras observar los satélites de Júpiter, Galileo queda convencido de que Copérnico tenía razón.

La idea de un Universo con la Tierra en el centro de todas las cosas modeló el pensamiento occidental a lo largo de los primeros siglos de su historia. Este modelo geocéntrico parecía deducirse de la observación cotidiana y del sentido común: no percibimos el menor movimiento del suelo sobre el que nos alzamos y, a primera vista, tampoco parece haber ninguna evidencia observable de que nuestro planeta se mueve. Sin duda, la explicación más sencilla era que el Sol, la Luna, los planetas y las estrellas se movían alrededor de la Tierra a distintas velocidades. Este sistema parece haber sido ampliamente aceptado en el mundo antiguo y se ancló en la filosofía clásica a través de la obra de Platón y Aristóteles en el siglo IV a.C.

No obstante, cuando los antiguos griegos midieron los movimientos de los planetas se hizo evidente que el sistema geocéntrico planteaba problemas. Las órbitas de los planetas conocidos (cinco luces errantes en el cielo) seguían trayectorias complejas. Mercurio y Venus siempre se veían en el cielo matutino y vespertino, en órbitas cerradas al-

Si Dios Todopoderoso me hubiera consultado antes del comienzo de la creación, le habría aconsejado algo más sencillo.
Atribuido a Alfonso X el Sabio

rededor del Sol. Marte, Júpiter y Saturno tardaban 780 días, 12 años y 30 años respectivamente en dar la vuelta frente a las estrellas del firmamento, y su movimiento se veía complicado por trayectorias «retrógradas» en las que se ralentizaban y parecían invertir temporalmente la dirección general de su movimiento.

El sistema tolemaico

Para explicar estas irregularidades, los astrónomos griegos introdujeron el concepto de los epiciclos, «subór-

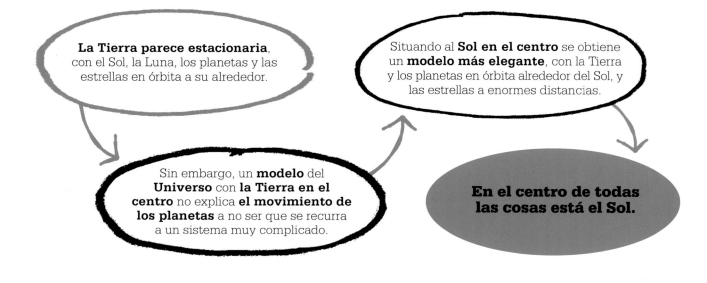

La Tierra parece estacionaria, con el Sol, la Luna, los planetas y las estrellas en órbita a su alrededor.

Situando al **Sol en el centro** se obtiene un **modelo más elegante**, con la Tierra y los planetas en órbita alrededor del Sol, y las estrellas a enormes distancias.

Sin embargo, un **modelo** del **Universo** con **la Tierra en el centro** no explica **el movimiento de los planetas** a no ser que se recurra a un sistema muy complicado.

En el centro de todas las cosas está el Sol.

Véase también: Zhang Heng 26–27 ▪ Johannes Kepler 40–41 ▪ Galileo Galilei 42–43 ▪ William Herschel 86–87 ▪ Edwin Hubble 236–241

bitas» por las que circulaban los planetas y cuyo eje central se desplazaba alrededor del Sol. Este sistema fue perfeccionado por el astrónomo y geógrafo griego del siglo II Claudio Tolomeo.

No obstante, incluso en el mundo clásico hubo diferencias de opinión: en el siglo III a.C., el filósofo griego Aristarco de Samos, por ejemplo, usó ingeniosas mediciones trigonométricas para calcular las distancias relativas del Sol y la Luna, y concluyó que el Sol era gigantesco. Esto le hizo pensar que era más probable que fuera el eje central del movimiento del cosmos.

De todos modos, el sistema tolemaico acabó imponiéndose. Cuando el Imperio romano se derrumbó,

la Iglesia cristiana heredó muchos de sus supuestos. La idea de que la Tierra era el centro de todas las cosas y de que el hombre era la culminación de la creación divina y dominaba la Tierra se convirtió en uno de los dogmas centrales del cristianismo e imperó en Europa hasta el siglo XVI.

Esto no significa que la astronomía permaneciera estancada durante un milenio y medio tras Tolomeo. La predicción de los movimientos de los planetas no solo era un rompecabezas científico y filosófico; también tenía aplicaciones prácticas debido a las supersticiones de la astrología. Los observadores de estrellas de todas las confesiones tenían buenos motivos para intentar obtener me-

didas cada vez más precisas de los movimientos planetarios.

La erudición árabe

Los últimos siglos del I milenio vieron el primer gran florecimiento de la ciencia árabe. La rápida difusión del islam en Oriente Próximo y el norte de África a partir del siglo VII facilitó que los pensadores árabes entraran en contacto con textos clásicos como las obras sobre astronomía de Tolomeo y otros.

La práctica de la «astronomía posicional» (el cálculo de las posiciones de los cuerpos celestes) alcanzó su apogeo en la península Ibérica, que se había convertido en un crisol de pensamiento islámico, judío y cristiano. El rey Alfonso X el Sabio de Castilla y León promovió a finales del siglo XIII la compilación de las *Tablas alfonsíes*, que combinaron observaciones nuevas con siglos de registros islámicos para mejorar la precisión del sistema tolemaico y aportaron datos que se utilizaron para calcular las posiciones de los planetas hasta principios del siglo XVII.

Tolomeo bajo sospecha

A esas alturas, el modelo tolemaico había alcanzado una complejidad rayana en el absurdo, al añadirse cada vez más epiciclos para que las predicciones coincidieran con las observaciones. En 1377, el francés Nicolás de Oresme, obispo de Lisieux, abordó de manera directa el problema en su obra *Livre du ciel et du monde*. Demostró la ausencia de pruebas empíricas de que la Tierra fuera estática y sostuvo que no existían motivos para suponer que no se moviera. Aunque así demolía las pruebas que sustentaban el modelo tolemaico, concluyó »

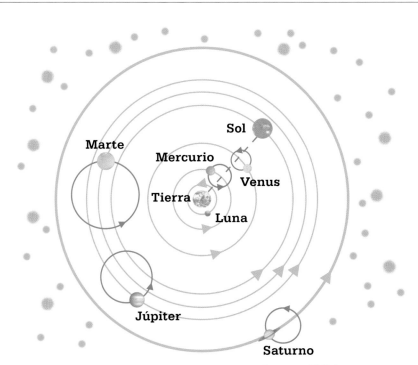

El modelo tolemaico sitúa a la Tierra inmóvil en el centro. El Sol, la Luna y los cinco planetas entonces conocidos describen órbitas circulares a su alrededor. Para que concordaran con las observaciones, Tolomeo añadió epiciclos a la trayectoria de cada planeta.

que no creía en una Tierra en movimiento.

A principios del siglo XVI, la situación era muy distinta. Las fuerzas combinadas del Renacimiento y la Reforma hicieron que se cuestionaran muchos de los antiguos dogmas religiosos. En este contexto, Nicolás Copérnico, un canónigo católico polaco de la provincia de Varmia, propuso la primera teoría heliocéntrica moderna, según la cual el Sol ocupaba el centro del Universo.

Al principio, Copérnico dio a conocer sus ideas en un opúsculo conocido como *Commentariolus*, que circuló entre sus amigos a partir de 1514, aproximadamente. En esencia, se trataba de una teoría similar al sistema propuesto por Aristarco y, pese a que resolvía gran parte de los problemas del modelo anterior, seguía muy apegada a algunos pilares del pensamiento tolemaico, principalmente a la idea de que las órbitas de los objetos celestes estaban montadas en esferas cristalinas que rotaban en un movimiento perfectamente circular. En consecuencia, Copérnico tuvo que introducir sus propios epiciclos para regular la velocidad del movimiento de los planetas en determinados puntos de su órbita. Una consecuencia importante de este

> Puesto que el Sol permanece estacionario, lo que parece movimiento del Sol se debe al movimiento de la Tierra.
> **Nicolás Copérnico**

modelo era que aumentaba significativamente el tamaño del Universo. Si la Tierra se movía alrededor del Sol, esto debería hacerse evidente en el paralaje resultante del cambio de nuestro punto de vista: debería parecer que las estrellas se mueven hacia delante y hacia atrás en el cielo a lo largo del año. Como no es así, necesariamente han de estar muy lejos.

El modelo copernicano demostró muy pronto ser mucho más preciso que el antiguo sistema tolemaico, y los círculos intelectuales de toda Europa comenzaron a hacerse eco de él. Incluso en Roma fue bien recibido inicialmente en algunos ámbitos católicos, al contrario de lo que suele creerse. El nuevo modelo causó la conmoción suficiente para que el matemático alemán Georg Joachim Rheticus viajara a Varmia para convertirse en discípulo y ayudante de Copérnico a partir de 1539. Fue Rheticus quien publi-

Este grabado del siglo XVII del sistema copernicano muestra a los planetas en órbitas circulares en torno al Sol. Copérnico creía que los planetas estaban unidos a esferas celestes.

có la primera explicación del sistema copernicano que se difundió de manera generalizada en *Narratio prima*, en 1540, e instó al ya anciano clérigo a publicar su obra completa, algo que Copérnico llevaba años considerando, pero a lo que solo accedió en 1543, en su lecho de muerte.

Herramienta matemática

En un primer momento, la publicación de *Sobre las revoluciones de los orbes celestes (De revolutionibus orbium coelestium)* no fue recibida con indignación, a pesar de que la menor sugerencia de que la Tierra se movía contradecía frontalmente varios pasajes de la Biblia y era una herejía tanto para los teólogos católicos como los protestantes. A fin de evitar este escollo, se le añadió un prólogo en el que se explicaba que el modelo heliocéntrico no era más que una herramienta matemática para realizar predicciones, y no una descripción del Universo físico. Sin embargo, en vida Copérnico no había sido tan comedido. A pesar de su heterodoxia, el modelo copernicano se usó para los cálculos de la reforma del calendario impulsada por el papa Gregorio XIII en el año 1582.

De todos modos, no tardaron en aparecer nuevas dificultades respecto a su precisión predictiva: las meticulosas observaciones del astrónomo danés Tycho Brahe (1546-1601) demostraron que no explicaba adecuadamente el movimiento de los planetas. Brahe intentó resolver las contradicciones con un modelo propio en el que los planetas giraban alrededor del Sol, pero el Sol y la Luna permanecían en órbita alrededor de la Tierra. La verdadera solución (las órbitas elípticas) vendría de su discípulo, Johannes Kepler.

Pasaron seis décadas antes de que las ideas copernicanas se convirtieran en el emblema de la escisión que la Reforma provocó en

> Como sentado en un trono real, el Sol gobierna la familia de planetas que giran a su alrededor.
> **Nicolás Copérnico**

Europa, sobre todo a raíz de la controversia que rodeó al científico italiano Galileo Galilei. En 1610, Galileo observó las fases de Venus y los satélites que orbitan alrededor de Júpiter y se convenció de que la teoría heliocéntrica era correcta. Su ardiente defensa, desde el corazón de la católica Italia, en el *Diálogo sobre los dos máximos sistemas del mundo* (1632) llevó a Galileo a entrar en conflicto con el papado. Una de las consecuencias fue la censura retroactiva de pasajes controvertidos de su obra *Sobre las revoluciones* en el año 1616. La prohibición no se levantó hasta más de dos siglos después. ■

Nicolás Copérnico

Nacido en Torun (Polonia) en 1473, Nicolás Copérnico fue el menor de los cuatro hijos de un rico mercader. Huérfano de padre a los diez años de edad, fue acogido por su tío, que supervisó su educación en la Universidad de Cracovia. Tras pasar varios años en Italia, donde estudió medicina y derecho, regresó a Polonia en 1503 y se incorporó al clero bajo los auspicios de su tío, entonces príncipe-obispo de Varmia.

Copérnico, versado en lenguas y matemáticas, tradujo varias obras relevantes además de desarrollar ideas sobre economía y elaborar sus teorías astronómicas. La complejidad matemática de la teoría que expuso en *Sobre las revoluciones* era tan abrumadora que, pese a que muchos astrónomos reconocieron su importancia, pocos la adoptaron para su utilización cotidiana.

Obras principales

1514 *Commentariolus.*
1543 *Sobre las revoluciones de los orbes celestes (De revolutionibus orbium coelestium).*

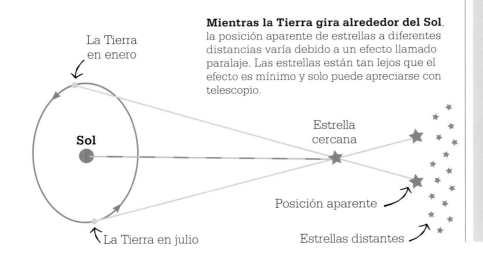

Mientras la Tierra gira alrededor del Sol, la posición aparente de estrellas a diferentes distancias varía debido a un efecto llamado paralaje. Las estrellas están tan lejos que el efecto es mínimo y solo puede apreciarse con telescopio.

La Tierra en enero

Sol

Estrella cercana

Posición aparente

La Tierra en julio

Estrellas distantes

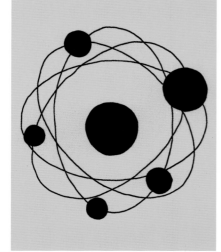

LA ORBITA DE LOS PLANETAS ES UNA ELIPSE

JOHANNES KEPLER (1571–1630)

Aunque la obra de Nicolás Copérnico sobre las órbitas celestes, publicada en 1543, aportaba argumentos convincentes en favor de un Universo heliocéntrico (con el Sol en el centro), su sistema adolecía de problemas importantes. Incapaz de desligarse de la antigua idea de que los cuerpos celestes estaban montados en esferas de cristal, Copérnico afirmó que los planetas giraban en torno al Sol en órbitas circulares perfectas y se vio obligado a introducir múltiples complicaciones en su modelo para poder explicar sus irregularidades.

Supernovas y cometas

En la segunda mitad del siglo XVI, el noble danés Tycho Brahe (1546–

El nacimiento de una nueva estrella demuestra que **el cielo** más allá de los planetas **no es inmutable**.

La observación de **cometas** demuestra que **se mueven entre los planetas** y cruzan sus órbitas.

Esto sugiere que los cuerpos celestes **no están unidos a esferas** celestes fijas.

Si esto es así, la **mejor explicación del movimiento observado** de los planetas es una órbita elíptica alrededor del Sol.

La órbita de los planetas es una elipse.

Véase también: Nicolás Copérnico 34–39 ▪ Jeremiah Horrocks 52 ▪ Isaac Newton 62–69

1601) llevó a cabo observaciones que resultaron esenciales para resolver estos problemas. La gran explosión, o supernova, observada en la constelación de Casiopea en 1572 echó por tierra la idea copernicana de que el Universo más allá de los planetas era inmutable. En 1577, Brahe trazó la trayectoria de un cometa. Hasta ese momento se creía que los cometas eran fenómenos locales más próximos que la Luna, pero las observaciones de Brahe demostraron que el cometa debía estar mucho más lejos que la Luna y que, de hecho, se movía entre planetas. Esta evidencia demolió de un golpe las «esferas celestes». Sin embargo, Brahe siguió aferrado a la idea de las órbitas circulares en su modelo geocéntrico.

En 1597, Brahe fue invitado a Praga, donde vivió sus últimos años como matemático imperial del emperador Rodolfo II. Allí conoció al astrónomo alemán Johannes Kepler, que continuó su obra tras su muerte.

Romper con los círculos

Kepler ya había empezado a calcular una nueva órbita de Marte a partir de las observaciones de Brahe y por esta misma época concluyó que debía ser ovoide (con forma de huevo) y no circular. Kepler formuló un modelo heliocéntrico con órbitas ovoides, pero estas tampoco encajaban con los datos empíricos. En 1605 concluyó que Marte debía orbitar alrededor del Sol en una elipse (un «círculo estirado»), con el Sol en uno de los dos puntos focales. En su *Astronomia nova* de 1609 presentó dos leyes del movimiento planetario: la primera afirmaba que la órbita de todos los planetas es una elipse, y la segunda establecía que una línea trazada entre un planeta y el Sol barrerá áreas iguales en tiempos iguales. Esto significa que la velocidad de los planetas aumenta a medida que se acercan al Sol. En 1619 enunció una tercera ley que describía la relación entre el año de un planeta y su distancia al Sol: el cuadrado del periodo orbital de un planeta (año) es proporcional al cubo de su distancia al Sol. Por lo tanto, si un planeta está al doble de distancia del Sol que otro, su año será casi tres veces más largo.

Aún se desconocía la naturaleza de la fuerza que mantenía a los planetas en órbita. Kepler creyó que era magnética, pero en 1687 Newton demostró que era la gravedad. ▪

Johannes Kepler

Johannes Kepler nació en Weil der Stadt, cerca de Stuttgart, en el sur de Alemania, en 1571 y presenció el paso del gran cometa de 1577 cuando era niño. Este acontecimiento despertó su fascinación por el cielo. Mientras estudiaba en la Universidad de Tubinga adquirió fama de brillante matemático y astrónomo, y mantuvo correspondencia con varios astrónomos relevantes de la época, entre ellos Tycho Brahe. En 1600 se trasladó a la ciudad de Praga para convertirse en discípulo y heredero académico de este.

Después de la muerte de Brahe en 1601, Kepler le sucedió como matemático imperial, con el encargo de completar el trabajo de su mentor en las llamadas *Tablas rudolfinas*, para predecir el movimiento de los planetas. Las concluyó en Linz, Austria), donde trabajó desde 1612 hasta su muerte en 1630.

Obras principales

1596 *El secreto del universo.*
1609 *Astronomia nova.*
1619 *Harmonices mundi (La armonía del mundo).*
1627 *Tablas rudolfinas.*

Las leyes de Kepler afirman que los planetas siguen órbitas elípticas, con el Sol en uno de los focos. En un tiempo dado (*t*), una línea que una cualquiera de los planetas al Sol barrerá áreas iguales (A) dentro de la elipse.

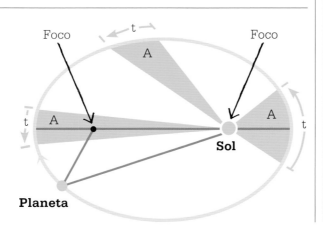

Foco — *t* — Foco
A
t — A — A — *t*
Sol
Planeta

AL CAER, LOS CUERPOS SE ACELERAN UNIFORMEMENTE
GALILEO GALILEI (1564–1642)

Durante dos milenios, pocos cuestionaron la afirmación de Aristóteles de que lo que mantiene a los cuerpos en movimiento es una fuerza externa y que los objetos pesados caen a mayor velocidad que los ligeros. En el siglo XVII el astrónomo y matemático italiano Galileo Galilei insistió en poner a prueba estas ideas. Galileo diseñó experimentos para comprobar cómo y por qué se mueven y dejan de moverse los objetos, y fue el primero en plantear el principio de la inercia: los objetos se resisten a los cambios de movimiento y necesitan la aplicación de una fuerza para empezar a moverse, acelerarse o decelerarse. Galileo cronometró cuánto tardaban en caer distintos objetos y concluyó que todos caen a la misma veloci-

dad. Además, descubrió el papel de la fricción a la hora de ralentizarlos.

Con el equipo disponible en la década de 1630, Galileo no podía medir la velocidad o la aceleración de objetos en caída libre. Haciendo rodar bolas por una rampa para que luego ascendieran por otra, demostró que la velocidad de una bola al final de la rampa dependía de su altura inicial, no de la inclinación de la rampa, y que siempre ascendería rodando hasta la misma altura de la que había partido, independientemente de la mayor o menor pendiente de las rampas.

Galileo realizó el resto de sus experimentos en una rampa de 5 m de largo forrada con un material liso para reducir la fricción. Para cronometrar la trayectoria de la bola usó un recipiente lleno de agua con un tubito en el

Galileo demostró que la velocidad de una bola al final de una rampa depende solo de la altura de su punto de partida, no de la inclinación de la rampa. Las bolas que caen desde los puntos A y B llegarán abajo a la misma velocidad.

A

B

Véase también: Nicolás Copérnico 34–39 ▪ Isaac Newton 62–69

> Cuenta lo que es contable, mide lo mensurable y haz mensurable lo que no lo sea.
> **Galileo Galilei**

fondo: recogía el agua que caía durante el intervalo que deseaba medir, y la pesaba. Así demostró que la distancia recorrida era igual al cuadrado del tiempo empleado, es decir, la bola aceleraba mientras caía por la rampa.

La ley de la caída de los cuerpos

Galileo concluyó que, en el vacío, todos los cuerpos caen a la misma velocidad, idea que Newton desarrolló más adelante. Aunque la fuerza de la gravedad es mayor sobre los objetos más grandes, a mayor masa, más fuerza necesitan los objetos para acelerarse. Ambos efectos se anulan mutuamente, por lo que, en ausencia de otras fuerzas, todos los objetos que caen se aceleran uniformemente. Si en la vida cotidiana vemos que los objetos caen a distintas velocidades, ello se debe a la resistencia del aire, que ralentiza a distinto ritmo los objetos en función de su forma y su tamaño. Una pelota de playa y una bola de jugar a los bolos de igual tamaño empezarán a acelerarse al mismo ritmo; una vez en movimiento, la misma cantidad de resistencia del aire actuará sobre ellas, pero esta fuerza será proporcionalmente mucho mayor que la de la gravedad en la pelota de playa, por lo que esta irá más lenta.

La insistencia de Galileo en probar las teorías mediante la observación y la experimentación lo convirtió, junto con Alhacén, en uno de los padres de la ciencia moderna. Sus ideas sobre las fuerzas y el movimiento prepararon el terreno para las leyes del movimiento de Newton y sustentan nuestra comprensión del movimiento en el Universo. ▪

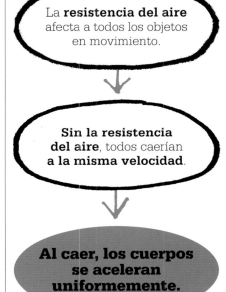

Los **objetos** de distinta masa **parecen caer a distinta velocidad**.

↓

La **resistencia del aire** afecta a todos los objetos en movimiento.

↓

Sin la resistencia del aire, todos caerían a la misma velocidad.

↓

Al caer, los cuerpos se aceleran uniformemente.

Galileo Galilei

Galileo Galilei, llamado Galileo, nació en Pisa, pero después su familia se trasladó a Florencia. En 1581 ingresó en la Universidad de Pisa para estudiar medicina y luego se dedicó a las matemáticas y a la filosofía natural. Investigó en muchas áreas científicas, pero se le conoce principalmente por su descubrimiento de los cuatro satélites mayores de Júpiter, a los que aún se denomina galileanos. Sus observaciones le llevaron a apoyar el modelo heliocéntrico del Sistema Solar, lo que en aquella época iba en contra de la Iglesia católica. En 1633 fue procesado y obligado a retractarse, y vivió confinado en su domicilio el resto de su vida. Durante estos años escribió un libro donde resumió su trabajo sobre cinemática (la ciencia del movimiento).

Obras principales

1623 *Il saggiatore (El ensayador).*
1632 *Diálogo sobre los dos máximos sistemas del mundo.*
1632 *Consideraciones y demostraciones matemáticas sobre dos nuevas ciencias.*

EL GLOBO TERRAQUEO ES UN IMAN
WILLIAM GILBERT (1544–1603)

Los navegantes ya usaban brújulas magnéticas para mantener el rumbo a través de los océanos a finales de la década de 1500. No obstante, nadie sabía cómo funcionaban. Algunos creían que la estrella polar atraía a la aguja de la brújula; otros sostenían que la atracción procedía de las montañas magnéticas del Ártico. Fue el físico inglés William Gilbert quien descubrió que la Tierra es magnética.

Se obtienen razones más poderosas de experimentos seguros y argumentos demostrados que de conjeturas probables y opiniones de especuladores filosóficos.
William Gilbert

El descubrimiento no fue fruto de un momento de inspiración, sino de diecisiete años de experimentación meticulosa. Tras aprender cuanto pudieron enseñarle navegantes y fabricantes de brújulas, construyó un globo terráqueo, o *terrella*, de magnetita para comprobar qué sucedía cuando acercaba a él unas agujas de brújula. Las agujas reaccionaron alrededor de la *terrella* del mismo modo que las brújulas: mostraron las mismas pautas de declinación (se desviaban ligeramente del polo norte geográfico, que es diferente del norte magnético) y de inclinación (se desviaban del plano horizontal hacia el globo).

Gilbert concluyó, acertadamente, que todo el planeta es un imán y tiene un núcleo de hierro. Sus ideas, que publicó en la obra *De magnete* en 1600, causaron sensación. Johannes Kepler y Galileo, en especial, se inspiraron en la idea de que la Tierra no está fijada a esferas celestes en rotación, como la mayoría seguía pensando, sino que gira impulsada por la fuerza invisible de su propio magnetismo. ∎

Véase también: Tales de Mileto 20 ▪ Johannes Kepler 40–41 ▪ Galileo Galilei 42–43 ▪ Hans Christian Ørsted 120 ▪ James Clerk Maxwell 180–185

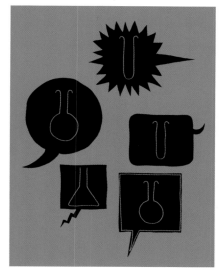

EXPERIMENTAR EN VEZ DE DISCUTIR
FRANCIS BACON (1561–1626)

EN CONTEXTO

DISCIPLINA
Ciencias experimentales

ANTES
Siglo IV A.C. Aristóteles
deduce, razona y escribe, pero
no experimenta. Sus métodos
perdurarán durante un milenio.

C. **750–1250 D.C.** Edad de oro
del Islam: los científicos árabes
realizan experimentos.

DESPUÉS
Década de 1630 Galileo
experimenta sobre la caída
de los cuerpos.

1637 René Descartes insiste
en el escepticismo riguroso y
la investigación en *Discurso
del método.*

1665 Isaac Newton estudia la
luz con ayuda de un prisma.

1963 El filósofo austríaco Karl
Popper sostiene en *Conjeturas
y refutaciones* que es posible
poner a prueba una teoría y
demostrar que es falsa, pero
no concluir que es correcta.

El filósofo, estadista y científico inglés Francis Bacon no fue el primero en realizar experimentos (Alhacén y otros científicos árabes le precedieron 600 años), pero sí en explicar los métodos de razonamiento inductivo y en establecer el método científico. Para él, la ciencia era el «manantial de invenciones que, en cierta medida, reducirán y paliarán nuestras necesidades y miserias».

Pruebas experimentales

Según Platón, a la verdad se accede a través de la autoridad y la argumentación: si un número suficiente de hombres inteligentes discuten sobre algo durante el tiempo necesario, la verdad acabará por emerger. Su discípulo Aristóteles tampoco consideraba necesarios los experimentos. Bacon comparó a estas «autoridades» con arañas que tejen telas con su propia sustancia e insistió en la necesidad de obtener pruebas del mundo real, especialmente mediante la experimentación.

Las dos obras fundamentales de Bacon abrieron la vía a la investi-

> [...] para saber si el hombre puede llegar a conocer o no la verdad, es más razonable hacer la prueba que discutir [...]
> **Francis Bacon**

gación científica futura. En *Novum organum* (1620), plantea sus tres fundamentos del método científico: observación, deducción para formular una teoría que explique lo que se ha observado y experimentación para comprobar si la teoría es correcta. En *La nueva Atlántida* (1623), describe una isla ficticia y su Casa de Salomón, una institución donde los eruditos se dedican a la investigación pura centrada en los experimentos y producen inventos. Con similares objetivos se fundó en 1660 la Royal Society de Londres. ■

Véase también: Alhacén 28–29 ▪ Galileo Galilei 42–43 ▪ William Gilbert 44 ▪ Robert Hooke 54 ▪ Isaac Newton 62–69

EL RESORTE DEL AIRE

ROBERT BOYLE (1627–1691)

En el siglo XVII, varios científicos de toda Europa se interesaron por las propiedades del aire. Sus investigaciones permitieron al anglo-irlandés Robert Boyle desarrollar las leyes matemáticas que describen la presión en un gas. Estos trabajos se inscribían en un amplio debate sobre la naturaleza del espacio entre las estrellas y los planetas. Según los atomistas, existía un espacio vacío entre los cuerpos celestes, mientras que los cartesianos (seguidores del filósofo francés René Descartes) afirmaban que el espacio entre partículas estaba ocupado por una sustancia desconocida llamada éter y que era imposible producir un vacío.

> *Vivimos en el fondo de un océano del elemento aire que, como se sabe gracias a experimentos incuestionables, tiene peso.*
> **Evangelista Torricelli**

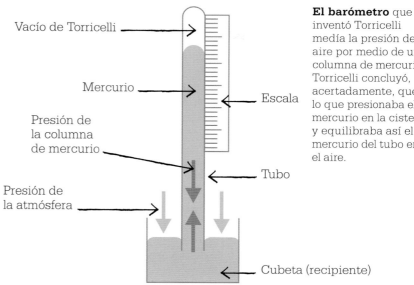

Vacío de Torricelli

Mercurio

Escala

Presión de la columna de mercurio

Tubo

Presión de la atmósfera

Cubeta (recipiente)

El barómetro que inventó Torricelli medía la presión del aire por medio de una columna de mercurio. Torricelli concluyó, acertadamente, que lo que presionaba el mercurio en la cisterna y equilibraba así el mercurio del tubo era el aire.

Barómetros

En Italia, el matemático Gasparo Berti realizó experimentos para averiguar por qué las bombas de succión no podían elevar agua a más de 10 m. Llenó de agua un tubo largo sellado en un extremo y lo sumergió por el lado abierto en una cuba con agua: el nivel del agua del tubo descendió hasta que la columna alcanzó la marca de unos 10 m de altura. En 1642, el también italiano Evangelista Torricelli construyó un aparato parecido, pero con mercurio en lugar de agua. Como la densidad del mercurio es más de 13 veces superior a la del agua, la columna de líquido solo alcanzó 76 cm de altura. Torricelli lo explicó diciendo que el mercurio de la cubeta estaba sometido al peso del aire que ejercía fuerza sobre él y que así se equilibraba el peso del mercurio en el interior del tubo. También concluyó que el espacio que quedaba sobre la co-

lumna de mercurio del tubo era un vacío. Aunque en la actualidad esto se explica en términos de presión (fuerza sobre un área determinada), la idea básica es la misma. Torricelli había inventado el primer barómetro de mercurio.

El científico francés Blaise Pascal oyó hablar del barómetro de Torricelli en 1646 y decidió llevar a cabo sus propios experimentos. Uno de ellos, que puso en práctica su cuñado, Florin Périer, demostró que la

Los experimentos de Blaise Pascal con barómetros demostraron que la presión del aire varía con la altitud. Pascal también hizo importantes contribuciones a las matemáticas.

presión del aire varía en función de la altitud. Tras instalar un barómetro al cuidado de un monje en el jardín de un monasterio de Clermont-Ferrand, Périer llevó otro a la cima del Puy de Dôme, a unos 1.000 m de altura sobre la ciudad. La columna de mercurio resultó más de 8 cm más corta en la cima de la montaña que en el monasterio. Como hay menos aire sobre una montaña que sobre el valle a sus pies, el experimento demostró que, efectivamente, era el peso del aire lo que retenía el líquido en los tubos de mercurio o de agua. Por este y otros experimentos, se dio más tarde el nombre de pascal a la unidad de presión.

Bombas de aire

El siguiente hito importante en este campo se debió al científico prusiano Otto von Guericke, que construyó una bomba capaz de extraer parte del aire de un recipiente. Llevó a cabo su demostración más conocida en 1654, cuando unió dos hemisferios metálicos sellándolos »

> Los hombres están tan acostumbrados a juzgar las cosas por sus sentidos que, como el aire es indivisible […], lo consideran poco más que nada.
> **Robert Boyle**

herméticamente: dos tiros de caballos fueron incapaces de separarlos. Antes de extraer el aire con la bomba, la presión del aire en el interior de los hemisferios sellados era igual a la del exterior; sin el aire, la presión externa mantuvo unidos los hemisferios.

Robert Boyle conoció los experimentos de Von Guericke cuando se publicaron en 1657 y quiso llevar a cabo los suyos propios, para lo cual encargó a Robert Hooke (p. 54) que diseñara y construyera una bomba neumática (de aire). Esta consistía en un globo de cristal de casi 40 cm de diámetro, un cilindro con un pistón debajo y una serie de clavijas y llaves de paso entre ambos. Los movimientos sucesivos del pistón extraían cada vez más aire del globo, pero como el dispositivo tenía pequeñas fugas, el cuasi vacío solo podía mantenerse durante un breve periodo de tiempo. Aun así, esta máquina suponía una gran mejora sobre todo lo construido hasta entonces e ilustra la importancia de la tecnología para el avance de la investigación científica.

Resultados experimentales

Boyle utilizó la bomba de aire en diversos experimentos que describió en su obra de 1660 *Nuevos experimentos fisicomecánicos*. En este libro se esfuerza en subrayar que todos los resultados descritos proceden de la experimentación, ya que, en la época, incluso experimentalistas notables como Galileo también informaban de los resultados de «experimentos mentales».

Otto von Guericke creó la primera bomba de aire. Sus experimentos con ella refutaron la idea aristotélica de que la naturaleza aborrece el vacío.

Muchos de los experimentos de Boyle estaban relacionados con la presión del aire. El recipiente de la bomba se modificó para incorporar un barómetro de Torricelli cuyo tubo sobresalía por la parte de arriba a la que se sellaba con cemento: a medida que se reducía la presión en el recipiente, el nivel del mercurio descendía. También llevó a cabo el experimento contrario y entonces

Robert Boyle

Robert Boyle, nacido en Irlanda, fue el decimocuarto vástago del conde de Cork. Tras estudiar en el colegio de Eton, en Inglaterra, recorrió Europa. En 1643 falleció su padre y este le dejó el dinero suficiente para poder dedicarse por completo a la ciencia, su máximo interés. Boyle regresó a Irlanda durante un par de años, pero entre 1654 y 1668 vivió en Oxford, donde le resultaba más fácil llevar a cabo su trabajo y luego se trasladó a Londres.

Boyle formó parte del «Colegio invisible», un grupo de estudiosos de cuestiones científicas que se reunían en Londres y Oxford para debatir sus ideas, y cuando este se convirtió en la Royal Society de Londres en 1663, fue uno de los primeros miembros de su consejo. Además de su interés por la ciencia, realizó experimentos alquímicos y escribió sobre teología y sobre el origen de distintas razas humanas.

Obras principales

1660 *Nuevos experimentos fisicomecánicos sobre el resorte del aire y sus efectos.*
1661 *El químico escéptico.*

constató que el aumento de la presión en el recipiente hacía subir el nivel del mercurio. Esto confirmaba los descubrimientos de Torricelli y Pascal.

Por otra parte, observó que extraer aire del recipiente resultaba cada vez más difícil a medida que el aire restante disminuía y demostró que el volumen de una vejiga de cordero a medio inflar introducida en el recipiente aumentaba a medida que disminuía el aire que la rodeaba. Un efecto similar se obtenía colocando la vejiga ante el fuego. Dio dos explicaciones posibles del «resorte» o fuerza elástica del aire que causaba estos efectos: o bien cada partícula de aire era comprimible, como un muelle, y la masa de aire se parecía a un vellón, o bien el aire se componía de partículas que se movían aleatoriamente.

Este punto de vista era similar al de los cartesianos, aunque Boyle no coincidía en la idea del éter, sino que sugería que los «corpúsculos» se movían en un espacio vacío. Su explicación es extraordinariamente parecida a la teoría cinética moderna, que describe las propiedades de la materia a partir de partículas en movimiento.

Si la altura de la columna de mercurio es menor en la cima de una montaña que a sus pies, concluimos que el peso del aire debe ser la única causa de este fenómeno.
Blaise Pascal

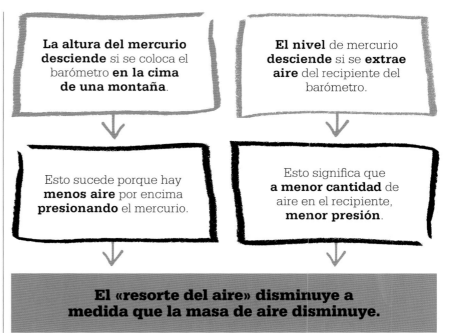

> **La altura del mercurio desciende** si se coloca el barómetro **en la cima de una montaña**.

> **El nivel** de mercurio **desciende** si se **extrae aire** del recipiente del barómetro.

> Esto sucede porque hay **menos aire** por encima **presionando** el mercurio.

> Esto significa que **a menor cantidad** de aire en el recipiente, **menor presión**.

> **El «resorte del aire» disminuye a medida que la masa de aire disminuye.**

Boyle realizó también algunos experimentos fisiológicos con aves y ratones a fin de investigar el efecto de la reducción de la presión del aire en su organismo y especuló sobre cómo entra y sale el aire de los pulmones.

La ley de Boyle-Mariotte

La ley de Boyle-Mariotte afirma que la presión de un gas multiplicada por su volumen es una constante, siempre que la cantidad de gas y la temperatura se mantengan iguales. En otras palabras, si se reduce el volumen de un gas, su presión aumenta. Es este aumento de presión lo que genera el efecto «resorte» del aire, que se puede notar en una bomba de bicicleta si se tapa el extremo con un dedo mientras se acciona el pistón.

Esta ley fue enunciada por el físico francés Edme Mariotte en 1676, poco después de Boyle, y por ello se conoce con el nombre de ambos. Sin embargo, Boyle no fue el primero en proponerla. Los científicos ingleses Richard Towneley y Henry Power realizaron una serie de experimentos con un barómetro de Torricelli y publicaron sus resultados en 1663. Tras conocer un borrador del libro, Boyle comentó los resultados con Towneley, los confirmó con experimentos y publicó «la hipótesis del señor Towneley» en 1662, como parte de una respuesta a las críticas a sus primeros experimentos.

La obra de Boyle con los gases fue especialmente importante por su cuidadosa técnica experimental y la exhaustiva información de todos sus experimentos y posibles fuentes de error, tanto si los resultados eran los esperados como si no. Esto indujo a muchos a continuar su trabajo. En la actualidad, la ley de Boyle-Mariotte se ha combinado con leyes elaboradas por otros científicos para formar la «ley de los gases ideales», que se aproxima al comportamiento de gases reales sometidos a cambios de temperatura, presión o volumen. Sus ideas también llevaron al desarrollo de la teoría cinética. ∎

¿LA LUZ ES UNA PARTICULA O UNA ONDA?

CHRISTIAAN HUYGENS (1629–1695)

EN CONTEXTO

DISCIPLINA
Física

ANTES
Siglo XI Alhacén demuestra que la luz viaja en línea recta.

1630 René Descartes describe la luz como una onda.

1660 Robert Hooke sostiene que la luz es una vibración del medio en el que se propaga.

DESPUÉS
1803 Thomas Young describe experimentos que demuestran que la luz se comporta como una onda.

1864 James Clerk Maxwell predice la velocidad de la luz y afirma que la luz es una forma de onda electromagnética.

Década de 1900 Albert Einstein y Max Planck prueban que la luz es una partícula y una onda. Los cuantos de radiación electromagnética que identificaron se llamaron fotones.

Huygens pensaba que el espacio está lleno de un **éter**.

Newton pensaba que una fuente de luz emite un gran número de **corpúsculos.**

La luz consiste en perturbaciones del éter que se propagan en **ondas**.

Los corpúsculos son **ingrávidos** y viajan en **línea recta**.

¿La luz es una partícula o una onda?

En el siglo XVII, Isaac Newton y el astrónomo holandés Christiaan Huygens reflexionaron sobre la verdadera naturaleza de la luz y llegaron a conclusiones muy distintas. El problema al que se enfrentaban era que cualquier teoría sobre la naturaleza de la luz tenía que explicar la reflexión, la refracción, la difracción y el color. La refracción es el cambio de dirección que experimenta la luz al pasar de una sustancia a otra y el motivo por el que las lentes pueden concentrar la luz. La difracción es la dispersión de la luz cuando pasa por una ranura muy estrecha.

Antes de los experimentos de Newton se aceptaba ampliamente que la luz adquiría la cualidad del color a través de su interacción con la materia: el efecto «arcoíris» que vemos cuando la luz atraviesa un prisma se debe a que este la tiñe de algún modo. Newton demostró que la luz «blanca» que vemos es, en realidad, una mezcla de distintos colores de luz que el prisma separa porque se refractan en cantidades ligeramente distintas.

Como muchos filósofos naturales de su tiempo, Newton pensaba que la luz se componía de un torrente de partículas, o «corpúsculos». Esta idea permitía explicar la propagación de la luz en línea recta hasta «rebotar» en superficies reflectantes, y también la refracción como un conjunto de fuerzas que actuaban en los límites entre materiales diferentes.

Reflexión parcial

Sin embargo, la teoría de Newton no explicaba por qué, cuando la luz llega a muchas superficies, parte se refleja y parte se refracta. En 1678, Huygens afirmó que el espacio estaba ocupado por partículas ingrávidas (el éter) que al ser perturbadas por la luz se propagaban en ondas esféricas. La refracción se explica-

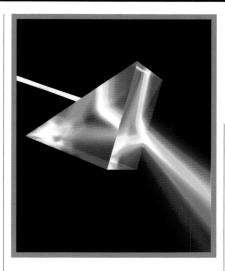

ba porque los distintos materiales (ya fueran éter, agua o cristal) hacían que la luz viajara a velocidades distintas. La teoría de Huygens explicaba por qué la refracción y la reflexión pueden producirse en una misma superficie. También explicaba la difracción.

Las ideas de Huygens tuvieron poco impacto en su época, en parte debido a la gigantesca talla que ya por entonces había alcanzado Newton como científico. Sin embargo,

Cuando la luz blanca pasa por un prisma se refracta en sus componentes. Huygens explicó que esto se debe a que las ondas luminosas viajan a distintas velocidades a través de materiales distintos.

un siglo después, en 1803, Thomas Young demostró que la luz se comporta como una onda, y los experimentos del siglo XX revelaron que se comporta a la vez como una onda y como una partícula, aunque existen grandes diferencias entre las «ondas esféricas» de Huygens y los modelos actuales.

Según Huygens, las ondas luminosas eran longitudinales cuando atravesaban una sustancia, el éter, al igual que las ondas sonoras, que hacen vibrar las partículas de la sustancia que atraviesan en la misma dirección en que se desplazan. Actualmente, las ondas luminosas se definen como ondas transversales que se comportan de un modo parecido a las olas. No necesitan materia para propagarse, mientras que las partículas vibran en ángulo recto respecto a la dirección de la onda. ▪

Christiaan Huygens

El matemático, físico y astrónomo holandés Christiaan Huygens nació en La Haya en el año 1629. Estudió derecho y matemáticas en la universidad y luego se consagró a su propia investigación, primero sobre matemáticas y luego sobre óptica. Construyó microscopios y telescopios con un nuevo ocular y pulió sus propias lentes.

Visitó Inglaterra en varias ocasiones y en 1689 conoció a Newton. Además de trabajar sobre la luz, estudió las fuerzas y el movimiento, pero no aceptó la idea de Newton de la gravedad como «acción a distancia». Entre

sus logros figuran algunos de los relojes más exactos de su época, resultado de su trabajo sobre los péndulos. Su investigación astronómica, con sus propios telescopios, le permitió descubrir Titán, el mayor satélite de Saturno, y realizar la primera descripción correcta de los anillos de este planeta.

Obras principales

1656 *Nueva observación de la luna de Saturno.*
1690 *Tratado de la luz.*

LA PRIMERA OBSERVACIÓN DE UN TRÁNSITO DE VENUS
JEREMIAH HORROCKS (1618–1641)

Los tránsitos planetarios ofrecieron la oportunidad de verificar la primera de las tres leyes del movimiento planetario de Johannes Kepler, que afirma que los planetas describen una elipse en torno al Sol. Los breves pasos de Venus y Mercurio frente al disco solar en los momentos que predecían las *Tablas rudolfinas* revelarían si la teoría era correcta.

En 1631, el astrónomo francés Pierre Gassendi observó un tránsito de Mercurio que constituyó una primera prueba prometedora; en cambio, su intento de detectar el tránsito de Venus un mes después fracasó a causa de inexactitudes en los cálculos de Kepler. Los mismos cálculos predecían un «casi encuentro» entre Venus y el Sol en 1639, pero el astrónomo inglés Jeremiah Horrocks calculó que tendría lugar un tránsito.

Al amanecer del 4 de diciembre de 1639, Horrocks instaló su mejor telescopio y enfocó el disco solar sobre una cartulina. Hacia las 15.15, las nubes se disiparon y revelaron un «punto de magnitud inusual» (Venus) que pasaba a través del Sol.

Detecté el primer indicio de la extraordinaria conjunción de Venus y el Sol [...] ello me indujo, expectante ante tamaño espectáculo, a observar con mayor atención.
Jeremiah Horrocks

Mientras Horrocks marcaba el avance de Venus en la cartulina y cronometraba cada intervalo, un amigo suyo medía el tránsito en otro lugar. A partir de las mediciones obtenidas desde los dos puntos de vista y recalculando el diámetro de Venus en relación al Sol, Horrocks estimó la distancia de la Tierra al Sol con una exactitud inédita hasta la fecha. ■

Véase también: Nicolás Copérnico 34–39 ▪ Johannes Kepler 40–41

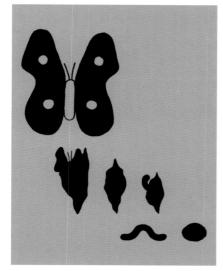

LOS ORGANISMOS SE DESARROLLAN EN ETAPAS

JAN SWAMMERDAM (1637–1680)

Aunque la metamorfosis de una mariposa de huevo a oruga, crisálida y adulto es hoy un proceso bien conocido, en el siglo XVII se tenía un concepto muy distinto de la reproducción. En la estela de Aristóteles, la mayoría creía que la vida (sobre todo los seres «inferiores», como los insectos) surgía por generación espontánea a partir de materia inerte. La teoría del preformismo sostenía que un organismo «superior» poseía la forma del adulto a escala minúscula desde el principio, pero que los animales «inferiores» eran demasiado simples para tener entrañas complejas. En 1669, el microscopista holandés Jan Swammerdam desautorizó a Aristóteles al diseccionar insectos como mariposas, libélulas, abejas, avispas y hormigas, bajo el microscopio.

Una nueva metamorfosis

Antaño, el término «metamorfosis» significaba la muerte de un individuo seguida de la aparición de otro a partir de sus restos. Swammerdam demostró que las fases del ciclo vital de un insecto (huevo, larva, pupa o ninfa, adulto) son formas distintas del mismo individuo. Cada una de ellas posee sus propios órganos internos plenamente formados, además de versiones tempranas de los órganos que se desarrollarán en las etapas posteriores. Bajo esta nueva luz, los insectos requerían un estudio científico más profundo. Swammerdam fue el primero en clasificarlos en función de su modo de reproducción y desarrollo, antes de morir de malaria a los 43 años de edad. ∎

> En la anatomía de un piojo hallaréis milagro sobre milagro y veréis la sabiduría de Dios claramente manifiesta en un punto diminuto.
> **Jan Swammerdam**

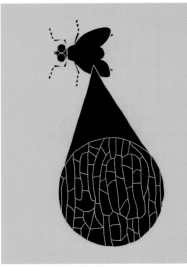

TODOS LOS SERES VIVOS SE COMPONEN DE CÉLULAS
ROBERT HOOKE (1635–1703)

EN CONTEXTO

DISCIPLINA
Biología

ANTES
***C.* 1600** Se fabrica en
los Países Bajos el primer
microscopio compuesto, quizá
obra de Hans Lippershey, o de
Hans y Zacharias Janssen.

1644 Primera descripción de
un tejido vivo por el sacerdote
y científico autodidacta
italiano Giovanni Batista
Odierna, con ayuda del
microscopio.

DESPUÉS
1674 Antonie van
Leeuwenhoek es el primero
en ver organismos unicelulares
a través de un microscopio.

1682 Leeuwenhoek observa
los núcleos de los glóbulos
rojos de salmón.

1931 El físico húngaro Leo
Szilard inventa el microscopio
electrónico, con un poder de
resolución mucho mayor.

La aparición en el siglo XVII del microscopio compuesto abrió un mundo totalmente nuevo. Los microscopios simples tienen solamente una lente, mientras que el microscopio compuesto, fabricado por ópticos holandeses, cuenta con dos o más lentes y, por lo general, ofrece más aumentos.

El científico inglés Robert Hooke no fue el primero en observar seres vivos con un microscopio. Sin embargo, la publicación de su *Micrographia* en 1665 le consagró como el primer autor de un *best seller* científico, capaz de entusiasmar a sus lectores con la nueva ciencia de la microscopía. Los grabados de los minuciosos dibujos realizados por él mismo mostraban al público algo que jamás se había visto antes: la anatomía detallada de piojos y pulgas, los ojos compuestos de una mosca o las delicadas alas de un mosquito. Hooke también dibujó objetos hechos por el hombre, como la afilada punta de un alfiler, que parecía roma bajo el microscopio, y utilizó sus observaciones para explicar cómo se forman los cristales y qué sucede cuando el agua se congela. El diarista inglés Samuel Pepys dijo que *Micrographia* era «el libro más ingenioso que he leído en toda mi vida».

Descripción de las células

En uno de sus dibujos, Hooke representó una fina lámina de corcho cuya estructura le hizo pensar en las paredes de las celdas de un monasterio. Esta fue la primera descripción e ilustración de las células («celdillas»), las unidades que constituyen todos los seres vivos. ∎

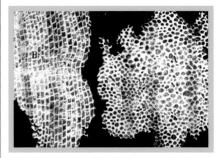

En sus dibujos del corcho, Hooke muestra solo las paredes de celulosa de células muertas. Calculó que había más de mil millones de células en 16 cm^3 de corcho.

Véase también: Antonie van Leeuwenhoek 56–57 ∎ Isaac Newton 62–69 ∎ Lynn Margulis 300–301

LAS CAPAS DE ROCA SE FORMAN UNA SOBRE OTRA
NICOLÁS STENO (1638–1686)

EN CONTEXTO

DISCIPLINA
Geología

ANTES
Finales del siglo XV
Leonardo da Vinci describe la
acción erosiva y sedimentaria
del viento y el agua.

DESPUÉS
Década de 1780 James Hutton
se remite a los principios de
Steno para plantear un proceso
geológico continuo y cíclico
que se remonta a muy atrás
en el tiempo.

Década de 1810 Georges
Cuvier y Alexandre Brongniart,
en Francia, y William Smith,
en Gran Bretaña, aplican los
principios de estratigrafía de
Steno para elaborar mapas
geológicos.

1878 El 1.er Congreso
Internacional de Geología, en
París, define los procedimientos
para crear una escala
estratigráfica estándar.

Los estratos sedimentarios que
constituyen una gran parte
de la superficie terrestre son
también la base de la historia geológica de la Tierra, que suele representarse en forma de columna con
los estratos más antiguos abajo y
arriba los más recientes. El proceso
de deposición de rocas por el agua
y la gravedad se conocía desde hacía varios siglos, pero fue el obispo
y científico danés Niels Stensen,
llamado Nicolás Steno, el primero
en enunciar los principios o leyes
que lo rigen. Las conclusiones a
las que Steno llegó fueron publicadas en el año 1669 y procedían de la
observación de estratos geológicos
en Toscana (Italia).

El principio de superposición
sostiene que todo depósito sedi-
mentario, o estrato, es más joven
que aquellos sobre los que reposa, y
más viejo que los que reposan sobre
él. Los principios de horizontalidad
original y de continuidad lateral
afirman que los estratos se depositan en capas horizontales y continuas, y que si aparecen inclinados,
plegados o fracturados es porque

Steno llegó a la conclusión de que
todos los estratos rocosos comienzan
siendo capas horizontales, deformadas
luego por fuerzas gigantescas que
actúan sobre ellas.

han sufrido perturbaciones posteriores. Finalmente, el principio de
las relaciones de corte establece
que «si un cuerpo o una disconti-
nuidad atraviesa un estrato, debe
haberse formado después de dicho
estrato».

La aportación de Steno permitió
elaborar mapas estratigráficos al
británico William Smith y los franceses Georges Cuvier y Alexandre
Brongniart , así como la subdivisión
de estratos en unidades temporales
que podían correlacionarse en distintos puntos del globo. ■

Véase también: James Hutton 96–101 ▪ William Smith 115

OBSERVACIONES MICROSCOPICAS DE ANIMALCULOS

ANTONIE VAN LEEUWENHOEK (1632–1723)

EN CONTEXTO

DISCIPLINA
Biología

ANTES
2000 A.C. Los científicos chinos construyen un microscopio con una lente de vidrio y un tubo lleno de agua.

1267 El filósofo inglés Roger Bacon sugiere la idea del telescopio y del microscopio.

***C.* 1600** Se inventa el microscopio en los Países Bajos.

1665 Robert Hooke observa células y publica *Micrographia*.

DESPUÉS
1841 El anatomista suizo Albert von Kölliker descubre que espermatozoides y óvulos son células con núcleo.

1951 El físico alemán Erwin Wilhelm Müller inventa el microscopio iónico de efecto de campo y ve átomos por primera vez.

Aunque en raras ocasiones se alejó de su hogar, situado sobre una tienda de tejidos de Delft (Países Bajos), Antonie van Leeuwenhoek descubrió un nuevo mundo: el de la vida microscópica, desconocida hasta ese momento. Allí, trabajando en solitario, vio por primera vez espermatozoides humanos, células sanguíneas y bacterias.

Antes del siglo XVII nadie sospechaba que existieran formas de vida inapreciables a simple vista. Se creía que las pulgas eran los seres más diminutos. Entonces, en torno a 1600, unos ópticos holandeses inventaron el microscopio combinando dos lentes para incrementar su capacidad de aumento (p. 54).

En 1665, el científico inglés Robert Hooke publicó el primer dibujo de células, que había visto en una laminilla de corcho a través de un microscopio.

Ni a Hooke ni a ninguno de los microscopistas de su tiempo se les ocurrió buscar vida en ningún lugar donde no pudieran verla con sus propios ojos. En cambio, Leeuwenhoek dirigió sus lentes a lugares donde no parecía haber vida en absoluto, en particular los líquidos.

Cuando se publicaron los dibujos de Leeuwenhoek de espermatozoides humanos en el 1719, muchos no aceptaron que en el semen existieran esos diminutos «animálculos» nadadores.

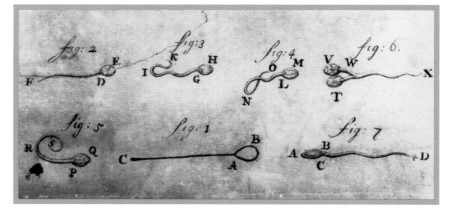

Véase también: Robert Hooke 54 ▪ Louis Pasteur 156–159 ▪
Martinus Beijerinck 196–197 ▪ Lynn Margulis 300–301

Los **microscopios** permiten observar sustancias
donde **no hay formas de vida visibles**.

⬇

Los microscopios simples de **gran aumento** revelan
«animálculos» diminutos en el agua y otros líquidos.

⬇

El mundo está lleno de **formas de vida**
unicelulares **microscópicas**.

Antonie van Leeuwenhoek

Leeuwenhoek, hijo de un cestero, nació en Delft en 1632. Tras trabajar en la tienda de tejidos de su tío, a los veinte años de edad abrió la suya propia, donde permaneció hasta el final de su larga vida.

Su negocio le dejaba tiempo para dedicarse a su afición a la microscopía, que se despertó hacia 1668 tras una visita a Londres, donde tal vez vio un ejemplar de la *Micrographia* de Robert Hooke. A partir de 1673 informó de sus descubrimientos en cartas a la Royal Society de Londres, para la que escribió más informes que ningún otro científico en toda su historia. Al principio, la Royal Society recibió con escepticismo sus informes, pero Hooke replicó muchos de sus experimentos y confirmó los descubrimientos.

Leeuwenhoek construyó más de 500 microscopios, muchos de ellos diseñados para observar objetos específicos.

Obras principales

1673 *Carta nº 1 a la Royal Society.*
1676 *Carta nº 18, donde consigna su descubrimiento de las bacterias.*

Estudió gotas de lluvia, sarro dental, heces, semen y sangre, entre muchas más cosas, y en esas sustancias aparentemente inertes descubrió la riqueza de la vida microscópica.

A diferencia de Hooke, Leeuwenhoek no utilizó un microscopio «compuesto» de dos lentes, sino una lente única de alta calidad (en realidad, una lupa). En aquella época resultaba más fácil conseguir una imagen nítida utilizando microscopios simples. Era imposible obtener más de 30 aumentos con microscopios compuestos, ya que la imagen quedaba borrosa. Leeuwenhoek pulió sus propias lentes y logró superar los 200 aumentos. Sus microscopios eran unos pequeños y sencillos aparatos con lentes diminutas, de tan solo unos milímetros de ancho; la muestra se colocaba en un alfiler ante la lente, y Leeuwenhoek acercaba un ojo a la lente por el otro lado.

Vida unicelular

Al principio, Leeuwenhoek no observó nada raro, pero en 1674 informó haber visto criaturas minúsculas y más finas que un cabello humano en una muestra de agua de lago. Eran las algas verdes *Spirogyra*, un ejemplo de los organismos simples que hoy en día se denominan protistas. Leeuwenhoek llamó animálculos a estos seres diminutos. En octubre de 1676 descubrió bacterias unicelulares aún más pequeñas en gotas de agua. Al año siguiente escribió que en su propio semen había visto una multitud de animáculos, a los que ahora llamamos espermatozoides y que a diferencia de los que había descubierto en el agua, eran todos idénticos. Todos y cada uno de los varios miles que observó tenían la misma cola y la misma cabeza diminutas y nadaban como renacuajos en el semen.

Leeuwenhoek comunicó sus descubrimientos en cientos de cartas a la Royal Society de Londres. Sin embargo, guardó en secreto sus técnicas para la fabricación de lentes. Es posible que construyera sus pequeñísimas lentes fundiendo hilos de vidrio, pero no se sabe con total certeza. ▪

MEDICION DE LA VELOCIDAD DE LA LUZ

OLE RØMER (1644–1710)

Los **eclipses** de los satélites de Júpiter **no** siempre **coinciden con la predicción**.

↓

La **distancia** entre la Tierra y Júpiter **varía a lo largo de la órbita de ambos en torno al Sol**.

↓

La propagación no instantánea de la luz explicaría las discrepancias.

↓

Las diferencias horarias y las distancias en el Sistema Solar permiten calcular la velocidad de la luz.

Júpiter tiene muchos satélites, pero solo los cuatro mayores (Ío, Europa, Ganímedes y Calisto) eran visibles a través del telescopio en la época en que Ole Rømer observaba el cielo del norte de Europa, a finales del siglo XVII. Estos satélites se eclipsan cuando cruzan la sombra de Júpiter y, en determinados momentos, pueden observarse entrando o saliendo de la sombra, en función de las posiciones relativas de la Tierra y Júpiter alrededor del Sol. Durante casi seis meses, dichos eclipses no pueden observarse en absoluto porque el Sol está entre la Tierra y Júpiter.

Cuando Rømer comenzó a trabajar en el Observatorio de París a finales de la década de 1660, su director, Giovanni Cassini, había publicado unas tablas que predecían los eclipses de estos satélites. Sabiendo en qué momento se producirían era posible calcular la longitud: para ello había que conocer la diferencia entre la hora en un lugar concreto y la hora en un meridiano de referencia (en este caso, el de París). Al menos en tierra firme, ya era posible calcular la longitud observando la hora del eclipse de uno de los satélites de Júpiter y comparándola con la hora prevista para

Véase también: Galileo Galilei 42–43 ▪ John Michell 88–89 ▪ Léon Foucault 136–137

el eclipse en París. Sin embargo, en los barcos resultaba imposible montar un telescopio con la estabilidad suficiente para poder observar los eclipses, por lo que no se pudo medir longitudes en el mar hasta que John Harrison construyó los primeros cronómetros marinos en la década de 1730.

¿Velocidad finita o infinita?

Rømer estudió las observaciones de los eclipses del satélite Ío registradas a lo largo de dos años y al compararlas con las horas que predecían las tablas de Cassini descubrió discrepancias de 11 minutos cuando la Tierra estaba más próxima a Júpiter y cuando estaba más lejos. Ninguna de las irregularidades conocidas de las órbitas de la Tierra, Júpiter o Ío explicaba estas discrepancias, de manera que tenían que deberse al tiempo que la luz necesita para recorrer el diámetro de la órbita terrestre. Conociendo el valor de este, Rømer calculó la velocidad de la luz en 214.000 km/s, desviándose un 25% respecto al valor actual,

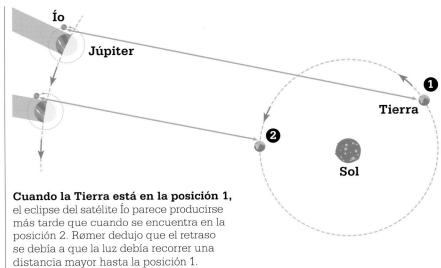

Cuando la Tierra está en la posición 1, el eclipse del satélite Ío parece producirse más tarde que cuando se encuentra en la posición 2. Rømer dedujo que el retraso se debía a que la luz debía recorrer una distancia mayor hasta la posición 1.

que es de 299.792 km/s. Incluso así, fue una primera aproximación excelente y respondió a la pregunta, hasta ese momento sin respuesta, de si la velocidad de la luz era finita o infinita.

En Inglaterra, Isaac Newton aceptó rápidamente la hipótesis de que la luz no viajaba instantáneamente. Sin embargo, no todo el mundo estuvo de acuerdo con el razonamiento de Rømer, y Cassini señaló que las discrepancias de las observaciones de los otros satélites continuaban sin explicación. Los descubrimientos de Rømer no fueron aceptados de manera universal hasta que, en 1729, el astrónomo inglés James Bradley realizó un cálculo más exacto de la velocidad de la luz midiendo el paralaje de las estrellas (p. 39). ■

> La luz no necesita ni un segundo para recorrer una distancia de unas 3.000 leguas, que es casi igual al diámetro de la Tierra.
> **Ole Rømer**

Ole Rømer

Rømer nació en 1644 en la ciudad danesa de Aarhus y estudió en la Universidad de Copenhague. Colaboró en la preparación de las observaciones astronómicas de Tycho Brahe para su publicación. Rømer llevó a cabo sus propias observaciones y registró las horas de los eclipses de los satélites de Júpiter desde el antiguo observatorio de Brahe en Uraniborg, cerca de Copenhague. De allí se trasladó a París, donde trabajó en el Observatorio bajo la dirección de Giovanni Cassini.

En 1679 visitó Inglaterra y conoció a Isaac Newton.

A su regreso a Copenhague en 1681, Rømer se convirtió en profesor de astronomía y tomó parte en la modernización de los pesos y medidas, el calendario, los códigos de construcción e incluso el aprovisionamiento de agua. Por desgracia, un incendio destruyó sus observaciones astronómicas en 1728.

Obra principal

1677 *Demostración sobre el movimiento de la luz.*

UNA ESPECIE NO NACE JAMÁS DE LA SEMILLA DE OTRA

JOHN RAY (1627–1705)

EN CONTEXTO

DISCIPLINA
Biología

ANTES
Siglo IV a.C. Los griegos utilizan los términos «género» y «especie» para describir grupos de cosas similares.

1583 El botánico Andrea Cesalpino clasifica las plantas según sus semillas y frutos.

1623 El botánico suizo Gaspard Bauhin clasifica más de 6.000 plantas en su obra *Pinax theatri botanici*.

DESPUÉS
1690 El filósofo inglés John Locke afirma que las especies son constructos artificiales.

1735 Carlos Linneo publica *Systema naturae*, la primera de sus numerosas obras en las que clasificó plantas y animales.

1859 Charles Darwin propone la evolución de las especies por selección natural en *El origen de las especies*.

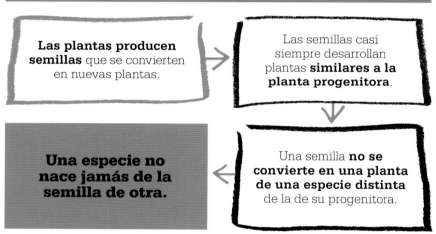

Las plantas producen **semillas** que se convierten en nuevas plantas.

Las semillas casi siempre desarrollan plantas **similares a la planta progenitora**.

Una semilla **no se convierte en una planta de una especie distinta** de la de su progenitora.

Una especie no nace jamás de la semilla de otra.

El concepto actual de especie vegetal y animal se basa en la reproducción. Una especie comprende a todos los individuos que pueden aparearse y engendrar descendientes que, a su vez, pueden hacer lo mismo. Fue el naturalista inglés John Ray quien introdujo en 1686 esta idea fundamental en la taxonomía (ciencia de la clasificación), en la que la genética desempeña hoy un papel crucial.

Enfoque metafísico

En esta época, el término «especie» estaba estrechamente vinculado a la religión y la metafísica, un enfoque que se remontaba a la antigua Gre-

cia. Filósofos griegos como Platón, Aristóteles o Teofrasto ya empleaban términos tales como «género» y «especie» para clasificar grupos y subgrupos de todo tipo de cosas, vivas o inanimadas. En sus discusiones apelaban a cualidades vagas como la esencia y el alma. Así, los individuos pertenecían a una especie porque compartían la misma «esencia», no porque tuvieran el mismo aspecto o la capacidad de aparearse entre ellos.

En el siglo XVII existía una infinidad de clasificaciones. Muchas estaban organizadas en orden alfabético o según criterios de la cultura popular, como las enfermeda-

> *Nada se inventa y se perfecciona simultáneamente.*
> **John Ray**

des que las plantas podían tratar. En 1666, Ray regresó de un viaje de tres años por Europa durante el cual recopiló una gran colección de plantas y animales que se propuso clasificar según criterios más científicos junto con su colega Francis Willughby.

Un método práctico

Ray introdujo un enfoque observacional, innovador y práctico. Examinó todas las partes de las plantas, desde las raíces hasta las puntas de los tallos y las flores. Gracias a él se generalizó el uso de los términos «pétalo» y «polen», y el tipo de flor se convirtió en un criterio importante de clasificación, igual que el tipo de semilla. También introdujo la distinción entre plantas monocotiledóneas (con una sola hoja primordial, o cotiledón) y dicotiledóneas (con dos cotiledones). Sin embargo, recomendó limitar las características utilizadas para la clasificación, a fin de evitar que las especies se multiplicaran hasta alcanzar un número inmanejable. Su obra principal, *Historia plantarum*, publicada en tres volúmenes en 1686, 1688 y 1704, contiene más de 18.000 entradas.

Según Ray, la reproducción es la clave para definir una especie. Su definición partía de su experiencia personal recogiendo especímenes, plantando semillas y observando su germinación: «no se me ha ocurrido un criterio más seguro para determinar la especie [vegetal] que el de las características distintivas que se perpetúan mediante la propagación de semillas […] Del mismo modo, los animales específicamente diferentes preservan su especie de modo permanente; una especie ja-

El trigo es una monocotiledónea (planta cuya semilla solo tiene un cotiledón), según la definición de Ray. A lo largo de 10.000 años de cultivo han evolucionado unas 30 especies de este importante cereal del género *Triticum*.

más nace de la semilla de otra, y viceversa». Ray sentó las bases del concepto de grupo reproductivo que sigue definiendo a la especie en la actualidad. Así, convirtió a la botánica y la zoología en disciplinas científicas. Profundamente religioso, entendía su obra como un medio de mostrar la excelencia divina. ∎

John Ray

John Ray nació en 1627 en Black Notley (Essex, Inglaterra), hijo de un herrero y una herborista. A los 16 años ingresó en la Universidad de Cambridge, donde estudió diversas disciplinas y enseñó griego y matemáticas, entre otras materias, antes de incorporarse al clero en 1660. En 1650, mientras se recuperaba de una enfermedad, se habituó a pasear por el campo y así se despertó su interés por la botánica.

Entre 1663 y 1666 recorrió Europa con su acaudalado alumno y mecenas Francis Willughby para estudiar y recoger muestras de plantas y animales. En 1673 se casó con Margaret Oakley y, tras dejar la casa de Willughby, vivió en Black Notley hasta los 77 años. Dedicó sus últimos años de vida al estudio de especímenes vegetales y animales a fin de elaborar catálogos cada vez más ambiciosos. Escribió veinte obras sobre plantas y animales, su taxonomía, forma y función, además de sobre teología y sus viajes.

Obra principal

1686–1704 *Historia Plantarum.*

LA GRAVEDAD SE EXTIENDE POR TODO EL UNIVERSO

ISAAC NEWTON (1642–1727)

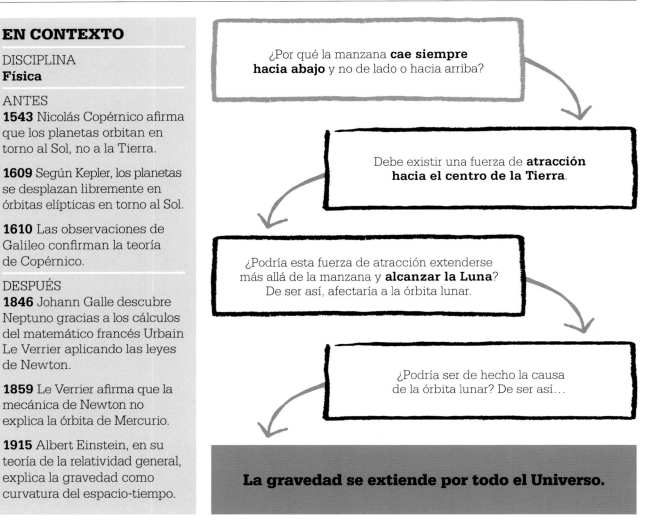

los planetas en sus órbitas alrededor del Sol y demostró matemáticamente que dicha fuerza cambia con la distancia. Sus cálculos se apoyaban en las tres leyes del movimiento y la ley de la gravitación universal enunciadas por él.

Nuevas ideas

Las ideas de Aristóteles, que llegó a sus conclusiones sin realizar experimentos para comprobarlas, habían dominado el pensamiento científico durante siglos. Según el filósofo griego, los objetos solo se mueven mientras son empujados y los obje-

Cuando nació Isaac Newton, el modelo heliocéntrico del Universo, con la Tierra y el resto de planetas orbitando en torno al Sol, ya era la explicación unánimemente aceptada de los movimientos observados del Sol, la Luna y los planetas. La teoría no era nueva, pero solo empezó a imponerse cuando Copérnico publicó sus ideas al final de su vida, en 1543. En el modelo copernicano, la Luna y los planetas giraban en esferas cristalinas alrededor del Sol, y una esfera exterior sostenía las estrellas «fijas». Este modelo quedó obsoleto cuando Jo-

hannes Kepler publicó sus leyes del movimiento planetario en 1609. Kepler prescindió de las esferas cristalinas de Copérnico y demostró que las órbitas de los planetas eran elipses, con el Sol en uno de los focos. También afirmó que la velocidad de un planeta varía a lo largo de su trayectoria.

Lo que faltaba a estos modelos era la explicación de por qué los planetas se movían como lo hacían. Esa fue la aportación de Newton. Concluyó que la fuerza que atrae una manzana hacia el centro de la Tierra es la misma que mantiene a

tos pesados caen a mayor velocidad que los ligeros. Si los objetos caen al suelo es porque se mueven hacia su lugar natural; los objetos celestes, al ser perfectos, deben moverse en círculos a una velocidad constante.

Galileo Galilei planteó ideas distintas, a las que llegó mediante la experimentación. Observó bolas rodando por una pendiente y demostró que todos los objetos caen a la misma velocidad si la resistencia del aire es mínima. También concluyó que los objetos en movimiento siguen moviéndose a no ser que una fuerza, como la fricción (o rozamiento), los ralentice. Este principio de la inercia de Galileo fue recogido por Newton en su primera ley del movimiento. Como la fricción y la resistencia del aire actúan sobre todos los objetos en movimiento, el concepto de fricción no resulta obvio. Galileo tuvo que llevar a cabo meticulosos experimentos para demostrar que la fuerza que mantiene a una velocidad constante a los objetos en movimiento solo es necesaria para contrarrestar la fricción.

Las leyes del movimiento

Newton experimentó en numerosos campos, pero no se conservan registros de sus experimentos sobre el movimiento. No obstante, sus tres leyes se han verificado en muchas ocasiones y siguen siendo válidas para cuerpos que se desplazan a velocidades muy inferiores a la de la luz. La primera ley afirma: «Todo cuerpo persevera en su estado de reposo o de movimiento uniforme y rectilíneo a no ser que sea obligado a cambiar su estado por fuerzas impresas sobre él». En otras palabras, un objeto estacionario solo empezará a moverse si una fuerza actúa sobre él, y un objeto en movimiento

seguirá moviéndose a una velocidad (celeridad o rapidez) y en una dirección constantes hasta que una fuerza actúe sobre él. Por lo tanto, la celeridad o la dirección de un objeto solo cambiarán si una fuerza actúa sobre él. Cuando varias fuerzas actúan sobre un objeto, hay que tener en cuenta la fuerza neta o resultante. Así, en un automóvil en movimiento actúan muchas fuerzas, como la fricción y la resistencia del aire, y el motor que impulsa las ruedas. Si las

fuerzas que lo impulsan hacia delante se equilibran con las que intentan ralentizarlo, no habrá fuerza neta, y el automóvil mantendrá una velocidad constante.

La segunda ley de Newton establece que la aceleración (cambio de celeridad) de un cuerpo depende de la magnitud de la fuerza que actúa sobre él, y suele expresarse como $F = ma$, donde F es fuerza, m es masa y a es aceleración. Esto prueba que cuanto mayor sea la fuerza ejercida »

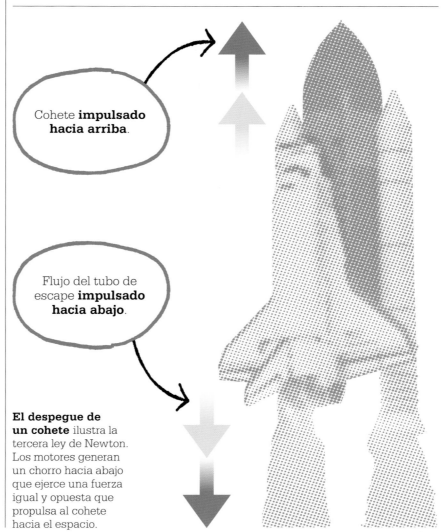

Cohete **impulsado hacia arriba**.

Flujo del tubo de escape **impulsado hacia abajo**.

El despegue de un cohete ilustra la tercera ley de Newton. Los motores generan un chorro hacia abajo que ejerce una fuerza igual y opuesta que propulsa al cohete hacia el espacio.

sobre un cuerpo, mayor será la aceleración. La aceleración también depende de la masa del cuerpo. A igual fuerza, un cuerpo con una masa pequeña acelerará a mayor velocidad que otro con una masa grande.

La tercera ley se enuncia de la siguiente manera: «Para toda acción existe siempre una reacción igual y contraria». Esto significa que todas las fuerzas se producen en pares: si un objeto ejerce una fuerza sobre otro, este ejerce simultáneamente una fuerza sobre el primero, y ambas fuerzas son iguales y opuestas. A pesar del término «acción», no hace falta movimiento para que la ley se cumpla. Esto se asocia a las ideas de Newton sobre la gravitación. Un ejemplo de la tercera ley es la atracción gravitatoria entre los cuerpos: no solo la Tierra atrae a la Luna, sino que la Luna atrae a la Tierra con la misma fuerza.

Atracción universal

Newton empezó a reflexionar sobre la gravedad a finales de la década de 1660, durante los dos años que pasó en Woolsthorpe para escapar de

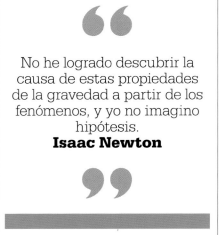

No he logrado descubrir la causa de estas propiedades de la gravedad a partir de los fenómenos, y yo no imagino hipótesis.
Isaac Newton

la peste que diezmaba Cambridge. En esa época, varios científicos habían sugerido ya que el Sol ejercía una fuerza de atracción cuya magnitud era inversamente proporcional al cuadrado de la distancia. En otras palabras, si la distancia entre el Sol y otro cuerpo se duplica, la fuerza que los atrae es la cuarta parte de la original. Sin embargo, no se pensaba que esta norma pudiera aplicarse cerca de la superfi-

cie de un cuerpo tan grande como la Tierra.

En cierta ocasión, Newton vio caer una manzana del árbol y dedujo que la Tierra debía atraerla. Además, como las manzanas caen siempre perpendicularmente al suelo, la dirección de la caída apuntaba al centro de la Tierra. Por lo tanto, la fuerza de atracción entre la Tierra y la manzana debía de actuar como si se originara en el centro del planeta. Estas ideas abrieron la vía a la consideración del Sol y los planetas como puntos pequeños con una gran masa, lo cual facilitó significativamente los cálculos porque empezaron a medirse desde su centro. Newton no halló motivos para pensar que la fuerza que hacía caer las manzanas fuera distinta de la que mantenía a los planetas en órbita: por lo tanto, la gravedad era una fuerza universal.

Si se aplica la teoría de la gravedad de Newton a los cuerpos en caída libre, m_1 es la masa de la Tierra y m_2 es la masa del objeto que cae. Por lo tanto, cuanto mayor sea la masa de un objeto, mayor será la fuerza que lo atrae hacia abajo. Sin embargo, la segunda ley de Newton dice que, a igual fuerza, una masa grande no se acelera tanto como otra más pequeña. En consecuencia, se necesita una fuerza mayor para acelerar la masa más grande, y todos los objetos caen a la misma velocidad, siempre que no intervengan otras fuerzas, como la resistencia del aire. Sin la resistencia del aire, un martillo y una pluma caerán a la misma velocidad: el astronauta David Scott, lo demostró por fin en 1971 al realizar el experimento en la superficie de la Luna durante la misión Apolo 15.

En un primer borrador de *Principios matemáticos de la filosofía natural* Newton describe un experimento especulativo para explicar las órbitas. Imagina un cañón sobre

La ley de la gravitación de Newton se expresa en la ecuación de la imagen. La fuerza producida depende de la masa de los objetos y del cuadrado de la distancia que los separa.

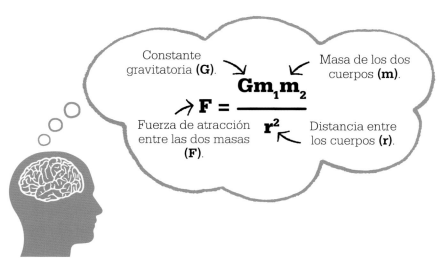

Constante gravitatoria (**G**).
Masa de los dos cuerpos (**m**).

$$F = \frac{Gm_1m_2}{r^2}$$

Fuerza de atracción entre las dos masas (**F**).
Distancia entre los cuerpos (**r**).

Si se dispara una bala de cañón a una velocidad insuficiente, la gravedad la atraerá hacia la Tierra (A y B). Si la velocidad es suficiente, entrará en órbita (C).

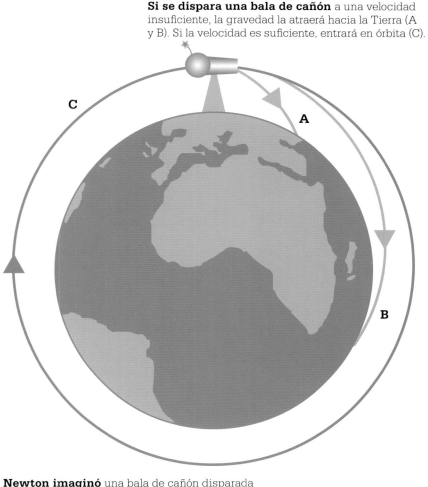

Newton imaginó una bala de cañón disparada horizontalmente desde la cima de una montaña. Cuanto mayor fuera la fuerza a la que se disparara, más lejos llegaría antes de caer al suelo. Si se disparase con la fuerza suficiente, daría la vuelta al planeta y volvería al origen.

Las leyes de Kepler […] se acercan a la verdad lo suficiente para haber conducido a […] la ley de atracción de los cuerpos del Sistema Solar.
Isaac Newton

y Christopher Wren de haber descubierto las leyes del movimiento planetario. Halley, que era muy amigo de Newton, quiso conocer la opinión de este. La respuesta de Newton fue que había resuelto el problema, pero que había perdido las notas. Halley le alentó a repetir el trabajo, y Newton escribió *De motu corporum in gyrum (Sobre el movimiento de los cuerpos en órbita)*, un breve manuscrito que envió a la Royal Society ese mismo año. En él afirmaba que el movimiento elíptico de los planetas descrito por Kepler era resultado de una fuerza que atraía a todos los objetos hacia el Sol y que esa fuerza era inversamente proporcional a la distancia entre los cuerpos. Newton amplió este trabajo en su obra *Principios matemáticos*, publicada en tres volúmenes y que contenía, entre otras cosas, la ley de la gravitación universal y las tres leyes del movimiento. Escrita en latín, no se tradujo al inglés hasta 1729, a partir de la tercera edición de Newton.

Hooke y Newton ya se habían enfrentado antes, a raíz de las críticas del primero a la teoría de la luz newtoniana. Tras la publicación de la obra de Newton, la mayor parte del trabajo de Hooke sobre el movimiento planetario cayó en el olvido. **»**

una montaña muy elevada que dispara balas horizontalmente y a velocidades cada vez mayores. Cuanto mayor sea la velocidad a la que se dispara la bala, más lejos llegará. Si se lanzara a la velocidad suficiente, no caería nunca y daría la vuelta a la Tierra hasta volver a la cima de la montaña. Del mismo modo, un satélite lanzado en órbita a la velocidad adecuada correcta, entrará en órbita y seguirá girando en torno a la Tierra eternamente, porque la gravedad terrestre lo acelera de forma continuada. Se mueve a una velocidad constante, pero como cambia continuamente de dirección, orbita en torno al planeta en vez de salir propulsado hacia el espacio en línea recta. En este caso, la gravedad de la Tierra solo cambia la dirección de la velocidad del satélite, no su celeridad.

Publicación de las ideas

En 1684, Robert Hooke presumió ante sus amigos Edmond Halley

Las leyes de Newton permitieron calcular las órbitas de cuerpos celestes como el cometa Halley, representado en el tapiz de Bayeux tras su aparición en 1066.

tos. De todos modos, las leyes de Newton explicaban tantos fenómenos que pronto fueron aceptadas de forma general. Hoy, la unidad internacional de fuerza recibe el nombre de newton.

Aplicación de las ecuaciones

Edmond Halley usó las ecuaciones de Newton para calcular la órbita de un cometa observado en 1682 y demostró que era el mismo que había aparecido en 1531 y 1607, y que hoy conocemos como cometa Halley. Halley predijo acertadamente que regresaría en 1758, cuando ya hacía 16 años que el científico había fallecido. Era la primera vez que se demostraba que los cometas también orbitaban en torno al Sol. El cometa Halley pasa cerca de la Tierra cada 75–76 años y es el mismo que se vio en 1066 antes de la batalla de Hastings, en el sur de Inglaterra.

Gracias a las ecuaciones se descubrió también el séptimo planeta desde el Sol, Urano, que William Herschel identificó en 1781. Observaciones posteriores permitieron a los astrónomos calcular su órbita y predecir dónde podría observarse en fechas futuras. Sin embargo, las predicciones no siempre eran correctas, lo que llevó a pensar que debía de haber otro planeta aún más distante, cuya órbita afectaba a la de Urano. En 1845, los astrónomos calcularon dónde debía estar ese octavo planeta y al año siguiente descubrieron Neptuno.

Problemas de la teoría

El punto de la órbita en que un planeta se halla más próximo al Sol se

De todos modos, Hooke no había sido el único en sugerir una ley del movimiento planetario y tampoco había demostrado que se cumpliera. Newton demostró que su ley de la gravitación universal y sus leyes del movimiento podían usarse matemáticamente para describir las órbitas de los planetas y de los cometas, y que estas descripciones coincidían con las observaciones.

Una acogida escéptica

Las ideas de Newton sobre la gravedad no fueron bien recibidas en todas partes. Como no había modo de explicar ni cómo ni por qué se producía, la «acción a distancia» de la fuerza de la gravedad de Newton se consideró una idea «ocultista». El propio Newton se negó a especular sobre la naturaleza de la gravedad. Le bastaba con haber demostrado que la teoría de la atracción inversa al cuadrado explicaba el movimiento de los planetas y que, por lo tanto, sus cálculos eran correc-

> ❝
> ¿Por qué tiene que caer la manzana siempre perpendicularmente al suelo?, pensó para sí [...]
> **William Stukeley**
> ❞

denomina perihelio. Si solo hubiera un planeta alrededor del Sol, el perihelio de su órbita estaría siempre en el mismo sitio, pero como todos los planetas del Sistema Solar se afectan mutuamente, su perihelio también rota alrededor del Sol. Sin embargo, en 1859 se reconoció que las ecuaciones de Newton no logran explicar la precesión (cambio del eje de rotación) del perihelio de Mercurio. La solución llegó más de cincuenta años después, a partir de cálculos basados en la teoría de la relatividad general de Einstein, que considera la gravedad como un efecto de la curvatura del espacio-tiempo.

Las leyes de Newton, en la actualidad

Las leyes propuestas por Newton constituyen la base de la mecánica clásica, una serie de ecuaciones con las que se pueden calcular los efectos de las fuerzas y el movimiento. A pesar de que se han visto superadas por ecuaciones basadas en las teorías de la relatividad de Einstein, las leyes de Newton son válidas siempre que el movimiento

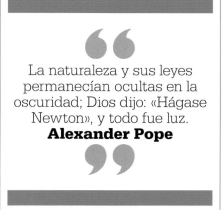

> 66
> La naturaleza y sus leyes permanecían ocultas en la oscuridad; Dios dijo: «Hágase Newton», y todo fue luz.
> **Alexander Pope**
> 99

implicado sea pequeño en comparación con la velocidad de la luz. Así pues, para los cálculos del diseño de aviones, automóviles y rascacielos, las ecuaciones de la mecánica clásica aportan la precisión suficiente y son mucho más sencillas de utilizar. Aunque no sea estrictamente correcta, la física newtoniana continúa utilizándose ampliamente en la actualidad. ■

La precesión (cambio del eje de rotación) de la órbita de Mercurio fue el primer fenómeno que las leyes de Newton no pudieron explicar.

Isaac Newton

Isaac Newton, nacido el 25 de diciembre de 1642, estudió en una escuela de Grantham y luego en el Trinity College de Cambridge, donde se licenció en 1665. A lo largo de su vida fue profesor de matemáticas en Cambridge, director de la Real Casa de la Moneda, miembro del Parlamento por la Universidad de Cambridge y presidente de la Royal Society. Además de su disputa con Hooke, Newton mantuvo una polémica con el filósofo y matemático alemán Gottfried Leibniz sobre quién había sido el primero en desarrollar el cálculo.

Al margen de su obra científica, se dedicó a la alquimia y a la interpretación de la Biblia. Cristiano ferviente, pero heterodoxo, consiguió evitar ser ordenado sacerdote, un requisito habitual para algunos de los cargos que desempeñó.

Obras principales

1684 *De motu corporum in gyrum (Sobre el movimiento de los cuerpos en órbita).*
1687 *Principios matemáticos de la filosofía natural.*
1704 *Óptica.*

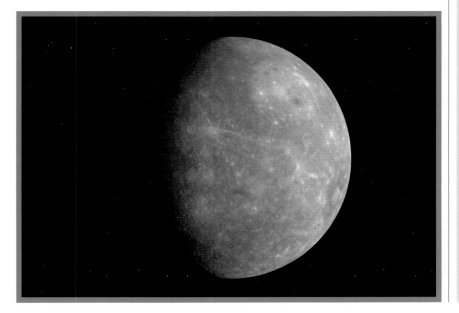

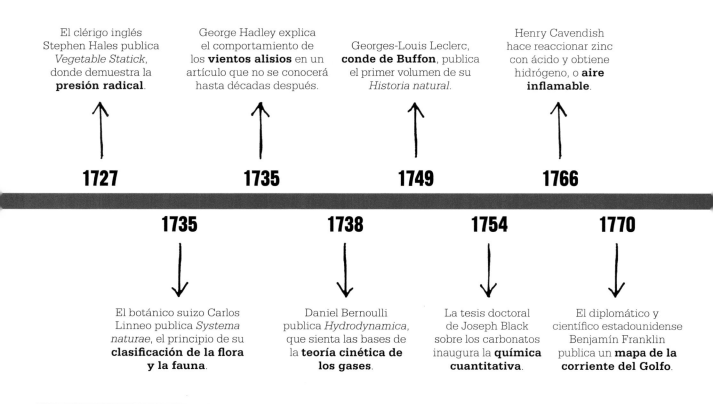

El clérigo inglés Stephen Hales publica *Vegetable Statick*, donde demuestra la **presión radical**.

George Hadley explica el comportamiento de los **vientos alisios** en un artículo que no se conocerá hasta décadas después.

Georges-Louis Leclerc, **conde de Buffon**, publica el primer volumen de su *Historia natural*.

Henry Cavendish hace reaccionar zinc con ácido y obtiene hidrógeno, o **aire inflamable**.

1727 **1735** **1749** **1766**

1735 **1738** **1754** **1770**

El botánico suizo Carlos Linneo publica *Systema naturae*, el principio de su **clasificación de la flora y la fauna**.

Daniel Bernoulli publica *Hydrodynamica*, que sienta las bases de la **teoría cinética de los gases**.

La tesis doctoral de Joseph Black sobre los carbonatos inaugura la **química cuantitativa**.

El diplomático y científico estadounidense Benjamín Franklin publica un **mapa de la corriente del Golfo**.

A finales del siglo XVII, Isaac Newton formuló sus leyes del movimiento y de la gravedad, con las que dotó a la ciencia de una precisión matemática inédita hasta entonces. Científicos de diversos campos identificaron los principios que rigen el Universo, y las distintas ramas de la investigación científica se fueron especializando cada vez más.

La dinámica de fluidos

En la década de 1720, el vicario inglés Stephen Hales llevó a cabo una serie de experimentos con plantas, mediante los cuales descubrió la presión radical (que hace ascender la savia), e inventó la cuba neumática, un aparato de laboratorio para recoger gases y que más tarde permitió identificar los componentes del aire.

Daniel Bernoulli, el más brillante de una familia de matemáticos suizos, formuló el llamado principio de Bernoulli, según el cual la presión de un fluido se reduce cuando está en movimiento. Este principio le permitió medir la presión sanguínea y explica por qué vuelan los aviones.

En 1754, el químico escocés Joseph Black, que después formuló la teoría del calor latente, redactó una tesis doctoral sobre la descomposición del carbonato de calcio y la generación de «aire fijo», o dióxido de carbono. Sus investigaciones activaron una reacción en cadena de hallazgos en el campo de la química. En Inglaterra, Henry Cavendish aisló el hidrógeno y demostró que el agua se compone de dos partes de hidrógeno por una de oxígeno. Joseph Priestley aisló el oxígeno y varios otros gases nuevos. El holan-

dés Jan Ingenhousz retomó el trabajo de Priestley donde este lo había dejado y demostró que las plantas verdes desprenden oxígeno bajo la luz del sol y dióxido de carbono en la oscuridad. Mientras, en Francia, Antoine Lavoisier demostró que muchos elementos, como el carbono, el azufre y el fósforo, arden cuando se combinan con oxígeno y forman lo que ahora llamamos óxidos, desmontando así la teoría de que los materiales combustibles contienen una sustancia, el flogisto, que los hace arder. (Por desgracia, los revolucionarios condenaron a Lavoisier a la guillotina.)

En 1793, el químico francés Joseph Proust descubrió que los elementos químicos casi siempre se combinan en proporciones definidas. Esta ley fue un paso esencial para la formulación de compuestos simples.

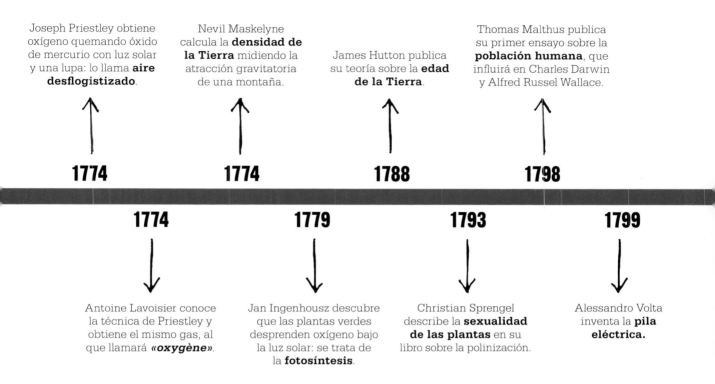

Joseph Priestley obtiene oxígeno quemando óxido de mercurio con luz solar y una lupa: lo llama **aire desflogistizado**.

Nevil Maskelyne calcula la **densidad de la Tierra** midiendo la atracción gravitatoria de una montaña.

James Hutton publica su teoría sobre la **edad de la Tierra**.

Thomas Malthus publica su primer ensayo sobre la **población humana**, que influirá en Charles Darwin y Alfred Russel Wallace.

1774   **1774**   **1788**   **1798**

1774   **1779**   **1793**   **1799**

Antoine Lavoisier conoce la técnica de Priestley y obtiene el mismo gas, al que llamará ***«oxygène»***.

Jan Ingenhousz descubre que las plantas verdes desprenden oxígeno bajo la luz solar: se trata de la **fotosíntesis**.

Christian Sprengel describe la **sexualidad de las plantas** en su libro sobre la polinización.

Alessandro Volta inventa la **pila eléctrica**.

Las ciencias de la Tierra

En el otro extremo de la escala, la comprensión de los procesos de la Tierra avanzaba a pasos de gigante. En América del Norte, Benjamín Franklin, además de llevar a cabo un peligroso experimento para probar que el rayo es una forma de electricidad, demostró la existencia de grandes corrientes oceánicas gracias a su estudio de la corriente del Golfo. El abogado y meteorólogo aficionado inglés George Hadley explicó en un breve artículo la desviación de los vientos alisios en relación a la rotación de la Tierra, mientras que Nevil Maskelyne acampó durante varios meses bajo unas duras condiciones meteorológicas para medir la atracción gravitatoria de una montaña escocesa y así logró calcular la densidad de la Tierra. James Hutton se interesó por la geología tras heredar tierras agrícolas en Escocia y descubrió que la Tierra era mucho más vieja de lo que se creía.

Origen y evolución de la vida

Cuando se conoció la extrema antigüedad de la Tierra empezaron a surgir ideas nuevas acerca del origen y la evolución de la vida. El escritor, naturalista y matemático francés Georges-Louis Leclerc, conde de Buffon, dio los primeros pasos hacia una teoría de la evolución. El teólogo alemán Christian Sprengel dedicó gran parte de su vida a estudiar la interacción de plantas e insectos y observó que las plantas hermafroditas producen flores macho y hembra en distintos momentos, por lo que no pueden fecundarse a sí mismas. El párroco inglés Thomas Malthus se interesó por la demografía y escribió *Ensayo sobre el principio de la población*, en el que predecía que la población crecería hasta agotar los recursos si no se controlaba. Aunque hasta el presente el pesimismo de Malthus ha resultado ser infundado, sus ideas ejercieron una gran influencia sobre Charles Darwin.

A finales de siglo, el físico italiano Alessandro Volta abrió la puerta a un mundo esplendoroso al inventar la pila eléctrica, que propició avances increíbles en las décadas siguientes. El progreso a lo largo del siglo XVIII había sido tan extraordinario que el filósofo inglés William Whewell propuso la creación de una nueva profesión separada de la del filósofo: «Necesitamos imperiosamente un nombre para designar a quien cultiva la ciencia en general. Me inclino a llamarle científico». ■

LA NATURALEZA NO PROCEDE A SALTOS

CARLOS LINNEO (1707–1778)

EN CONTEXTO

DISCIPLINA
Biología

ANTES
C. **320 A.C.** Aristóteles agrupa organismos similares en una escala de complejidad creciente.

1686 John Ray define la especie biológica en su *Historia Plantarum*.

DESPUÉS
1817 Georges Cuvier, zoólogo francés, amplía la jerarquía de Linneo y estudia fósiles además de animales vivos.

1859 En *El origen de las especies*, Darwin presenta su teoría de la evolución, que explica cómo surgen y se relacionan las especies.

1866 El biólogo alemán Ernst Haeckel inicia el estudio de los linajes evolutivos: la filogenética.

1950 Willi Hennig propone un sistema nuevo de clasificación, la cladística, que busca vínculos evolutivos.

La piedra angular de la biología es la clasificación del mundo natural en una jerarquía clara de grupos de organismos nombrados y descritos. Estas agrupaciones ayudan a comprender la diversidad de la vida y permiten a los científicos comparar e identificar millones de individuos. La taxonomía biológica moderna (la ciencia de la identificación, nomenclatura y clasificación de los organismos) nació gracias al naturalista sueco Carlos Linneo, el primero en concebir una jerarquía sistemática basada en su amplio y detallado estudio de las características físicas de plantas y animales. También ideó una manera nueva de denominar a los distintos organismos que sigue vigente en la actualidad.

La más influyente de las primeras clasificaciones fue la del filósofo griego Aristóteles, que en su *Historia de los animales* agrupa a los animales que se parecen en géneros amplios, distingue especies en cada género y las ordena en una «escala natural» de once niveles de complejidad creciente, con las plantas en la base y los seres humanos en la cima.

A lo largo de los siglos siguientes surgió una multitud caótica de nombres y descripciones de plantas y animales en la que los científicos del siglo XVII intentaron poner orden estableciendo un sistema más coherente. En 1686, el botánico inglés John Ray introdujo el concepto de especie biológica determinada por la capacidad de los organismos de reproducirse entre ellos, la definición más aceptada hoy día.

REINO	**Animal**
FILO	**Cordados**
CLASE	**Mamíferos**
ORDEN	**Carnívoros**
FAMILIA	**Félidos**
GÉNERO	**Panthera**
ESPECIE	**Panthera tigris**

El sistema de Lineo agrupa las especies según rasgos físicos compartidos. Un ejemplo es el tigre: pertenece a la familia félidos, que a su vez forma parte del orden carnívoros, de la clase mamíferos.

Véase también: Jan Swammerdam 53 ▪ John Ray 60–61 ▪ Jean-Baptiste Lamarck 118 ▪ Charles Darwin 142–149

En 1735, Linneo presentó una clasificación en un folleto de 12 páginas que creció hasta convertirse, en 1778, en una duodécima edición de varios volúmenes en la que desarrollaba la idea del género en una jerarquía de grupos basados en características físicas comunes. En la cúspide estaban tres reinos: animal, vegetal y mineral, que se dividían sucesivamente en filos, órdenes, familias, géneros y especies. Además consolidó la nomenclatura de las especies con un nombre en latín compuesto de dos palabras: la primera designa el género y la segunda caracteriza a la especie dentro del género (por ejemplo, *Homo sapiens*). Él fue el primero en definir al ser humano como animal.

La clasificación de Linneo agrupa organismos con rasgos comunes.

↓

Según Linneo, este orden refleja la **creación divina**.

↓

La naturaleza no procede a saltos.

La clasificación cladística agrupa organismos con un antepasado común.

↓

Este orden refleja la **evolución en el tiempo**.

↓

El ADN sirve para **identificar las relaciones evolutivas**.

El orden divino

Para Linneo, la clasificación era la prueba de que la «naturaleza no avanza a saltos», sino siguiendo un orden dictado por Dios. Su obra, fruto de numerosas expediciones por Suecia y el resto de Europa en busca de especies nuevas, abonó el terreno para Charles Darwin, que vio la importancia evolutiva de esa «jerarquía natural», en la que todas las especies de un género o una familia están relacionadas por descendencia y divergencia de un antepasado común. Un siglo después de Darwin, el biólogo alemán Willi Hennig propuso un nuevo método de clasificación, la cladística, que refleja las relaciones evolutivas al agrupar los organismos en clados en función de uno o más rasgos comunes heredados de su último antepasado común y que no están presentes en antecesores más lejanos. Este sistema sigue usándose y se modifica a medida que se hallan nuevas pruebas, a menudo genéticas, que obligan a reasignar especies. ▪

Carlos Linneo

Nacido en el sur rural de Suecia, Carlos Linneo estudió medicina y botánica en las universidades de Lund y de Uppsala, y en 1735 se licenció en medicina en los Países Bajos. Este mismo año publicó un folleto de 12 páginas titulado *Systema naturae*, en el que presentaba un sistema de clasificación de los seres vivos. Tras viajar por Europa, regresó a Suecia en 1738 para ejercer como médico antes de enseñar medicina y botánica en la Universidad de Uppsala. Sus discípulos, entre los que destaca Daniel Solander, recorrieron el mundo recolectando plantas. A partir de esta vasta colección, Linneo amplió su *Systema naturae* a lo largo de doce ediciones hasta convertirlo en una obra de varios volúmenes y más de 1.000 páginas, con la clasificación de más de 6.000 especies vegetales y 4.000 animales. A su muerte, en 1778, era uno de los científicos más prestigiosos de Europa.

Obras principales

1753 *Species Plantarum*.
1778 *Systema Naturae* (12.ª ed.).

EL CALOR QUE DESAPARECE DURANTE LA CONVERSION DEL AGUA EN VAPOR NO SE PIERDE
JOSEPH BLACK (1728–1799)

EN CONTEXTO

DISCIPLINA
Química y física

ANTES
1661 Robert Boyle idea una técnica para aislar gases.

Década de 1750 Joseph Black pesa los materiales antes y después de las reacciones químicas (inicio de la química cuantitativa) y descubre el dióxido de carbono.

DESPUÉS
1766 Henry Cavendish aísla el hidrógeno.

1774 Joseph Priestley aísla el oxígeno y otros gases.

1798 Según Benjamin Thompson, el calor es producto del movimiento de partículas.

1845 James Joule estudia la conversión del movimiento en calor y mide el equivalente mecánico del calor. Afirma que una cantidad dada de trabajo mecánico genera la misma cantidad de calor.

El calor generalmente **eleva la temperatura del agua**.

Pero cuando el agua hierve, **su temperatura deja de subir**.

Se necesita **más calor para convertir el líquido en vapor**. Este calor latente da al vapor **un gran poder calorífico**.

El calor que desaparece durante la conversión de agua en vapor no se pierde.

Joseph Black, profesor de medicina en las universidades de Glasgow y Edimburgo, también dio conferencias sobre química. A pesar de que fue un notable investigador, rara vez publicó los resultados de sus trabajos; Black prefería anunciarlos en sus conferencias, haciendo de este modo partícipes a sus alumnos de la ciencia más innovadora.

Entre sus alumnos había hijos de destiladores de whisky escoceses preocupados por los costes de producción de su empresa que le preguntaron por qué resultaba tan caro destilar whisky, cuando todo lo que hacían era hervir el líquido y condensar el vapor.

Ideas en ebullición
En 1761, Black investigó los efectos del calor en líquidos y constató que si se calienta agua en una olla en un fogón, su temperatura aumenta de manera regular hasta alcanzar

los 100 °C. Entonces el agua empieza a hervir, pero su temperatura no cambia aunque continúe recibiendo calor. Black entendió que se necesita más calor para convertir el líquido en vapor (o, en términos actuales, para dar a las moléculas la energía suficiente para escapar de los enlaces que las unen en estado líquido). Este calor no cambia la temperatura y aparentemente desaparece; por eso lo llamó calor latente (oculto o escondido). Este descubrimiento marcó el inicio de la termodinámica, rama de la física que estudia el calor, su relación con la energía, y la conversión de la energía térmica en movimiento para producir trabajo mecánico.

El agua posee un calor latente extraordinariamente elevado, de manera que tiene que hervir durante mucho tiempo para llegar a convertirse en gas. De ahí que la cocción al vapor sea tan efectiva y que el vapor se utilice en sistemas de calefacción y cause quemaduras terribles.

La fusión del hielo

Al igual que para convertir el agua en vapor, se necesita calor para convertir el hielo en agua. El calor latente del hielo que se funde explica que los cubitos enfríen las bebidas. El calor necesario para la fusión del hielo se extrae de la bebida en la que flotan los cubitos y que, en consecuencia, se enfría.

Black explicó todo esto a los destiladores, aunque no pudo ayudarles a ahorrar dinero. También se lo explicó a su amigo el ingeniero James Watt, que intentaba descubrir por qué las máquinas de vapor eran tan poco eficientes. Más adelante, a Watt se le ocurrió la idea del condensador independiente, que condensaba el vapor sin enfriar ni el pistón ni el cilindro. Así aumentó significativamente la eficiencia de las máquinas de vapor y se hizo rico. ▪

Black visita al ingeniero James Watt en su taller de Glasgow. Watt explica el funcionamiento de uno de sus aparatos accionados por vapor.

Joseph Black

Joseph Black nació en Burdeos (Francia) y estudió medicina en las universidades de Glasgow y Edimburgo, donde realizó experimentos químicos en el laboratorio de su profesor. En su tesis doctoral del año 1754 demostró que cuando se calienta yeso (carbonato de calcio) para obtener cal viva (óxido de calcio), aquel no adquiere las cualidades ardientes del fuego, como se creía hasta entonces, sino que pierde peso. Dedujo que esta pérdida debía corresponder a un gas, ya que no se generaba nada líquido ni sólido, al que llamó «aire fijo», porque había estado fijado al yeso. Demostró también que el aire fijo (dióxido de carbono) era uno de los gases que se exhalan al respirar.

Black llevó a cabo sus investigaciones sobre el calor mientras impartía clases de medicina en Glasgow, a partir de 1756. Aunque no publicaba sus resultados, sus alumnos los daban a conocer. En 1766 se trasladó a Edimburgo y dejó de investigar para dedicarse a sus conferencias y, a medida que la revolución industrial ganaba impulso, a asesorar acerca de innovaciones basadas en la química para la industria y la agricultura escocesas.

EL AIRE INFLAMABLE

HENRY CAVENDISH (1731–1810)

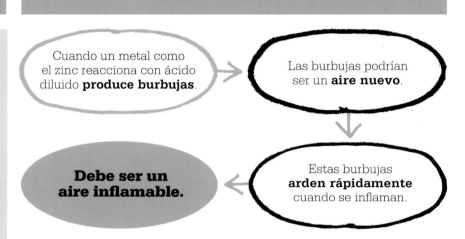

Cuando un metal como el zinc reacciona con ácido diluido **produce burbujas**.

Las burbujas podrían ser un **aire nuevo**.

Estas burbujas **arden rápidamente** cuando se inflaman.

Debe ser un aire inflamable.

En 1754, Joseph Black había descrito el «aire fijo», al que actualmente llamamos dióxido de carbono (CO_2). No solo fue el primer científico que identificó un gas, sino que también demostró que existían distintos tipos de «aires» o gases.

Doce años después, un científico inglés llamado Henry Cavendish informó a la Royal Society londinense de que el zinc, el hierro y el estaño «generan aire inflamable por disolución en ácidos». Calificó de inflamable al nuevo gas porque, a diferencia del «aire fijo», ardía rápidamente. Se trataba del hidrógeno (H_2), el segundo gas que se identificó y el primer elemento gaseoso que se aisló.

Cavendish se propuso pesar una muestra del gas y lo logró midiendo la pérdida de peso de la mezcla de zinc y ácido durante la reacción. Para ello recogió todo el gas producido en una vejiga y la pesó, primero llena de gas y luego vacía. Una vez conocido el volumen, podía calcular la densidad, y así halló que el aire inflamable era 11 veces menos denso que el aire normal.

El descubrimiento de este gas de baja densidad permitió el desarrollo de los globos aerostáticos, que se elevan por estar llenos de un gas más ligero que el aire. En Francia, el inventor Jacques Charles lanzó el primer globo de hidrógeno en 1783, menos de dos semanas después de

Véase también: Empédocles 21 ▪ Robert Boyle 46–49 ▪ Joseph Black 76–77 ▪ Joseph Priestley 82–83 ▪ Antoine Lavoisier 84 ▪ Humphry Davy 114

> A partir de estos experimentos parece que este aire, como otras sustancias inflamables, no puede arder sin la presencia del aire común.
> **Henry Cavendish**

que los hermanos Montgolfier lanzaran su primer globo de aire caliente tripulado.

Descubrimientos explosivos

Cavendish también mezcló en botellas muestras de su gas y de aire medidas previamente y las prendió echando trozos de papel ardiendo. Descubrió que una mezcla de nueve partes de aire y una de hidrógeno ardía con una pequeña llama, pero si aumentaba la proporción de hidrógeno, estallaba con violencia creciente. Por el contrario, el hidrógeno puro no se encendía. El razonamiento de Cavendish todavía estaba lastrado por la obsoleta idea alquímica de que durante la combustión se liberaba flogisto, un elemento parecido al fuego, pero sus experimentos y registros son muy precisos: «parece que 423 medidas de aire inflamable son casi suficientes para flogistizar 1.000 de aire común y que la cantidad del aire que queda tras la explosión es poco más de cuatro quintos del aire común empleado. Cabe concluir que […] casi todo el aire inflamable y alrededor de un quinto del aire común […] se condensan en el vaho que cubre el vidrio».»

La definición del agua

Pese a que utilizara el término «flogistizar», Cavendish logró demostrar que el único material nuevo que se producía era agua y dedujo que dos volúmenes de aire inflamable se habían combinado con un volumen de oxígeno. En otras palabras, descubrió que la composición del agua es H_2O. Aunque informó de sus hallazgos a Joseph Priestley, era tan reticente a publicarlos que fue su amigo, el ingeniero escocés James Watt, el primero en anunciar la fórmula, en 1783.

Asimismo, Cavendish calculó la composición del aire como «una parte de aire desflogistizado [oxígeno] mezclada con cuatro de aire flogistizado [nitrógeno]». Hoy sabemos que estos dos gases constituyen el 99 % de la atmósfera terrestre. ∎

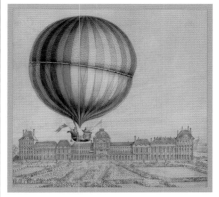

El primer globo de hidrógeno, inspirado en los trabajos de Cavendish. Hoy en día se utiliza helio en lugar de hidrógeno, muy inflamable.

Henry Cavendish

Cavendish, uno de los pioneros más brillantes de la química y la física del siglo XVIII, nació en 1731 en Niza (Francia). De familia aristocrática, recibió una gran herencia. Después de estudiar en Cambridge, vivió y trabajó en la soledad de su casa de Londres. Era reservado y tímido en extremo, y se dice que pedía la comida a sus criados dejándoles notas.

Durante cuarenta años asistió a las reuniones de la Royal Society y también ayudó a Humphry Davy en la Royal Institution. Llevó a cabo investigaciones originales e importantes sobre electricidad y química, describió con exactitud la naturaleza del calor y midió la densidad de la Tierra (o, como decía la gente, «pesó el mundo»). La Universidad de Cambridge le rindió homenaje en 1874 al dar su nombre a un laboratorio de física.

Obras principales

1766 *Three Papers Containing Experiments on Factitious Air* (documentos con experimentos sobre el aire facticio).
1784 *Experiments on Air* (en *Philosophical Transactions of the Royal Society*).

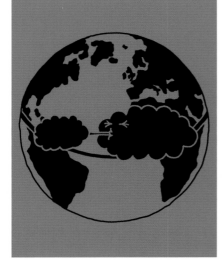

AL ACERCARSE AL ECUADOR, LOS VIENTOS SE DESVÍAN CADA VEZ MÁS HACIA EL OESTE
GEORGE HADLEY (1685–1768)

EN CONTEXTO

DISCIPLINA
Meteorología

ANTES
1616 Galileo Galilei atribuye los vientos alisios a la rotación de la Tierra.

1686 Edmond Halley propone que cuando el Sol se desplaza por el cielo hacia el oeste eleva aire que es sustituido por vientos del este.

DESPUÉS
1793 En *Meteorological Observations and Essays,* John Dalton apoya la teoría de Hadley.

1835 Gaspard Gustave Coriolis desarrolla la teoría de Hadley y describe una «fuerza centrífuga compuesta» que desvía el viento.

1856 William Ferrel identifica una célula de circulación en latitudes medias (30°–60°), donde el aire desciende hacia un centro de bajas presiones y crea los vientos dominantes del oeste.

En 1700 se sabía que entre la latitud de 30° N y el ecuador soplan unos persistentes vientos de superficie desde el noreste, llamados alisios. Según Galileo, la rotación de la Tierra hacia el este hacía que se «adelantara» al aire del trópico, y por eso los vientos soplan desde el este. Más tarde, el astrónomo inglés Edmond Halley constató que el calor del Sol, que alcanza sus niveles más elevados en el ecuador, hace ascender el aire, que es sustituido por el viento que sopla desde latitudes superiores.

En 1735, el físico inglés George Hadley publicó su teoría sobre los vientos alisios. Según Hadley, la elevación del aire por el calor del Sol en torno al ecuador únicamente podría provocar vientos que soplaran de norte a sur, no desde el este. Como el aire rota con la Tierra, el que se dirige desde los 30° N hacia el ecuador debería mantener su dirección hacia el este. Sin embargo, la superficie terrestre se mueve a mayor velocidad en el ecuador que en latitudes superiores y por eso da la impresión de que los vientos se desvían cada vez más hacia el oeste a medida que se acercan al ecuador.

La teoría propuesta por Hadley significó un gran paso hacia la comprensión de los patrones del viento, pero contenía errores. De hecho, la desviación de los vientos se debe a que estos conservan su momento angular (rotación), no el lineal (línea recta). ∎

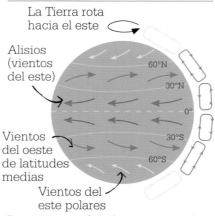

La Tierra rota hacia el este

Alisios (vientos del este)

60°N

30°N

0°

Vientos del oeste de latitudes medias

30°S

60°S

Vientos del este polares

Los patrones del viento resultan de la rotación de la Tierra y de las células de circulación en las que el aire caliente asciende, se enfría y desciende: polares (gris), de Ferrel (azul) y de Hadley (rosa).

Véase también: Galileo Galilei 42–43 ∎ John Dalton 112–113 ∎ Gaspard Gustave Coriolis 126 ∎ Robert FitzRoy 150–155

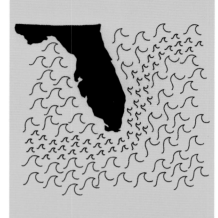

UNA GRAN CORRIENTE SALE DEL GOLFO DE FLORIDA
BENJAMIN FRANKLIN (1706–1790)

EN CONTEXTO

DISCIPLINA
Oceanografía

ANTES
C. 2000 A.C. Los polinesios utilizan corrientes oceánicas para navegar de isla a isla.

1513 Juan Ponce de León describe por primera vez las fuertes corrientes del golfo de México.

DESPUÉS
1847 Matthew Maury, oficial de marina estadounidense, publica su mapa de vientos y corrientes realizado a partir de diarios de a bordo y cartas náuticas.

1881 El príncipe Alberto I de Mónaco descubre que la corriente del Golfo es parte de un giro oceánico y se divide en dos ramas, una hacia las islas Británicas, al norte, y la otra hacia España y África, al sur.

1942 El oceanógrafo noruego Harald Sverdrup desarrolla una teoría de la circulación oceánica.

La cálida corriente del Golfo, que fluye desde el golfo de México hacia el este a través del Atlántico Norte, es una de las principales corrientes oceánicas. Impulsada por los vientos dominantes del oeste, forma parte de un gran giro oceánico que vuelve a cruzar el Atlántico hacia el Caribe. Se conocía desde 1513, cuando el explorador español Juan Ponce de León vio que su nave se dirigía hacia el norte de Florida pese a que el viento soplaba hacia el sur, pero solo fue registrada correctamente en una carta náutica en 1770 por Benjamín Franklin, estadista y científico estadounidense.

Una ventaja local
Nombrado inspector general de correos para las colonias británicas de América del Norte, Franklin se sorprendió de que los barcos británicos que transportaban el correo tardaran dos semanas más en cruzar el Atlántico que los americanos. Preguntó a Timothy Folger, capitán de ballenero de Nantucket, y este le explicó que los capitanes americanos conocían una corriente oeste-este, que detec-

La carta de Franklin se publicó en Gran Bretaña en 1770, pero pasaron años antes de que los capitanes británicos aprovecharan la corriente del Golfo.

taban gracias a la migración de las ballenas, las diferencias de color y de temperatura del agua, y la velocidad de la espuma superficial, y la cruzaban para escapar de ella, mientras que los barcos británicos luchaban contra ella durante toda la travesía.

Con ayuda de Folger, Franklin cartografió el curso de esta corriente, que fluye a lo largo de la costa norteamericana desde el golfo de México hasta Terranova para dirigirse hacia el este, a través del Atlántico, y la llamó corriente del Golfo. ■

Véase también: George Hadley 80 ▪ Gaspard Gustave Coriolis 126 ▪ Robert FitzRoy 150–155

EL AIRE DESFLOGISTIZADO
JOSEPH PRIESTLEY (1733–1804)

EN CONTEXTO

DISCIPLINA
Química

ANTES
1754 Joseph Black aísla el dióxido de carbono.

1766 Henry Cavendish obtiene hidrógeno.

1772 Carl Scheele aísla el oxígeno dos años antes que Priestley, pero no publica sus resultados hasta 1777.

DESPUÉS
1774 En París, Priestley muestra su método a Antoine Lavoisier, que obtiene a su vez el nuevo gas (oxígeno).

1779 Lavoisier da al nuevo gas el nombre de *oxygène*.

1783 La empresa Schweppes de Ginebra empieza a fabricar la soda inventada por Priestley.

1877 El químico suizo Raoul Pictet produce oxígeno líquido, que se usará como combustible de cohetes, en la industria y en la medicina.

T ras el hallazgo del «aire fijo», o dióxido de carbono (CO_2), por Joseph Black, un clérigo inglés llamado Joseph Priestley empezó a investigar otros «aires», o gases, e identificó varios más, entre ellos el oxígeno.

Siendo pastor en Leeds, Priestley visitó un día una fábrica de cerveza. En la época ya se sabía que el gas que se desprendía en las cubas de fermentación era aire fijo. Priestley descubrió que si metía una vela en la cuba, la llama se apagaba a 30 cm de la espuma, cuando entraba en la capa de aire fijo, mientras que el humo atravesaba esta capa y hacía visible el aire fijo y el límite entre los dos aires. También constató que el aire fijo fluía hacia el borde de la cuba y caía al suelo porque era más denso que el aire «ordinario». Experimentó también con aire fijo disuelto en agua fría, que luego pasaba de un recipiente a otro, y descubrió que así se obtenía una bebida gaseosa refrescante, que más tarde se puso de moda con el nombre de soda.

Priestley descubre que el **oxígeno es distinto** del «aire fijo» (dióxido de carbono).

El oxígeno **no arde**. Por tanto, no puede contener **flogisto**.

El oxígeno es aire desflogistizado.

Pero Lavoisier demuestra que otros gases y materiales **arden con rapidez** en el oxígeno.

Luego la combustión es un proceso de **combinación con oxígeno**.

El flogisto no existe.

La emisión de oxígeno

El 1 de agosto de 1774, Priestley aisló por primera vez un gas nuevo, que en la actualidad llamamos oxígeno (O_2), a partir de óxido de mercurio que calentó con luz solar y una lupa en un recipiente de vidrio hermético. Luego descubrió que este gas mantenía vivos a los ratones durante mucho más tiempo que el aire ordinario, era agradable de respirar, proporcionaba más energía que el aire ordinario y facilitaba la combustión de diversos materiales que quemó como combustible. También demostró que las plantas lo producían bajo la luz solar, un primer indicio del proceso de la fotosíntesis. Sin embargo, por entonces se creía que la combustión consistía en que el combustible liberaba flogisto, un material misterioso. Como este nuevo gas no ardía y, por lo tanto, no podía contener flogisto, lo llamó «aire desflogistizado».

Priestley aisló varios gases más, pero entonces emprendió un viaje por Europa y no publicó sus resultados hasta finales del año siguiente. El químico sueco Carl Scheele también había obtenido oxígeno dos años antes, pero no publicó sus resultados hasta 1777. Mientras tanto, en París, Antoine Lavoisier oyó hablar del trabajo de Scheele, y Priest-

> El más extraordinario de todos los aires que he producido [...] es cinco o seis veces mejor que el aire común para la respiración.
> **Joseph Priestley**

ley le hizo una demostración. Poco después, Lavoisier producía su propio oxígeno. Sus experimentos demostraron que la combustión era un proceso de combinación con oxígeno, no de liberación de flogisto, mientras que, en la respiración, el oxígeno que aspiramos con el aire reacciona con la glucosa y se libera dióxido de carbono, agua y energía. Lavoisier llamó a este nuevo gas *oxygène* («generador de ácido»), porque descubrió que cuando reacciona con algunos materiales (como azufre, fósforo o nitrógeno), produce ácidos.

Esto indujo a muchos científicos a abandonar el flogisto; sin embargo, Priestley se aferró a la antigua teoría para explicar sus descubrimientos y apenas hizo más aportaciones a la química. ▪

Los aparatos que Priestley empleó para sus experimentos con gases aparecen en su libro sobre sus descubrimientos. Delante, un ratón respira oxígeno bajo una campana. A la derecha, una planta libera oxígeno en un tubo.

Joseph Priestley

Priestley, nacido en una granja de Yorkshire (Inglaterra) y educado en el seno de una rama anglicana disidente, fue un hombre muy religioso y comprometido políticamente durante toda su vida.

Empezó a interesarse por los gases en la década de 1770, cuando vivía en Leeds, pero hizo su mejor trabajo en Wiltshire, donde fue bibliotecario del conde de Shelburne. Sus obligaciones eran pocas y le dejaban tiempo para investigar. Posteriormente se enemistó con el conde (quizá sus opiniones políticas fueran demasiado radicales) y en 1780 se fue a Birmingham, donde se unió a la Sociedad Lunar, grupo de librepensadores, ingenieros e industriales informal, pero muy influyente. Su apoyo a la Revolución francesa le hizo impopular. En 1791, cuando su casa y su laboratorio fueron incendiados, tuvo que irse a Londres y luego a América. Se instaló en Pensilvania, donde falleció en 1804.

Obras principales

1767 *Historia y estado presente de la electricidad.*
1774–1777 *Experimentos y observaciones sobre diferentes clases de aire.*

EN LA NATURALEZA, NADA SE CREA Y NADA SE DESTRUYE, TODO SE TRANSFORMA
ANTOINE LAVOISIER (1743–1794)

EN CONTEXTO

DISCIPLINA
Química

ANTES
1667 El alquimista alemán Joachim Becher propone que las cosas arden a causa del elemento fuego.

1703 El químico alemán Stahl llama flogisto a este elemento.

1772 El químico sueco Carl Wilhelm Scheele descubre el «aire de fuego» (oxígeno), pero no publica sus hallazgos hasta 1777.

1774 Joseph Priestley aísla un «aire desflogistizado» (oxígeno) y explica sus descubrimientos a Lavoisier.

DESPUÉS
1783 Lavoisier confirma sus ideas sobre la combustión mediante experimentos con hidrógeno, oxígeno y agua.

1789 En su *Tratado elemental de química*, Lavoisier nombra 33 elementos.

El químico francés Antoine Lavoisier, célebre sobre todo por haber dado nombre al oxígeno e identificar su papel en la combustión, contribuyó al avance de la ciencia al elevar el nivel de precisión del método científico.

Lavoisier calentó varias sustancias en recipientes herméticos y mediante minuciosas mediciones descubrió que la masa que ganaba un metal al calentarse era exactamente igual a la que perdía el aire. Esto le permitió deducir la ley de conservación de la masa: la masa total de las sustancias que intervienen en una reacción es la misma que la masa total de los productos. También constató que la combustión cesaba cuando la parte «pura» del aire (el oxígeno) desaparecía por completo. El aire que quedaba (nitrógeno, fundamentalmente) no permitía la combustión. De ello dedujo que este fenómeno consistía en la combinación de calor, combustible (el material que se quema) y oxígeno.

Sus resultados, publicados en 1778, no solo demostraban la conservación de la masa, sino que demolían la teoría del flogisto. En el siglo anterior los científicos creían que las sustancias inflamables contenían un elemento de fuego, o flogisto, y lo liberaban al arder. Esta teoría explicaba por qué sustancias como la madera perdían masa cuando se quemaban, pero no por qué otras, como el magnesio, la ganaban. Las rigurosas mediciones de Lavoisier demostraron que el oxígeno era la clave y que en el proceso no se ganaba ni se destruía nada, sino que todo se transformaba. ∎

> Considero a la naturaleza un inmenso laboratorio químico en el que se forman composiciones y descomposiciones de todo tipo.
> **Antoine Lavoisier**

Véase también: Joseph Black 76–77 ▪ Henry Cavendish 78–79 ▪ Joseph Priestley 82–83 ▪ Jan Ingenhousz 85 ▪ John Dalton 112–113

LA MASA DE LAS PLANTAS PROCEDE DEL AIRE

JAN INGENHOUSZ (1730–1799)

EN CONTEXTO

DISCIPLINA
Biología

ANTES
Década de 1640 Jan Baptist van Helmont deduce que un árbol plantado en una maceta gana peso absorbiendo agua de la tierra.

1699 John Woodward demuestra que las plantas absorben y pierden agua, por lo que deben necesitar otra fuente de materia para crecer.

1754 Charles Bonnet detecta que las hojas de las plantas producen burbujas de aire bajo el agua si reciben luz.

DESPUÉS
1796 Jean Senebier demuestra que las partes verdes de las plantas son las que liberan oxígeno y absorben dióxido de carbono.

1882 Théodore Engelman identifica a los cloroplastos como las partes de las células vegetales que fabrican oxígeno.

En la década de 1770, el científico holandés Jan Ingenhousz quiso investigar por qué las plantas ganan peso, como ya habían descubierto científicos anteriores. Entonces residía en Inglaterra y realizaba su investigación en Bowood House (donde Joseph Priestley había descubierto el oxígeno en 1774). Iba a descubrir las claves de la fotosíntesis: la luz solar y el oxígeno.

Plantas burbujeantes

Ingenhousz había leído que las plantas sumergidas en agua emiten burbujas de gas de composición y origen desconocidos, y comprobó que las hojas iluminadas por el sol emitían más que las que estaban a oscuras. Recogió solo el gas que se liberaba bajo la luz y vio que reavivaba la llama en una brasa: era oxígeno. El gas liberado en la oscuridad apagaba la llama: era dióxido de carbono.

Ingenhousz sabía que las plantas ganan peso, pero que el peso del suelo en el que crecen apenas varía. En 1779 dedujo que el intercambio de gases con la atmósfera, y sobre todo la absorción de dióxido de carbono,

Las burbujas nocturnas muestran la respiración de las plantas: transforman glucosa en energía absorbiendo oxígeno y liberando dióxido de carbono.

era, al menos en parte, la causa del aumento de materia orgánica de las plantas. Su masa procedía del aire.

Hoy se sabe que las plantas se alimentan por fotosíntesis, transformando la energía de la luz solar en glucosa mediante la reacción del agua y el dióxido de carbono que absorben, y liberando oxígeno como material de desecho. Las plantas aportan el oxígeno indispensable para la vida y energía en forma de alimento para otros seres vivos. En el proceso inverso, la respiración, usan la glucosa como alimento y liberan dióxido de carbono, de día y de noche. ∎

Véase también: Joseph Black 76–77 ▪ Henry Cavendish 78–79 ▪ Joseph Priestley 82–83 ▪ Joseph Fourier 122–123

EN BUSCA DE NUEVOS PLANETAS

WILLIAM HERSCHEL (1738–1822)

EN CONTEXTO

DISCIPLINA
Astronomía

ANTES
Principios del siglo XVII Se inventa el telescopio refractor, con lentes. Los telescopios con espejos no aparecen hasta la década de 1660.

1774 El astrónomo francés Charles Messier publica su catálogo astronómico, que inspira el de Herschel.

DESPUÉS
1846 Los cambios inexplicables en la órbita de Urano llevan a Urbain Le Verrier a predecir la existencia y la posición de un octavo planeta: Neptuno.

1930 Clyde Tombaugh, astrónomo estadounidense, descubre Plutón, identificado al principio como el noveno planeta. Hoy día se considera un planeta enano, uno de los pequeños mundos helados del Cinturón de Kuiper.

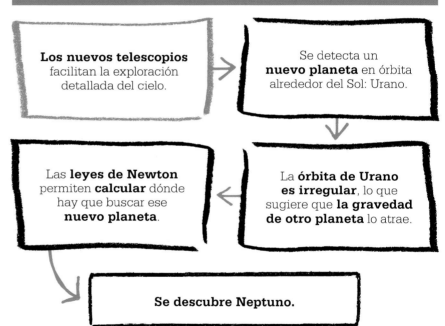

Los nuevos telescopios facilitan la exploración detallada del cielo.

Se detecta un **nuevo planeta** en órbita alrededor del Sol: Urano.

La **órbita de Urano es irregular**, lo que sugiere que **la gravedad de otro planeta** lo atrae.

Las **leyes de Newton** permiten **calcular** dónde hay que buscar ese **nuevo planeta**.

Se descubre Neptuno.

En 1781, el astrónomo británico de origen alemán William Herschel identificó el primer planeta nuevo desde la Antigüedad, aunque en un primer momento creyó que era un cometa. Su descubrimiento llevó al de otro planeta a partir de predicciones basadas en las leyes de Newton.

A finales del siglo XVIII, los instrumentos astronómicos habían mejorado mucho. Los telescopios reflec-tores, con espejos en lugar de lentes para captar la luz, habían superado a los refractores al evitar muchos de los problemas asociados a las lentes de entonces. Fue la época de los grandes catálogos astronómicos, a medida que los astrónomos escudriñaban el cielo e identificaban una amplia gama de objetos «no estelares»: cúmulos de estrellas y nebulosas que parecían nubes de gas amorfas o densas bolas de luz.

Véase también: Ole Rømer 58–59 ■ Isaac Newton 62–69 ■ Nevil Maskelyne 102–103 ■ Geoffrey Marcy 327

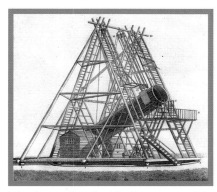

El telescopio «de 40 pies» construido por William Herschel en 1789 tenía un espejo primario de 1,2 m de diámetro y una longitud focal de 12 m. Fue el mayor telescopio del mundo durante cincuenta años.

Con ayuda de su hermana Caroline, Herschel cuadriculó el cielo de forma sistemática y registró las curiosidades que observaba, como el número inesperadamente alto de estrellas dobles y múltiples. Incluso intentó realizar un mapa de la Vía Láctea contando las estrellas en distintas direcciones.

El 13 de marzo de 1781, mientras observaba la constelación de Géminis, detectó un disco verde claro que podía ser un cometa. Volvió a buscarlo unos días después y, como vio que se había movido, confirmó que no era una estrella. Nevil Maskelyne analizó el objeto hallado por Herschel y observó que se movía con demasiada lentitud para ser un cometa, por lo que quizá se trataba de un planeta en una órbita lejana. El sueco-ruso Anders Johan Lexell y el alemán Johann Elert Bode calcularon cada uno por su lado la órbita del misterioso objeto y confirmaron que se trataba de un planeta, aproximadamente al doble de distancia que Saturno. Bode sugirió darle el nombre de Urano, dios griego del cielo y padre de Saturno según la mitología romana.

Una órbita irregular

En 1821, el astrónomo francés Alexis Bouvard publicó una tabla detallada donde describía cómo debía ser la órbita de Urano según las leyes de Newton. No obstante, sus observaciones del planeta revelaron muy pronto discrepancias significativas con las predicciones de la tabla. Las irregularidades de la órbita sugerían una atracción gravitatoria ejercida por un octavo planeta, aún más lejano.

En 1845, dos astrónomos por separado, el francés Urbain Le Verrier y el británico John Couch Adams, usaron los datos de Bouvard para calcular dónde había que buscar ese octavo planeta, y el 23 de septiembre de 1846 se descubrió Neptuno, a tan solo un grado de donde Le Verrier había predicho que estaría. Su existencia confirmó la teoría de Bouvard y proporcionó una prueba irrefutable de la universalidad de las leyes de Newton. ■

Busqué el cometa o la estrella nebulosa y descubrí que es un cometa, porque había cambiado de posición.
William Herschel

William Herschel

Frederick William Herschel nació en Hannover (Alemania) y emigró a Gran Bretaña a los 19 años de edad para emprender la carrera de músico. Sus estudios de armonía y matemáticas le llevaron a prestar atención a la astronomía y la óptica, y se propuso construir sus propios telescopios.

Después de descubrir Urano, Herschel halló otros dos satélites de Saturno y el mayor de los dos de Urano. También demostró que el Sistema Solar se mueve en relación al resto de la galaxia. En 1800, mientras estudiaba el Sol, descubrió una nueva forma de radiación. Utilizando un prisma y un termómetro para medir la temperatura de distintos colores de la luz solar, descubrió que la temperatura seguía subiendo más allá de la luz roja visible. Concluyó que el Sol emite una forma de luz invisible a la que llamó «rayos caloríficos», hoy denominados infrarrojos.

Obras principales

1781 *Account of a Comet.*
1786 *Catalogue of 1.000 New Nebulae and Clusters of Stars.*

LA DISMINUCION DE LA VELOCIDAD DE LA LUZ

JOHN MICHELL (1724–1793)

Newton demuestra que la **atracción gravitatoria** de un objeto es **proporcional a su masa**.

Si la gravedad afecta a la luz, un **objeto con la masa suficiente** tendrá un campo gravitatorio tan intenso que **la luz no podrá escapar de él**.

La velocidad de la luz parecerá disminuir.

Según Einstein, la gravedad es una **distorsión del espacio-tiempo** y **afecta a la luz** aunque esta carezca de masa.

J ohn Michell expuso sus ideas sobre el efecto de la gravedad en una carta de 1783 a Henry Cavendish, de la Royal Society. Cuando la carta volvió a salir a la luz en la década de 1970 se descubrió que contenía una avanzada descripción de los agujeros negros. Según la ley de la gravedad de Newton, la atracción gravitatoria de un objeto aumenta con su masa. Michell reflexionó sobre qué sucedería si la luz también se viera afectada por la gravedad: «Si el semidiámetro de una esfera de la misma densidad que el Sol superara al de este en una proporción de 500 a 1, un cuerpo que cayera desde una altura infinita hacia ella habría adquirido en la superficie una velocidad superior a la de la luz; en consecuencia, suponiendo que también la luz es atraída por la misma fuerza […] toda la luz emitida por ese cuerpo volvería hacia él». En 1796, el matemático francés Pierre-Simon de Laplace presentó una idea similar en su *Exposición del sistema del mundo*.

Sin embargo, el concepto de agujero negro no saltó al primer plano hasta que Albert Einstein publicó en

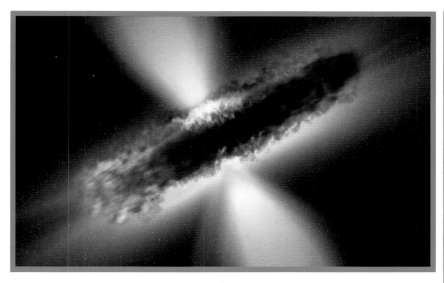

La materia gira en torno a un agujero negro en un disco de acreción, antes de ser absorbida. El calor del disco hace que el agujero emita energía en forma de estrechos haces de rayos X.

1915 un artículo sobre la relatividad general en el que describía la gravedad como una curvatura del espacio-tiempo. Según Einstein, la materia puede hacer que el espacio-tiempo se pliegue sobre sí mismo, lo que genera un agujero negro en la zona conocida como radio de Schwarzschild u horizonte de sucesos. La materia, y también la luz, pueden entrar en él, pero no salir. En este supuesto, la velocidad de la luz no cambia, lo que cambia es el espacio que la luz atraviesa. La intuición de Michell contaba al fin con una explicación de por qué la velocidad parecería disminuir.

De la teoría a la realidad

El propio Einstein dudaba de que existieran los agujeros negros. La idea no empezó a ser aceptada hasta la década de 1960, gracias a pruebas indirectas. Hoy la mayoría de cosmólogos cree que se forman cuando estrellas masivas se derrumban a causa de su propia gravedad y crecen a medida que van asimilando materia. También se cree que un gigantesco agujero negro acecha en el centro de todas las galaxias. Los agujeros negros atraen materia, pero nada escapa de ellos salvo una leve radiación infrarroja llamada radiación de Hawking por haber sido propuesta por el físico Stephen Hawking. Si un astronauta cayera en un

Los agujeros negros no son tan negros.
Stephen Hawking

agujero negro, no notaría ni vería nada raro durante su aproximación al horizonte de sucesos, pero si dejase caer un reloj hacia el agujero negro, le parecería que este pierde velocidad y se acerca al horizonte de sucesos sin jamás llegar a él, mientras va desapareciendo de la vista.

Sin embargo, en 2012, el físico Joseph Polchinski sugirió que los efectos a escala cuántica crearían un «cortafuegos» en el horizonte de sucesos que carbonizaría a cualquier astronauta que cayera en él. En 2014, Hawking cambió de opinión y declaró que la existencia de agujeros negros es imposible. ▪

John Michell

John Michell fue un verdadero polímata. En 1760 se convirtió en profesor de geología de la Universidad de Cambridge, pero también impartió clases de aritmética, geometría, teología, filosofía, hebreo y griego. En 1767 se ordenó y se consagró a la ciencia.

Estudió las propiedades de las estrellas, investigó sobre los terremotos y el magnetismo, y concibió un nuevo método para medir la densidad de la Tierra. Con este fin diseñó una delicada balanza de torsión, pero murió en 1793 sin haber podido usarla. La legó a su amigo Henry Cavendish, que llevó a cabo el experimento en 1798 y obtuvo un valor muy próximo al que se acepta en la actualidad. Desde aquel momento, y de manera injusta, se habla del «experimento de Cavendish».

Obra principal

1767 *An Inquiry into the Probable Parallax and Magnitude of the Fixed Stars.*

EL FLUIDO ELECTRICO EN MOVIMIENTO

ALESSANDRO VOLTA (1745–1827)

EN CONTEXTO

DISCIPLINA
Física

ANTES
1754 Benjamín Franklin demuestra la naturaleza eléctrica del rayo.

1767 Joseph Priestley publica una descripción exhaustiva de la electricidad estática.

1780 Luigi Galvani experimenta sobre la «electricidad animal» con ancas de rana.

DESPUÉS
1800 Los químicos ingleses William Nicholson y Anthony Carlisle separan el agua en sus dos elementos, oxígeno e hidrógeno, con una pila voltaica.

1807 Humphry Davy separa los elementos potasio y sodio mediante electricidad.

1820 Hans Christian Ørsted revela la relación entre magnetismo y electricidad.

Luigi Galvani creía que una fuerza a la que llamaba electricidad animal animaba a los animales. En este cuadro aparece realizando su célebre experimento de las ancas de rana.

Durante siglos, el formidable poder del rayo había fascinado a los filósofos, que también se preguntaban por qué sólidos como el ámbar despedían chispas cuando se frotaban con un retal de seda. El término griego elektron, del que deriva la palabra electricidad, significa «ámbar», y el fenómeno de las chispas se denominó electricidad estática.

En 1754, Benjamín Franklin realizó un experimento para demostrar que los dos fenómenos estaban estrechamente relacionados. Hizo volar una cometa con una llave de bronce atada a la cuerda en plena tormenta y vio que la llave despedía chispas: esto demostraba que las nubes estaban electrizadas y que los rayos también eran una forma de electricidad. Inspirándose en el trabajo de Franklin, Joseph Priestley publicó en 1767 una obra exhaustiva titulada *Historia y estado presente de la electricidad*. Sin embargo, fue el italiano Luigi Galvani, profesor de anatomía en la Universidad de Bolonia, quien en 1780 dio los primeros grandes pasos hacia la comprensión de la electricidad.

Mientras diseccionaba ranas en busca de pruebas que validaran la teoría de que los animales están animados por una «electricidad animal», fuera esta lo que fuera, Galvani observó que, cuando había cerca alguna máquina que generaba electricidad estática, las patas de rana que tenía sobre la mesa se contraían de repente, pese a que el animal llevase mucho tiempo muerto. Lo mismo sucedía si colgaba la pata sujeta con un gancho de cobre en una barra de hierro. Galvani creyó que estas prue-

Conectadas a dos metales **distintos**, las ancas de una rana muerta **se contraen**.

Al tocar los dos metales con la lengua se nota una **sensación de hormigueo**.

Esta **fuerza eléctrica** debe proceder de los dos metales conectados a las ancas de rana.

Disponiendo series de esos metales en una columna **se multiplicará la fuerza**.

bas confirmaban su teoría de que la electricidad procedía de la rana.

El descubrimiento de Volta

Las observaciones de Galvani despertaron la curiosidad de Alessandro Volta, un profesor de filosofía natural, que al principio quedó convencido con la teoría de aquel.

Volta había acumulado una experiencia significativa como investigador sobre la electricidad. En 1775 había inventado el electróforo, un aparato que proporcionaba electricidad instantánea para poder llevar a cabo experimentos (su equivalente moderno sería el condensador). Consistía en un disco de resina frotado con una piel de gato, que lo dotaba de carga estática. Cada vez que se colocaba un disco de metal sobre el de resina, la carga se transfería y electrificaba el disco metálico.

Volta afirmó que la electricidad animal de Galvani era «una de las verdades demostradas». Sin embargo, pronto empezó a tener dudas y llegó a la conclusión de que la electricidad que provocaba la contracción de las ancas de rana colgadas del gancho procedía del contacto entre dos metales distintos (cobre y hierro, en este caso). Publicó sus ideas en 1792 y 1793, y empezó a investigar el fenómeno.

Volta descubrió que la simple unión de dos metales distintos no generaba demasiada electricidad, aunque sí la suficiente para provocar una extraña sensación en la lengua. Entonces tuvo la brillante idea de multiplicar el efecto construyendo una serie de estas uniones, conectadas con agua salada. Puso un disco de zinc sobre un pequeño disco de

cobre y encima un trozo de cartón impregnado de agua salada para conducir la electricidad, y repitió la secuencia cobre-zinc-cartón hasta formar una columna de discos apilados, es decir, una pila eléctrica.

El resultado fue literalmente electrizante. Es probable que esta primera pila de Volta no produjera más que unos cuantos voltios (la unidad de potencia eléctrica bautizada más tarde en su honor), los suficientes para generar una chispa diminuta cuando conectó los dos extremos con un alambre y para que él recibiera una ligera descarga.

Las noticias vuelan

Volta realizó sus experimentos en 1799, y la noticia de su invento se difundió rápidamente. En 1801 hizo una demostración ante Napoleón Bonaparte, pero en marzo de 1800 ya había informado de sus resultados »

> **Todos los metales tienen cierta capacidad, distinta en cada uno de ellos, de poner en movimiento el fluido eléctrico.**
> **Alessandro Volta**

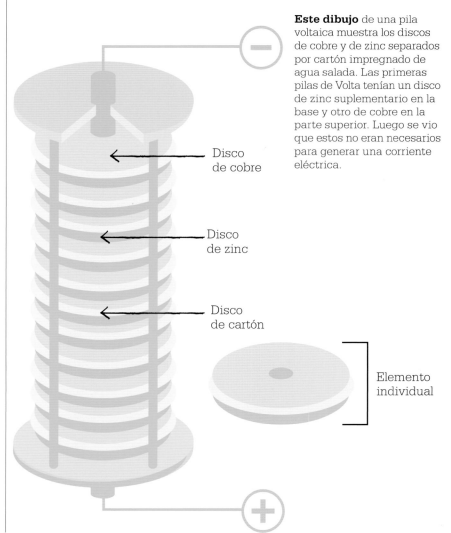

Este dibujo de una pila voltaica muestra los discos de cobre y de zinc separados por cartón impregnado de agua salada. Las primeras pilas de Volta tenían un disco de zinc suplementario en la base y otro de cobre en la parte superior. Luego se vio que estos no eran necesarios para generar una corriente eléctrica.

Disco de cobre

Disco de zinc

Disco de cartón

Elemento individual

a sir Joseph Banks, presidente de la Royal Society de Londres, en una larga carta titulada «Sobre la electricidad excitada por el mero contacto de sustancias conductoras de distintas clases». En ella, Volta describía su aparato: «Entonces, coloco horizontalmente sobre una mesa o cualquier otra superficie una de las piezas metálicas, por ejemplo una placa de plata, y sobre esta primera encajo otra de zinc; sobre la segunda coloco uno de los discos humedecidos, luego otra de plata seguida inmediatamente por otra de zinc[…] y sigo hasta formar[…] una columna tan alta como sea posible sin riesgo de que se derrumbe».

Al no disponer de un zumbador o un semiconductor para detectar el voltaje, Volta tuvo que usar su propio cuerpo como detector. Recibir descargas eléctricas no parece incomodarle demasiado: «De una columna formada por veinte pares de placas (no más), recibo descargas que afectan a todo el dedo y causan un dolor considerable». Luego describe un dispositivo más elaborado, consistente en una serie de tazas o de vasos llenos de agua salada dispuestos en fila o en círculo y conectados por arcos de metal cuyos extremos están sumergidos en cada recipiente. Un extremo es de plata y el otro de zinc, y ambos pueden estar soldados o conectados mediante un alambre de cualquier metal, siempre que solo la plata esté sumergida en el líquido en una taza y solo el zinc en la siguiente. Explica que, aunque en ciertos aspectos este dispositivo es más práctico que la pila sólida, también es más engorroso.

A continuación detalla las distintas sensaciones desagradables que percibe al meter una mano en el recipiente del final de la cadena y tocarse la frente, un párpado o la nariz con un alambre unido al otro extremo: «Durante unos instantes no siento nada; sin embargo, después, comienza en la zona aplicada al extremo del alambre otra sensación, que es un dolor agudo (sin sacudida), limitado precisamente al punto de contacto, un temblor no solo continuado, sino que va en aumento hasta volverse rápidamente insoportable y no cesa hasta que el círculo se interrumpe».

Un éxito inmediato

En una época en que las guerras napoleónicas se extendían por Europa,

Volta presenta su pila eléctrica a Napoleón Bonaparte en el Instituto de Francia, en París, en el año 1801. Napoleón quedó tan impresionado que le otorgó el título de conde ese mismo año.

> El lenguaje de la experiencia tiene más autoridad que cualquier razonamiento: los hechos pueden destruir nuestra argumentación, no viceversa.
> **Alessandro Volta**

resulta sorprendente que la carta llegase a su destinatario, pero Banks difundió de inmediato la noticia. Pocas semanas después, en toda Gran Bretaña se fabricaban pilas y se estudiaban las propiedades de la corriente eléctrica. Antes de 1800, los científicos solo podían investigar sobre la electricidad estática, en un proceso tan complejo como ingrato. El invento de Volta les permitió estudiar cómo reaccionaban distintos materiales (líquidos, sólidos y gaseosos) a una corriente eléctrica.

Unos de los primeros en trabajar con la pila voltaica fueron William Nicholson, Anthony Carlisle y William Cruickshank, que en mayo de 1800 construyeron su propia «pila con treinta y seis medias coronas y las correspondientes piezas de zinc y cartón» e hicieron pasar la corriente a través de hilos de platino hasta un tubo lleno de agua. Las burbujas de gas que aparecieron se componían de dos partes de hidrógeno y una de oxígeno. Henry Cavendish ya había demostrado que la fórmula del agua era H_2O, pero esta era la primera vez que alguien conseguía separar el agua en sus elementos.

La pila de Volta fue la precursora de todas las pilas y baterías que se utilizan hoy en día en todo tipo de aparatos, desde audífonos hasta aviones.

Reclasificación de los metales

Además de propiciar el nacimiento de una nueva rama de la física, el estudio de la electricidad dinámica, y de contribuir al rápido avance de la tecnología, la pila de Volta permitió una clasificación química de los metales completamente nueva. Probando pares de distintos metales, Volta descubrió que algunos funcionaban mejor que otros para producir electricidad. Así, la plata y el zinc formaban una combinación excelente, al igual que el cobre y el estaño, pero si unía plata con plata o estaño con estaño, no obtenía electricidad alguna. Los metales debían ser distintos. También demostró que debían disponerse en un orden preciso, de modo que cada uno se volviera positivo al entrar en contacto con el siguiente de la serie. Esta serie electroquímica ha sido de un valor incalculable para los químicos desde entonces.

¿Quién tenía razón?

Lo curioso de esta historia es que Volta empezó a investigar sobre el contacto entre metales distintos porque dudaba de la hipótesis de Galvani. Sin embargo, Galvani no estaba totalmente equivocado, ya que los nervios transmiten impulsos eléctricos por todo el cuerpo. Tampoco la teoría de Volta era totalmente correcta, pues suponía que la electricidad surgía por simple contacto entre dos metales distintos. Posteriormente Humphry Davy demostró que cuando algo se crea, algo se consume, y sugirió que la causa era una reacción química. Esto le llevó a otros importantes descubrimientos acerca de la electricidad. ■

Alessandro Volta

Alessandro Volta nació en 1745 en Como (Italia), en el seno de una familia aristocrática que esperaba que se ordenara sacerdote. Sin embargo, él se interesó por la electricidad estática y en 1775 construyó un aparato para generarla al que llamó electróforo. En 1776 estudió la combustión del metano utilizando el novedoso método de encenderlo con una chispa eléctrica dentro de un recipiente de vidrio cerrado. Este dispositivo se llamó «pistola de Volta».

En 1779 fue nombrado profesor de física de la Universidad de Pavía, cargo que ostentó durante cuarenta años. Hacia el final de su vida proyectó hacer detonar su famosa «pistola» en Milán gracias a una corriente eléctrica que viajaba por un alambre desde Como, a 50 km. Esta idea fue la precursora del telégrafo, que utilizaba electricidad para transmitir mensajes.

Obra principal

1769 *De vi attractiva ignis electriciti (Sobre la fuerza atractiva del fuego eléctrico).*

NI VESTIGIOS DE UN PRINCIPIO, NI PERSPECTIVAS DE UN FINAL

JAMES HUTTON (1726–1797)

EN CONTEXTO

DISCIPLINA
Geología

ANTES
Siglo X Según Al-Biruni, algunos fósiles de animales marinos indican que la tierra firme estuvo antaño bajo el mar.

1687 Según Newton, es posible calcular científicamente la edad de la Tierra.

1779 Buffon sugiere que la Tierra tiene 74.832 años.

DESPUÉS
1860 Joseph Phillips calcula que la Tierra tiene 96 millones de años.

1862 Kelvin calcula que el enfriamiento de la Tierra indica una edad de 20–40 millones de años.

1905 Rutherford data un mineral mediante radiactividad.

1953 Según Patterson, la Tierra tiene 4.550 millones de años.

Durante milenios, la humanidad se había preguntado qué edad podría tener la Tierra. Antes de la aparición de la ciencia moderna, las estimaciones se basaban en las creencias más que en evidencias. Solo los avances de la geología a partir del siglo XVII permitieron descubrir el método de determinar la fecha del nacimiento del planeta.

Las referencias bíblicas

En el mundo judeocristiano, las ideas sobre la edad de la Tierra se basaban en el Antiguo Testamento. Sin embargo, como en este solo se narra brevemente la creación, sus textos se prestaban a múltiples interpretaciones, especialmente en lo que respecta a las complejas cronologías genealógicas inmediatamente posteriores a Adán y Eva.

Uno de los cálculos bíblicos más célebres fue el de James Ussher, primado anglicano de Irlanda. En 1654, Ussher situó la creación de la Tierra en la noche anterior al domingo 23 de octubre del año 4004 a.C. Esta fecha se imprimió en muchas Biblias como parte de la cronología del Antiguo Testamento y acabó arraigando en la cultura cristiana.

El total de años desde la creación del mundo es de 5.698.
Teófilo de Antioquía

Un enfoque científico

En el siglo X d.C., los eruditos persas comenzaron a plantearse la cuestión de la edad de la Tierra de un modo más empírico. Al-Biruni, pionero de la ciencia experimental, dedujo que el hallazgo de fósiles marinos en tierra firme significaba que esta había estado cubierta por el mar en algún momento y concluyó que la Tierra había evolucionado a lo largo del tiempo. Por su parte, Avicena sugirió que las capas de roca se habían ido depositando unas sobre otras.

En 1687, Isaac Newton abordó el problema con un enfoque científico. Considerando el tiempo que tardaba en enfriarse un «globo de hierro de una pulgada de diámetro al rojo vivo, expuesto al aire libre», afirmó que un cuerpo de hierro fundido del tamaño de la Tierra necesitaría unos 50.000 años para enfriarse. De este modo abrió las puertas a la refutación científica de las precedentes explicaciones de la formación de la Tierra.

En la estela de Newton, el naturalista francés Georges Louis Leclerc, conde de Buffon, experimentó con bolas de hierro al rojo vivo y demostró que si la Tierra estuviera hecha de hierro fundido tardaría 74.832 años en enfriarse. En realidad pensaba que la Tierra debía ser

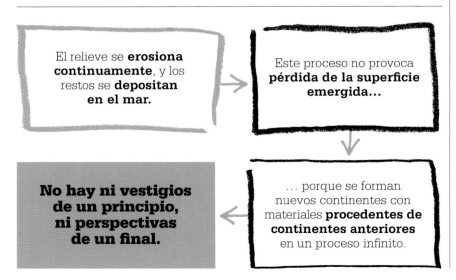

El relieve se **erosiona continuamente**, y los restos se **depositan en el mar.**

Este proceso no provoca **pérdida de la superficie emergida...**

... porque se forman nuevos continentes con materiales **procedentes de continentes anteriores** en un proceso infinito.

No hay ni vestigios de un principio, ni perspectivas de un final.

Véase también: Isaac Newton 62–69 ▪ Louis Agassiz 128–129 ▪ Charles Darwin 142–149 ▪ Marie Curie 190–195 ▪ Ernest Rutherford 206–213

mucho más antigua, ya que la formación de montañas de caliza a partir de fósiles marinos habría requerido eones, pero no quiso publicar sus opiniones sin pruebas.

Los secretos de las rocas

James Hutton, una de las figuras eminentes de la Ilustración escocesa, abordó el problema de la edad de la Tierra desde una perspectiva muy distinta. Pionero del trabajo de campo en el ámbito de la geología, utilizó las pruebas obtenidas de este modo para demostrar sus afirmaciones ante la Royal Society de Edimburgo en 1785.

A Hutton le sorprendía la aparente continuidad de los procesos por los que el relieve se erosionaba y sus restos se depositaban en el mar, sin que ello derivara en pérdida de superficie terrestre, como cabría esperar. Quizá pensando en la famosa máquina de vapor de su amigo James Watt, consideró a la Tierra «una máquina material móvil en todas sus partes», en la que un nuevo mundo se remodelaba y reciclaba a partir de las ruinas del precedente.

Hutton formuló su teoría de la Tierra-máquina antes de tener pruebas que la sustentaran, pero en 1787 halló las «discordancias» (rupturas de la continuidad de las rocas sedimentarias) que buscaba. Comprendió que gran parte de la tierra firme había sido antaño fondo marino, sobre el que se habían ido depositando y comprimiendo capas de sedimentos. En muchos lugares, estas habían sido empujadas hacia arriba, de modo que ahora se hallaban por encima del nivel del mar y, con frecuencia, deformadas, por lo que ya no eran horizontales. En repetidas ocasiones, el material rocoso del límite superior truncado de los estratos más antiguos aparecía integrado en la base de las rocas más jóvenes de encima.

Estas discordancias revelaban que a lo largo de la historia había habido múltiples episodios repetitivos de erosión, transporte y sedi-

mentación de los detritos rocosos y que la actividad volcánica había desplazado los estratos. En la actualidad, esto se denomina ciclo geológico. A partir de estas pruebas, Hutton declaró que todos los continentes se habían formado a partir de materiales de continentes anteriores donde se habían dado los mismos procesos y que estos seguían activos: «[...] la conclusión de este estudio es que no hallamos ni vestigios de un principio, ni perspectivas de un final».

La divulgación de las ideas de Hutton sobre el «tiempo profundo» se debió al científico escocés John Playfair, que las publicó en un libro ilustrado, y al geólogo británico Charles Lyell, que las transformó en un sistema llamado uniformismo, según el cual las leyes de la naturaleza »

En 1770, Hutton construyó una casa en Edimburgo (Escocia) con vistas a los Salisbury Crags. En estos riscos halló la prueba de la intrusión volcánica en rocas sedimentarias.

siempre habían sido las mismas y, por lo tanto, el presente era la clave del pasado. Sin embargo, y a pesar de que los geólogos consideraron convincentes las aportaciones de Hutton sobre la antigüedad del planeta, aún no se había desarrollado un método satisfactorio para determinar su edad.

Un enfoque experimental

Desde finales del siglo XVIII, los científicos aceptan que la corteza terrestre se compone de capas sucesivas de estratos sedimentarios. Los mapas geológicos revelan que estos estratos tienen un gran espesor y que muchos encierran restos fósiles de organismos que vivieron en sus respectivos entornos de deposición. En la década de 1850, la columna estratigráfica comprendía unos ocho sistemas de estratos y fósiles, cada uno de los cuales representaba un periodo de tiempo geológico.

El espesor total de los estratos, estimado entre 25 y 112 km, impresionó a los geólogos, que habían constatado la lentitud de los procesos de erosión y sedimentación de los materiales que los componían

> La mente parecía aturdirse al mirar tan lejos en el abismo del tiempo.
> **John Playfair**

(unos centímetros cada cien años). En 1858, Charles Darwin realizó una incursión algo temeraria en el debate al estimar que la erosión había tardado cerca de 300 millones de años en cortar las rocas de los periodos Terciario y Cretácico del Weald, en el sur de Inglaterra. En 1860, John Phillips, geólogo de la Universidad de Oxford, cifró la edad de la Tierra en unos 96 millones de años.

En 1862, el eminente físico escocés William Thomson, lord Kelvin, desdeñó estos cálculos geológicos, a los que calificó de acientíficos. Empirista estricto, Kelvin afirmó que la física permitiría determinar una edad precisa de la Tierra, que creía limitada por la edad del Sol. El conocimiento de las rocas, de sus puntos de fusión y de su conductividad había mejorado drásticamente desde la época de Buffon. Kelvin fijó la temperatura inicial de la Tierra en 3.900 °C y, partiendo de la observación de que la temperatura aumenta a medida que se profundiza hacia el núcleo (en torno a 0,5 °C cada 15 m),

Lord Kelvin anunció que la Tierra tenía 40 millones de años en 1897, año en que se descubrió la radiactividad. Ignoraba que la desintegración radiactiva genera un calor que ralentiza notablemente el proceso de enfriamiento.

calculó que la Tierra había necesitado 98 millones de años para enfriarse hasta la temperatura actual. Luego redujo la cifra a 40 millones de años.

Un «reloj» radiactivo

El prestigio de Kelvin era tal que la mayoría de los científicos aceptó su medición. Sin embargo, los geólogos siguieron pensando que 40 millones de años no bastaban si se tenían en cuenta el ritmo observado de los procesos geológicos y la acumulación de depósitos, pero carecían de un método científico con el que contradecir a Kelvin.

En la década de 1890, el descubrimiento de elementos naturalmente radiactivos en algunos materiales y rocas proporcionó la clave para zanjar el debate entre Kelvin y los geólogos, ya que el ritmo de desintegración atómica proporciona una medida del tiempo precisa. En 1903, Ernest Rutherford predijo las tasas de desintegración de los átomos y sugirió la posibilidad de usar la radiactividad como «reloj» para datar los minerales y las rocas que contienen elementos radiactivos.

En 1905, Rutherford obtuvo la primera datación radiométrica de la formación de un mineral procedente de Glastonbury (Connecticut): entre 497 y 500 millones de años. Advirtió que se trataba de fechas mínimas. En 1907, el radioquímico estadounidense Bertram Boltwood mejoró la técnica de Rutherford y obtuvo las primeras dataciones radiométricas de minerales contenidos en rocas con un contexto geológico conocido, entre las que figuraba una roca de 2.200 millones de años de antigüedad, procedente de Sri Lanka, cuya edad indicaba una escala muy superior a las estimaciones anteriores. En 1946, el geólogo británico Arthur Holmes efectuó mediciones isotópicas de rocas que contenían

Una discordancia es una superficie que separa dos estratos de distintos periodos. Este esquema muestra una discordancia angular, parecida a las que James Hutton descubrió en la costa oriental escocesa. La actividad volcánica o los movimientos de la corteza terrestre han inclinado las capas rocosas más antiguas y han creado una discordancia angular con las capas superiores, más jóvenes.

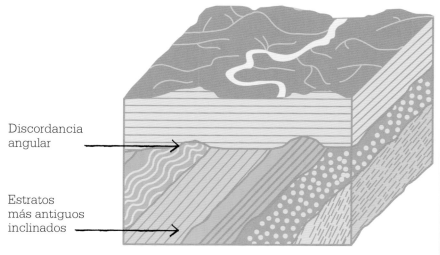

Discordancia angular →

Estratos más antiguos inclinados →

James Hutton

James Hutton nació en 1726, en el seno de una familia de comerciantes de Edimburgo (Escocia) y estudió humanidades en la universidad de su ciudad natal. Luego se decantó por la química y después por la medicina, pero nunca ejerció de médico. Se interesó por las nuevas técnicas agrícolas de East Anglia (Inglaterra), donde el contacto con distintos tipos de suelos y las rocas de las que procedían despertó su pasión por la geología, que le llevó a emprender expediciones de trabajo de campo por Inglaterra y Escocia.

A su regreso a Edimburgo en 1768, conoció a algunas de las figuras más destacadas de la Ilustración escocesa, como el ingeniero James Watt y el filósofo Adam Smith. Durante los veinte años siguientes desarrolló su famosa teoría sobre la edad de la Tierra y la debatió con sus amigos antes de publicar un largo resumen en 1788 y una versión aún más extensa en 1795. Murió en 1797.

Obra principal

1795 *Theory of the Earth with Proofs and Illustrations.*

plomo originarias de Groenlandia y obtuvo una edad de 3.015 millones de años. Esta fue una de las primeras edades mínimas de la Tierra fiables. Más tarde, Holmes calculó la edad del uranio del que procedía el plomo en 4.460 millones de años, pero pensó que esa era la edad de la nube de gas a partir de la cual se formó la Tierra.

Finalmente, en 1953, el geoquímico Clair Patterson obtuvo la primera edad radiométrica de la Tierra aceptada de forma general: 4.550 millones de años. A pesar de que no se conocen minerales ni rocas de la época de la formación de la Tierra, se cree que muchos meteoritos del Sistema Solar se originaron en el mismo momento. Patterson estableció la edad radiométrica de los minerales de plomo que contenían los meteoritos del Cañón del Diablo en 4.510 millones de años, la comparó con la edad radiométrica media de 4.560 millones de años del granito

y el basalto, rocas ígneas de la corteza terrestre, y concluyó que la similitud de fechas era un indicio de la edad de la Tierra. En 1956 llevó a cabo varias mediciones que confirmaron sus cálculos anteriores: la Tierra nació hace 4.550 millones de años, cifra que continúa siendo aceptada por la comunidad científica en la actualidad. ∎

El pasado de nuestro globo debe explicarse por lo que vemos que acontece ahora.
James Hutton

LA ATRACCION DE LAS~ MONTAÑAS

NEVIL MASKELYNE (1732–1811)

La **masa gravitatoria** de una montaña **atraerá a la pesa de una plomada**.

El hilo de la plomada **colgará en un ángulo** que dependerá de la **densidad relativa** de la montaña y de la Tierra.

Midiendo la desviación se podrá calcular la masa de la Tierra.

EN CONTEXTO

DISCIPLINA
Ciencias de la Tierra y física

ANTES
1687 En *Principios matemáticos*, Newton sugiere experimentos para calcular la densidad de la Tierra.

1692 En un intento de explicar el campo magnético terrestre, Edmond Halley sugiere que el planeta consta de tres esferas huecas concéntricas.

1738 Pierre Bouguer intenta llevar a cabo el experimento de Newton en el volcán Chimborazo (Ecuador).

DESPUÉS
1798 Henry Cavendish utiliza una balanza de torsión para calcular la densidad de la Tierra y determina que es de 5.448 kg/m³.

1854 George Airy evalúa la densidad de la Tierra con un péndulo en el interior de una mina.

En el siglo XVII, Isaac Newton había sugerido distintos métodos para «pesar la Tierra», o calcular la densidad terrestre. Uno de los métodos consistía en medir el ángulo de desviación de la vertical del hilo de una plomada a cada lado de una montaña como consecuencia de la atracción gravitatoria de esta. La vertical podía definirse por métodos astronómicos. Si se determinaban la densidad y el volumen de la montaña, podría calcularse, por extensión, la densidad de la Tierra.

No obstante, el propio Newton desechó la idea al considerar que la desviación sería tan mínima que no podría medirse con los instrumentos disponibles en la época.

En 1738, el astrónomo francés Pierre Bouguer intentó realizar el experimento en las laderas del Chimborazo, en Ecuador. Sin embargo, la meteorología y la altitud causaron tantas dificultades que Bouguer pensó que sus medidas no podían ser precisas.

En 1772, Nevil Maskelyne propuso a la Royal Society de Londres llevar a cabo ese mismo experimento en Gran Bretaña. La institución accedió a ello y envió a un topógrafo

Véase también: Isaac Newton 62–69 ▪ Henry Cavendish 78–79 ▪ John Michell 88–89

para que seleccionara una montaña adecuada. La elegida fue Schiehallion, en Escocia, y Maskelyne pasó casi cuatro meses realizando observaciones en ambos lados de la montaña.

La densidad de las rocas

Incluso en ausencia de efecto gravitatorio, la orientación de la plomada respecto a las estrellas tenía que haber sido distinta en las dos laderas, debido a la diferencia de latitud. Sin embargo, incluso teniendo en

La montaña Schiehallion fue elegida para el experimento por su simetría y por estar aislada (y, por lo tanto, menos afectada por la atracción gravitatoria de otras montañas).

cuenta este dato, la desviación obtenida fue de 11,6 segundos de arco (0,003 grados). Maskelyne estudió la forma de la montaña y midió la densidad de sus rocas a fin de calcular su masa. Había supuesto que toda la Tierra tendría la misma densidad que la montaña Schiehallion, pero la desviación de las plomadas daba un valor inferior a la mitad del esperado; así pues, sus supuestos eran incorrectos: la densidad de la Tierra era claramente superior a la de las rocas superficiales y pensó que esto podría deberse a que el planeta tenía un núcleo metálico. A partir del ángulo observado Maskelyne llegó a la conclusión de que la densidad global de la Tierra era aproximadamente el doble que la de las rocas de Schiehallion.

Este resultado echó por tierra la teoría defendida por el astrónomo

[…] la densidad media de la Tierra es, al menos, el doble que la de la superficie […] la densidad de las partes internas de la Tierra es mucho mayor que cerca de la superficie.
Nevil Maskelyne

inglés Edmond Halley, que afirmaba que la Tierra era hueca, y permitió calcular la masa de la Tierra a partir de su volumen y su densidad media. Maskelyne obtuvo de esta manera un valor de la densidad global de la Tierra de 4.500 kg/m^3, con un error inferior al 20% respecto al valor que se acepta hoy en día (5.515 kg/m^3), y de paso demostró la validez de la ley de la gravitación de Newton. ∎

Nevil Maskelyne

Nevil Maskelyne, nacido en Londres en 1732, se interesó por la astronomía desde muy joven. Tras licenciarse en la Universidad de Cambridge y ser ordenado, pasó a formar parte de la Royal Society en 1758 y fue el astrónomo real del Observatorio de Greenwich desde 1765 hasta su muerte.

En 1761, la Royal Society le envió a la isla de Santa Elena, en el Atlántico, para observar el tránsito de Venus. Sus datos permitieron a los astrónomos calcular la distancia entre la Tierra y el Sol. También consagró gran parte de su tiempo a resolver

el problema de la medida de la longitud en alta mar, algo muy importante en la época. Su método consistía en medir cuidadosamente la distancia entre la Luna y una estrella dada, y consultar unas tablas publicadas por él.

Obras principales

1764 *Astronomical Observations Made at the Island of St Helena.*
1775 *An Account of Observations Made on the Mountain Schehallien for Finding its Attraction.*

EL MISTERIO DE LA ESTRUCTURA Y LA FECUNDACION DE LAS FLORES
CHRISTIAN SPRENGEL (1750–1816)

EN CONTEXTO

DISCIPLINA
Biología

ANTES
1694 Rudolph Camerarius, botánico alemán, demuestra que la flor contiene las partes reproductoras de las plantas.

1753 Linneo publica *Species Plantarum*, donde presenta un sistema de clasificación basado en la estructura de la flor.

Década de 1760 El botánico alemán Josef Gottlieb Kölreuter demuestra que los granos de polen son necesarios para fecundar la flor.

DESPUÉS
1831 El botánico escocés Robert Brown describe la germinación de los granos de polen en el estigma (parte femenina) de la flor.

1862 En *La fecundación de las orquídeas*, Darwin estudia la relación entre las flores y los insectos polinizadores.

A mediados del siglo XVIII, el botánico sueco Carlos Linneo se dio cuenta de que algunas partes de la flor equivalen a los órganos reproductores de los animales. Cuarenta años después, el botánico alemán Christian Sprengel descubrió la importante función de los insectos en el proceso de polinización y, por lo tanto, en la fecundación de las plantas con flores.

Beneficio mutuo

En el verano de 1787, observando a los insectos que visitaban flores abiertas para alimentarse del néctar de su interior, empezó a preguntarse si el colorido y la disposición de los pétalos «publicitaban» el preciado jugo y dedujo que las flores atraían a los insectos para que el polen del estambre (parte masculina) de una flor se les quedara adherido y, así, lo transportaran hasta el pistilo (parte femenina) de otra. El néctar, rico en energía, era la recompensa que obtenía el insecto.

Sprengel descubrió que algunas plantas con flores que carecen de color y aroma dependen del viento para dispersar su polen. También ob-servó que muchas flores contienen partes femeninas y masculinas, y que estas maduran en momentos diferentes para evitar la autofecundación.

La obra de Sprengel, publicada en 1793, obtuvo escaso eco en vida de su autor. Fue Darwin quien le dio el reconocimiento que merecía al utilizarla como punto de partida para sus estudios sobre la coevolución de las plantas con flores y las especies concretas de insectos que las polinizan y garantizan así la fecundación cruzada, para beneficio mutuo. ∎

Una abeja se posa sobre las partes sexuales de una flor de vistosos pétalos. El 80% de la polinización por insectos es obra de las abejas, que polinizan un tercio de los cultivos alimentarios.

Véase también: Carlos Linneo 74–75 ▪ Charles Darwin 142–149 ▪ Gregor Mendel 166–171 ▪ Thomas Hunt Morgan 224–225

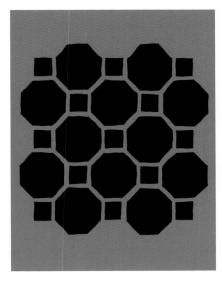

LOS ELEMENTOS SE UNEN SIEMPRE EN LA MISMA PROPORCION
JOSEPH PROUST (1754–1836)

EN CONTEXTO

DISCIPLINA
Química

ANTES
C. 400 A.C. Demócrito propone que el mundo se compone en última instancia de minúsculas partículas indivisibles (átomos).

1759 Según el químico inglés Robert Dossie, las sustancias se combinan cuando se hallan en la proporción correcta o «proporción de saturación».

1787 Antoine Lavoisier y Claude Louis Berthollet idean el sistema de nomenclatura de los elementos químicos.

DESPUÉS
1805 John Dalton prueba que los elementos se componen de átomos de una masa concreta que se combinan para formar compuestos.

1811 El químico italiano Amedeo Avogadro distingue entre los átomos y las moléculas formadas de átomos.

La ley de las proporciones constantes, enunciada por el químico francés Joseph Proust en 1794, demuestra que independientemente de cómo se combinen los elementos, las proporciones de cada uno de ellos en un compuesto siempre son exactamente las mismas. Esta fue una de las ideas fundamentales sobre los elementos surgidas en este periodo que sentaron los cimientos de la química moderna.

Con este hallazgo, Proust seguía una tendencia de la química francesa del siglo XVIII encabezada por Antoine Lavoisier que preconizaba la meticulosa medición de pesos, proporciones y porcentajes. De este modo, Proust concluyó que cuando se forman óxidos metálicos, la proporción de metal y oxígeno es constante. Si el mismo metal se combina con el oxígeno en una proporción distinta, origina un compuesto diferente con propiedades diferentes.

No todo el mundo aprobó la teoría de Proust, pero en 1811 el químico suizo Jöns Jakob Berzelius constató que encajaba con la nueva teoría atómica de los elementos de John

Como muchos otros metales, el hierro está sujeto por esta ley de la naturaleza que preside toda verdadera combinación, a dos proporciones constantes de oxígeno.
Joseph Proust

Dalton, según la cual cada elemento se compone de átomos únicos. Si un compuesto está formado siempre por la misma combinación de átomos, la afirmación de Proust de que los elementos siempre se combinan en proporciones fijas también debía ser cierta. Hoy esta ley se considera uno de los principios básicos de la química. ∎

Véase también: Henry Cavendish 78–79 ∎ Antoine Lavoisier 84 ∎ John Dalton 112–113 ∎ Jöns Jakob Berzelius 119 ∎ Dmitri Mendeléiev 174–179

UN SIG
PROGR
1800–1900

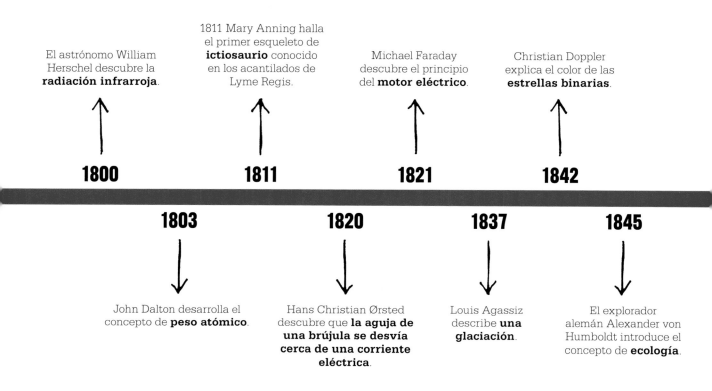

El astrónomo William Herschel descubre la **radiación infrarroja**.

1811 Mary Anning halla el primer esqueleto de **ictiosaurio** conocido en los acantilados de Lyme Regis.

Michael Faraday descubre el principio del **motor eléctrico**.

Christian Doppler explica el color de las **estrellas binarias**.

1800

1811

1821

1842

1803

1820

1837

1845

John Dalton desarrolla el concepto de **peso atómico**.

Hans Christian Ørsted descubre que **la aguja de una brújula se desvía cerca de una corriente eléctrica**.

Louis Agassiz describe **una glaciación**.

El explorador alemán Alexander von Humboldt introduce el concepto de **ecología**.

L a invención de la pila eléctrica en 1799 abrió campos totalmente nuevos a la investigación científica. En Dinamarca, Hans Christian Ørsted descubrió por casualidad la relación entre la electricidad y el magnetismo. En Londres, Michael Faraday estudió los campos magnéticos y fabricó el primer motor eléctrico del mundo. En Escocia, James Clerk Maxwell desarrolló las ideas de Faraday y descifró los principios matemáticos del electromagnetismo.

Ver lo invisible

A lo largo del siglo XIX se descubrieron formas invisibles de ondas electromagnéticas antes de que se descifraran las leyes que rigen su comportamiento. En Bath (Gran Bretaña), el astrónomo alemán William Herschel separó los colores de la luz solar con un prisma para investigar su temperatura y vio que el termómetro continuaba subiendo más allá del rojo: había encontrado la radiación infrarroja que, junto con la ultravioleta, descubierta el año siguiente, demostraba que el espectro electromagnético era más amplio que el visible. En Alemania, Wilhelm Röntgen descubrió también por casualidad los rayos X en su laboratorio. Mediante un ingenioso experimento para dilucidar si la luz era una onda o una partícula, el físico británico Thomas Young descubrió el fenómeno de interferencia de las ondas luminosas que aparentemente zanjaba la cuestión. En Praga, el físico austriaco Christian Doppler explicó el color de las estrellas binarias partiendo de la idea que sostenía que la luz es una onda con un espectro de varias frecuencias y definió el fenómeno conocido como efecto Doppler. En París, mientras tanto, los físicos franceses Hippolyte Fizeau y Léon Foucault midieron la velocidad de la luz y demostraron que esta se propaga más despacio en el agua que en el aire.

Avances de la química

Considerando que el peso atómico podía ser un concepto útil para los químicos, el meteorólogo británico John Dalton estimó el de algunos elementos. Quince años más tarde, el químico sueco Jöns Jakob Berzelius elaboró una lista mucho más completa. Uno de sus alumnos, el alemán Friedrich Wöhler, transformó una sal inorgánica en un compuesto orgánico, con lo que refutó la idea de que la química orgánica obedecía a normas particulares. En

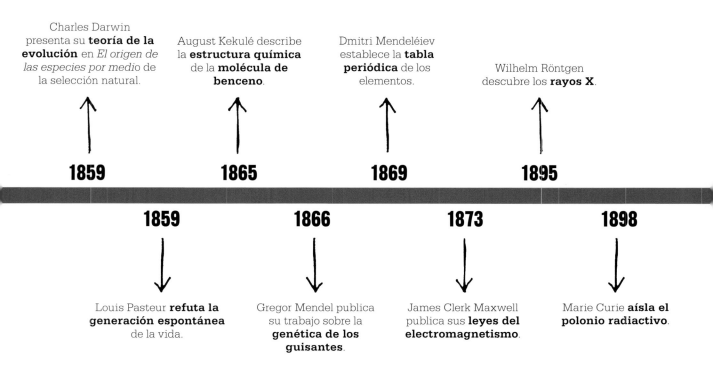

Charles Darwin presenta su **teoría de la evolución** en *El origen de las especies por medio* de la selección natural.

August Kekulé describe la **estructura química** de la **molécula de benceno**.

Dmitri Mendeléiev establece la **tabla periódica** de los elementos.

Wilhelm Röntgen descubre los **rayos X**.

1859

1865

1869

1895

1859

1866

1873

1898

Louis Pasteur **refuta la generación espontánea** de la vida.

Gregor Mendel publica su trabajo sobre la **genética de los guisantes**.

James Clerk Maxwell publica sus **leyes del electromagnetismo**.

Marie Curie **aísla el polonio radiactivo**.

París, Louis Pasteur demostró más adelante que la vida no se genera de manera espontánea. En ocasiones, la inspiración de las nuevas ideas llegaba por caminos inesperados: así pues, el químico alemán August Kekulé concibió la estructura de la molécula del benceno en sueños, mientras que el químico ruso Dmitri Mendeléiev se sirvió de una baraja para resolver el problema de la tabla periódica de los elementos. A finales de siglo, Marie (Sklodowska) Curie aisló el polonio y el radio, y se convirtió en la única persona galardonada con el premio Nobel de química y el de física.

Las huellas del pasado

El conocimiento de los seres vivos experimentó una revolución a lo largo del siglo. En la costa sur de Inglaterra, Mary Anning desenterró y documentó una serie de fósiles de seres extintos. Poco tiempo después, Richard Owen acuñó el término «dinosaurios» para designar a aquellos «terroríficos lagartos» que un día poblaron la Tierra. El geólogo suizo Louis Agassiz sugirió que vastas regiones del globo habían estado cubiertas de hielo y que el planeta había pasado por estados muy distintos a lo largo de su historia. Alexander von Humboldt utilizó sus conocimientos interdisciplinarios para desentrañar las relaciones que se establecen en la naturaleza y sentó las bases de la ecología. En Francia, Jean-Baptiste Lamarck construyó una teoría de la evolución sobre la hipótesis errónea de que estaba impulsada por la transmisión de caracteres adquiridos. En la década de 1850, los naturalistas británicos Alfred Russell Wallace y Charles Darwin desarrollaron la idea de la evolución por selección natural. T. H. Huxley sugirió que las aves habrían evolucionado de los dinosaurios, y las pruebas en apoyo de la evolución comenzaron a acumularse. Mientras tanto, un monje originario de Silesia, Gregor Mendel, definió las leyes básicas de la genética a partir del estudio de miles de plantas de guisante. El trabajo que llevó a cabo, olvidado durante varias décadas, desveló el mecanismo genético de la selección natural.

Se dice que, en 1900, lord Kelvin dijo: «Ya no hay nada nuevo que descubrir en física. Lo único que queda es realizar mediciones cada vez más precisas». No imaginaba cuántas sorpresas aguardaban a la vuelta de la esquina. ∎

LOS EXPERIMENTOS PUEDEN REPETIRSE CON GRAN FACILIDAD, SIEMPRE QUE BRILLE EL SOL
THOMAS YOUNG (1773–1829)

EN CONTEXTO

DISCIPLINA
Física

ANTES
1678 Christiaan Huygens es el primero en proponer que la luz se propaga en ondas. Publica su *Tratado de la luz* en 1690.

1704 En *Óptica*, Newton sugiere que la luz consiste en haces de partículas, o «corpúsculos».

DESPUÉS
1905 Albert Einstein afirma que la luz consiste a la vez en ondas y en partículas, luego llamadas fotones.

1916 Los experimentos del físico estadounidense Robert Andrews Millikan demuestran que Einstein tenía razón.

1961 Claus Jönsson repite el experimento de la doble ranura de Young con electrones y demuestra que estos, al igual que la luz, se comportan como ondas y como partículas.

¿La **luz** se compone de **partículas** que **viajan en línea recta**? Un sencillo experimento puede probarlo.

↓

Si se proyecta un haz de luz sobre una pantalla a través de dos ranuras adyacentes, deberían verse **dos franjas luminosas**.

↓

En cambio, aparecen **bandas claras y oscuras que se entrecruzan** como las ondas que formaría el agua al fluir por las ranuras.

↓

La luz se propaga en ondas.

A principios del siglo XIX, la cuestión de la naturaleza de la luz dividía a la comunidad científica. Isaac Newton había afirmado que la luz se compone de innumerables «corpúsculos», partículas diminutas que se desplazan a una gran velocidad. Según Newton, esto explicaría por qué se propaga en línea recta y proyecta sombras.

Sin embargo, los corpúsculos de Newton no explicaban por qué la luz se refracta (se desvía) o se separa en los colores del arcoíris (otro efecto de la refracción). Según Christiaan Huygens, la luz consiste en ondas, no en partículas: si se propaga en ondas, estos efectos se explican con facilidad. No obstante, el prestigio de Newton hizo que la mayoría de los científicos aceptara la teoría corpuscular.

En 1801, el médico y físico británico Thomas Young concibió un sencillo e ingenioso experimento que, en opinión suya, dirimiría la cuestión de manera definitiva. La idea se le ocurrió al observar la luz de una vela a través de una neblina de finas gotitas de agua y ver que aparecían anillos de colores en torno a un centro luminoso. Young se preguntó si estos podrían ser

Véase también: Christiaan Huygens 50–51 ▪ Isaac Newton 62–69 ▪ Léon Foucault 136–137 ▪ Albert Einstein 214–221

consecuencia de la interacción de ondas de luz.

El experimento de la doble ranura

Young hizo dos cortes en una cartulina y colocó una pantalla detrás. Al hacer pasar un haz de luz a través de las ranuras, aparecía en la pantalla una imagen parecida a un código de barras borroso que confirmaba que la luz era una onda. Si consistiera en haces de partículas, como había afirmado Newton, detrás de cada ranura habría aparecido una franja luminosa; en cambio, Young vio una serie de bandas claras y oscuras alternas, y dedujo que las ondas luminosas interaccionan al propagarse tras las ranuras. Si dos ondas ascienden (picos o crestas) o descienden (valles) al mismo tiempo, forman otra onda el doble de grande (interferencia constructiva) y crean una banda luminosa; si una onda asciende mientras la otra desciende, ambas se anulan mutuamente (interferencia destructiva) y dan lugar a una banda oscura. Young también demostró que los distintos colores de luz crean pautas de interferencia diferentes, lo que de-

> *La investigación científica es como una guerra contra todos nuestros contemporáneos y predecesores.*
> **Thomas Young**

mostraba a su vez que el color de la luz depende de su longitud de onda.

El experimento de Young convenció durante un siglo a los científicos de que la luz es una onda, no una partícula. En 1905, Einstein demostró que se comporta a la vez como una onda y como un haz de partículas. En 1961, el físico alemán Claus Jönsson repitió el experimento de Young con electrones para demostrar que estas partículas subatómicas crean interferencias similares y, por tanto, también actúan como ondas. ▪

Thomas Young

El mayor de los 10 hijos de una pareja de cuáqueros de Somerset (Inglaterra), Thomas Young dio pronto muestras de su gran inteligencia. A los 13 años de edad leía cinco idiomas sin dificultad y, ya adulto, realizó la primera traducción moderna de los jeroglíficos egipcios.

Tras estudiar medicina en Escocia, en 1799 estableció su consulta en Londres. Su curiosidad científica le impulsó a dedicar su tiempo libre a la investigación en múltiples campos, como la teoría musical o la lingüística, pero debe su fama sobre todo a sus estudios sobre la luz. Estableció el principio de la interferencia luminosa y además concibió la primera teoría científica moderna de la visión en color, según la cual vemos los colores como distintas proporciones de tres colores primarios: azul, rojo y verde.

Obras principales

1804 *Experiments and Calculations Relative to Physical Optics.*
1807 *Course of Lectures on Natural Philosophy and the Mechanical Arts.*

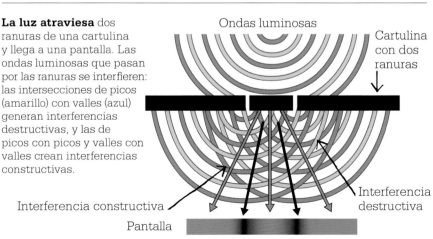

La luz atraviesa dos ranuras de una cartulina y llega a una pantalla. Las ondas luminosas que pasan por las ranuras se interfieren: las intersecciones de picos (amarillo) con valles (azul) generan interferencias destructivas, y las de picos con picos y valles con valles crean interferencias constructivas.

Ondas luminosas

Cartulina con dos ranuras

Interferencia constructiva

Interferencia destructiva

Pantalla

Patrón de intensidad de la luz

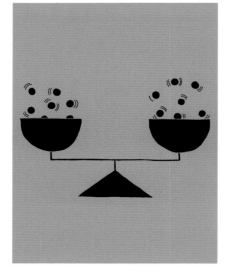

LOS PESOS RELATIVOS DE LAS PARTICULAS ULTIMAS

JOHN DALTON (1766–1844)

Los **elementos se combinan** en **proporciones fijas** y simples para formar compuestos.

Estas proporciones dependen del **peso relativo de los átomos** de cada elemento.

Por lo tanto, **se puede calcular el peso atómico** de un elemento a partir del **peso de cada elemento** presente en un **compuesto**.

Las tablas de los elementos deben basarse en los pesos de sus partículas últimas.

Hacia finales del siglo XVIII, los científicos habían empezado a descubrir que el mundo está compuesto por distintas sustancias fundamentales, o elementos químicos. Sin embargo, nadie sabía con seguridad qué era un elemento. Fue el meteorólogo inglés John Dalton quien estableció que cada elemento se compone de átomos idénticos y únicos que lo definen y distinguen. Al desarrollar la teoría atómica de los elementos, sentó las bases de la química.

Su gran aportación fue poner en evidencia que cada elemento se compone de átomos iguales, pero diferentes de los de los restantes elementos, ya que desde la antigua Grecia se creía que todos los átomos eran similares. Isaac Newton los había descrito como «partículas sólidas, masivas, duras, impenetrables y móviles».

Dalton desarrolló sus ideas mientras estudiaba la influencia de la presión atmosférica sobre la cantidad de agua que podía absorber el aire. Convencido de que el aire era una mezcla de gases, observó durante sus experimentos que una cantidad dada de oxígeno puro ab-

Véase también: Joseph Proust 105 ▪ Dmitri Mendeléiev 174–179

> Una investigación sobre el peso relativo de las partículas últimas de los cuerpos es un tema, que yo sepa, enteramente nuevo.
> **John Dalton**

sorbe menos vapor de agua que la misma cantidad de nitrógeno puro. Su conclusión fue que esto se debía a que los átomos del oxígeno eran más grandes y pesados que los del nitrógeno.

Una cuestión de peso

En un momento de inspiración, Dalton se dio cuenta de que era posible distinguir los átomos de los distintos elementos a partir de sus diferencias de peso. Si los átomos, o «partículas últimas», de dos o más elementos se combinaban para formar compuestos en proporciones simples, esto le permitiría calcular el peso de cada átomo a partir del peso de cada elemento del compuesto. Rápidamente calculó el peso atómico de todos los elementos conocidos en la época.

Dalton concluyó que el hidrógeno era el gas más ligero, y le asignó un peso atómico de 1. El análisis del agua le dio 1 g de hidrógeno por 7 de oxígeno, así que asignó a este un peso atómico de 7. Sin embargo, el método tenía un fallo: Dalton no había reparado en que los átomos del mismo elemento pueden combinarse entre ellos y pensaba que un compuesto de átomos (molécula) contaba únicamente con un átomo de cada elemento. Aun así, su trabajo señaló a los científicos el camino correcto, y al cabo de una

La tabla de Dalton muestra los símbolos y pesos atómicos de varios elementos. Dalton llegó a la teoría atómica a través de la meteorología, al preguntarse por qué se mezclaban las partículas de aire y de agua.

década, el físico italiano Amedeo Avogadro ideó un sistema de proporciones moleculares para calcular correctamente los pesos atómicos. Finalmente, la idea fundamental de la teoría de Dalton, según la cual cada elemento cuenta con sus propios átomos de tamaño único, resultó ser cierta. ∎

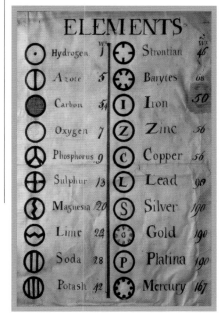

John Dalton

Nacido en el Distrito de los Lagos (Inglaterra) en 1766, en el seno de una modesta familia cuáquera, John Dalton realizó observaciones meteorológicas con regularidad desde los 15 años de edad. Realizó varios hallazgos clave, como que la humedad atmosférica se convierte en lluvia cuando el aire se enfría. Se interesó por un trastorno de la percepción de los colores que padecían él y su hermano y que acabó llamándose daltonismo. Su artículo sobre este tema le valió la admisión en la Manchester Literary and Philosophical Society, de la que fue elegido presidente en 1817 y para la que escribió cientos de artículos, incluidos los relativos a su teoría atómica. Esta fue aceptada rápidamente y le hizo famoso: más de 40.000 personas asistieron a su funeral en Manchester en 1844.

Obras principales

1805 *Experimental Enquiry into the Proportion of the Several Gases or Elastic Fluids, Constituting the Atmosphere.*
1808–1827 *El atomismo en química: un nuevo sistema de filosofía química.*

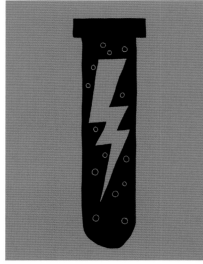

LOS EFECTOS QUIMICOS DE LA ELECTRICIDAD
HUMPHRY DAVY (1778–1829)

EN CONTEXTO

DISCIPLINA
Química

ANTES
1735 Georges Brandt, químico sueco, descubre el cobalto, el primero de los muchos elementos metálicos que se descubrirán en los cien años siguientes.

1772 Luigi Galvani experimenta con ranas y cree que la electricidad es de origen biológico.

1799 Alessandro Volta prueba que los metales generan electricidad por contacto y construye la primera pila.

DESPUÉS
1834 Michael Faraday, antiguo ayudante de Davy, publica las leyes de la electrolisis.

1869 Dmitri Mendeléiev ordena los elementos conocidos en una tabla periódica y crea un grupo para los metales alcalinos identificados por Davy en 1807.

Tras la invención de la pila eléctrica por Alessandro Volta en 1800, otros científicos comenzaron a experimentar con pilas. Humphry Davy, químico inglés, dedujo que la electricidad de la pila es el resultado de una reacción química. La carga eléctrica fluye cuando los dos metales distintos (electrodos) reaccionan gracias al papel impregnado en agua salada que los separa. En 1807, Davy descubrió que se podía usar la carga eléctrica de una pila para separar compuestos químicos. Así halló elementos nuevos y se convirtió en el precursor de un procedimiento que luego se llamó electrolisis.

Nuevos metales
Davy insertó dos electrodos en hidróxido de potasio seco (potasa), que luego expuso al aire húmedo en su laboratorio para que condujera la electricidad. En el electrodo con carga negativa empezaron a formarse unos glóbulos metálicos. Era un elemento nuevo: el potasio. Unas semanas después separó el hidróxido de sodio (sosa cáustica), también

Davy usó un aparato parecido a este en la Royal Institution de Londres para probar que la electrolisis separa el agua en sus dos elementos constituyentes: hidrógeno y oxígeno.

por electrolisis, y obtuvo otro metal: el sodio. En 1808, la electrolisis le llevó a hallar cuatro nuevos elementos metálicos: calcio, bario, estroncio y magnesio, además de un metaloide: el boro. Al igual que la electrolisis, la explotación comercial de estos elementos resultaría muy rentable. ■

Véase también: Alessandro Volta 90–95 ▪ Jöns Jakob Berzelius 119 ▪ Hans Christian Ørsted 120 ▪ Michael Faraday 121 ▪ Dmitri Mendeléiev 174–179

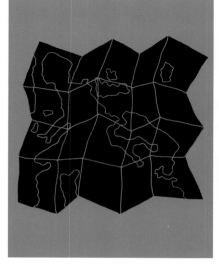

PRIMEROS MAPAS GEOLÓGICOS NACIONALES

WILLIAM SMITH (1769–1839)

EN CONTEXTO

DISCIPLINA
Geología

ANTES
1669 Nicolás Steno publica los principios de la estratigrafía, que facilitarán el estudio de las capas rocosas.

Década de 1760 En Alemania, los geólogos Johann Lehmann y Georg Füchsel realizan mediciones precisas para cartografiar los estratos geológicos.

1813 El geólogo inglés Robert Bakewell elabora el primer mapa geognóstico de los tipos de rocas de Inglaterra y Gales.

DESPUÉS
1849 Se funda la Comisión para la carta geológica de Madrid y general del Reino, luego Instituto geológico y minero de España.

1878 Primer Congreso Geológico Internacional en París. Desde entonces se celebra cada tres o cinco años.

Entre mediados y finales del siglo XVII, la necesidad de encontrar minerales y combustibles que impulsaran la revolución industrial en Europa despertó un interés creciente por la elaboración de mapas geológicos. Los mineralogistas alemanes Johann Lehmann y Georg Füchsel confeccionaron vistas aéreas detalladas que mostraban la topografía y los estratos rocosos. Los mapas que siguieron representaban poco más que la distribución superficial de los distintos tipos de rocas, hasta que Georges Cuvier y

Los fósiles son para el naturalista lo que las monedas para el anticuario.
William Smith

Alexandre Brongniart presentaron en Francia su mapa geológico de la Cuenca de París en 1811.

El primer mapa nacional
El ingeniero y topógrafo autodidacta británico William Smith elaboró en 1815 el primer mapa geológico de alcance nacional, que abarcaba Inglaterra, Gales y parte de Escocia. A partir de muestras recogidas en minas, canteras, acantilados, canales y desmontes para carreteras y vías férreas, reconstruyó la sucesión de los estratos según los principios de Steno, identificándolos por sus fósiles característicos. También trazó secciones verticales en las que representaba la sucesión estratigráfica y las estructuras geológicas generadas por los movimientos de la Tierra.

En las décadas siguientes surgieron instituciones geológicas que empezaron a cartografiar metódicamente países enteros. La correlación de estratos de edades similares más allá de las fronteras nacionales se estableció a finales del siglo XIX, por consenso internacional. ∎

Véase también: Nicolás Steno 55 ▪ James Hutton 96–101 ▪ Mary Anning 116–117 ▪ Louis Agassiz 128–129

RESTOS DE ANIMALES MONSTRUOSOS

MARY ANNING (1799–1847)

Los **fósiles** son **restos conservados** de plantas y animales.

Se han hallado fósiles de **grandes animales** que **ya no existen**.

En el pasado, la Tierra estaba poblada por **animales muy distintos**.

A finales del siglo XVIII, los fósiles se definían como los restos de organismos que vivieron antaño y que se habían petrificado cuando los sedimentos que los rodeaban se habían endurecido y convertido en roca. Naturalistas como el taxónomo sueco Carlos Linneo habían clasificado por primera vez tanto a los fósiles como a los organismos vivos en una jerarquía de especies, géneros y familias. Sin embargo, los restos fósiles seguían estudiándose aislados de su contexto medioambiental y biológico.

A principios del siglo XIX, el hallazgo de grandes huesos fosilizados distintos de los de cualquier animal vivo planteó muchas preguntas nuevas. ¿En qué lugar de los sistemas de clasificación había que ubicarlos? ¿Cuándo se extinguieron? En la cultura judeocristiana de la época, era impensable que un Dios benévolo hubiera permitido la extinción de alguna de sus criaturas.

Monstruos abisales

Algunos de los primeros de estos grandes fósiles característicos fueron hallados por la familia Anning en Lyme Regis (costa del sur de Inglaterra). Allí, los estratos de caliza y esquistos jurásicos afloran en los acantilados, y la erosión del mar revela abundantes restos de antiguos organismos marinos. En 1811, Joseph Anning encontró un cráneo

Véase también: Carlos Linneo 74–75 ▪ Charles Darwin 142–149 ▪ Thomas Henry Huxley 172–173

de 1,2 m de longitud con un largo y extraño pico provisto de dientes. Su hermana Mary halló el resto del esqueleto, que vendieron por 23 libras esterlinas. Exhibido en Londres, fue el primer esqueleto reconstituido de un «monstro abisal» desaparecido y atrajo muchísima atención. Los paleontólogos lo identificaron como un reptil marino y le dieron el nombre de ictiosaurio, que significa «pez lagarto».

La familia Anning halló más ictiosaurios y también el primer espécimen completo de otro reptil marino extinto, el plesiosaurio, además del de un reptil volador y nuevos peces y moluscos fósiles. Entre estos estaban los cefalópodos conocidos como belemnites, algunos de los cuales conservaban la bolsa de tinta. La familia, y en especial Mary, tenía un talento innato para la búsqueda de fósiles. Pese a su pobreza, Mary sabía leer y estudió de forma autodidacta geología y anatomía, lo que aumentó significativamente su eficacia como buscadora de fósiles.

En 1824, lady Harriet Sylvester observó que «en cuanto descubre un hueso ya sabe a qué tribu pertenece». Llegó a convertirse en una autoridad en muchos tipos de fósiles, especialmente en los coprolitos (heces petrificadas).

El antiguo Dorset que revelaban los fósiles de los Anning era una costa tropical poblada por una gran variedad de animales ya extintos. En 1854, estos fósiles sirvieron de modelo para la primera reconstrucción a escala real de un ictiosaurio por el escultor Benjamin Waterhouse Hawkins y el paleontólogo Richard Owen para el parque del Crystal Palace de Londres. Aunque Owen acuñara el término «dinosaurio», fue Anning quien nos hizo vislumbrar por primera vez la riqueza de la vida jurásica. ▪

En 1830, Henry de la Beche
pintó esta reconstrucción de la vida de los mares jurásicos cerca de Dorset a partir de los descubrimientos de Mary Anning.

Mary Anning

Se han escrito muchas biografías y novelas sobre Mary Anning, coleccionista de fósiles autodidacta. Ella y su hermano Joseph fueron los únicos supervivientes de los diez hijos de una familia pobre de disidentes religiosos que vivía en la población costera de Lyme Regis y que subsistía gracias a la recolección de fósiles que vendía a los cada vez más numerosos turistas. Sin embargo, fue Mary quien encontró y vendió los más relevantes: fósiles de reptiles jurásicos que habían vivido entre 201 y 145 millones de años antes.

A causa de su sexo, su humilde origen social y sus creencias religiosas, apenas fue reconocida en vida. En una carta escribió: «El mundo me ha tratado mal y temo que ello me haya llevado a desconfiar de todos». Sin embargo, adquirió notoriedad en los círculos geológicos, y muchos científicos recurrieron a sus conocimientos. Cuando su salud declinó, se le concedió una pequeña pensión anual de 25 libras como reconocimiento a su contribución científica. Falleció de cáncer de mama a los 47 años de edad.

LA HERENCIA DE LOS CARACTERES ADQUIRIDOS

JEAN-BAPTISTE LAMARCK (1744–1829)

En 1809, el naturalista francés Jean-Baptiste Lamarck presentó la primera gran teoría sobre la evolución de la vida en la Tierra. Esta idea se apoyaba en el hallazgo de fósiles de seres distintos a cualquiera de los existentes en la actualidad. En 1796, el naturalista francés Georges Cuvier había demostrado que la anatomía de unos huesos fosilizados parecidos a los del elefante era muy diferente de la de los elefantes modernos, por lo que debían proceder de animales extintos, hoy conocidos como mamuts y mastodontes.

Según Cuvier, los animales del pasado habían desaparecido víctimas de catástrofes. Lamarck lo contradijo y afirmó que los organismos se habían transformado gradual y continuamente, pasando de las formas de vida más simples a las más complejas. Los cambios medioambientales podían provocar modificaciones de los organismos que se transmitían mediante la reproducción. Las características útiles seguían desarrollándose; las otras desaparecían.

Según Lamarck, las características nuevas se adquirían a lo largo de la vida y se transmitían por herencia. Luego Darwin probó que los cambios son consecuencia de mutaciones en el momento de la concepción que sobreviven y se transmiten por selección natural, y la idea de los «caracteres adquiridos» fue ridiculizada. Pero hoy los científicos afirman que el entorno (sustancias químicas, luz, temperatura y alimentación) puede alterar los genes y su expresión. ∎

> "Todo lo que la naturaleza ha hecho adquirir o perder a los individuos por la influencia constante de las circunstancias […] lo conserva por la generación en los nuevos individuos."
> **Jean-Baptiste Lamarck**

Véase también: William Smith 115 ▪ Charles Darwin 142–149 ▪ Gregor Mendel 166–171 ▪ Thomas Hunt Morgan 224–225 ▪ Michael Syvanen 318–319

TODOS LOS COMPUESTOS QUIMICOS TIENEN DOS PARTES

JÖNS JAKOB BERZELIUS (1779–1848)

EN CONTEXTO

DISCIPLINA
Química

ANTES
1704 Isaac Newton sugiere que existe una fuerza que mantiene unidos los átomos.

1800 Alessandro Volta demuestra que el contacto de dos metales distintos genera electricidad y monta la primera pila.

1807 Humphry Davy descubre el sodio y otros elementos metálicos al separar sales por electrolisis.

DESPUÉS
1857–1858 August Kekulé y otros desarrollan la idea de valencia (número de enlaces que puede formar un átomo).

1916 El químico estadounidense Gilbert Lewis propone la teoría del enlace covalente, y el físico alemán Walther Kossel sugiere la idea del enlace iónico.

La invención de la pila por parte de Alessandro Volta inspiró a toda una generación de químicos, el más eminente de los cuales fue Jöns Jakob Berzelius. Tras una serie de experimentos para estudiar los efectos de la electricidad sobre los elementos químicos, Berzelius publicó en 1819 la teoría del dualismo electroquímico, que postulaba que los compuestos se crean por la unión de elementos con cargas eléctricas opuestas.

El hábito de una opinión suele conducir a la total convicción de su veracidad y nos impide aceptar las pruebas que la refutan.
Jöns Jakob Berzelius

En 1803, Berzelius se asoció con el propietario de una mina a fin de construir una pila voltaica y observar cómo la electricidad separaba las sales. Los metales alcalinos y alcalinotérreos migraban hacia el polo negativo, mientras que el oxígeno, los ácidos y las sustancias oxidadas migraban hacia el positivo. Concluyó que las sales están formadas por un óxido básico, con carga positiva, y un óxido ácido, con carga negativa.

Berzelius sugirió que lo que mantiene unidos los compuestos químicos es la atracción de las cargas opuestas de las partes que los constituyen. Aunque luego se demostró que era incorrecta, su teoría impulsó la investigación acerca de los enlaces químicos. En 1916 se descubrió que los enlaces eléctricos son enlaces «iónicos»: los átomos pierden o ganan electrones para convertirse en iones positivos o negativos que se atraen mutuamente. En realidad, esta solo es una de las varias maneras en que pueden enlazarse los átomos de un compuesto: otra es el enlace «covalente», en el que los átomos comparten electrones. ∎

Véase también: Isaac Newton 62–69 ▪ Alessandro Volta 90–95 ▪ Joseph Proust 105 ▪ Humphry Davy 114 ▪ August Kekulé 160–165 ▪ Linus Pauling 254–259

EL CONFLICTO ELECTRICO NO SE LIMITA AL HILO CONDUCTOR

HANS CHRISTIAN ØRSTED (1777–1851)

La búsqueda de una unidad subyacente a todas las fuerzas es tan antigua como la propia ciencia, pero el primer gran avance llegó en 1820, cuando el físico y químico danés Hans Christian Ørsted descubrió la relación entre magnetismo y electricidad, una idea sugerida por el químico y físico Johann Wilhelm Ritter, a quien había conocido en 1801. Influido por el concepto de la unidad de la naturaleza del filósofo Immanuel Kant, Ørsted

Al parecer, el conflicto eléctrico no se limita al hilo conductor, sino que cuenta con una esfera de actividad bastante amplia a su alrededor.
Hans Christian Ørsted

decidió investigar a fondo esa posibilidad.

Un descubrimiento casual
Ørsted, profesor de la Universidad de Copenhague, realizó ante sus alumnos un experimento para mostrar que la corriente eléctrica de la pila voltaica (inventada por Alessandro Volta en 1800) puede calentar un alambre y volverlo incandescente, y observó que cada vez que pasaba la corriente, la aguja de una brújula que había cerca se movía. Esta fue la primera prueba de la relación entre electricidad y magnetismo. Ahondando en la investigación, Ørsted constató que cuando la corriente eléctrica pasaba por el alambre producía un campo magnético circular.

El hallazgo de Ørsted impulsó de inmediato a científicos de toda Europa a estudiar el electromagnetismo. Ese mismo año, el físico francés André-Marie Ampère formuló una teoría matemática para expresar el nuevo fenómeno y, en 1821, Michael Faraday probó que la fuerza electromagnética puede transformar la energía eléctrica en energía mecánica. ∎

Véase también: William Gilbert 44 ■ Alessandro Volta 90–95 ■ Michael Faraday 121 ■ James Clerk Maxwell 180–185

ALGUN DIA, SEÑOR, COBRARA IMPUESTOS POR ELLO
MICHAEL FARADAY (1791–1867)

El científico británico Michael Faraday descubrió los principios del motor eléctrico y del generador o dinamo, abriendo así las puertas a la revolución tecnológica que transformó el mundo moderno y a la que se deben desde las bombillas hasta las telecomunicaciones. El propio Faraday previó el valor económico de sus descubrimientos y de los ingresos fiscales que podrían generar para el gobierno.

En 1821, unos meses después de saber que Hans Christian Ørsted había descubierto la relación entre la electricidad y el magnetismo, Faraday demostró que un imán se moverá alrededor de un cable eléctrico y que un cable eléctrico se moverá alrededor de un imán. El cable genera a su alrededor un campo magnético que a su vez genera una fuerza tangencial sobre el imán y produce un movimiento circular. Se trata del principio del motor eléctrico: al alternar la dirección de la corriente, se alterna la dirección del campo magnético en el cable y se produce un movimiento giratorio.

En el aparato con el que Faraday demostró la inducción electromagnética, la corriente fluye por una pequeña bobina magnética que entra y sale de la grande, y crea una corriente en esta.

Generación de electricidad

Diez años después, Faraday hizo un descubrimiento aún más relevante: un campo magnético en movimiento puede crear o «inducir» una corriente eléctrica. Este hallazgo, que el físico estadounidense Joseph Henry también realizó hacia la misma época, es la base de la generación de toda la electricidad. La inducción electromagnética transforma la energía cinética de una turbina en corriente eléctrica. ∎

Véase también: Alessandro Volta 90–95 ▪ Hans Christian Ørsted 120 ▪ James Clerk Maxwell 180–185

EL CALOR PENETRA TODAS LAS SUSTANCIAS DEL UNIVERSO
JOSEPH FOURIER (1777–1831)

EN CONTEXTO

DISCIPLINA
Física

ANTES
1761 Joseph Black descubre el calor latente (el que absorben el hielo para fundirse y el agua para hervir). También estudia el calor específico, el que necesitan las sustancias para elevar su temperatura en una unidad concreta.

1783 Antoine Lavoisier y Pierre-Simon Laplace miden el calor latente y el específico.

DESPUÉS
1824 Nicolas Sadi Carnot expone los principios del motor térmico, que convierte la energía del calor en energía mecánica, y sienta las bases de la teoría de la termodinámica.

1834 Émile Clapeyron demuestra que la energía ha de ser cada vez más difusa y formula así la segunda ley de la termodinámica.

El calor penetra todas las sustancias del Universo.

Existe un **gradiente de temperatura** entre los lugares más calientes y los más fríos.

El calor se propaga por este gradiente **con un movimiento ondulatorio**.

Este movimiento puede representarse con **una serie de funciones seno y coseno**.

Actualmente, una de las leyes fundamentales de la física afirma que la energía ni se crea ni se destruye, sino que se transforma o se desplaza de un lugar a otro. El pionero del estudio del calor y de cómo este se desplaza de los lugares calientes a los fríos fue el matemático francés Joseph Fourier a principios del siglo XIX.

Fourier se interesó por la conducción del calor a través de los sólidos y por el enfriamiento de los objetos cuando pierden calor. Su compatriota Jean-Baptiste Biot había imaginado que el calor se propaga en forma de una «acción a distancia», saltando de lugares calientes a fríos, y representó el flujo térmico en los sólidos como una serie de franjas, lo que permitía estudiarlo con ecuaciones convencionales.

Gradientes de temperatura
Fourier estudió el flujo de calor de una manera absolutamente diferente. Se centró en los gradientes de temperatura, o gradaciones continuas entre lugares calientes y fríos. Como estas no podían cuantificarse mediante ecuaciones convencionales, estableció nuevas técnicas matemáticas que permitieran representar el fenómeno.

Véase también: Isaac Newton 62–69 ▪ Joseph Black 76–77 ▪ Antoine Lavoisier 84 ▪ Charles Keeling 294–295

> [El análisis matemático]
> compara los fenómenos
> más diversos y descubre
> las analogías secretas
> que los unen.
> **Joseph Fourier**

Fourier se centró en la idea de las ondas y en encontrar el modo de representarlas matemáticamente. Vio que todos los movimientos ondulatorios, como el del gradiente de temperatura, pueden aproximarse matemáticamente si se suman ondas más sencillas, cualquiera que sea la forma de la onda que se quiera representar. Las ondas más sencillas que hay que sumar son senos y cosenos, derivados de la trigonometría, y pueden escribirse matemáticamente en forma de serie. Estas ondas indivi-duales se mueven uniformemente y crean picos (o crestas) y valles. La suma de ondas sencillas produce una complejidad creciente que puede aproximar cualquier otro tipo de onda. Estas series infinitas se conocen hoy como series de Fourier.

Fourier publicó su idea en 1807, pero esta atrajo muchas críticas, y su obra no fue aceptada hasta 1822. Prosiguiendo su estudio sobre el calor, en 1824 analizó la diferencia entre el calor que la Tierra recibe del Sol y el que pierde hacia el espacio. Se dio cuenta de que el motivo por el que la Tierra goza de una temperatura relativamente cálida a pesar de encontrarse a gran distancia del Sol es que los gases de la atmósfera atrapan el calor e impiden que se irradie hacia el espacio, un fenómeno que hoy se conoce como efecto invernadero.

En la actualidad, el análisis de Fourier no se aplica únicamente a la distribución de calor, sino a toda una serie de problemas de las ciencias más avanzadas, desde la acústica, la ingeniería eléctrica y la óptica hasta la mecánica cuántica. ▪

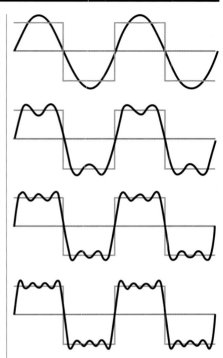

Una serie de Fourier permite aproximar ondas de cualquier forma, incluso cuadrada (en rosa). Cuantas más ondas senoidales se añadan a la serie se obtendrá una mayor aproximación. Cada una de las primeras cuatro aproximaciones de la serie (en negro) contiene una onda senoidal nueva.

Joseph Fourier

Joseph Fourier nació en Auxerre (Francia). Hijo de un sastre, a los diez años quedó huérfano y fue acogido en un convento antes de ingresar en la escuela militar, donde destacó en matemáticas. Más adelante participó en la Revolución y fue encarcelado por breve tiempo durante el Terror de 1794.

En 1798 acompañó a Napoleón en la campaña de Egipto. Allí, como administrador civil, se le encargó el estudio de los monumentos antiguos. A su regreso a Francia en 1802, fue nombrado prefecto de Isère, en los Alpes. Además de ocuparse de la supervisión de la construcción de carreteras y redes de alcantarillado, publicó una obra sobre el antiguo Egipto y comenzó a estudiar el calor. Murió en 1830 a consecuencia de una caída accidental por una escalera.

Obras principales

1807 *Mémoire sur la propagation de la chaleur dans les corps solides.*
1822 *Teoría analítica del calor.*

LA PRODUCCION ARTIFICIAL DE SUSTANCIAS ORGANICAS A PARTIR DE SUSTANCIAS INORGANICAS
FRIEDRICH WÖHLER (1800–1882)

El químico sueco Jöns Jakob Berzelius sugirió en 1807 que existía una diferencia fundamental entre las sustancias químicas presentes en los seres vivos y las demás. Estas sustancias «orgánicas» solo podían surgir de la combinación de otras sustancias vivas y, una vez separadas, no podían recomponerse artificialmente. Esta idea se hacía eco de una teoría dominante en la época, el vitalismo, según la cual los seres vivos estaban dotados de una «fuerza vital» que

La urea es rica en nitrógeno, esencial para el crecimiento de las plantas, y se emplea en abonos. Wöhler fue el primero en obtener urea sintética, una materia prima esencial para la industria química.

escapaba a la comprensión de los químicos. Ante la sorpresa general, los innovadores experimentos de un químico alemán llamado Friedrich Wöhler demostraron que las sustancias químicas orgánicas no son en absoluto especiales, sino que se comportan según las mismas normas que el resto.

En la actualidad sabemos que las sustancias químicas orgánicas comprenden una multitud de moléculas cuyo elemento básico es el átomo de carbono. Estas moléculas son componentes esenciales de la vida, pero, como Wöhler descubrió, muchas pueden sintetizarse a partir de sustancias inorgánicas.

Rivalidad y cooperación
A principios de la década de 1820, Wöhler y el también químico Justus von Liebig presentaron análisis químicos idénticos de dos sustancias que parecían absolutamente distintas: fulminato de plata, que es explosivo, y cianato de plata, que no lo es. Ambos químicos consideraron que el otro se había equivocado, pero acabaron constatando que ambos tenían razón. Los compuestos de este tipo no están definidos solamente por el número y el tipo de sus átomos, sino también por la

Véase también: Antoine Lavoisier 84 ▪ John Dalton 112–113 ▪
Jöns Jakob Berzelius 119 ▪ Leo Baekeland 140–141 ▪ August Kekulé 160–165

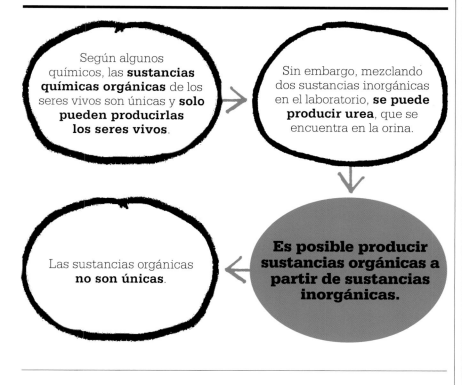

Según algunos químicos, las **sustancias químicas orgánicas** de los seres vivos son únicas y **solo pueden producirlas los seres vivos**.

Sin embargo, mezclando dos sustancias inorgánicas en el laboratorio, **se puede producir urea**, que se encuentra en la orina.

Es posible producir sustancias orgánicas a partir de sustancias inorgánicas.

Las sustancias orgánicas **no son únicas**.

Friedrich Wöhler

Nacido en Eschersheim, cerca de Frankfurt (Alemania), Wöhler estudió obstetricia en Heidelberg. Apasionado por la química, viajó a Estocolmo en 1823 para estudiar con Jöns Jakob Berzelius. A su regreso se consagró a la investigación.

Además de sintetizar la primera sustancia orgánica artificial, realizó numerosos descubrimientos (a menudo con Justus von Liebig), entre los que destacan los del aluminio, el berilio, el itrio, el titanio y el silicio. También contribuyó a desarrollar la idea de los «radicales», es decir, grupos moleculares a partir de los cuales se forman otras sustancias. Pese a ser refutada, la teoría propuesta por Wöhler preparó el terreno para la comprensión actual de los enlaces moleculares. Posteriormente se especializó en la química de los meteoritos y en la purificación del níquel.

Obras principales

1830 *Grundriss der anorganischen Chemie (Tratado de química inorgánica).*
1840 *Grundriss der organischen Chemie (Tratado de química orgánica).*

disposición de estos. Así pues, dos compuestos con propiedades diferentes pueden tener la misma fórmula. Posteriormente, Berzelius los denominó «isómeros».

Wöhler y Liebig iniciaron a partir de entonces una estrecha colaboración, pero fue el primero quien, en 1828, dio por casualidad con la verdad sobre los elementos químicos orgánicos.

La síntesis de Wöhler

Wöhler mezcló cianato de plata con cloruro de amonio esperando obtener cianato de amonio. En su lugar, obtuvo una sustancia pulverulenta blanca con propiedades distintas. Ese mismo polvo apareció cuando mezcló cianato de plomo con hidróxido de amonio (amoníaco). El análisis mostró que era urea, una sustancia orgánica, componente principal de la orina y que tiene la misma fórmu-

la química que el cianato de amonio. Según la teoría de Berzelius, solo un cuerpo vivo podía producirla; sin embargo, Wöhler la había sintetizado a partir de sustancias inorgánicas. Wöhler escribió a Berzelius: «Debo decirle que puedo producir urea sin usar los riñones» y explicó que la urea era un isómero del cianato de amonio.

Pasaron varios años antes de que se tomara conciencia de la importancia del descubrimiento llevado a cabo por Wöhler. Aun así, abrió la vía a la química orgánica moderna, que no pone de manifiesto la dependencia de todos los seres vivos de procesos químicos, sino que permite la síntesis de sustancias químicas de gran valor industrial y económico. En el año 1907, la producción de un polímero sintético bautizado como baquelita inauguró la «era del plástico». ▪

EL VIENTO JAMAS SOPLA EN LINEA RECTA

GASPARD-GUSTAVE DE CORIOLIS (1792–1843)

L as corrientes atmosféricas y oceánicas no fluyen en línea recta. Se desvían hacia la derecha en el hemisferio norte y hacia la izquierda en el sur. En 1830, el científico francés Gaspard Gustave Coriolis formuló el principio que rige este fenómeno, conocido en la actualidad como efecto Coriolis. Posteriormente los meteorólogos se dieron cuenta de que también se aplicaba a las corrientes atmosféricas y oceánicas.

Desviados por la rotación
Coriolis desarrolló sus ideas observando ruedas hidráulicas. Demostró que cuando un objeto se desplaza sobre una superficie en rotación, una fuerza inercial parece darle una trayectoria curvilínea. Por ejemplo, si se lanza una pelota desde el centro de un tiovivo en marcha, parecería que sigue una trayectoria curva, aunque un observador desde fuera percibiría una trayectoria recta.

Los vientos que soplan sobre la Tierra en rotación se desvían del mismo modo. Sin el efecto Coriolis, el viento soplaría de las zonas de altas

La rotación de la Tierra desvía los vientos hacia la derecha en el hemisferio norte y hacia la izquierda en el sur.

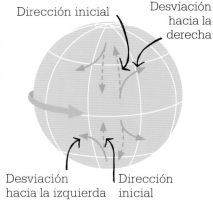

Dirección inicial

Desviación hacia la derecha

Desviación hacia la izquierda

Dirección inicial

presiones a las de bajas presiones en línea recta. La dirección del viento es, en realidad, resultado del equilibrio entre la atracción de las bajas presiones y la desviación de Coriolis. Esto explica por qué los vientos giran en sentido contrario a las agujas del reloj en las zonas de bajas presiones en el hemisferio norte, y a la inversa en el hemisferio sur. Las corrientes oceánicas superficiales circulan en giros gigantescos de manera similar. ∎

Véase también: George Hadley 80 ▪ Robert FitzRoy 150–155

LA LUZ COLOREADA DE LAS ESTRELLAS BINARIAS
CHRISTIAN DOPPLER (1803–1853)

El color de la luz depende de su frecuencia, es decir, del número de ondas por segundo. Si algo que emite ondas avanza hacia nosotros, la segunda onda recorrerá menos distancia que la primera, por lo que nos llegará antes que si la fuente fuera estacionaria. Así, la frecuencia aumenta si la fuente y el receptor se acercan, y disminuye si se alejan. Este efecto se aplica a las ondas de cualquier tipo y es responsable del cambio de tono de la sirena de una ambulancia cuando se aleja.

La mayoría de estrellas parecen blancas a simple vista, pero a través del telescopio muchas se ven rojas, amarillas o azules. En 1842, el físico austriaco Christian Doppler sugirió que el color rojo de algunas estrellas se debe a que se alejan de la Tierra y, por lo tanto, la longitud de onda de su luz se alarga. Como la longitud de onda más larga visible es el rojo, el efecto se denominó desplazamiento hacia el rojo (ilustración p. 241).

En la actualidad se sabe que las estrellas deben su color a su temperatura (así pues, cuanto más caliente es una estrella, más azul parece), pero el efecto Doppler permite detectar el movimiento de algunas de ellas. Las estrellas binarias son pares de estrellas que orbitan una alrededor de la otra. Su rotación causa el desplazamiento alterno hacia el rojo y hacia el azul de la luz que emiten. ∎

> Muy pronto los cielos presentaron un aspecto extraordinario, pues todas las estrellas que estaban detrás de mí eran de un rojo encendido, mientras que las que tenía delante eran violetas. Rubíes detrás, amatistas delante.
> **Olaf Stapledon**
> De *Hacedor de estrellas* (1937)

Véase también: Ole Rømer 58–59 ∎ Edwin Hubble 236–241 ∎ Geoffrey Marcy 327

EL GLACIAR, EL GRAN ARADO DE DIOS

LOUIS AGASSIZ (1807–1873)

Cuando los **glaciares retroceden**, dejan **características específicas** en el relieve.

↓

Estas características se hallan en zonas donde hoy **no hay glaciares**.

↓

En esas zonas tuvo que haber **glaciares** en el **pasado**.

A medida que avanzan, los glaciares labran el relieve dando al paisaje un aspecto característico. Erosionan las rocas a su paso, aplanándolas o puliéndolas hasta dejarlas redondeadas (rocas aborregadas), a menudo con estrías que indican la dirección del flujo del hielo, y depositan grandes rocas acarreadas a gran distancia, denominadas bloques erráticos. Estos bloques pueden identificarse porque su composición es distinta de la de las rocas sobre las que descansan y porque son demasiado grandes para haber sido transportados por ríos. Una roca de un tipo diferente del de las que la rodean es una prueba de la presencia de un glaciar en otro tiempo. Otro indicio son las morrenas de los valles, acumulaciones de rocas que el glaciar fue apartando hacia las orillas durante su fase de crecimiento y que dejó atrás cuando se retiró.

El enigma de las rocas

Los geólogos del siglo XIX reconocían las estrías, los bloques erráti

Véase también: William Smith 115 ▪ Alfred Wegener 222–223

cos y las morrenas como pruebas de la erosión glaciar. Lo que no podían explicar era por qué se encontraban en regiones donde ya no había glaciares. Una teoría afirmaba que las rocas habían sido transportadas por varias inundaciones sucesivas, que explicarían los derrubios glaciares (arenas, arcillas y gravas con bloques erráticos) que cubren gran parte del lecho rocoso europeo y que se habrían depositado durante la retirada de la última inundación. Los bloques erráticos de mayor tamaño podrían haber quedado atrapados en icebergs que los depositaron al fundirse el hielo. Sin embargo, esta teoría no podía explicar otros rasgos de la erosión glaciar.

Descubrimiento de la «edad de hielo»

A lo largo de la década de 1830, el geólogo suizo Louis Agassiz estudió los glaciares de los Alpes y sus valles, y llegó a la conclusión de que todas las características de la erosión glacial, y no solamente las de los Alpes, podrían explicarse si la superficie terrestre cubierta por el hielo hubiera sido mucho más extensa en tiempos pasados. Los glaciares de la actualidad serían los restos de las inmensas capas de hielo que antaño cubrieron la mayor parte del planeta. En 1840, Agassiz recorrió Escocia en compañía del geólogo inglés William Buckland en busca de pruebas de una era glacial. Después del viaje, presentó sus ideas a la Geological Society de Londres. Pese a que había convencido a Buckland y a Charles Lyell, dos de los geólogos más importantes de la época, los restantes miembros de la sociedad las acogieron con cierta frialdad. Una glaciación prácticamente global parecía tan poco probable como una inundación global. Sin embargo, la idea de las glaciaciones fue ganando aceptación, y actualmente existen pruebas procedentes de distintos ámbitos de que gran parte de la Tierra estuvo cubierta de hielo varias veces en el pasado. ▪

Louis Agassiz fue el primero en sugerir que los grandes bloques erráticos, como estos del valle del Caher (Irlanda) fueron depositados por antiguos glaciares.

Louis Agassiz

Nacido en Môtier (Suiza) en 1807, Louis Agassiz estudió geología y zoología en París bajo la tutela del naturalista Georges Cuvier. Su primer estudio científico consistió en la clasificación de peces de agua dulce de Brasil; luego se especializó en fósiles de peces. En 1832 fue nombrado profesor de historia natural en la Universidad de Neuchâtel y en 1847 aceptó un puesto en la Universidad de Harvard (EE UU).

Agassiz no aceptó jamás la teoría de la evolución de Darwin porque creía que las especies son «ideas en la mente de Dios» y han sido creadas para las regiones que habitan. Defendía el poligenismo, una doctrina según la cual las distintas razas humanas no comparten un antepasado común, sino que Dios las ha creado por separado. En los últimos años, su reputación se ha visto empañada por su aparente defensa de ideas racistas.

Obras principales

1840 *Études sur les glaciers.*
1842–1846 *Nomenclator Zoologicus.*

LA NATURALEZA PUEDE REPRESENTARSE COMO UN GRAN TODO

ALEXANDER VON HUMBOLDT (1769–1859)

El estudio científico riguroso
y sistemático de las interrelaciones del mundo anima-
do y el inanimado, conocido como
ecología, no comenzó hasta hace
unos 150 años. El término «ecología»
fue acuñado en 1866 por el biólogo
evolucionista alemán Ernst Haeckel
a partir de las palabras griegas *oikos*
(casa o lugar donde se habita) y *logos*
(estudio), pero el precursor del pensamiento ecologista moderno fue su
compatriota Alexander von Humboldt, varias décadas antes.

Mediante sus expediciones y escritos, Humboldt dio un nuevo enfoque al estudio de la naturaleza
como un todo unificado, relacionado todas las ciencias físicas y em-
pleando el material científico más
moderno de la época, una observación exhaustiva y un meticuloso análisis de datos a una escala sin precedentes.

Los dientes
del cocodrilo

Pese a que el enfoque holístico de
Humboldt era nuevo, el concepto
de ecología empezó a gestarse en
la antigua Grecia. En el siglo V a.C.,
Heródoto narra que los cocodrilos
del Nilo abren la boca para permi-

El impulso principal que
me guiaba era el afán de
comprender los fenómenos
de los objetos físicos en
su conexión general y de
representar la naturaleza
como un gran todo movido y
animado por fuerzas internas.
Alexander von Humboldt

tir que unos pájaros les limpien los
dientes, una de las primeras descripciones de mutualismo, es decir,
de interdependencia de los seres
vivos. Un siglo después, el filósofo
griego Aristóteles y su discípulo
Teofrasto observaron la migración,
distribución y conducta de las especies, y proporcionaron una primera versión del concepto de nicho
ecológico, un lugar concreto de la
naturaleza que modela el modo de
vida de una especie y, a su vez, es
modelado por esta. Teofrasto también escribió extensamente sobre
las plantas y destacó la importancia del clima y del suelo para su crecimiento y distribución. Las ideas
de ambos influyeron en la filosofía
natural durante los dos milenios siguientes.

En 1803, el equipo de Humboldt
escaló el volcán Jorullo (México),
tan solo 44 años después de que
aflorara. Humboldt aunó la geología,
la meteorología y la biología en su
estudio de las zonas donde viven
distintas plantas.

Véase también: Jean-Baptiste Lamarck 118 ▪ Charles Darwin 142–149 ▪ James Lovelock 315

Las fuerzas unificadoras de la naturaleza

La aproximación de Humboldt a la naturaleza se enmarcaba en la tradición romántica de finales del siglo XVIII que reaccionó frente al racionalismo resaltando el valor de los sentidos, la observación y la comprensión del mundo como un todo. Al igual que sus contemporáneos los poetas Johann Wolfgang von Goethe y Friedrich Schiller, Humboldt defendía la idea de unidad (*Gestalt* en alemán) de la naturaleza, así como de la filosofía natural y las letras. Sus amplios conocimientos, que abarcaban desde anatomía y astronomía hasta mineralogía y botánica, comercio y lingüística, le proporcionaron el bagaje necesario para explorar el mundo natural más allá de los confines de Europa.

«La contemplación de plantas exóticas, incluso secas en un herbario, encendió mi imaginación, y quise ver la vegetación tropical de los países del sur con mis propios ojos», confesó. Durante cinco años exploró América del Sur junto con el botánico francés Aimé Bonpland en la que fue su expedición más importante. Al partir, en junio de 1799, declaró: «Recogeré plantas y fósiles, y realizaré observaciones astronómicas con los mejores instrumentos. Sin embargo, este no es el propósito principal de mi viaje. Intentaré descubrir cómo actúan las fuerzas de la naturaleza unas sobre otras y la manera en que el entorno geográfico influye sobre animales y plantas. En resumen, debo estudiar la armonía de la naturaleza». Y esto es lo que hizo.

Entre los muchos proyectos que llevó a cabo, midió la temperatura del agua oceánica y sugirió el uso de líneas para unir puntos con la misma temperatura, o isotermas, con el fin de caracterizar y cartografiar el entorno global, en especial el clima, y luego comparar las condiciones climáticas de varios países.

También fue uno de los primeros científicos en estudiar cómo afectan las condiciones físicas (clima, altitud, latitud y tipo de suelo) a la distribución de los seres vivos. Con la ayuda de Bonpland, registró en mapas las diferencias de la flora y la fauna desde el nivel del mar hasta las grandes alturas de los Andes. En 1805, un año después de regresar de América, publicó una obra sobre la geografía de la región en la que explicaba las interconexiones de la naturaleza e ilustraba las zonas de vegetación altitudinales. Décadas después, en 1851, demostró la aplicación global de esta zonación comparando las regiones andinas con las de los Alpes, los Pirineos, Laponia y Tenerife, en Europa, y el Himalaya, en Asia.

Nacimiento de la ecología

Cuando Haeckel acuñó el término «ecología» también seguía la tradición de la *Gestalt* (unidad) del mundo vivo y el inanimado. Haeckel era un evolucionista convencido, inspirado por Charles Darwin, cuya publicación de *El origen de las especies* en 1859 acabó con la idea de la Tierra como un mundo inmutable. Aunque cuestionó el papel de la selección natural, creía que el medio ambiente desempeñaba una función esencial tanto en la evolución como en la ecología. »

La **ecología** estudia **todas las interacciones** entre los organismos y su entorno, que determinan su distribución y su abundancia.

Estas interacciones **deben incluir**…

… **factores bióticos**, como la actividad humana y las comunidades vegetales y animales.

… **factores abióticos**, como el clima, el suelo y el ciclo hidrológico.

La naturaleza puede representarse como un gran todo.

A finales del siglo XIX, el botánico danés Eugenius Warming impartió el primer curso universitario de ecología y escribió un manual titulado *Plantesamfund*, publicado en 1895. A partir de la obra de Humboldt, Warming desarrolló la idea de las subdivisiones geográficas globales de la distribución de la vegetación denominadas biomas (por ejemplo, la selva tropical), basadas en la interacción de las plantas y su entorno, en especial, el clima.

Individuos y comunidades

A principios del siglo XX, la definición de ecología se perfiló como el estudio científico de las interacciones que determinan la distribución y la abundancia de los organismos, incluyendo todos los factores que influyen en el medio ambiente, tanto bióticos (los organismos vivos) como abióticos (es decir, no vivos, como el suelo, el agua, el aire, la temperatura o la luz solar). La ecología moderna contempla tanto el individuo y las poblaciones de individuos de la misma especie como la comunidad, compuesta por distintas poblaciones que comparten un ambiente concreto.

Numerosos términos y conceptos básicos de la ecología tienen su origen en la obra de ecologistas pioneros de las primeras décadas del siglo XX. En 1916, el botánico estadounidense Frederic Clements desarrolló el concepto de comunidad biológica. Según él, las plantas de una zona concreta crean una serie de comunidades a lo largo del tiempo, desde una comunidad pionera inicial hasta una comunidad óptima, en un estado de madurez, o clímax, en el que las distintas es-

Por lo tanto, toda esta cadena de envenenamiento parece iniciarse en unas plantas diminutas que deben haber sido los concentradores iniciales.
Rachel Carson

pecies se adaptan para formar una unidad altamente integrada e interdependiente, como los órganos de un cuerpo. La metáfora del «superorganismo» de Clements fue criticada al principio, pero ejerció una gran influencia en el pensamiento posterior.

La idea de una integración ecológica a un nivel superior al de la comunidad surgió en 1935 con el concepto de ecosistema, desarrollado por el botánico inglés Arthur Tansley. Un ecosistema consta de elementos vivos y no vivos cuya interacción crea una unidad estable gracias al flujo de energía constante desde el medio ambiente hacia los seres vivos (a través de la cadena trófica), y opera a cualquier escala, desde un charco hasta un océano o todo el planeta.

El zoólogo inglés Charles Elton introdujo en 1927 los conceptos de cadena alimentaria y ciclo alimentario, que luego se llamó «red trófica». Una cadena alimentaria (o trófica) se forma mediante la transferencia de energía dentro de un ecosistema, de los productores primarios (como las plantas verdes) a una serie de organismos consumidores. Elton también constató que algunos grupos de organismos

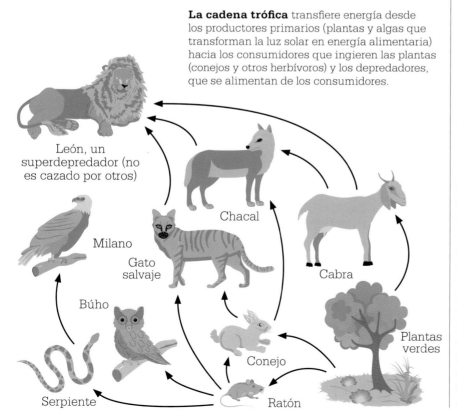

La cadena trófica transfiere energía desde los productores primarios (plantas y algas que transforman la luz solar en energía alimentaria) hacia los consumidores que ingieren las plantas (conejos y otros herbívoros) y los depredadores, que se alimentan de los consumidores.

León, un superdepredador (no es cazado por otros)

Chacal

Milano

Gato salvaje

Cabra

Búho

Plantas verdes

Conejo

Serpiente

Ratón

Rachel Carson (en la foto) contribuyó a sensibilizar a los científicos y al público en general sobre el impacto destructivo de la contaminación en el medio ambiente.

ocupan nichos determinados de la cadena trófica durante ciertos periodos. Los nichos de Elton no solo comprenden los hábitats, sino también los recursos que los organismos ocupantes necesitaban para subsistir. Los ecólogos Raymond Lindeman y Robert MacArthur estudiaron la dinámica de la transferencia de energía en los distintos eslabones de la cadena trófica y crearon modelos matemáticos que contribuyeron a transformar la ecología de una ciencia ante todo descriptiva en una disciplina experimental.

El movimiento ecologista

El auge del interés científico y popular por la ecología en las décadas de 1960 y 1970 dio alas al movimiento ecologista, impulsado por figuras como la bióloga marina estadounidense Rachel Carson, cuya obra *Primavera silenciosa*, publicada en 1962, denunció los efectos noci-

vos de productos químicos industriales como el DDT sobre el medio ambiente. La primera fotografía de la Tierra desde el espacio, tomada por los astronautas del Apolo 8 en 1968, contribuyó a despertar la conciencia pública de la fragilidad del planeta. En 1969 se fundaron las organizaciones Amigos de la Tierra (cuya filial española data de 1979) y Greenpeace, cuya misión es «garantizar la capacidad de la Tierra para alimentar la vida en toda su

diversidad». En América del Norte y Europa, la protección medioambiental, las energías limpias y renovables, los alimentos ecológicos, el reciclaje y la sostenibilidad entraron en los programas políticos, y se fundaron agencias de conservación nacional. Recientemente ha aumentado la preocupación por el cambio climático global y su impacto en los ecosistemas actuales, muchos gravemente amenazados por la actividad humana. ∎

Alexander von Humboldt

Nació en Berlín, en el seno de una familia acaudalada, y estudió finanzas en Frankfurt; historia natural y lingüística en Gotinga, comercio en Hamburgo; geología en Friburgo y anatomía en Jena. En 1796, después de la muerte de su madre, obtuvo los medios para financiar una expedición a América entre 1799 y 1804, en compañía del botánico Aimé Bonpland y provisto del material científico más moderno de la época, durante la cual estudió desde la vegetación hasta la demografía, los minerales y la meteorología. A su regreso

se instaló en París y empleó veintiún años en ordenar sus datos, publicados en más de treinta volúmenes. Después sintetizó sus ideas en los cuatro volúmenes de *Cosmos*. Tras su muerte, a los 89 años, se publicó un quinto volumen. Darwin lo describió como «el mayor viajero científico que ha existido jamás».

Obras principales

1825 *Viaje a las regiones equinocciales del nuevo mundo.*
1845–1862 *Cosmos, o ensayo de una descripción física del mundo.*

LA LUZ VIAJA MAS DESPACIO POR EL AGUA QUE POR EL AIRE

LÉON FOUCAULT (1819–1868)

EN CONTEXTO

DISCIPLINA
Física

ANTES
1676 Ole Rømer hace la primera estimación aproximada de la velocidad de la luz a partir de los eclipses de Ío, uno de los satélites de Júpiter.

1690 En su *Tratado de la luz*, Christiaan Huygens propone que la luz es un tipo de onda.

1704 En *Óptica*, Isaac Newton sugiere que la luz es un haz de «corpúsculos».

DESPUÉS
1864 James Clerk Maxwell constata que la velocidad de las ondas electromagnéticas es casi igual que la de la luz, por lo que esta debe ser un tipo de onda electromagnética.

1879–1883 Albert Michelson mejora el método de Foucault y obtiene un valor de la velocidad de la luz (por el aire) muy cercano al actual.

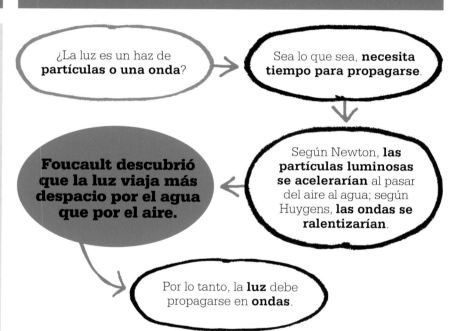

¿La luz es un haz de **partículas o una onda**?

Sea lo que sea, **necesita tiempo para propagarse**.

Según Newton, **las partículas luminosas se acelerarían** al pasar del aire al agua; según Huygens, **las ondas se ralentizarían**.

Foucault descubrió que la luz viaja más despacio por el agua que por el aire.

Por lo tanto, la **luz** debe propagarse en **ondas**.

En el siglo XVII, los científicos empezaron a estudiar la luz y a preguntarse si su velocidad era finita y medible. En 1690, Christiaan Huygens publicó su teoría, según la cual la luz es una onda de presión que se propaga en un fluido misterioso llamado éter. Imaginó la luz como una onda longitudinal y predijo que viajaría más lentamente a través del cristal o del agua que a través del aire. En 1704, Isaac Newton publicó su teoría, según la cual la luz es un haz de «corpúsculos», o partículas diminutas. Para explicar la refracción (la desviación de la luz al pasar de un material transparente a otro) supuso que la luz viaja a mayor velocidad cuando pasa del aire al agua.

En aquella época, las estimaciones de la velocidad de la luz se

Véase también: Christiaan Huygens 50–51 ▪ Ole Rømer 58–59 ▪ Isaac Newton 62–69 ▪ Thomas Young 110–111 ▪ James Clerk Maxwell 180–185 ▪ Albert Einstein 214–221 ▪ Richard Feynman 272–273

> Ante todo debemos ser precisos y esta es una obligación que pensamos satisfacer escrupulosamente.
> **Léon Foucault**

basaban en fenómenos astronómicos que mostraban la rapidez con que viaja la luz en el espacio. Las primeras medidas terrestres fueron llevadas a cabo por el físico francés Hippolyte Fizeau en 1849. Su experimento consistía en hacer pasar un rayo de luz entre los dientes de una rueda dentada en movimiento; la luz se reflejaba en un espejo situado a 8 km de distancia y volvía a pasar por el siguiente espacio entre los dientes de la rueda. A partir de la velocidad de rotación de la rueda, el tiempo y la distancia, Fizeau calculó que la velocidad de la luz es de 313.000 km/s.

Newton desautorizado

En 1850, Fizeau colaboró con el también físico Léon Foucault, que adaptó su dispositivo, haciéndolo mucho más pequeño. En lugar de pasar a través de una rueda dentada, el rayo de luz se proyectaba sobre un espejo rotatorio que, cuando estaba en el ángulo correcto, reflejaba la luz hacia un espejo fijo. Este volvía a enviar la luz hacia el rotatorio, que entre tanto había cambiado de posición, y en consecuencia, el reflejo no volvía directamente a la fuente. De esta manera, se podía calcular la velocidad de la luz a partir del ángulo de desviación entre la luz que iba y la que venía del espejo rotatorio, y de la velocidad de rotación de este.

Para medir la velocidad de la luz en el agua, Foucault interpuso un tubo con agua entre los espejos fijo y rotatorio, y determinó que la luz viajaba más despacio a través del agua que a través del aire. Por lo tanto, no podía ser una partícula. En la época, se consideró que el experimento refutaba la teoría corpuscular de Newton. Foucault continuó perfeccionando el aparato y en 1862 determinó que la velocidad de la luz en el aire era de 298.000 km/s, un valor muy próximo al aceptado actualmente: 299.792 km/s. ▪

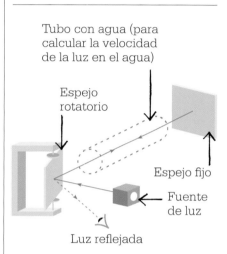

Tubo con agua (para calcular la velocidad de la luz en el agua)

Espejo rotatorio

Espejo fijo

Fuente de luz

Luz reflejada

Foucault calculó la velocidad de la luz midiendo el ángulo entre un rayo que se reflejaba repetidamente entre un espejo rotatorio y otro fijo, y el rayo reflejado por el espejo rotatorio.

Léon Foucault

Nacido en París, Léon Foucault comenzó a estudiar medicina bajo la dirección del bacteriólogo Alfred Donné. Pero no soportaba ver sangre y dejó sus estudios para convertirse en ayudante de laboratorio de Donné. Ideó un método para hacer fotografías a través del microscopio y después se asoció con Hippolyte Fizeau para hacer la primera fotografía del Sol.

Además de por su medición de la velocidad de la luz, se le conoce por su demostración de la rotación terrestre con ayuda un péndulo en 1851 y con un giroscopio más tarde. Pese a que carecía de estudios científicos, obtuvo un puesto en el Observatorio de París. Fue miembro de varias sociedades científicas, y su nombre figura entre los de los 72 sabios franceses inscritos en la torre Eiffel.

Obras principales

1851 *Demostración física del movimiento de rotación de la Tierra mediante el péndulo.*
1853 *Sobre las velocidades relativas de la luz en el aire y en el agua.*

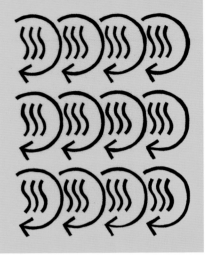

LA «FUERZA VIVA» PUEDE TRANSFORMARSE EN CALOR

JAMES JOULE (1818–1889)

Según el principio de la conservación de la energía, esta nunca se pierde, solo se transforma. Sin embargo, en la década de 1840 los científicos aún tenían una idea vaga de lo que era la energía y hablaban de «fuerza viva» para referirse a la energía cinética. James Joule, hijo de un fabricante de cerveza británico, demostró que el calor, el trabajo mecánico y la electricidad son formas de energía intercambiables, y que cuando una se transforma en otra, la energía total permanece constante.

Conversión de la energía

En 1841, Joule calculó cuánto calor genera una corriente eléctrica. A continuación experimentó sobre la conversión de la energía mecánica en calor usando un peso descendente que hacía girar una rueda de paletas dentro del agua y la calentaba. Midiendo el aumento de temperatura del agua, calculó la cantidad de calor que generaría una cantidad concreta de trabajo mecánico y afirmó que no se perdía energía alguna duran-

te la conversión. Sus ideas fueron ignoradas hasta 1847, cuando el físico alemán Hermann Helmholtz publicó un artículo en el que resumía la teoría de la conservación de la energía. Entonces Joule presentó sus trabajos a la British Association de Oxford. La unidad estándar de energía, el julio, se llama así en su honor. ■

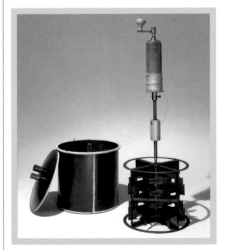

En el experimento de Joule, un peso descendente impulsaba una rueda de paletas en un cubo de agua. La energía del movimiento se transformaba en calor.

Véase también: Isaac Newton 62–69 ▪ Joseph Black 76–77 ▪ Joseph Fourier 122–123

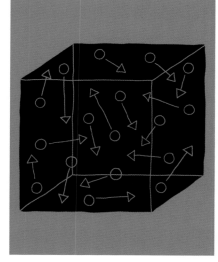

EL ANALISIS ESTADISTICO DEL MOVIMIENTO MOLECULAR
LUDWIG BOLTZMANN (1844–1906)

A mediados del siglo XIX, los átomos y las moléculas se habían convertido en conceptos básicos de la química. La mayoría de los científicos entendía que eran la clave de la identidad y el comportamiento de los elementos y de los compuestos. Pero pocos pensaban que fueran relevantes para la física hasta que, en la década de 1880, el físico austríaco Ludwig Boltzmann desarrolló la teoría cinética de los gases.

A principios del siglo XVIII, el físico suizo Daniel Bernoulli había sugerido que los gases se componen de moléculas en movimiento. Los impactos entre ellas generan presión, y su energía cinética (la energía de su movimiento) genera calor. En las décadas de 1840 y 1850, los científicos habían empezado a darse cuenta de que las propiedades de los gases reflejan el movimiento medio de innumerables partículas. En 1859, James Clerk Maxwell calculó la velocidad de las moléculas y la distancia que recorrían antes de chocar, con lo que demostró que la temperatura es una medida de la velocidad media de las moléculas.

La energía disponible es el principal objeto en juego en la lucha por la existencia y en la evolución del mundo.
Ludwig Boltzmann

La importancia de la estadística
Boltzmann demostró que las propiedades de la materia son el resultado de la combinación de las leyes fundamentales del movimiento y las reglas estadísticas de la probabilidad. Según este principio, calculó un número que hoy se conoce como constante de Boltzmann mediante una fórmula que relaciona la presión y el volumen de un gas con el número y la energía de sus moléculas. ∎

Véase también: John Dalton 112–113 ▪ James Joule 138 ▪ James Clerk Maxwell 180–185 ▪ Albert Einstein 214–221

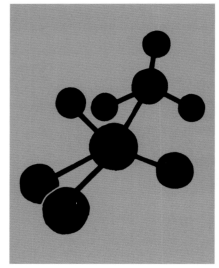

NO ERA EL PLASTICO LO QUE QUERIA INVENTAR

LEO BAEKELAND (1863–1944)

EN CONTEXTO

DISCIPLINA
Química

ANTES
1839 Eduard Simon, boticario berlinés, destila estireno de la resina del árbol *Liquidambar orientalis*. Un siglo después, la empresa alemana IG Farben utiliza este monómero para fabricar poliestireno.

1862 Alexander Parkes obtiene el primer plástico sintético, la parkesina.

1869 El estadounidense John Hyatt inventa el celuloide, que sustituye al marfil para fabricar bolas de billar.

DESPUÉS
1933 Eric Fawcett y Reginald Gibson, químicos británicos, de la empresa ICI, crean un método práctico para producir polietileno.

1954 Giulio Natta y Karl Rehn inventan por separado el polipropileno, el plástico más usado hoy en día.

El descubrimiento de los plásticos sintéticos en el siglo XIX abrió las puertas a la fabricación de una gran cantidad de materiales sólidos distintos de todos los conocidos hasta ese momento: ligeros, inoxidables y con la capacidad de ser moldeados para darles casi cualquier forma imaginable. Aunque existen plásticos naturales, todos los que suelen utilizarse hoy son sintéticos. En 1907, el inventor estadounidense de origen belga Leo Baekeland inventó uno de los primeros plásticos sintéticos que se comercializó con éxito: la baquelita.

El plástico debe sus cualidades especiales a la forma de sus moléculas. Con escasas excepciones, los plásticos se componen de moléculas orgánicas largas, o polímeros, que son cadenas de moléculas más pequeñas, o monómeros. Algunos polímeros aparecen de forma natural, como la celulosa, la principal sustancia de soporte de las plantas.

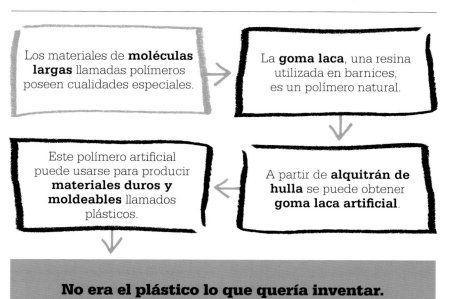

Los materiales de **moléculas largas** llamadas polímeros poseen cualidades especiales.

La **goma laca**, una resina utilizada en barnices, es un polímero natural.

Este polímero artificial puede usarse para producir **materiales duros y moldeables** llamados plásticos.

A partir de **alquitrán de hulla** se puede obtener **goma laca artificial**.

No era el plástico lo que quería inventar.

Véase también: Friedrich Wöhler 124–125 ■ August Kekulé 160–165 ■
Linus Pauling 254–259 ■ Harry Kroto 320–321

Intentaba crear algo muy
duro, pero luego pensé que
debía hacer algo muy blando,
que pudiera moldearse en
distintas formas. Así fue como
obtuve el primer plástico.
Leo Baekeland

Aunque las moléculas de polímeros naturales eran demasiado
complejas para ser analizadas correctamente a principios del siglo
XIX, algunos científicos empezaron
a explorar el modo de producirlas
sintéticamente a partir de reacciones químicas. En 1862, el químico
británico Alexander Parkes creó un
tipo de celulosa sintética, a la que
llamó parkesina. Unos años después,
el estadounidense John Hyatt desarrolló otra que luego se denominó
celuloide.

Imitación de lo natural
Tras fabricar el primer papel fotográfico en la década de 1890, Baekeland
vendió la idea a Kodak e invirtió el
dinero en la compra de una casa en
la que instaló su propio laboratorio.
Allí se dedicó a experimentar maneras de producir goma laca sintética.
La goma laca es una resina segre-
gada por las hembras del llamado
gusano de la laca, un polímero natural utilizado en la época para re-
cubrir objetos con una capa dura y

brillante. Baekeland descubrió que
haciendo reaccionar fenol obtenido
de alquitrán de hulla con formalde-
hído obtenía una especie de goma
laca. En 1907 añadió distintos tipos
de polvos a esta resina y obtuvo un
material plástico sumamente duro
y moldeable al que llamó *bakelite*
(baquelita).

Este material, cuya denomina-
ción química es anhídrido de polio-
xibencilmetilenglicol, era un plástico
termoestable, es decir, conservaba
la forma tras ser calentado, y muy
pronto se utilizó para fabricar radios,
teléfonos y aislantes eléctricos, entre
muchas más aplicaciones.

Hoy existen miles de plásticos
sintéticos, como el polimetacrilato
de metilo (plexiglás), el polietileno,
el polietileno de baja densidad y el
celofán, cada uno con propiedades
y usos específicos. La mayoría se
fabrica a partir de hidrocarburos
(compuestos de hidrógeno y carbono) derivados del petróleo o del gas
natural. En las últimas décadas se
les han añadido fibras de carbono
y nanotubos para obtener materiales mucho más ligeros y resistentes,
como el kevlar. ■

La baquelita, resistente al calor y
aislante, fue durante mucho tiempo
el material preferido para la caja de
aparatos eléctricos como teléfonos
o radios.

Leo Baekeland

Leo Baekeland nació cerca
de Gante (Bélgica) y estudió
química en la universidad
de esta ciudad. En 1889 se
convirtió en profesor asociado
y se casó con Céline Swarts.
Estando de luna de miel en
Nueva York conoció a Richard
Anthony, el director de una
empresa fotográfica, que lo
contrató como asesor químico.
Baekeland se trasladó a EE UU
y no tardó en fundar su propia
empresa.

Después de inventar
el primer papel fotográfico,
conocido como Velox, creó
la baquelita, que le hizo rico.
Se le atribuyen muchos más
inventos, además del plástico:
registró más de 50 patentes.
Al final de su vida, Baekeland
se convirtió en un excéntrico
solitario. Murió en 1944 y está
enterrado en el cementerio de
Sleepy Hollow (Nueva York).

Obra principal

1909 *Artículo sobre
la baquelita leído en la
American Chemical Society.*

EL PRINCIPIO DE LA SELECCIÓN NATURAL

CHARLES DARWIN (1809–1882)

EN CONTEXTO

DISCIPLINA
Biología

ANTES
1794 Erasmus Darwin (abuelo de Charles) expone en *Zoonomia* su concepto de la evolución.

1809 Lamarck propone un tipo de evolución mediante la herencia de caracteres adquiridos.

DESPUÉS
1937 Theodosius Dobzhansky aporta pruebas experimentales de la base genética de la evolución.

1942 Ernst Mayr define la especie como un conjunto de poblaciones que se reproducen únicamente entre ellas.

1972 Niles Eldredge y Stephen Jay Gould proponen que la evolución se produce mediante cambios bruscos seguidos de periodos de estabilidad relativa.

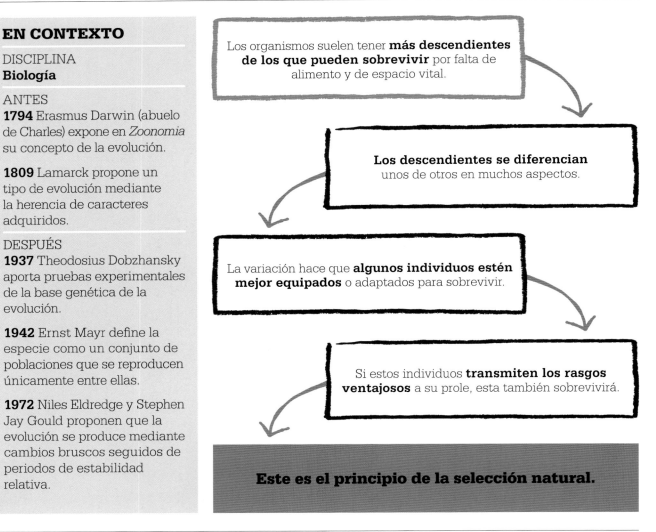

Los organismos suelen tener **más descendientes de los que pueden sobrevivir** por falta de alimento y de espacio vital.

Los descendientes se diferencian unos de otros en muchos aspectos.

La variación hace que **algunos individuos estén mejor equipados** o adaptados para sobrevivir.

Si estos individuos **transmiten los rasgos ventajosos** a su prole, esta también sobrevivirá.

Este es el principio de la selección natural.

E l naturalista británico Charles Darwin no fue el primer científico en sugerir que las plantas, los animales y restantes organismos no son fijos e inmutables. Antes que él, otros habían propuesto que las especies cambian, o evolucionan, con el tiempo. El mérito de Darwin consistió en demostrar que la evolución reposa en un principio al que denominó selección natural y que dio a conocer en su libro *El origen de las especies por medio de la selección natural, o la preservación de las razas favorecidas en la lucha por la vida*, publicado en Londres en 1859. El propio Darwin describió su obra como una «larga argumentación».

La confesión de un asesinato

En un primer momento, *El origen de las especies* chocó con la oposición académica y popular porque dejaba de lado la doctrina religiosa que afirmaba que las especies eran inmutables y concebidas por Dios. Sin embargo, la teoría propuesta por Darwin fue cambiando de modo gradual la manera de entender el mundo natural por los científicos.

En la actualidad constituye la base de la biología moderna y explica de un modo tan sencillo como convincente las formas de vida pasadas y presentes.

Durante las décadas que dedicó a escribir su obra, Darwin era plenamente consciente de la posibilidad de que la calificaran de blasfema. Quince años antes de publicarla, confió a su amigo el botánico Joseph Hooker que su teoría no precisaba a Dios ni la inmutabilidad de las especies: «Estoy casi convencido (muy en contra de mi opinión inicial) de que las especies

La creación no es un hecho que ocurrió en 4004 a.C.; es un proceso que empezó hace 10.000 millones de años y que aún sigue.
Theodosius Dobzhansky

no son (esto es como confesar un asesinato) inmutables».

Al abordar la evolución, al igual que el resto de sus obras, Darwin se mostró cauteloso y prudente, avanzando por etapas y acumulando una cantidad ingente de pruebas. A lo largo de casi treinta años, integró sus amplios conocimientos sobre fósiles, geología, plantas, animales y cría selectiva estableciendo conexiones con la demografía, la economía y muchos otros ámbitos. La teoría de la evolución por selección natural resultante se considera uno de los mayores avances científicos de la historia.

El papel de Dios

A principios del siglo XIX, los fósiles eran objeto de polémica. Algunos los consideraban rocas cuya forma se debía a causas naturales, sin relación con los seres vivos; para otros eran obra del Creador, que había querido poner a prueba la fe de los creyentes, o restos de organismos que aún vivían en algún lugar del mundo, ya que Dios había creado a los seres vivos perfectos.

En 1796, el naturalista francés Georges Cuvier reconoció que algunos fósiles, como los de mamuts o megaterios, eran restos de animales que se habían extinguido. Para reconciliar esta idea con sus creencias religiosas recurrió a relatos bíblicos de catástrofes como el Diluvio universal. Cada catástrofe habría eliminado especies enteras, y luego Dios habría repoblado la Tierra con especies nuevas, que permanecían inmutables hasta el siguiente cataclismo. Esta teoría, conocida como catastrofismo, se difundió rápidamente tras la publicación del *Discurso preliminar* de Cuvier en 1813.

Sin embargo, en la época en que escribía Cuvier ya circulaban ideas sobre la evolución. El librepensador Erasmus Darwin, abuelo de Charles, propuso una primera teoría personal. Las ideas de Jean-Baptiste Lamarck, profesor de zoología en el Museo de Historia Natural de Francia, fueron más influyentes. En su obra *Filosofía zoológica* de 1809, Lamarck articuló la que se considera primera teoría razonada de la evolu-

ción, según la cual los seres vivos han evolucionado desde las formas más simples en etapas de complejidad creciente. En respuesta a los retos del medio natural, los rasgos físicos individuales cambiaban en función del uso o el desuso: «El uso más frecuente y sostenido de un órgano lo refuerza, desarrolla y agranda gradualmente […] mientras que el desuso permanente lo debilita y deteriora imperceptiblemente […] hasta que finalmente desaparece». La mayor capacidad del órgano se transmitía a la prole, un fenómeno que más adelante se conocería como herencia de los caracteres adquiridos.

Aunque su teoría fue ampliamente ignorada, Darwin elogió a Lamarck por haber abierto la posibilidad de que los cambios no se debieran a lo que él denominaba despectivamente «intervención milagrosa».

Las aventuras del *Beagle*

Darwin dispuso de tiempo sobrado para reflexionar sobre la inmutabilidad de las especies durante su viaje alrededor del mundo en el barco de investigación *HMS Beagle* entre 1831 y 1836, al mando del capitán Robert FitzRoy. Como científico de la expedición, Darwin estaba encargado de recoger fósiles y especímenes de plantas y animales, y enviarlos a Gran Bretaña desde cada puerto de escala.

El periplo abrió los ojos del joven Darwin a la increíble diversidad de la vida. En el año 1835 describió y **»**

El estudio de los fósiles llevó a Georges Cuvier a concluir que algunas especies habían desaparecido, pero atribuyó su extinción a una serie de catástrofes, no a un cambio progresivo.

recogió un grupo de pequeños pájaros en las islas Galápagos, un archipiélago situado en el Pacífico a 900 km al oeste de Ecuador. Creyó que pertenecían a nueve especies, seis de ellas de pinzones.

Después de regresar a Inglaterra, Darwin organizó su ingente cantidad de datos y coordinó un informe en varios volúmenes redactado por varias personas, *Zoología del viaje del HMS Beagle*. En el volumen dedicado a las aves, el célebre ornitólogo John Gould declaró que, en realidad, los especímenes de Darwin correspondían a 13 especies y que todos eran pinzones, aunque con picos de distintas formas, cada uno adaptado a una dieta diferente.

En su relato titulado *El viaje del Beagle*, Darwin escribió: «Al considerar tal gradación y diversidad de estructura en un grupito de pájaros tan íntimamente relacionados podría creerse que, en virtud de una pobreza original de pájaros en este archipiélago, una sola especie se había modificado para llegar a fines diferentes». Esta fue una de las primeras formulaciones públicas claras de sus ideas acerca de la evolución.

Comparación de especies

Los denominados pinzones de Darwin no fueron los únicos que impulsaron sus investigaciones sobre la evolución. De hecho, fue madurando sus ideas durante todo el viaje a bordo del *Beagle* y especialmente durante su visita a las islas Galápagos. Le fascinaron las grandes tortugas que vio allí y las sutiles variaciones de la forma de sus caparazones de una isla a otra. También quedó impresionado por las especies de sinsontes, que además de ser distintas en cada isla, compartían similitudes no solo entre ellas, sino también con especies que vivían en el continente sudamericano.

Darwin sugirió que los distintos sinsontes podían haber evolucionado a partir de un antepasado común que había logrado migrar de algún modo desde el continente. Luego, cada grupo había evolucionado para adaptarse al entorno y a los alimentos disponibles en cada isla. La observación de tortugas gigantes, zorros de las Malvinas y otras especies reforzó sus primeras conclusiones. Sin embargo, Darwin temía las consecuencias de esas

> [La] selección natural [...] obra solamente mediante la conservación de las modificaciones útiles.
> **Charles Darwin**

ideas blasfemas: «Estos hechos minarían la estabilidad de las especies».

Otras piezas del rompecabezas

En 1831, navegando hacia América del Sur, Darwin había leído el primer volumen de la obra *Principios de geología* de Charles Lyell. Frente al catastrofismo y la teoría de formación de fósiles de Cuvier, Lyell defendía las ideas de renovación geológica de la teoría de James Hutton conocida como uniformismo. La Tierra estaba en un proceso continuo de formación y transformación que abarcaba periodos de tiempo inmensos, por medio de mecanismos como la erosión marina y fenómenos volcánicos idénticos a los actuales. No había necesidad de intervenciones divinas catastróficas.

Estas ideas cambiaron la manera en que Darwin interpretaba las formaciones del relieve, las rocas y los fósiles que encontraba, a los que

Esta tortuga gigante solo se encuentra en las islas Galápagos, donde se han desarrollado subespecies únicas en cada isla. Darwin recogió aquí pruebas para su teoría de la evolución.

Los pinzones de las Galápagos han desarrollado picos diferentes, adaptados a dietas específicas.

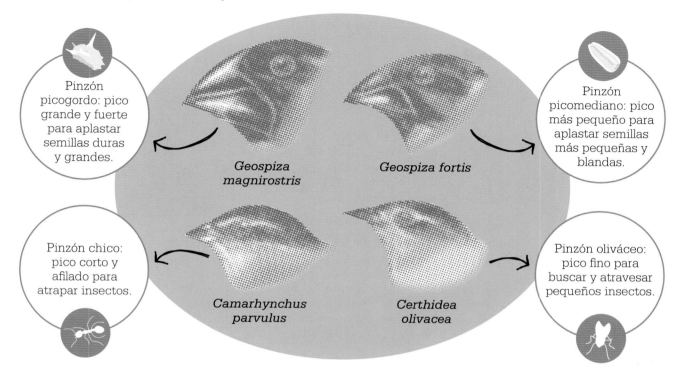

Pinzón picogordo: pico grande y fuerte para aplastar semillas duras y grandes.

Pinzón picomediano: pico más pequeño para aplastar semillas más pequeñas y blandas.

Geospiza magnirostris

Geospiza fortis

Pinzón chico: pico corto y afilado para atrapar insectos.

Pinzón oliváceo: pico fino para buscar y atravesar pequeños insectos.

Camarhynchus parvulus

Certhidea olivacea

veía «a través de los ojos de Lyell». Sin embargo, durante su estancia en América del Sur recibió el segundo volumen de *Principios de geología*, en el que Lyell rechazaba la evolución gradual de plantas y animales, inclusive la teoría de Lamarck, y explicaba la diversidad y la distribución de las especies mediante el concepto de «centros de creación». Aunque admiraba a Lyell como geólogo, Darwin tuvo que rechazar este concepto a medida que acumulaba pruebas de la evolución.

En 1838 encontró otra pieza del rompecabezas en el *Ensayo sobre el principio de la población* de Thomas Malthus, publicado 40 años antes. Este afirmaba que las poblaciones humanas pueden crecer de manera exponencial y duplicarse cada generación de 25 años; sin embargo, como la producción de alimentos no puede aumentar al mismo ritmo, el resultado es la lucha por la supervivencia. Estas ideas se convirtieron en una de las principales fuentes de inspiración de la teoría evolucionista de Darwin.

Años de tranquilidad

Gracias al interés que suscitaban los especímenes que enviaba a Inglaterra, Darwin ya era célebre antes del regreso del Beagle. Una vez de vuelta, la publicación de los informes y relatos de su viaje incrementó aún más su fama. Sin embargo, su salud se fue deteriorando, y poco a poco se retiró de la vida pública.

En 1842 se instaló en la apacible Down House, en Kent, donde siguió acumulando pruebas de su teoría. Científicos de todo el mundo le enviaban muestras y datos. Además de la domesticación de animales y plantas, estudió el papel de la cría selectiva, o selección artificial, especialmente en palomas. En 1855 empezó a criar variedades de *Columba livia*, o paloma bravía, a las que dedica mucho espacio en los dos primeros capítulos de *El origen de las especies*.

Mediante su investigación con palomas, Darwin empezó a comprender el alcance y la importancia de la variación entre individuos. Para él, las diferencias no se debían a factores medioambientales sino a la reproducción, y la variación se heredaba de algún modo de los padres. Añadió las ideas de Malthus y las aplicó al mundo natural.

Mucho después, Darwin recordó en su autobiografía su reacción al leer a Malthus por primera vez, en 1838: «[...] estando bien preparado » para apreciar la lucha por la existencia [...] se me ocurrió de repente que, en esas circunstancias, las variaciones favorables tenderían a conservarse y las desfavorables a ser destruidas. El resultado sería la formación de especies nuevas [...] Por fin tenía una teoría sobre la que trabajar».

En 1856, Darwin el criador de palomas pudo llegar a la conclusión de que era la naturaleza, no el hombre, quien hacía la selección. Por ello la llamó «selección natural» por oposición a la cría selectiva, o «selección artificial».

Vuelta al primer plano

El 18 de junio de 1858, Darwin recibió un breve ensayo de un joven naturalista británico llamado Alfred Russell Wallace que describía sus ideas sobre la evolución y pedía a Darwin su opinión. Este quedó estupefacto al constatar que coincidían casi exactamente con aquellas sobre las que él llevaba trabajando más de veinte años.

Preocupado por perder la prioridad, Darwin consultó a Charles Lyell, y ambos acordaron presentar de manera conjunta los textos de Darwin y Wallace en la Linnaean

Alfred Russell Wallace, al igual que Charles Darwin, desarrolló su teoría de la evolución tras un amplio trabajo de campo, primero en la cuenca amazónica y luego en el archipiélago malayo.

Society de Londres el 1 de julio de 1858, sin que ninguno de los autores acudiera en persona. La respuesta del público fue cortés, y nadie protestó ni les acusó de blasfemia. Animado, Darwin acabó su libro y lo publicó el 24 de noviembre de 1859. Los ejemplares se agotaron el primer día.

La teoría de Darwin

Darwin afirma que las especies no son inmutables. Cambian, o evolucionan, y el principal motor del cambio es la selección natural. El proceso evolutivo se basa en dos principios. El primero es que nacen más individuos de los que pueden sobrevivir al enfrentarse a las dificultades que plantean el clima, la disponibilidad de alimentos, la competencia, los depredadores y las enfermedades: esto lleva a la lucha por la existencia. El segundo es que se producen variaciones, a veces ínfimas, pero reales, entre

los descendientes de la misma especie. Para que exista evolución, estas variaciones deben cumplir dos condiciones. En primer lugar deben favorecer de algún modo la supervivencia y la procreación, es decir, deben contribuir al éxito reproductivo, y después deben heredarse, o transmitirse a los descendientes para conferirles la misma ventaja evolutiva.

Darwin describe la evolución como un proceso lento y gradual. Cuando una población se adapta a un nuevo entorno, se convierte en una especie nueva, distinta de sus

Charles Darwin

Nacido en Shrewsbury (Inglaterra) en 1809, parecía destinado a ser médico como su padre, pero ya desde la infancia se interesó por los insectos y las ciencias naturales. En el año 1831 fue reclutado como naturalista de una expedición científica alrededor del mundo a bordo del *HMS Beagle*.

Tras el viaje se convirtió en foco de atención del mundo de la ciencia y se hizo célebre por sus cualidades de observador, experimentador y escritor de talento. Escribió sobre la formación de los arrecifes de coral y sobre los invertebrados marinos, especialmente los percebes, que

estudió durante casi diez años, así como sobre la fecundación de las orquídeas, las plantas insectívoras, el movimiento de las plantas y la variación en animales y plantas domesticados. Finalmente abordó el origen del ser humano.

Obras principales

1839 *El viaje del Beagle o Diario del viaje de un naturalista alrededor del mundo.*
1859 *El origen de las especies por medio de la selección natural.*
1871 *El origen del hombre.*

> Creo que he descubierto (¡qué presunción!) el sencillo medio por el que las especies se adaptan exquisitamente a distintos fines.
> **Charles Darwin**

Con todo, el mecanismo de la herencia (cómo y por qué algunos rasgos se heredan y otros no) seguía siendo un misterio. Casualmente, en la época en que Charles Darwin publicó su libro, un monje llamado Gregor Mendel experimentaba con plantas de guisante en Brno (actual República Checa). Su trabajo sobre los caracteres heredados, publicado en 1865, constituye la base de la genética, pero la ciencia convencional lo ignoró hasta el siglo XX, cuando nuevos descubrimientos arrojaron luz sobre el mecanismo de la herencia. El principio de la selección natural propuesta por Darwin continúa siendo clave para entender el proceso. ∎

Esta caricatura que ridiculiza a Darwin data de 1871, año en que publicó su teoría de la evolución aplicada al ser humano, algo que había evitado en sus obras anteriores.

antepasados. Mientras, los antepasados pueden mantenerse igual, o evolucionar en respuesta a los cambios de su propio entorno, o bien salir perdiendo en la lucha por la supervivencia y acabar extinguiéndose.

Repercusiones

Ante la rigurosa exposición de esta teoría, apoyada por evidencias y argumentos sólidos, la mayoría de los científicos aceptó pronto el concepto de «supervivencia del más apto» de Darwin. En su libro, Darwin se guardó de mencionar a los seres humanos en relación con la evolución, salvo en una frase: «La luz se hará sobre el origen del hombre y su historia». No obstante, la Iglesia protestó, y la idea sobreentendida de que los seres humanos habían evolucionado a partir de otros animales fue blanco de burlas.

Fiel a su costumbre, Darwin continuó inmerso en sus estudios en Down House. A medida que crecía la controversia, numerosos científicos salieron en su defensa. El biólogo Thomas Henry Huxley, defensor acérrimo de su teoría (y de que el hombre descendía del mono), se dio a sí mismo el apodo de «perro guardián de Darwin».

LA PREDICCION DEL TIEMPO

ROBERT FITZROY (1805–1865)

EN CONTEXTO

DISCIPLINA
Meteorología

ANTES
1643 Evangelista Torricelli inventa el barómetro, que mide la presión atmosférica.

1805 Francis Beaufort crea su escala de la fuerza del viento.

1847 Joseph Henry propone una línea telegráfica para avisar a la costa este de EE UU de las tormentas procedentes del oeste.

DESPUÉS
1893 Se publica el primer boletín meteorológico español, con datos de 48 observatorios.

1917 La escuela de meteorología de Bergen (Noruega) desarrolla la noción de frente.

2001 Los sistemas de análisis de superficie unificados predicen con precisión el tiempo local.

Hace un siglo y medio, la predicción del tiempo meteorológico era poco más que una tradición popular. La persona que cambió este estado de cosas fue el oficial de marina y científico británico Robert FitzRoy, hoy en día más conocido por haber sido el capitán del *Beagle*, el barco que llevó a Charles Darwin en el viaje durante el cual desarrolló su teoría de la evolución por selección natural.

FitzRoy solo tenía 26 años cuando el *Beagle* zarpó de Inglaterra en 1831. Sin embargo, ya había servido en el mar durante más de una década y había sido el primer candidato en aprobar el examen de teniente de navío con la nota máxima en el Naval Royal College de Portsmouth. También había comandado el *Beagle* en un viaje de investigación anterior en torno a América del Sur, durante el que tomó conciencia de la importancia del estudio del tiempo meteorológico para la navegación. Su barco estuvo a punto de naufragar frente a la costa de Patagonia a causa de un viento fortísimo, al no haber tenido en cuenta que el barómetro indicaba un descenso de la presión atmosférica.

Con un barómetro, dos o tres termómetros, unas breves instrucciones y una observación atenta de los instrumentos, el cielo y la atmósfera, se puede utilizar la meteorología.
Robert FitzRoy

Pioneros de la meteorología naval

No fue casualidad que muchos de los primeros avances en la previsión del tiempo fueran obra de oficiales de marina. Saber qué tiempo les aguardaba era crucial en la época de la navegación a vela. Perder un viento favorable podía conllevar grandes pérdidas económicas, pero ser sorprendidos por una tempestad en alta mar podía ser desastroso.

Dos marinos en particular habían hecho ya aportaciones clave.

Robert FitzRoy

Robert FitzRoy nació en 1805 en Suffolk (Inglaterra) en el seno de una familia aristocrática. Con doce años de edad ingresó en la Marina Real, donde sirvió muchos años. Capitaneó el *Beagle* en dos expediciones a América del Sur, una de ellas junto con Charles Darwin. Sin embargo, era un ferviente cristiano y se opuso a la teoría de la evolución de este. Después de abandonar el servicio activo, fue nombrado gobernador de Nueva Zelanda, donde su trato justo a los maoríes le granjeó la antipatía de los colonos. En 1848 volvió a Inglaterra para comandar

el primer barco de hélice de la Marina Real y en 1854 fue nombrado director del recién creado Meteorological Office. Allí desarrolló los métodos que se convirtieron en la base de la predicción meteorológica científica.

Obras principales

1839 *Viajes del 'Adventure' y el 'Beagle'.*
1860 *The Barometer Manual.*
1863 *The Weather Book.*

Véase también: Robert Boyle 46–49 ▪ George Hadley 80 ▪ Gaspard Gustave de Coriolis 126 ▪ Charles Darwin 142–149

Uno de ellos fue el irlandés Francis Beaufort, quien había creado una escala que mostraba la velocidad, o «fuerza», del viento según sus efectos en el mar y luego también en tierra. Esto permitió registrar y comparar sistemáticamente por primera vez la intensidad de las tormentas. La escala va desde el 0 (calma) hasta el 12 (huracán). FitzRoy fue el primero en usarla, a bordo del *Beagle*. A partir de entonces se incluyó en todos los cuadernos de bitácora.

El estadounidense Matthew Maury fue otro pionero de la meteorología naval, cuyos mapas de vientos y corrientes del Atlántico Norte mejoraron de manera radical los tiempos y la seguridad de la navegación. Asimismo, Maury preconizó la creación de un servicio meteorológico internacional marítimo y terrestre, y en 1853 dirigió una conferencia en Bruselas que comenzó a coordinar observaciones de las condiciones marítimas de todo el mundo.

Antes de los sistemas de registro meteorológico de FitzRoy, los marineros ya habían observado que los vientos siguen pautas ciclónicas en los huracanes y que su dirección permitía predecir la trayectoria de las tormentas.

El Meteorological Office

En 1854, y a instancias de Beaufort, FitzRoy recibió el encargo de coordinar la aportación británica al Meteorological Office. Sin embargo, el celo y la visión de futuro que le caracterizaban le impulsaron a concebir un sistema de observaciones meteorológicas simultáneas en todo el mundo que no solo permitiría revelar pautas hasta entonces desconocidas, sino que también podría usarse para hacer predicciones meteorológicas.

Los observadores ya sabían que, por ejemplo, en los huracanes o ciclones tropicales los vientos soplan siguiendo una trayectoria circular, o «ciclónica», en torno a una zona central de baja presión o «depresión». »

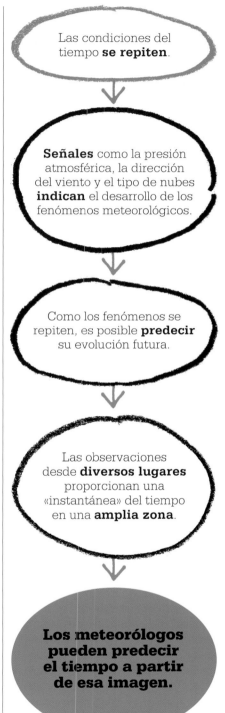

Las condiciones del tiempo **se repiten**.

Señales como la presión atmosférica, la dirección del viento y el tipo de nubes **indican** el desarrollo de los fenómenos meteorológicos.

Como los fenómenos se repiten, es posible **predecir** su evolución futura.

Las observaciones desde **diversos lugares** proporcionan una «instantánea» del tiempo en una **amplia zona**.

Los meteorólogos pueden predecir el tiempo a partir de esa imagen.

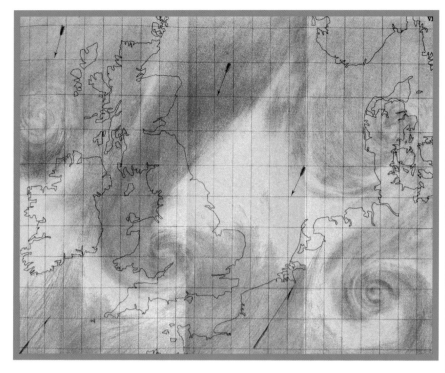

FitzRoy coloreaba a lápiz sus mapas «sinópticos» diarios. En este mapa de 1863 se ve un frente de bajas presiones que lleva tormentas hacia el norte de Europa desde el oeste y un ciclón en formación, abajo a la derecha.

partida de la predicción del tiempo moderna.

Pese a que las cifras observadas eran suficientes para el pronóstico del tiempo, FitzRoy también las utilizó para crear el primer mapa meteorológico, un mapa «sinóptico» que mostraba la forma arremolinada de las tormentas ciclónicas con la misma claridad que las imágenes de satélite actuales. FitzRoy plasmó sus ideas en un libro titulado *The Weather Book* (1863), donde formuló los principios de la predicción meteorológica moderna.

Un paso esencial fue la división de las islas Británicas en zonas meteorológicas, la recopilación de datos meteorológicos del momento y el uso de datos pasados de cada zona para elaborar las predicciones. FitzRoy reclutó una red de observadores, especialmente en el mar y en puertos británicos e irlandeses, pero también obtenía datos de Francia y de España, donde empezaba a arraigar la idea de la observación constante del tiempo. En pocos años, su red llegó a ser tan eficaz que podía obtener

Pronto detectaron que la mayoría de las grandes tormentas que azotan las latitudes medias presentan esta forma de depresión ciclónica. Por lo tanto, la dirección del viento indica si la tormenta se acerca o se aleja.

En la década de 1850 ya se registraban mejor los fenómenos meteorológicos, y el nuevo telégrafo eléctrico facilitaba la comunicación a grandes distancias. Gracias a estos avances se descubrió que las tormentas ciclónicas, que se forman en tierra, se desplazan hacia el este, mientras que los huracanes (tormentas tropicales del Atlántico Norte) se forman sobre el mar y migran hacia el oeste. Así, cuando una tormenta alcanzaba una región del interior de América del Norte, se podía avisar por telegrama a las poblaciones situadas más al este. Los observadores sabían que cuando el barómetro reflejaba un descenso de la presión atmosférica se acercaba una tormenta y, gracias al telégrafo, el aviso llegaba con mucha más antelación.

Los mapas sinópticos

FitzRoy sabía que las observaciones sistemáticas de la presión atmosférica, la temperatura y la dirección y la velocidad de los vientos en momentos concretos y en lugares repartidos en una amplia zona del planeta eran esenciales para la predicción del tiempo. Estos datos se telegrafiaban de inmediato a su oficina de coordinación en Londres, y a partir de ellos trazaba una imagen, o «sinopsis», de las condiciones meteorológicas en amplias zonas.

La sinopsis no solo revelaba los fenómenos meteorológicos del momento a gran escala, sino que permitía seguirles la pista. FitzRoy se dio cuenta de que las situaciones meteorológicas se repetían. Por lo tanto, podía anticipar cómo evolucionarían fenómenos concretos a corto plazo a partir de cómo lo habían hecho en el pasado y predecir el tiempo en cualquiera de los puntos de la región analizada. Este importante hallazgo fue el punto de

Con mis avisos de probable mal tiempo trato de evitar la necesidad de botes salvavidas.
Robert FitzRoy

imágenes diarias de las condiciones meteorológicas en toda Europa occidental. Los fenómenos meteorológicos aparecían con tal claridad que podía prever su evolución como mínimo durante el día siguiente: estas fueron las primeras predicciones del tiempo a escala nacional.

Los boletines meteorológicos

Cada mañana llegaban a la oficina de FitzRoy informes procedentes de estaciones meteorológicas repartidas por Europa occidental. En menos de una hora estaba listo el mapa sinóptico. Las predicciones se enviaban de inmediato al *The Times* para que las publicara y todos pudieran leerlas. Este diario publicó el primer boletín meteorológico el 1 de agosto de 1861.

FitzRoy instaló un sistema de conos de señalización en puntos muy visibles de los puertos para advertir de la aproximación y la dirección de las tormentas. Este sistema funcionó extraordinariamente bien y salvó numerosas vidas. No obstante, algunos armadores empezaron a quejarse porque los capitanes de sus barcos retrasaban la partida si había aviso de tormenta. Por otro lado, difundir las predicciones a tiempo presentaba ciertas dificultades: como se tardaba 24 horas en distribuir el periódico, FitzRoy tenía que hacer sus predicciones con dos días de antelación en lugar de uno para que no llegaran demasiado tarde a los lectores. Era consciente de que las predicciones a largo plazo eran mucho menos fiables y con frecuencia fue objeto de burlas, sobre todo porque *The Times* no se responsabilizaba de los errores

Esta estación meteorológica
de Ucrania envía datos sobre temperatura, humedad y velocidad del viento vía satélite a superordenadores meteorológicos.

El legado de FitzRoy

Ante el torrente de burlas y críticas procedentes de partes interesadas, las predicciones se suspendieron, y FitzRoy se suicidó en 1865. Cuando se descubrió que había gastado toda su fortuna en investigar para el Meteorological Office, el gobierno compensó a su familia. Pocos años después, la presión de los marineros consiguió que su sistema de aviso de tormentas volviera a usarse de forma generalizada. Hoy, la recopilación de predicciones detalladas y avisos de tormenta en zonas de navegación concretas es una parte esencial del día a día en el mar.

El valor del sistema de FitzRoy se reveló plenamente en el siglo xx, a medida que avanzaba la tecnología de las comunicaciones.

Predicciones meteorológicas modernas

Hoy el mundo cuenta con una red de más de 11.000 estaciones meteorológicas, además de numerosos satélites, aviones y barcos que aportan

> Tras recopilar y examinar debidamente los telegramas de Irlanda [o de cualquier otra zona], se elabora la primera predicción para esa región […] y se envía para su publicación inmediata.
> **Robert FitzRoy**

información de forma continuada a un banco de datos meteorológicos mundial. Los potentes superordenadores pueden procesar todos esos datos y generar predicciones muy precisas, al menos a corto plazo. Numerosas actividades, desde los viajes aéreos hasta los acontecimientos deportivos, dependen de ellas. ∎

OMNE VIVUM EX VIVO: TODO SER VIVO NACE DE OTRO SER VIVO

LOUIS PASTEUR (1822–1895)

EN CONTEXTO

DISCIPLINA
Biología

ANTES
1668 Francesco Redi demuestra que unos gusanos son larvas de mosca y no surgen espontáneamente.

1745 John Needham hierve caldo para matar los microbios; cree que reaparecen por generación espontánea.

1768 Lazzaro Spallanzani prueba que los microbios no reaparecen en un caldo hervido si se elimina el aire del recipiente.

DESPUÉS
1881 Robert Koch aísla microbios patógenos.

1953 Stanley Miller y Harold Urey crean aminoácidos en un experimento que simula las condiciones del origen de la vida.

Solo los seres vivos pueden engendrar otros seres vivos mediante la reproducción. Por evidente que esto pueda parecer hoy en día, cuando la biología aún estaba en su primera infancia muchos científicos eran partidarios de la «abiogénesis», la idea de que la vida podía autogenerarse espontáneamente. Incluso mucho después de que Aristóteles afirmara que los seres vivos pueden surgir de materia orgánica en descomposición, hubo quien creyó en supuestos métodos para crear seres vivos a partir de objetos inanimados. En el siglo XVII, el médico flamenco Jan Baptista van Helmont escribió que era posible generar ratones adultos

Véase también: Robert Hooke 54 ▪ Antonie van Leeuwenhoek 56–57 ▪ Thomas Henry Huxley 172–173 ▪ Harold Urey y Stanley Miller 274–275

Muchos **seres vivos son microscópicos** y están suspendidos en el aire que nos rodea.

Algunos de estos microbios causan la **descomposición de los alimentos** o **enfermedades infecciosas**.

La putrefacción y la infección no ocurren si **se impide la contaminación y la reproducción de los microbios**.

Los microbios no surgen por generación espontánea. Todo ser vivo nace de otro ser vivo.

depositando ropa interior sudada y granos de trigo en un recipiente al aire libre. La generación espontánea tuvo defensores hasta bien entrado el siglo XIX. En 1859, un microbiólogo francés, Louis Pasteur, concibió un ingenioso experimento con el que refutó esta teoría. Sus investigaciones también probaron que los causantes de las infecciones eran unos microbios vivos: los gérmenes.

Antes de Pasteur ya se sospechaba que existía una relación entre la enfermedad o la putrefacción y algún tipo de organismo, pero jamás había podido probarse. Hasta que los microscopios pudieron demostrar lo contrario, la idea de que existieran entidades diminutas invisibles al ojo humano parecía absurda. En 1546, el médico italiano Girolamo Fracastoro se acercó mucho a la verdad al describir unas «semillas de contagio» *(seminaria)*, pero no llegó a afirmar explícitamente que se tratara de organismos vivos con capacidad reproductiva, y su teoría apenas tuvo eco. Se creía que las enfermedades infecciosas se propagaban a través de unos «miasmas» (efluvios malignos) que desprendía la materia en descomposición. Como no se tenía una idea clara de la naturaleza de los gérmenes como microbios, nadie se dio cuenta de que la transmisión de las infecciones y la propagación de la vida eran, de hecho, dos caras de una misma moneda.

Las primeras observaciones científicas

En el siglo XVII hubo científicos que intentaron descubrir el origen de seres de mayor tamaño mediante el estudio de la reproducción. En 1661, el médico inglés William Harvey (conocido por su descubrimiento de la circulación sanguínea) diseccionó una cierva preñada en un intento de descubrir el origen del feto y proclamó: *«Omne vivum ex ovo»* (Todo

En este dibujo de Francesco Redi unas larvas se transforman en moscas. Redi no solo demostró que las moscas proceden de larvas, sino también que estas proceden de moscas.

ser vivo procede de un huevo). Aunque no halló el huevo de la cierva en cuestión, al menos apuntaba en la buena dirección.

El médico italiano Francesco Redi fue el primero en aportar pruebas empíricas de la imposibilidad de la generación espontánea, al menos de seres visibles para el ojo humano. En 1668 estudió el proceso por el que la carne se agusana. Cubrió con pergamino un trozo de carne y dejó otro descubierto. Solo aparecieron gusanos en la carne destapada: había atraído moscas que habían puesto sus huevos en ella. Luego repitió el experimento con una gasa (que absorbió el olor de la carne y atrajo a las moscas) y probó que los »

En el campo de la observación, el azar solo favorece a las mentes preparadas.
Louis Pasteur

huevos depositados en la tela podían «sembrar» larvas en la carne no infectada. Concluyó que las larvas solo podían proceder de las moscas y que no aparecían por generación espontánea. Sin embargo, nadie comprendió la importancia de su experimento, y ni siquiera el propio Redi rechazó completamente la abiogénesis, porque creía que podía darse en algunas circunstancias.

El científico holandés Antonie van Leeuwenhoek, uno de los primeros fabricantes y usuarios de microscopios para el estudio científico, demostró que algunos seres vivos eran tan pequeños que no se podían ver a simple vista. También probó que la reproducción de los más grandes dependía de entidades vivas diminutas, como los espermatozoides.

Pero la idea de la abiogénesis estaba tan arraigada en la mente de los científicos que muchos siguieron pensando que esos organismos microscópicos eran demasiado pequeños para contener órganos reproductores, por lo que debían surgir espontáneamente. El naturalista inglés John Needham se propuso de-

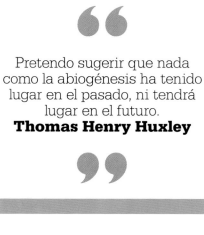

Pretendo sugerir que nada como la abiogénesis ha tenido lugar en el pasado, ni tendrá lugar en el futuro.
Thomas Henry Huxley

mostrarlo en 1745. Sabía que el calor mataba a los microbios, por lo que hirvió caldo de cordero en un frasco (para eliminar todos los microbios) y luego lo dejó enfriar. Pasado un tiempo, vio que volvía a tener microbios y concluyó que habían surgido espontáneamente en el caldo esterilizado. Dos décadas después, el fisiólogo italiano Lazzaro Spallanzani repitió el experimento de Needham, pero demostró que los microbios no reaparecían si extraía el aire del frasco. Spallanzani pensó que el aire había

«sembrado» el caldo, pero sus críticos propusieron que el aire era una «fuerza vital» para la nueva generación de microbios.

Vistos desde la perspectiva de la biología moderna, los resultados de los experimentos de Needham y Spallanzani se explican fácilmente. Aunque, en efecto, el calor mata a la mayoría de microbios, algunas bacterias pueden sobrevivir convirtiéndose en esporas latentes resistentes al calor. Por otra parte, la mayoría de microbios, como la mayoría de los seres vivos, necesitan el oxígeno del aire para transformar los alimentos en energía. Sin embargo, lo más importante es que los experimentos de este tipo son muy vulnerables a la contaminación: los microbios suspendidos en el aire pueden colonizar con facilidad cualquier medio de cultivo, incluso tras una brevísima exposición a la atmósfera. Por lo tanto, ninguno de esos experimentos confirmaba o refutaba la abiogénesis.

La prueba definitiva
Un siglo después, los microscopios y la microbiología habían avanzado

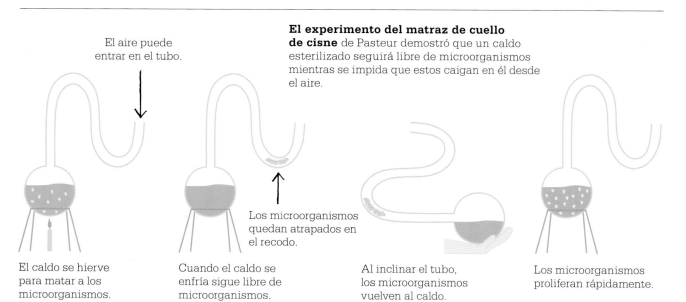

El experimento del matraz de cuello de cisne de Pasteur demostró que un caldo esterilizado seguirá libre de microorganismos mientras se impida que estos caigan en él desde el aire.

El aire puede entrar en el tubo.

Los microorganismos quedan atrapados en el recodo.

El caldo se hierve para matar a los microorganismos.

Cuando el caldo se enfría sigue libre de microorganismos.

Al inclinar el tubo, los microorganismos vuelven al caldo.

Los microorganismos proliferan rápidamente.

lo suficiente para que Louis Pasteur pudiera demostrar que existían microbios suspendidos en el aire capaces de infectar cualquier superficie expuesta. Primero, filtró aire a través de algodón; luego analizó bajo el microscopio los filtros contaminados y el polvo que había quedado atrapado, y descubrió que estaban repletos del tipo de microbios asociados al deterioro y la descomposición de los alimentos. Parecía que la infección se producía cuando los microbios caían, literalmente, del aire. Esta era la información que Pasteur necesitaba para superar el reto lanzado por la Academia de las Ciencias francesa: refutar de una vez por todas el concepto de generación espontánea de la vida.

Pasteur hirvió un caldo rico en nutrientes, como habían hecho Needham y Spallanzani un siglo antes, pero utilizó un matraz con cuello de cisne. Así, cuando el matraz se enfriase, los microbios quedarían retenidos en la curva del tubo y no podrían caer en el caldo y proliferar, a pesar de que la temperatura fuera de nuevo adecuada y hubiera oxígeno suficiente, ya que el tubo se comunicaba con el exterior. Solo podían reaparecer por generación espontánea, cosa que no ocurrió.

A fin de probar definitivamente que los microbios que contaminaban el caldo procedían del aire repitió el experimento, pero rompió el cuello de cisne: el caldo se infectó. Era tan imposible que aparecieran espontáneamente microbios en el caldo del matraz como ratones en un recipiente sucio.

El retorno de la abiogénesis

En 1870, el biólogo inglés Thomas Henry Huxley defendió la obra de Pasteur en una conferencia titulada «Biogénesis y abiogénesis» que asestó un golpe devastador a la teoría de la generación espontánea y marcó el nacimiento de una nueva biología sólidamente anclada en la teoría celular, la bioquímica y la genética. En la década de 1880, el médico alemán Robert Koch demostró que el carbunco, o ántrax, se transmitía mediante bacterias infecciosas.

Casi un siglo después de la conferencia de Huxley, la cuestión de la abiogénesis volvió a replantearse a propósito de la aparición de la vida en la Tierra. En 1953, los químicos estadounidenses Stanley Miller y Harold Urey lanzaron descargas eléctricas a través de una mezcla de agua, amoníaco, metano e hidrógeno para simular las condiciones atmosféricas del principio de la vida en la Tierra. Al cabo de unas semanas habían creado aminoácidos, componentes de las proteínas y constituyentes químicos esenciales de las células vivas. El experimento de Miller y Urey impulsó nuevas investigaciones orientadas a demostrar la posibilidad de que de la materia inerte pudieran surgir organismos vivos. Sin embargo, esta vez los científicos contaban con las herramientas de la bioquímica y el conocimiento de procesos que tuvieron lugar hace miles de millones de años. ∎

> ❝
> Solo observo los hechos
> [...]; no busco más que las
> condiciones científicas
> en las que se produce
> y manifiesta la vida.
> **Louis Pasteur**
> ❞

Louis Pasteur

Nacido en 1882 en Dole (Francia), en el seno de una familia humilde, Louis Pasteur es una figura señera del mundo científico. Tras estudiar química y medicina, fue profesor de química de la Universidad de Estrasburgo y decano de la Facultad de Ciencias de Lille.

Aunque sus primeras investigaciones se centraron en los cristales, destacó sobre todo en microbiología. Demostró que los microbios transformaban el vino en vinagre y agriaban la leche, e inventó un procedimiento para eliminarlos por calor: la pasteurización. Sus trabajos contribuyeron al desarrollo de la teoría de los gérmenes, o microbiana, según la cual algunos microbios causan enfermedades infecciosas. Más tarde desarrolló varias vacunas, en especial la de la rabia, y fundó el Instituto Pasteur, dedicado al estudio de la microbiología, aún activo.

Obras principales

1866 *Estudios sobre el vino.*
1868 *Estudios sobre el vinagre.*
1878 *Les microbes organisés, leur rôle dans la fermentation, la putréfaction et la contagion* (con John Tyndall).

LA SERPIENTE QUE SE MORDIA LA COLA

AUGUST KEKULÉ (1829–1896)

EN CONTEXTO

DISCIPLINA
Química

ANTES
1852 Edward Frankland introduce el concepto de valencia.

1858 Archibald Couper sugiere que los átomos de carbono pueden enlazarse entre ellos y formar cadenas.

DESPUÉS
1858 El químico italiano Stanislao Cannizzaro explica la diferencia entre átomo y molécula, y publica una tabla de pesos atómicos y moleculares.

1869 Mendeléiev crea su tabla periódica de los elementos.

1931 Linus Pauling dilucida la estructura de los enlaces químicos, y la del benceno en particular, a partir de la mecánica cuántica.

Los primeros años del siglo XIX presenciaron unos avances de la química tan gigantescos que transformaron la manera de entender la materia. En 1803, John Dalton sugirió que cada elemento se compone de átomos que le son propios y utilizó el concepto de peso atómico para explicar que los elementos siempre se combinan según proporciones en números enteros. Jöns Jakob Berzelius estudió más de 2.000 compuestos para investigar esas proporciones, inventó la nomenclatura que se usa en la actualidad (H para el hidrógeno, C para el carbono, etc.) y compiló una lista de pesos atómicos de los 40 elementos conocidos en la época. Asimismo acuñó el término «química orgánica» para designar la química de los seres vivos y que luego se aplicó a la mayor parte de la química en la que interviene el carbono. En 1809, el químico francés Louis Gay-Lussac explicó que los gases se combinan en proporciones simples por volumen y, dos años después, el italiano Amedeo Avogadro sugirió que volúmenes iguales de gas contienen igual número de moléculas. Por lo tanto, la combinación de los elementos se regía por normas estrictas.

Átomos y moléculas seguían siendo conceptos fundamentalmente teóricos, pero permitían explicar cada vez más fenómenos.

La valencia

En 1852, el químico inglés Edward Frankland dio el primer paso hacia la comprensión del modo en que se combinan los átomos al introducir el concepto de valencia, o número de átomos con los que cada átomo de un elemento es capaz de combinarse. Así el hidrógeno es monovalente (su valencia es 1) y el oxígeno es bivalente (su valencia es 2). En

Los **átomos** de cada elemento pueden **combinarse con otros en** un número limitado de maneras. Esto se llama **valencia**.

En la molécula de benceno, los **átomos de carbono** se enlazan en forma de **anillos** a los que se unen los átomos de hidrógeno.

La valencia de los **átomos de carbono** es **4**.

La visión de una serpiente que se mordía la cola sugirió esta estructura a Kekulé.

1858, el químico británico Archibald Couper sugirió que los átomos de carbono se enlazaban unos con otros y que las moléculas eran cadenas de átomos enlazados entre ellos. El agua, compuesta por dos partes de hidrógeno y una de oxígeno, podía representarse como H_2O, o como H-O-H, donde «-» simboliza un enlace. El carbono es tetravalente, por lo que un átomo de carbono puede formar cuatro enlaces, como en el metano (CH_4), donde los átomos de hidrógeno se ordenan en forma de tetraedro a su alrededor. (En la actualidad, los químicos consideran los enlaces como pares de electrones compartidos por dos átomos).

Mientras Couper trabajaba en un laboratorio de París, en Heidelberg (Alemania), August Kekulé había llegado a la misma conclusión. En 1857 anunció que la valencia del carbono es 4 y, a principios de 1858, afirmó que los átomos de carbono pueden enlazarse entre ellos. La publicación del artículo de Couper se retrasó, y ello permitió a Kekulé reclamar para sí el descubrimiento. Kekulé llamó «afinidades» a los enlaces atómicos y explicó sus ideas con más detalle en su libro de texto de química orgánica, publicado en 1859.

Los compuestos del carbono

Kekulé desarrolló modelos teóricos basados en reacciones químicas y declaró que los átomos tetravalentes eran capaces de enlazarse entre ellos para formar lo que denominó «esqueleto de carbono», al que podían unirse átomos con otras valencias (como el hidrógeno, el oxígeno o el cloro). A partir de entonces, la química orgánica empezó a tener sentido, y los químicos asignaron

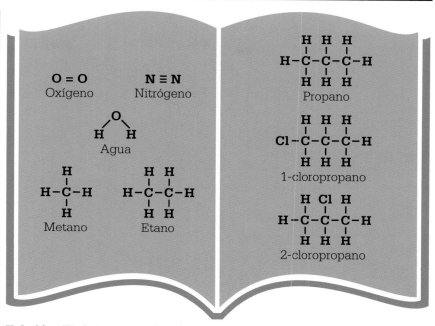

Kekulé utilizó el concepto de valencia para describir los enlaces que se establecen entre los átomos para formar distintas moléculas. En la imagen, cada enlace está representado por una línea.

fórmulas estructurales a todo tipo de moléculas.

Los hidrocarburos simples, como el metano (CH_4), el etano (C_2H_6) y el propano (C_3H_8) se veían como cadenas de átomos de carbono cuyos enlaces disponibles eran ocupados por átomos de hidrógeno. Haciendo reaccionar este compuesto con cloro (Cl_2), por ejemplo, uno o más átomos de hidrógeno eran sustituidos por átomos de cloro y se obtenían compuestos como clorometano o cloroetano. En el caso del cloropropano, se observaban dos tipos de estructuras: 1-cloropropano o 2-cloropropano, en función de si el cloro se enlazaba con el átomo de carbono central o con uno de los dos átomos de los extremos (imagen, arriba). Algunos compuestos, como la molécula de oxígeno (O_2) o la de etileno (C_2H_4), necesitan enlaces dobles para respetar las valencias de los átomos. Cuando el etileno reacciona con el cloro, el resultado es una adición en vez de una sustitución. El cloro añade el enlace doble para formar 1,2 dicloroetano ($C_2H_4Cl_2$). Algunos compuestos poseen incluso enlaces triples, como la molécula de nitrógeno (N_2) y el acetileno (C_2H_2), que es muy reactivo y se usa en los sopletes de soldadura de oxiacetileno.

El benceno (C_6H_6) seguía siendo un rompecabezas. Es mucho menos reactivo que el acetileno, a pesar de tener el mismo número de átomos de carbono y de hidrógeno. La representación de una estructura lineal que no fuera altamente reactiva era un verdadero enigma. Era obvio que tenía que haber enlaces dobles, pero su disposición era una incógnita.

Es más, el benceno reacciona con el cloro, pero no por adición » (como en el etileno), sino por sustitución: un átomo de cloro sustituye a otro de hidrógeno. Cuando uno de los átomos de hidrógeno del benceno es sustituido por otro de cloro, el resultado es un único compuesto, C_6H_5Cl, o clorobenceno. Esto parecía demostrar que todos los átomos de carbono eran equivalentes, porque el átomo de cloro podía enlazarse con cualquiera de ellos.

Los anillos de benceno

Kekulé soñó la solución al enigma de la estructura del benceno en 1865. La respuesta era un anillo de seis átomos de carbono iguales con un átomo de hidrógeno enlazado a cada uno de ellos. En consecuencia, el cloro del clorobenceno podía enlazarse en cualquier punto del anillo.

Al sustituir dos átomos de hidrógeno dos veces para producir diclorobenceno ($C_6H_4Cl_2$), obtuvo más pruebas en apoyo de su teoría. Si el benceno es un anillo de seis átomos de carbono equivalentes, deberían existir tres formas distintas, o isómeros, de dicho compuesto: los dos átomos de cloro podrían unirse a átomos de carbono adyacentes, a dos átomos de carbono separados por otro, o a dos átomos de carbono opuestos. Estos tres isómeros fueron

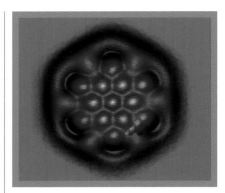

Molécula de hexabenzocoroneno vista con un microscopio de fuerza atómica. Tiene 1,4 nanómetros de diámetro y enlaces carbono-carbono de distintas longitudes.

identificados y se llamaron orto-diclorobenceno, meta-diclorobenceno y para-diclorobenceno respectivamente.

La simetría

Aún quedaba por resolver el misterio de la simetría observada en el anillo de benceno. Para satisfacer su tetravalencia, cada átomo de carbono debería tener cuatro enlaces con otros átomos. Esto significaba que todos tenían un enlace «de más». Al principio, Kekulé dibujó enlaces simples y dobles alternos alrededor del anillo, pero cuando se hizo evidente que este tenía que ser simétrico, sugirió que la molécula oscilaba entre las dos estructuras.

El electrón no se descubrió hasta 1896. En 1916, el químico estadounidense G. N. Lewis propuso por primera vez la idea de que los enlaces se forman mediante electrones compartidos. En la década de 1930, Linus Pauling recurrió a la mecánica cuántica para explicar que los seis electrones restantes del anillo del benceno no se hallan en los enlaces dobles, sino deslocalizados alrededor del anillo y repartidos equitativamente entre los átomos de carbono, de modo que los enlaces carbono-

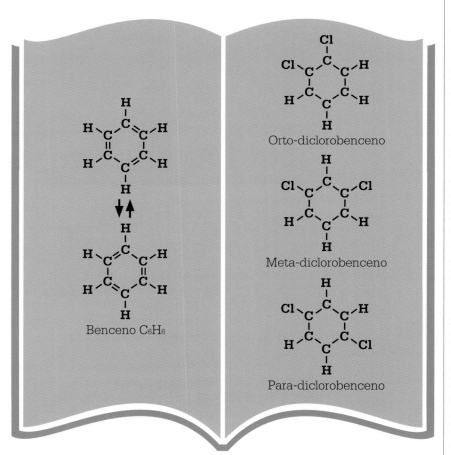

Benceno C_6H_6

Orto-diclorobenceno

Meta-diclorobenceno

Para-diclorobenceno

Kekulé sugirió que los enlaces dobles y sencillos entre los átomos de carbono del anillo de benceno se alternan (izquierda). Dos átomos de cloro pueden sustituir a dos de hidrógeno de tres maneras (derecha).

Kekulé afirmaba haber concebido su teoría de los anillos de benceno a raíz de la visión, en estado de duermevela, de una serpiente que se mordía la cola, similar al antiguo símbolo del ouroboros, representado en esta xilografía como un dragón.

carbono no son ni simples ni dobles, sino del orden de 1,5 (pp. 254-259). Gracias a la física se pudo resolver el enigma de la estructura de la molécula de benceno.

Un sueño inspirador

Según Kekulé, la inspiración de la estructura del benceno le llegó cuando estaba a punto de conciliar el sueño. Al parecer, se hallaba en estado hipnagógico, un estado de conciencia alterada en el que la realidad y la imaginación se confunden y que describió como *Halbschlaf* («medio sueño»). De hecho, narró dos de estas ensoñaciones. La primera, probablemente en 1855, yendo en un autobús de Londres en dirección a Clapham Road: «Los átomos revoloteaban ante a mis ojos. Siempre había visto a esas partículas diminutas en movimiento, pero jamás había conseguido desentrañar cómo se movían. Hoy he visto con cuánta frecuencia dos de los más pequeños se unían en un par; cómo los más grandes absorbían a dos más pequeños y otros más grandes aún enlazaban tres e incluso cuatro de los pequeños».

La segunda tuvo lugar en su estudio de Gante (Bélgica), tal vez inspirada por el antiguo símbolo del ouroboros, generalmente representado como una serpiente que engulle su propia cola: «Volví la silla hacia la chimenea y me sumí en un estado de languidez […] los átomos se agitaban ante a mis ojos […] Cadenas largas que a menudo se enlazaban de forma más densa; todo en movimiento, girando y retorciéndose como serpientes. Pero, ¿qué era aquello? Una de las serpientes se mordió la cola, y esta imagen giró, burlona, ante mis ojos». ∎

August Kekulé

Friedrich August Kekulé, nació en 1829 en Darmstadt (Alemania). Solo utilizó su segundo nombre y, tras ser ennoblecido por el káiser Guillermo II en 1895, adoptó el apellido de Kekulé von Stradonitz.

Kekulé comenzó a estudiar arquitectura en la Universidad de Giessen, pero decidió dedicarse a la química tras asistir a las clases de Justus von Liebig. A partir de 1857 publicó una serie de artículos sobre la tetravalencia del carbono, el enlace de las moléculas orgánicas simples y la estructura del benceno. Así se convirtió en el principal artífice de la teoría de la estructura molecular. En 1867 fue nombrado profesor de química en la Universidad de Bonn. Tres de los primeros cinco premios Nobel de química se otorgaron a alumnos suyos.

Obras principales

1859 *Lehrbuch der organischen Chemie (Manual de química orgánica).*
1887 *Chemie der Benzolderivate oder der aromatischen Substanzen (Química de los derivados del benceno o sustancias aromáticas).*

LAS LEYES DE LA HERENCIA

GREGOR MENDEL (1822–1884)

EN CONTEXTO

DISCIPLINA
Biología

ANTES
1760 El botánico alemán Josef Kölreuter cruza plantas de tabaco, pero no interpreta correctamente los resultados.

1842 El botánico suizo Carl von Nägeli estudia la división celular y describe cuerpos filiformes que luego se identificarán como cromosomas.

1859 Charles Darwin publica su teoría de la evolución por selección natural.

DESPUÉS
1900 Los botánicos Hugo de Vries, Carl Correns y William Bateson «redescubren» las leyes de Mendel.

1910 Thomas Hunt Morgan corrobora las leyes de Mendel y confirma la base cromosómica de la herencia.

El mecanismo de la herencia fue uno de los mayores misterios de la historia de la ciencia. El fenómeno se conocía desde el momento en que las personas se dieron cuenta de que los miembros de una familia presentaban rasgos similares. Sus manifestaciones también eran patentes en el cruce de plantas agrícolas y ganado o la transmisión de algunas enfermedades, como la hemofilia. Sin embargo, nadie podía explicar cómo ocurría.

Según los filósofos griegos, existía algún tipo de esencia o «principio» natural que pasaba de padres a hijos. Los progenitores lo transmitían a la siguiente generación durante el acto sexual; se creía esa esencia que se originaba en la sangre y que los principios paterno y materno se mezclaban para crear una nueva persona. Estas ideas persistieron durante siglos (entre otras cosas, porque a nadie se le ocurrió ninguna otra idea mejor), pero cuando Charles Darwin entró en escena, los fallos se hicieron evidentes. Según sostenía la teoría darwiniana de la evolución por selección natural, las especies cambian a lo largo de muchas genera-

La herencia de determinados rasgos era un hecho observado desde hacía miles de años, pero en la época de Mendel se desconocía el mecanismo biológico de fenómenos como el de los gemelos.

ciones y de esta manera originan la diversidad biológica. Sin embargo, si la herencia dependiese de la mezcla de principios químicos, la diversidad acabaría diluyéndose hasta desaparecer. Sería algo así como mezclar pinturas de distintos colores, hasta acabar con un gris. Las adaptaciones e innovaciones en las que se basaba la teoría de Darwin no persistirían.

Gregor Mendel

Johann Mendel nació en 1822 en Silesia (entonces perteneciente al Imperio Austrohúngaro). Estudió matemáticas y filosofía antes de ingresar en un convento agustino y se ordenó con el nombre de Gregor. Completó sus estudios en la Universidad de Viena y regresó para enseñar en la abadía de Brno (hoy día en la República Checa). Allí se interesó por la herencia y estudió guisantes, ratones y abejas. El obispo le presionó para que dejara de investigar sobre animales y entonces se concentró en las plantas de guisante. Fue precisamente este trabajo el que

le llevó a plantear sus leyes de la herencia y desarrollar la idea fundamental de que los caracteres heredados están controlados por unas partículas hoy llamadas genes. Nombrado abad en 1868, abandonó sus investigaciones. A su muerte, su sucesor quemó sus documentos científicos.

Obra principal

1866 *Experimentos sobre híbridos en las plantas.*

El descubrimiento de Mendel

El gran avance hacia la comprensión de la herencia llegó casi un siglo antes de que se determinara la estructura química del ADN y menos de una década después de que Darwin publicara *El origen de las especies*. Fue Gregor Mendel, un monje agustino de Brno, quien consiguió lo que naturalistas mucho más conocidos no habían logrado, probablemente gracias a su dominio de las matemáticas y la teoría de probabilidades.

Mendel llevó a cabo sus experimentos con plantas de guisante común, *Pisum sativum*, que crecían fácilmente en el huerto de su monasterio. Esta especie presenta variaciones visibles en lo que respecta a la altura, el color de las flores y el color y la forma de las semillas. Mendel investigó la transmisión de estas características una a una mediante una serie de experimentos y analizó los resultados acumulados desde una perspectiva matemática.

En el curso de su investigación tomó precauciones cruciales. Sabía que los caracteres hereditarios podían saltar generaciones y permanecer ocultos, por lo que se aseguró de empezar con plantas «puras», por ejemplo, plantas de flor blanca que solo generaban plantas de flor blanca. Cruzó plantas de flor blanca puras con plantas de flor morada puras, cortas puras con altas puras, etc., y en cada caso también controló cuidadosamente la fecundación; así, usaba pinzas para transferir el polen de los capullos sin abrir a fin de que no se dispersara aleatoriamente. Llevó a cabo múltiples cruces, documentando el número y las características de las plantas de las sucesivas generaciones. Descubrió que los caracteres de cada variedad (como flor morada y flor blanca) se heredan en proporciones fijas. En la primera generación, solo aparecían plantas de flor morada, por ejemplo; en la segunda generación, tres cuartas partes de las plantas eran de flor morada. Mendel llamó dominante a esta característica, y a la otra, recesiva. En este caso, la flor blanca era la recesiva y aparecía en la cuarta parte de la segunda generación de plantas. Observando cada característica (altura de la planta, color de las semillas, color de la flor y forma de las semillas) constató que las variedades dominantes y recesivas aparecían en la misma proporción.

La conclusión clave

Mendel estudió a continuación la herencia de dos caracteres simultáneamente, como el color de la flor y el de la semilla. Descubrió que las plantas hijas presentaban distintas combinaciones de caracteres y que, de nuevo, estos aparecían en proporciones fijas. En la primera generación, todas las plantas presentaban los dos caracteres dominantes (flor morada, semilla amarilla), pero en la segunda aparecía una mezcla de combinaciones. **»**

La **flor** de guisante puede ser **blanca** o **morada**.

El **cruce** de **guisantes de flor morada** puras con **guisantes de flor blanca** de linajes puros da una primera generación con flores moradas.

Cruzando las plantas de la primera generación se obtiene una **segunda generación** con flores **moradas** y **blancas** en la proporción de 3 a 1.

El morado es el **carácter dominante**, y el blanco, el **carácter recesivo**.

Esto se explica si la herencia está controlada por pares de partículas heredadas de los padres.

Por ejemplo, la dieciseisava parte de las plantas presentaba la combinación de los dos rasgos recesivos (flor blanca, semilla verde). Mendel llegó a la conclusión de que los dos caracteres se heredaban independientemente; en otras palabras, que la herencia del color de la flor no influye en la herencia del color de la semilla, y viceversa. El hecho de que la herencia fuera proporcional le llevó a concluir que no se debía a la combinación de unos principios químicos imprecisos, sino más bien a unas «partículas» que determinaban el color de la flor o el de la semilla, etc. Estas partículas se transferían intactas de padres a hijos, pero no siempre se expresaban. De este modo se explicaba por qué los rasgos recesivos podían saltarse una generación: un rasgo recesivo solo se expresaría si la planta heredase dos dosis idénticas de la partícula en cuestión. En la actualidad se sabe que esas partículas son los genes.

Reconocimiento de un genio

Mendel publicó sus conclusiones en 1866 en una revista de historia natural, pero apenas tuvieron impacto en el mundo científico. Tal vez su título poco sugerente (*Experimentos sobre híbridos en las plantas*) le restara lectores. Pasaron treinta años antes de que se reconociera su mérito. En el año 1900, el botánico holandés Hugo de Vries publicó los resultados de experimentos similares que incluían la corroboración de la proporción de 3 a 1. No obstante, admitió que Mendel había llegado a las mismas conclusiones antes que él.

> Hay rasgos que desaparecen en los híbridos y reaparecen sin modificaciones en su progenie.
> **Gregor Mendel**

Meses más tarde, el botánico alemán Carl Correns describió claramente el mecanismo de la herencia de Mendel. Mientras, en Inglaterra, impulsado por los artículos de De Vries y Correns, el biólogo William Bateson leyó por primera vez el artículo original de Mendel y comprendió de inmediato su importancia. Bateson se convirtió en el adalid de las ideas mendelianas y acuñó el término «genética» para este nuevo campo de la biología. El monje agustino recibió por fin el reconocimiento que merecía.

Por entonces, los científicos emprendieron nuevas investigaciones en los campos de la biología celular y la bioquímica. Los microscopios fueron sustituyendo a los experimentos con plantas, y se buscaban pistas en el interior de las células. Los biólogos del siglo XIX intuyeron que la clave de la herencia residía en el núcleo celular. En 1878, y desconociendo el trabajo de Mendel, el alemán Walther Flemming detectó en el núcleo de las células unas estructuras filiformes en movimiento durante el proceso de división celular y las llamó cromosomas. Unos años después del redescubrimiento de la obra de Mendel, los biólogos confirmaron que sus «partículas hereditarias» eran reales y que se hallaban en los cromosomas.

Generación parental

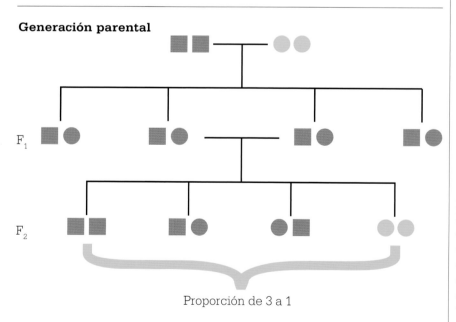

F$_1$

F$_2$

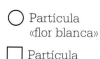

Proporción de 3 a 1

Las plantas de la primera generación de guisantes (F$_1$) procedente del cruce de plantas con flores blancas y moradas «puras» tienen una partícula de cada progenitor, pero todas dan flores moradas, el carácter dominante. En la segunda generación (F$_2$), una planta de cada cuatro hereda dos partículas «flor blanca» y da flores blancas.

CLAVE

○ Partícula «flor blanca»

□ Partícula «flor morada»

Hugo de Vries descubrió la proporción de 3 a 1 de los caracteres heredados experimentando con varias plantas en la década de 1890. Luego reconoció que Mendel la había descubierto antes.

Las leyes de Mendel

Mendel formuló dos leyes de la herencia. En primer lugar, las proporciones fijas de los caracteres de las generaciones filiales le llevaron a concluir que las partículas hereditarias formaban pares. Existía un par de partículas para el color de las flores, otro para el color de las semillas, etc. Los pares se formaban en el momento de la fecundación, porque cada partícula procedía de cada uno de los progenitores, y se separaban de nuevo cuando la nueva generación se reproducía y formaba sus propias células sexuales. Si las partículas emparejadas eran distintas (por ejemplo, una para flor morada y otra para flor blanca), solo se expresaba la partícula dominante.

Actualmente, las variantes de un gen se llaman alelos. La primera ley de Mendel se denominó ley de la segregación, porque los alelos se separan para formar células sexuales. Estudiando la transmisión de dos caracteres a la vez, Mendel desarrolló la segunda ley, conocida como ley de la segregación independiente, según la cual los genes relevantes para cada carácter hereditario se transmiten de forma independiente.

Hoy en día sabemos que la especie *Pisum sativum* elegida por Mendel para su estudio sigue el modelo de transmisión hereditaria más simple que existe. Cada carácter, como el color de la flor, está controlado por un único tipo de gen, que tiene distintas variantes (alelos). Sin embargo, muchas características biológicas de otras especies (como la estatura humana) son resultado de la interacción de muchos genes.

Además, los genes que observó Mendel se heredan independientemente porque están en distintos cromosomas. Estudios posteriores pusieron de manifiesto que los genes pueden estar juntos en el mismo cromosoma. Cada cromo-soma contiene cientos de miles de genes en una hebra de ADN. Los pares de cromosomas se separan para crear células sexuales y, entonces, el cromosoma se transmite entero; por lo tanto, la herencia de caracteres controlados por distintos genes de un mismo cromosoma no es independiente. Si este hubiera sido el caso de los guisantes de Mendel, sus resultados habrían sido más complejos y más difíciles de interpretar.

Las investigaciones llevadas a cabo durante el siglo XX revelaron que existen excepciones a las leyes de Mendel. El estudio del comportamiento de los genes y los cromosomas confirmó que la herencia puede seguir vías mucho más complicadas que las que Mendel descubrió. Sin embargo, estos descubrimientos vienen a sumarse, no a contradecir, a los de Mendel, que sentaron las bases de la genética moderna. ∎

> Propongo [...] el término «genética», que indica suficientemente que nuestros esfuerzos se orientan a la elucidación de los fenómenos de la herencia y la variación.
> **William Bateson**

EL VINCULO EVOLUTIVO ENTRE AVES Y DINOSAURIOS
THOMAS HENRY HUXLEY (1825–1895)

EN CONTEXTO

DISCIPLINA
Biología

ANTES
1859 Darwin publica *El origen de las especies*, donde expone la teoría de la evolución.

1860 El primer *Archaeopteryx* fósil, hallado en Alemania, se vende al Museo de Historia Natural de Londres.

DESPUÉS
1875 Se descubre el «espécimen de Berlín», un *Archaeopteryx* con dientes.

1969 El paleontólogo estadounidense John Ostrom estudia los *Microraptor* y revela nuevas similitudes con las aves.

1996 Se descubre en China el primer dinosaurio con plumas conocido, *Sinosauropteryx*.

2005 Chris Organ, biólogo estadounidense, demuestra la similitud del ADN de las aves y de *Tyrannosaurus rex*.

En los encendidos debates que siguieron a la publicación de la teoría de la evolución de Darwin en 1859, el naturalista británico Thomas Henry Huxley se alzó como un ardiente defensor de las ideas de su colega, dándose a sí mismo el apodo de «perro guardián de Darwin». Además llevó a cabo estudios pioneros sobre la idea de que aves y dinosaurios están estrechamente emparentados, esencial para demostrar la teoría darwiniana.

Si, tal como afirmaba Darwin, las especies se han ido transformando gradualmente hasta convertirse en otras, los fósiles deberían mostrar cómo especies que hoy son muy distintas habían evolucionado a partir de antepasados muy similares. En 1860 se descubrió en una cantera de caliza de Alemania un fósil extraordinario. Databa del Jurásico superior, y se le dio el nombre de *Archaeopteryx lithographica*. Tenía alas y plumas como las aves, pero había vivido en la época de los dinosaurios, por lo que podría ser un ejemplo del eslabón perdido entre especies que predecía la teoría de Darwin.

Sin embargo, una muestra aislada no bastaba para demostrar la relación entre las aves y los dinosaurios. Podría tratarse simplemente de

Se han hallado once fósiles de *Archaeopteryx*. Este dinosaurio parecido a un pájaro vivió en el Jurásico superior, hace unos 150 millones de años, en el sur de la Alemania actual.

una de las primeras aves, en vez de un dinosaurio con plumas. Huxley empezó a comparar minuciosamente la anatomía de aves y dinosaurios y a acumular pruebas, en su opinión abrumadoras.

Un fósil de transición
Huxley encontró que *Archaeopteryx* era muy parecido a *Hypsilophodon* y a *Compsognathus*, dos pequeños dinosaurios. El descubrimiento en 1875 de un *Archaeopteryx* fosilizado más completo y con dientes como los de los dinosaurios, pareció confirmar la relación.

Huxley llegó a la conclusión de que existía un vínculo evolutivo

Véase también: Mary Anning 116–117 ■ Charles Darwin 142–149

El estudio detallado de **fósiles de dinosaurios pequeños** revela muchas similitudes de estos con las aves.

Los **Archaeopteryx** tienen **dientes** como los dinosaurios.

Existen demasiadas **similitudes** anatómicas entre **las aves y los dinosaurios** para que sean casualidad.

Existe un vínculo evolutivo entre las aves y los dinosaurios.

Thomas Henry Huxley

Thomas Herry Huxley, nacido en Londres, a los 13 años ya era aprendiz de cirujano y a los 21 embarcó en un navío de la Armada cuya misión era cartografiar los mares de Australia y Nueva Guinea. Durante este viaje Huxley escribió artículos sobre los invertebrados marinos que recogía por los que fue elegido miembro de la Royal Society en 1851. A su regreso en 1854, empezó a dar clases de historia natural en la Real Escuela de Minas británica.

Después de conocer a Darwin en 1856, se convirtió en un acérrimo defensor de las teorías de este. En un debate sobre la evolución celebrado en el año 1860 venció a Samuel Wilberforce, obispo de Oxford, quien era partidario de la creación divina. Además de demostrar las similitudes entre aves y dinosaurios, reunió pruebas sobre los orígenes del ser humano.

Obras principales

1858 *The Theory of the Vertebrate Skull.*
1863 *Evidence as to Man's Place in Nature.*
1880 *The Coming of Age of the Origin of Species.*

entre las aves y los dinosaurios, pero no creía que se hallara jamás un antepasado común. Para él, lo importante era que las similitudes eran claras. Las aves, como los reptiles, tienen escamas (las plumas son escamas modificadas) y ponen huevos. Las estructuras óseas de unos y otros también presentan muchas similitudes.

Con todo, la relación entre los dinosaurios y las aves continuó suscitando controversia durante otro siglo más. En la década de 1960, el estudio del esbelto y ágil *Deinonychus* (pariente de *Velociraptor*) empezó a convencer por fin a muchos paleontólogos del parentesco de las aves con los *Microraptor* (pequeños dinosaurios depredadores). En los últimos años, el hallazgo en China de numerosos fósiles de aves antiguas y de dinosaurios parecidos a aves ha reforzado la idea. En 2005 se halló un pequeño dinosaurio fósil con plumas en las patas: *Pedopenna*. El mismo año, un innovador estudio del ADN extraído de tejido blando fosilizado de *Tyrannosaurus rex* demostró que, genéticamente, los dinosaurios se parecen más a las aves que a otros reptiles. ■

> ❝ Las aves son esencialmente similares a los reptiles […] podría decirse que no son más que un tipo de reptil extremadamente modificado y aberrante. ❞
> **Thomas Henry Huxley**

LA APARENTE PERIODICIDAD

PERIODICIDAD

DE LAS PROPIEDADES DE

LOS ELEMENTOS

DMITRI MENDELÉIEV (1834 – 1907)

En 1661, el físico angloirlandés Robert Boyle definió los elementos como «ciertos cuerpos primitivos y simples o perfectamente exentos de toda mezcla, que al no estar constituidos por otros cuerpos, o unos de otros, son los ingredientes de los que están compuestos de manera inmediata todos los cuerpos llamados perfectamente mezclados y en los que estos últimos se descomponen». En otras palabras, un elemento no puede descomponerse en otras sustancias por medio de procesos químicos. En 1803, el químico británico John Dalton introdujo el concepto de peso atómico (hoy en día denominado masa atómica relativa) de los elementos. El hidrógeno es el más ligero, y le otorgó el valor de 1.

La ley de las octavas

En la primera mitad del siglo XIX, los químicos fueron aislando más elementos y constataron que algunos tenían propiedades comunes. Por ejemplo, el sodio y el potasio son sólidos plateados (metales alcalinos) que reaccionan de manera violenta con el agua y liberan hidrógeno gaseoso. De hecho, son tan parecidos que el químico británico Humphry Davy no los distinguió cuando los descubrió. Del mismo modo, el cloro y el bromo, dos elementos halógenos, son agentes oxidantes, tóxicos y de olor acre, a pesar de que el cloro es un gas y el bromo es un líquido. El químico británico John Newlands se percató de que si se ordenaban los elementos conocidos por peso atómico creciente, cada

Johann Döbereiner, químico alemán, realizó el primer intento de clasificar los elementos. En 1828 descubrió que algunos elementos formaban grupos con propiedades parecidas.

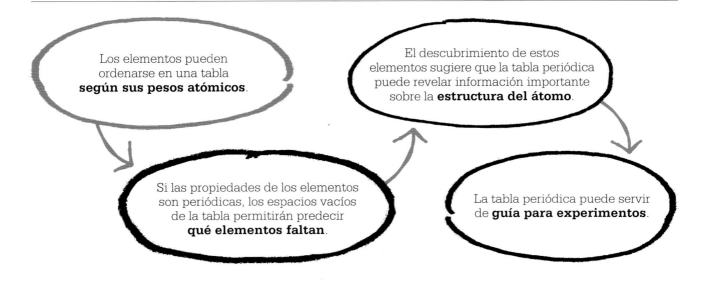

Los elementos pueden ordenarse en una tabla **según sus pesos atómicos**.

El descubrimiento de estos elementos sugiere que la tabla periódica puede revelar información importante sobre la **estructura del átomo**.

Si las propiedades de los elementos son periódicas, los espacios vacíos de la tabla permitirán predecir **qué elementos faltan**.

La tabla periódica puede servir de **guía para experimentos**.

Véase también: Robert Boyle 46–49 ▪ John Dalton 112–113 ▪ Humphry Davy 114 ▪ Marie Curie 190–195 ▪ Ernest Rutherford 206–213 ▪ Linus Pauling 254–259

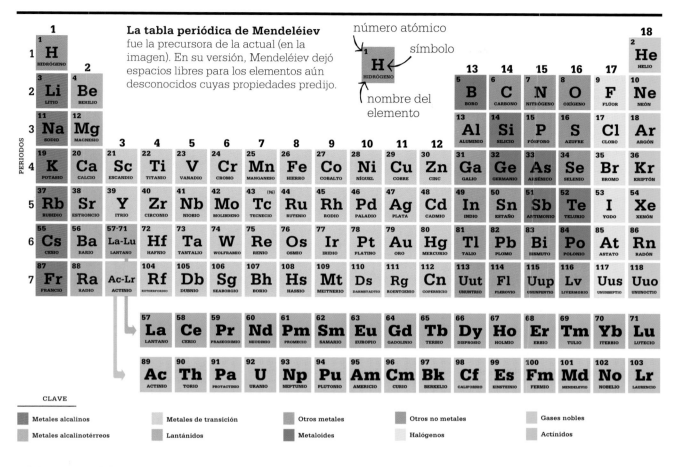

La tabla periódica de Mendeléiev fue la precursora de la actual (en la imagen). En su versión, Mendeléiev dejó espacios libres para los elementos aún desconocidos cuyas propiedades predijo.

número atómico

símbolo

nombre del elemento

CLAVE

- Metales alcalinos
- Metales alcalinotérreos
- Metales de transición
- Lantánidos
- Otros metales
- Metaloides
- Otros no metales
- Halógenos
- Gases nobles
- Actínidos

ocho lugares aparecían elementos parecidos.

Newlands publicó en la revista *Chemical News* que «los elementos que pertenecen al mismo grupo aparecen en la misma línea horizontal. Además, los números de los elementos similares difieren en siete o en múltiplos de siete... Propongo llamar "ley de las octavas" a esta peculiar relación». Sin embargo, el modelo de su tabla se volvía caótico a partir del calcio. El 1 de marzo de 1865, Newlands fue ridiculizado por la Chemical Society, que declaró que daba igual que ordenase los elementos alfabéticamente y se negó a publicar su artículo.

Pasaron más de veinte años antes de que se reconociera la importancia del trabajo de Newlands. Mientras tanto, el mineralogista francés Alexandre-Émile Béguyer de Chancourtois también detectó la periodicidad de la tabla y publicó sus ideas en 1862, pero apenas recibió atención.

Un juego de naipes

En torno a esa misma época, Dmitri Mendeléiev se enfrentaba al mismo problema mientras escribía su obra *Principios de química* en San Petersburgo (Rusia). En 1863 se conocían 56 elementos y se descubrían elementos nuevos al ritmo de uno

por año. Mendeléiev estaba convencido de que debían seguir algún orden coherente. En un esfuerzo por resolver el enigma, preparó un mazo de 56 naipes, cada uno con el nombre y las propiedades principales de un elemento.

Se dice que Mendeléiev dio con la solución cuando se disponía a salir de viaje en el invierno de 1868. Antes de partir, distribuyó los naipes sobre la mesa y empezó a reflexionar, como si jugara al solitario. Cuando su cochero llegó en busca del equipaje, le ordenó que se marchara porque estaba ocupado y continuó moviendo naipes arriba y abajo hasta que por fin logró » disponer los 56 elementos de un modo satisfactorio, con los grupos ordenados en vertical. Un año después leyó un artículo ante la Sociedad Química Rusa y afirmó que «si se disponen según su peso atómico, los elementos muestran una aparente periodicidad de propiedades». Los elementos con propiedades químicas parecidas tienen pesos atómicos casi idénticos (como el potasio, el iridio y el osmio) o de valor creciente de forma regular (como el potasio, el rubidio y el cesio). Explicó asimismo que la disposición de los elementos en grupos ordenados por peso atómico se correspondía con su valencia, o número de enlaces que cada átomo puede formar con otros átomos.

> La función de la ciencia es descubrir la existencia de un reinado general del orden en la naturaleza y encontrar las causas que gobiernan ese orden.
> **Dmitri Mendeléiev**

La predicción de nuevos elementos

En su artículo, Mendeléiev hacía una predicción osada: «Debemos esperar el descubrimiento de muchos elementos aún desconocidos, por ejemplo, dos elementos análogos al aluminio y al silicio, cuyos pesos atómicos estarán entre 65 y 75».

La ordenación de Mendeléiev mejoraba de forma significativa las octavas de Newlands. Este había colocado el cromo bajo el boro y el aluminio, lo que carecía de sentido. Mendeléiev pensó que tenía que haber un elemento aún por descubrir y predijo que se encontraría uno con un peso atómico de 68 y que formaría un óxido (un compuesto formado por un elemento y oxígeno) con la fórmula M_2O_3, donde «M» era el símbolo del elemento nuevo. Esta fórmula significaba que dos átomos del nuevo elemento se combinarían con tres de oxígeno. Predijo dos elementos más, que llenarían sendas casillas vacías: uno con un peso atómico de 45, que formaría el óxido M_2O_3, y otro con un peso atómico de 72, que formaría el óxido MO_2.

Aunque sus críticos se mostraron escépticos, las afirmaciones de Mendeléiev eran muy concretas y el tiempo le dio la razón. En 1875 se descubrió el galio (cuyo peso atómico es 70 y que forma el óxido Ga_2O_3);

Los seis metales alcalinos son blandos y muy reactivos. La capa externa de óxido de este fragmento de sodio puro se ha formado por reacción con el oxígeno del aire.

en 1879, el escandio (peso atómico: 45; Sc_2O_3) y en 1886, el germanio (peso atómico: 73; GeO_2). Estos descubrimientos consolidaron la reputación de Mendeléiev.

Errores en la tabla de Mendeléiev

Mendeléiev cometió algunos errores. En su artículo de 1869 afirmó que el peso atómico del telurio era incorrecto: tenía que estar entre 123 y 126, porque el peso atómico del yodo es 127, y, por sus propiedades, el yodo debía seguir al telurio en la tabla. Pero estaba equivocado: el peso atómico relativo del telurio es 127,6, superior al del yodo. El po-

---

Los seis gases nobles que aparecen en estado natural (grupo 18 de la tabla) son: helio, neón, argón, kriptón, xenón y radón. Su reactividad química es muy baja porque tienen una capa de valencia completa: una capa de electrones que rodea el núcleo del átomo. El helio tiene solo una capa, que contiene con dos electrones, mientras que los otros tienen una capa externa de ocho electrones. El radón radiactivo es inestable.

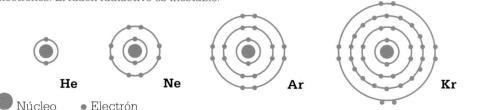

He **Ne** **Ar** **Kr** **Xe**

● Núcleo • Electrón

tasio (peso atómico: 39) y el argón (peso atómico: 40) presentan una anomalía parecida, porque el argón precede con claridad al potasio en la tabla. Como el argón no se descubrió hasta 1894, en 1869 Mendeléiev desconocía estos problemas. El argón es uno de los gases nobles, que son incoloros e inodoros y apenas reaccionan con otros elementos. Como son difíciles de detectar, en la época no se conocía ninguno de ellos, y Mendeléiev no les reservó ninguna casilla en la tabla. Sin embargo, una vez descubierto el argón, aparecieron varias casillas vacías, y en 1898 el químico escocés William Ramsay había aislado el helio, el neón, el kriptón y el xenón. En 1902, Mendeléiev incorporó estos gases nobles a su tabla, incluyéndolos en el grupo 18. Esta versión de su tabla es la base de la que se utiliza en la actualidad.

El físico británico Henry Moseley resolvió en 1913 la anomalía de los pesos atómicos «incorrectos» cuando utilizó rayos X para determinar el número de protones que hay en el núcleo de los átomos de un elemento concreto. Este número, que luego se llamó número atómico, es el que determina la posición de los elementos en la tabla periódica.

Debemos esperar el descubrimiento de elementos análogos al aluminio y al silicio cuyos pesos atómicos estarán entre 65 y 75.
Dmitri Mendeléiev

Los pesos atómicos habían proporcionado una aproximación bastante precisa, porque, en el caso de los elementos más ligeros, el peso atómico dobla aproximadamente el número atómico.

Utilidad de la tabla

Lejos de ser un mero sistema de clasificación, la tabla periódica tiene una gran importancia tanto para la química como para la física. Permite a los químicos predecir las propiedades de un elemento y les sirve de guía en los experimentos; por ejemplo, si una reacción no funciona con cromo, quizá funcione con molibdeno, el elemento que se encuentra debajo del cromo en la tabla.

También resultó decisiva en las investigaciones sobre la estructura del átomo. ¿Por qué las propiedades de los elementos se repiten según esas pautas periódicas? ¿Por qué los elementos del grupo 18 son tan poco reactivos, mientras los de los grupos que están a ambos lados son los más reactivos de todos? Estas preguntas llevaron directamente a la definición de la estructura del átomo.

En cierta manera, Mendeléiev tuvo suerte de que se le reconociera la paternidad de la tabla. No solo publicó sus ideas después de que lo hicieran Béguyer y Newlands, sino que el químico alemán Lothar Meyer, que comparó el peso atómico y el volumen atómico para demostrar la relación periódica entre los elementos, también publicó una tabla en 1870, algún tiempo antes que él.

Como ha ocurrido en otras ocasiones a lo largo de la historia de la ciencia, era el momento adecuado para un descubrimiento y varios científicos llegaron a la misma conclusión por separado, sin conocer el trabajo de los demás. ∎

Dmitri Mendeléiev

Mendeléiev, nacido en 1834 en Siberia, en el seno de una familia numerosa de escasos recursos económicos, estudió química en la Universidad de San Petersburgo, de la que luego fue profesor.

Además de clasificar los elementos, Mendeléiev investigó sobre las soluciones acuosas, la compresibilidad de los gases, la dilatación térmica de los líquidos y el origen del petróleo. Además, colaboró en la construcción de la primera refinería rusa y en 1893 fue nombrado director de la Oficina de Pesos y Medidas de San Petersburgo. Sin embargo, no fue admitido en la Academia de Ciencias de Rusia, probablemente por su situación conyugal irregular, ya que se había casado por segunda vez antes del plazo requerido por la Iglesia ortodoxa. En 1905 fue elegido miembro de la Real Academia de Ciencias sueca, que le propuso para el premio Nobel, pero su candidatura fue rechazada. El elemento número 101 de la tabla se llamó mendelevio en su honor.

Obra principal

1870 *Principios de química.*

LA LUZ

Y EL MAGNETISMO SON

EFECTOS

DE LA MISMA SUSTANCIA

JAMES CLERK MAXWELL (1831–1879)

EN CONTEXTO

DISCIPLINA
Física

ANTES
1803 Los experimentos de Thomas Young parecen probar que la luz es una onda.

1820 Hans Christian Ørsted demuestra la relación entre electricidad y magnetismo.

1831 Según Faraday, un campo magnético cambiante genera un campo eléctrico.

DESPUÉS
1900 Según Planck, en ciertas circunstancias, la luz está compuesta por diminutos «paquetes de ondas», o cuantos.

1905 Einstein demuestra que los cuantos de luz, hoy llamados fotones, son reales.

Década de 1940
Feynman y otros desarrollan la electrodinámica cuántica (EDC) para explicar el comportamiento de la luz.

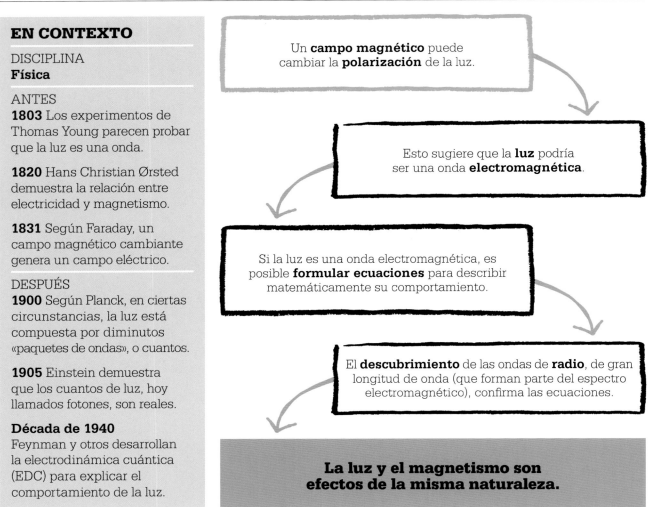

Un **campo magnético** puede cambiar la **polarización** de la luz.

Esto sugiere que la **luz** podría ser una onda **electromagnética**.

Si la luz es una onda electromagnética, es posible **formular ecuaciones** para describir matemáticamente su comportamiento.

El **descubrimiento** de las ondas de **radio**, de gran longitud de onda (que forman parte del espectro electromagnético), confirma las ecuaciones.

La luz y el magnetismo son efectos de la misma naturaleza.

L a serie de ecuaciones diferenciales que el físico escocés James Clerk Maxwell desarrolló durante las décadas de 1860 y 1870 para describir el comportamiento de los campos electromagnéticos se consideran, con justicia, uno de los mayores logros de la historia de la física. No solo revolucionaron el modo en que los científicos entendían la electricidad, el magnetismo y la luz, sino que sentaron los principios de una nueva física matemática. Sus repercusiones a lo largo del siglo XX fueron extraordinarias y actualmente nos ofrecen la esperanza de unificar nuestra comprensión del Universo en una «teoría del todo».

El efecto Faraday
Con el descubrimiento de la relación entre electricidad y magnetismo en 1820, el físico danés Hans Christian Ørsted abrió las puertas a todo un siglo de intentos por descubrir las relaciones e interconexiones de fenómenos aparentemente no conectados. En su estela, el físico británico Michael Faraday, conocido sobre todo por haber inventado el motor eléctrico y descubierto la inducción electromagnética, realizó otro descubrimiento, tal vez mucho menos célebre, pero que fue el punto de partida del trabajo de Maxwell.

En el año 1845, cuando ya llevaba dos décadas intentando encontrar, entre otras cosas, la relación entre la luz y el electromagnetismo, Faraday llevó a cabo un experimento que resolvió la cuestión definitivamente. Hizo pasar a través de un potente campo magnético un haz de luz polarizada (cuyas ondas oscilan en una sola dirección y es fácil de generar lanzando un haz de

Véase también: Alessandro Volta 90–95 ■ Hans Christian Ørsted 120 ■ Michael Faraday 121 ■ Max Planck 202–205 ■
Albert Einstein 214–221 ■ Richard Feynman 272–273 ■ Sheldon Glashow 292–293

> La teoría de la relatividad especial debe su origen a las ecuaciones del campo electromagnético de Maxwell.
> **Albert Einstein**

luz contra una superficie reflectante lisa) y midió con una lente especial el ángulo de polarización en el otro lado. Constató que si rotaba el campo magnético, podía cambiar también el ángulo de polarización de la luz. A raíz de este descubrimiento, Faraday afirmó por primera vez que la luz era un tipo de ondulación que se propagaba en las «líneas de fuerza» mediante las cuales explicaba los fenómenos electromagnéticos.

Teorías del electromagnetismo

A pesar de que Faraday fue un experimentador brillante, hizo falta la genialidad de Maxwell para transformar esta idea intuitiva en una teoría sólida. Al abordar el problema desde el punto de vista opuesto, Maxwell descubrió la relación entre

la electricidad, el magnetismo y la luz casi por casualidad.

El objetivo principal de Maxwell era explicar el funcionamiento de las fuerzas electromagnéticas que intervienen en fenómenos como la inducción (por la que un imán en movimiento induce una corriente eléctrica). Según Faraday, unas «líneas de fuerza» se extendían en círculos concéntricos alrededor de corrientes eléctricas en movimiento, o salían y volvían a entrar por los polos de los imanes. Cuando un conductor eléctrico se movía entre estas líneas, la corriente fluía por él. Tanto la densidad de las líneas de fuerza como la velocidad del movimiento relativo influían en la fuerza de la corriente.

No obstante, a pesar de que el concepto de las líneas de fuerza ayudaba a entender el fenómeno, dichas líneas carecían de existencia física, ya que los campos eléctricos y magnéticos se detectan en todos

los puntos del espacio que se hallan bajo su influencia y no solo cuando se cortan algunas líneas. Los científicos que trataban de describir la física del electromagnetismo tendían a alinearse con una de dos escuelas: por un lado, la de los defensores del electromagnetismo como una «acción a distancia», parecida al modelo de la gravedad de Newton, y, por otro lado, la de los que pensaban que el electromagnetismo se propagaba por el espacio en ondas. Por lo general, los defensores de la «acción a distancia» procedían de Europa continental y seguían las teorías de André-Marie Ampère (p. 120), mientras que entre los partidarios de la teoría ondulatoria predominaban los británicos. Una diferencia esencial entre las dos teorías era que la acción a distancia se producía instantáneamente, mientras que las ondas necesitaban forzosamente algún tiempo para propagarse por el espacio. »

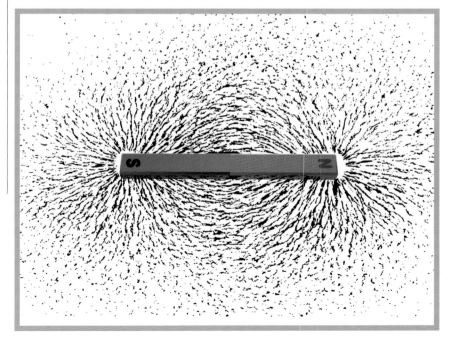

Las líneas que crean las limaduras de hierro alrededor del imán sugieren las líneas de fuerza de Faraday. En realidad muestran la dirección de la fuerza de una carga en un punto dado del campo electromagnético, como representan las ecuaciones de Maxwell.

Los modelos de Maxwell

Maxwell comenzó a desarrollar su teoría del electromagnetismo en un par de artículos publicados en los años 1855 y 1856, respectivamente, en los que trataba de representar geométricamente las líneas de fuerza de Faraday entendidas como el flujo de un fluido incompresible (e hipotético).

No tuvo mucho éxito, por lo que en los artículos siguientes probó otro enfoque, consistente en representar los campos como una serie de partículas rotatorias o remolinos. Por analogía, Maxwell pudo demostrar la ley de Ampère, que relaciona la corriente eléctrica que pasa por un circuito conductor con el campo magnético que la rodea. Asimismo, probó que en este modelo los cambios del campo electromagnético se propagan a una velocidad finita (aunque muy elevada).

Maxwell calculó esta velocidad en 310.700 km/s. El hecho de que este valor se acercase tanto al de la velocidad de la luz, medida ya en varios experimentos anteriores, le hizo comprender inmediatamente que la intuición de Faraday acerca

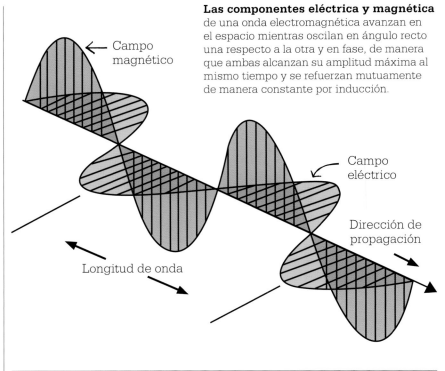

Las componentes eléctrica y magnética de una onda electromagnética avanzan en el espacio mientras oscilan en ángulo recto una respecto a la otra y en fase, de manera que ambas alcanzan su amplitud máxima al mismo tiempo y se refuerzan mutuamente de manera constante por inducción.

Campo magnético

Campo eléctrico

Dirección de propagación

Longitud de onda

Desde la perspectiva de la historia de la humanidad [...] es muy probable que el descubrimiento de las leyes de la termodinámica por Maxwell sea el acontecimiento más importante del siglo XIX.
Richard Feynman

de la naturaleza de la luz debía ser correcta. En el último artículo de la serie, Maxwell describió cómo influye el magnetismo en la orientación de una onda electromagnética, tal y como mostraba el efecto Faraday.

Desarrollo de las ecuaciones

Una vez seguro de que las bases eran correctas, Maxwell se propuso dotar de solidez matemática a su teoría. En el ensayo titulado *A Dynamical Theory of the Electromagnetic Field* describía la luz como un par de ondas eléctrica y magnética transversales, orientadas perpendicularmente entre ellas y en fase, de modo que los cambios del campo eléctrico refuerzan el campo magnético, y viceversa (la orientación de la onda eléctrica es la que normalmente determina la polarización global de la onda). En el apartado final de este ensayo presentaba

una serie de veinte ecuaciones que proporcionaban una descripción matemática completa del fenómeno electromagnético en términos de potenciales eléctrico y magnético, es decir, la cantidad de energía potencial eléctrica o magnética de una carga en un punto concreto del campo electromagnético. De estas ecuaciones se deducía que las ondas magnéticas se mueven a la velocidad de la luz, con lo que el debate sobre la naturaleza del electromagnetismo parecía resuelto de una vez por todas.

Maxwell resumió sus trabajos sobre el tema en 1873, en la obra titulada *Treatise on Electricity and Magnetism*. No obstante, su teoría, aunque convincente, aún no había podido demostrarse cuando murió, porque la corta longitud y la alta frecuencia de las ondas luminosas impedían definir sus propiedades. Ocho años después, en 1884, el físico alemán Heinrich Hertz puso la

> Las ecuaciones de Maxwell han influido en la historia de la humanidad más que diez presidentes juntos.
> **Carl Sagan**

última pieza del rompecabezas con una proeza tecnológica, al producir un tipo de ondas electromagnéticas muy distintas, de baja frecuencia y gran longitud de onda, pero con la misma velocidad de propagación: las ondas de radio.

La aportación de Heaviside

En la época en la que Hertz realizó su descubrimiento ya se había dado otro importante paso hacia las ecuaciones de Maxwell tal y como las conocemos hoy en día.

En 1884, el ingeniero, matemático y físico británico Oliver Heaviside, un genio autodidacta que había patentado el cable coaxial para la transmisión eficiente de las señales eléctricas, ideó un modo de transformar los potenciales de las ecuaciones de Maxwell en vectores. Al describir la dirección de las cargas a través del campo en vez de limitarse a representar su fuerza en puntos concretos, Heaviside redujo doce de las ecuaciones originales a cuatro, facilitando así considerablemente su aplicación práctica. A pesar de que en la actualidad apenas se recuerda la aportación de Heaviside, son sus cuatro ecuaciones las que llevan el nombre de Maxwell.

El trabajo de Maxwell resolvió muchas incógnitas sobre la naturaleza de la electricidad, el magnetismo y la luz, pero también puso de relieve grandes misterios aún por dilucidar. Quizá el más importante fuera la naturaleza del medio por el que se propagaban las ondas electromagnéticas, ¿o acaso las ondas luminosas no lo necesitaban? La búsqueda de la definición de ese medio, que entonces se denominaba «éter luminífero», fue una de las principales preocupaciones de los físicos a finales del siglo XIX. El repetido fracaso de los experimentos para detectarlo desencadenó una crisis en la física que preparó el camino para la doble revolución de la teoría cuántica y la relatividad que estalló en el siglo XX. ∎

Las ecuaciones de Maxwell-Heaviside se expresan en un lenguaje matemático abstruso, pero describen de manera concisa la estructura y el efecto de los campos eléctricos y magnéticos.

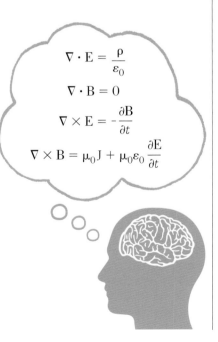

$$\nabla \cdot \mathbf{E} = \frac{\rho}{\varepsilon_0}$$

$$\nabla \cdot \mathbf{B} = 0$$

$$\nabla \times \mathbf{E} = -\frac{\partial \mathbf{B}}{\partial t}$$

$$\nabla \times \mathbf{B} = \mu_0 \mathbf{J} + \mu_0 \varepsilon_0 \frac{\partial \mathbf{E}}{\partial t}$$

James Clerk Maxwell

James Clerk Maxwell, nacido en Edimburgo (Escocia) en 1831, fue un genio precoz. A los 14 años de edad publicó un artículo científico sobre geometría y, después de estudiar en las universidades de Edimburgo y Cambridge, a los 25 años ya impartía clases en el Marischal College de Aberdeen (Escocia). Fue allí donde empezó a investigar sobre el electromagnetismo.

Sin embargo, también le interesaban muchos otros problemas científicos de la época: en 1859 fue el primero en explicar la estructura de los anillos de Saturno; entre 1865 y 1872 trabajó en la teoría de la percepción de los colores, y entre 1859 y 1866 desarrolló un modelo matemático de la distribución de las velocidades de las partículas en un gas.

Profundamente religioso, también escribió poesía. Murió de cáncer con 48 años.

Obras principales

1861 *On Physical Lines of Force.*
1864 *A Dynamical Theory of the Electromagnetic Field.*
1872 *Theory of Heat.*
1873 *Treatise on Electricity and Magnetism.*

EL DESCUBRIMIENTO DE LOS RAYOS X
WILHELM RÖNTGEN (1845–1923)

EN CONTEXTO

DISCIPLINA
Física

ANTES
1838 Michael Faraday genera un arco eléctrico luminoso al hacer pasar una corriente eléctrica a través de un tubo de vidrio parcialmente vacío.

1869 Johann Hittorf observa los rayos catódicos.

DESPUÉS
1896 Primer uso clínico de los rayos X con fines diagnósticos, para conseguir visualizar una fractura ósea.

1896 Primer uso clínico de los rayos X para tratar el cáncer.

1897 J. J. Thomson descubre que los rayos catódicos son de hecho haces de electrones. Los rayos X se producen cuando un haz de electrones choca con un objetivo de metal.

1953 Rosalind Franklin utiliza rayos X a fin de determinar la estructura del ADN.

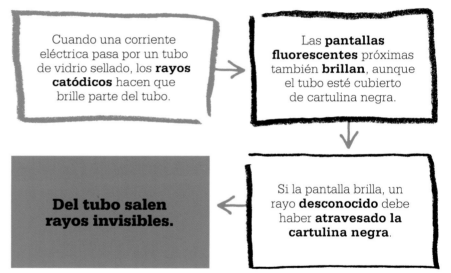

Cuando una corriente eléctrica pasa por un tubo de vidrio sellado, los **rayos catódicos** hacen que brille parte del tubo.

Las **pantallas fluorescentes** próximas también **brillan**, aunque el tubo esté cubierto de cartulina negra.

Si la pantalla brilla, un rayo **desconocido** debe haber **atravesado la cartulina negra**.

Del tubo salen rayos invisibles.

El casual descubrimiento de los rayos X es uno de los numerosos hallazgos que los científicos han realizado mientras buscaban otra cosa, en este caso, electricidad. En 1838, Michael Faraday observó por primera vez un arco eléctrico generado artificialmente (una descarga luminosa entre dos electrodos) cuando hizo pasar una corriente eléctrica a través de un tubo de vidrio del que se había extraído parte del aire. El arco iba del electrodo negativo (cátodo) al positivo (ánodo).

Los rayos catódicos
El dispositivo compuesto por unos electrodos dentro de un recipiente sellado se conoce como tubo de descarga. En la década de 1860, el físico británico William Crookes había desarrollado tubos de descarga con apenas aire en su interior que el físico alemán Johann Hittorf usó para medir la capacidad de transportar electricidad de los átomos y moléculas cargados. Entre los electrodos de los tubos de Hittorf no apareció un arco luminoso: eran los propios tubos de vidrio los que brillaban.

Véase también: Michael Faraday 121 ▪ Ernest Rutherford 206–213 ▪ James Watson y Francis Crick 276–283

Hittorf concluyó que los «rayos» debían proceder del cátodo, o electrodo negativo. Eugen Goldstein, colega de Hittorf, los llamó rayos catódicos, pero en 1897, el físico británico J. J. Thomson demostró que, en realidad, son haces de electrones.

Los rayos X

Durante sus experimentos, Hittorf se dio cuenta de que las placas fotográficas que había en la misma sala se velaban, pero no investigó en esa dirección. Aunque otros observaron efectos similares, Wilhelm Röntgen fue el primero en investigar qué los causaba y descubrió que se trataba de un rayo que podía atravesar muchas sustancias opacas. A petición propia, sus notas de laboratorio

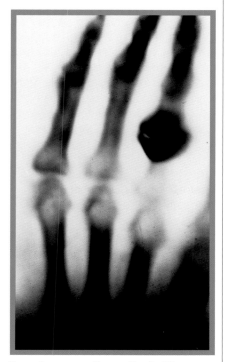

La primera radiografía de Röntgen fue la de la mano de su esposa Anna. El círculo oscuro es el anillo de boda. Se dice que, al ver esta imagen, Anna exclamó: «¡He visto mi propia muerte!».

fueron quemadas tras su muerte, por lo que se desconoce cómo descubrió los rayos X. Es posible que los detectara por primera vez al ver que una pantalla próxima a su tubo de descarga brillaba aunque forrara este con cartulina negra. Röntgen abandonó su experimento original y dedicó los dos meses siguientes a investigar las propiedades de esos rayos invisibles a los que llamó rayos «rayos X» y que aún se conocen en muchos países como rayos Röntgen. Hoy sabemos que los rayos X son una forma de radiación electromagnética de onda corta. Su longitud de onda va de 0,01 a 10 nanómetros (milmillonésimas de metro), mientras que la de la luz visible está entre 400 y 700 nanómetros.

Usos de los rayos X

Hoy, los rayos X se generan disparando un haz de electrones contra una diana metálica. Estos rayos atraviesan ciertos materiales mejor que otros y pueden usarse para obtener imágenes de la anatomía interna de los seres vivos o detectar metales en recipientes cerrados. En la TC (tomografía computarizada), un ordenador combina varias imágenes radiográficas para formar una imagen tridimensional del interior del cuerpo.

En la década de 1940 se desarrollaron los microscopios de rayos X. Mientras que la resolución de la imagen de los microscopios ópticos está limitada por las longitudes de onda de la luz visible, los rayos X permiten formar imágenes de objetos mucho menores gracias a su longitud de onda mucho más corta. Asimismo, la difracción de los rayos X se puede usar para determinar la disposición de los átomos en los cristales, una técnica que resultó crucial a la hora de desvelar la estructura del ADN. ▪

Wilhelm Röntgen

Aunque nació en Alemania, pasó parte de su infancia en Países Bajos. Estudió ingeniería mecánica en Zúrich y, en 1874, pasó a ser profesor de física en la Universidad de Estrasburgo. A lo largo de su carrera ocupó cargos importantes en varias universidades.

Röntgen exploró muchos campos de la física, como los gases, la transferencia del calor o la luz. Sin embargo, es sobre todo conocido por su trabajo sobre los rayos X, que en 1901 le hizo ganar el primer premio Nobel de física. Creyendo que sus hallazgos pertenecían a la humanidad, se negó a limitar las aplicaciones de los rayos X, por lo que nunca los patentó y donó todo el dinero del premio Nobel. A diferencia de muchos de sus contemporáneos, usaba pantallas protectoras de plomo cuando experimentaba sobre la radiación. Falleció, víctima de un cáncer sin relación con sus investigaciones, a los 77 años de edad.

Obras principales

1895 *Sobre una nueva clase de rayos.*
1897 *Observaciones adicionales sobre las propiedades de los rayos X.*

EL INTERIOR DE LA TIERRA

RICHARD DIXON OLDHAM (1858–1936)

Existen distintos tipos
de **ondas sísmicas**.

**Las ondas P no se
detectan** a ciertas distancias
de un terremoto…

… por tanto, las **rocas** del
interior de la Tierra **deben
desviar** su trayectoria.

El **núcleo de la
Tierra** tiene **propiedades
distintas** de las de las
capas superiores.

L as sacudidas causadas por
los terremotos se propagan
en forma de ondas sísmicas
que pueden detectarse con sismó-
grafos. Richard Dixon Oldham, que
trabajó para el Geological Survey de
India entre 1879 y 1903, escribió un
informe sobre un terremoto que sacudió Assam en 1897, en el que hizo
su principal aportación a la teoría
de la tectónica de placas. Oldham
describió tres fases de movimiento sísmico correspondientes a tres
tipos de ondas: dos de ondas «de volumen», que atravesaban la Tierra, y
uno de ondas que recorrían la superficie terrestre.

Los efectos de las ondas
Actualmente, las ondas internas, o
de volumen, que identificó Oldham
se conocen como ondas primarias
(P) y secundarias (S), por el orden en
que llegan al sismógrafo. Las primarias son longitudinales: cuando
pasan, las rocas se mueven hacia
delante y hacia atrás en la misma dirección que las ondas. Las secundarias son transversales (como las de la
superficie del agua), y a su paso, las
rocas se mueven hacia los lados, en
perpendicular a la dirección de las
ondas. Las primarias son más veloces y atraviesan sólidos, líquidos y

Véase también: James Hutton 96–101 ▪ Nevil Maskelyne 102–103 ▪ Alfred Wegener 222–223

gases, mientras que las secundarias solo se propagan a través de materiales sólidos.

Las zonas de sombra sísmica

Posteriormente, Oldham estudió registros sismográficos de terremotos de todo el mundo y se percató de que siempre había una «zona de sombra» en la que apenas se detectaban ondas P, que se extendía parcialmente alrededor de la Tierra a partir del lugar del terremoto. Sabiendo que la velocidad de propagación de las ondas sísmicas depende de la densidad de las rocas, Oldham concluyó que las propiedades de las rocas cambian con la profundidad y que los cambios de velocidad resultantes provocan la refracción de las ondas (que siguen trayectorias curvas). Por tanto, la zona de sombra sísmica se debe a un cambio súbito de las propiedades de las rocas en las profundidades del planeta.

Hoy se sabe que la zona de sombra de las ondas S es mucho mayor, puesto que abarca la mayor parte del hemisferio opuesto al epicen-

tro del terremoto. Esto indica que las propiedades del interior de la Tierra son muy distintas de las del manto. Como las ondas S no pueden atravesar líquidos, el geofísico estadounidense Harold Jeffreys sugirió en 1926 que el núcleo es líquido. Sin embargo, más allá de la zona de sombra de las ondas P aún se detec-

tan algunas de estas ondas. En 1936, la sismóloga danesa Inge Lehmann afirmó que eran ondas refractadas a causa de un núcleo interno sólido. El actual modelo estructural de la Tierra consiste en un núcleo interno sólido rodeado por un núcleo líquido y luego por el manto, cubierto por las rocas de la corteza. ∎

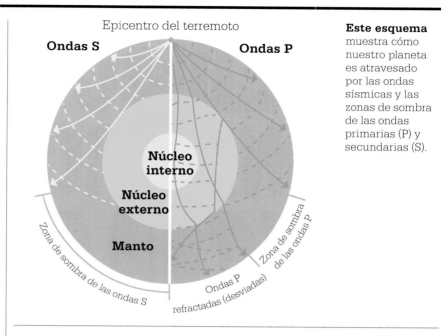

Epicentro del terremoto

Ondas S — Ondas P

Núcleo interno

Núcleo externo

Manto

Zona de sombra de las ondas S

Zona de sombra de las ondas P

Ondas P refractadas (desviadas)

Este esquema muestra cómo nuestro planeta es atravesado por las ondas sísmicas y las zonas de sombra de las ondas primarias (P) y secundarias (S).

Richard Dixon Oldham

Richard Dixon Oldham nació en Dublín en 1858 y estudió en la Real Escuela de Minas antes de incorporarse al Geological Survey de India (GSI), del que fue superintendente, cargo que ya había desempeñado su padre.

El objetivo principal del GSI era el de cartografiar los estratos rocosos, pero también compilaba informes muy detallados acerca de los terremotos en India, y fue precisamente en este terreno donde destacó Oldham. En 1903 se retiró por motivos de salud y

regresó al Reino Unido, donde publicó sus ideas sobre el núcleo terrestre en 1906. La Geological Society de Londres le concedió la medalla Lyell, y fue elegido miembro de la Royal Society. Falleció en 1936.

Obras principales

1899 *Report of the Great Earthquake of 12th June 1897.*
1900 *On the Propagation of Earthquake Motion to Great Distances.*
1906 *The Constitution of the Interior of the Earth.*

El sismógrafo, al registrar el movimiento imperceptible de terremotos lejanos, nos permite ver el interior de la Tierra y determinar su naturaleza.
Richard Dixon Oldham

LA RADIACTIVIDAD ES UNA PROPIEDAD ATOMICA DE CIERTOS ELEMENTOS

MARIE CURIE (1867–1934)

EN CONTEXTO

DISCIPLINA
Física

ANTES
1895 Wilhelm Röntgen investiga las propiedades de los rayos X.

1896 Henri Becquerel descubre que las sales de uranio emiten una radiación penetrante.

1897 J. J. Thomson descubre el electrón mientras estudia las propiedades de los rayos catódicos.

DESPUÉS
1904 Thomson propone el modelo de átomo conocido como «pudín de pasas».

1911 Ernest Rutherford y Ernest Marsden proponen el modelo de átomo llamado «nuclear», o «planetario».

1932 El físico británico James Chadwick descubre el neutrón.

Al igual que otros importantes hallazgos científicos, el de la radiactividad fue fruto del azar. En 1896, el físico francés Henri Becquerel estaba investigando la fosforescencia, que aparece cuando la luz incide sobre una sustancia que entonces empieza a emitir luz de distinto color. Becquerel quería saber si los minerales fosforescentes también emitían rayos X, descubiertos por Wilhelm Röntgen el año anterior. Para determinarlo, colocó uno de estos minerales sobre una placa fotográfica envuelta en un grueso papel negro y lo expuso a la luz solar: la placa se veló, por lo que parecía que el mineral había emitido rayos X. Becquerel también demostró que ciertos metales bloqueaban los «rayos» que velaban la placa fotográfica. El día siguiente estuvo nublado, por lo que no pudo repetir el experimento, y dejó el mineral sobre una placa fotográfica en un cajón, pero la placa también se oscureció, incluso en ausencia de luz solar. Dedujo que el mineral debía tener una fuente de energía interna, que resultó ser el resultado de la desintegración de los átomos de uranio de dicho mineral. Acababa de detectar la radiactividad.

> Entonces fue necesario encontrar un término para designar esta nueva propiedad de la materia manifestada por los elementos uranio y torio. Propuse la palabra radiactividad.
> **Marie Curie**

Rayos producidos por átomos

Tras el descubrimiento de Becquerel, la estudiante de doctorado polaca Marie Curie decidió dedicar su tesis a estos nuevos «rayos». Utilizando un electrómetro (aparato para medir corrientes eléctricas), Marie descubrió que el aire que rodeaba una muestra de mineral que contenía uranio conducía electricidad. El nivel de actividad eléctrica dependía exclusivamente de la cantidad de uranio presente, no de la masa

Marie Curie

Maria Salomea Sklodowska nació en Varsovia en 1867, cuando Polonia se encontraba bajo dominio ruso, y las mujeres no tenían acceso a los estudios superiores. Tuvo que trabajar para pagar los estudios de medicina de su hermana en París y en 1891 se trasladó a esta ciudad para estudiar matemáticas, física y química. En 1895 se casó con su colega Pierre Curie. Tuvo una hija en 1897 y siguió investigando con Pierre en un almacén adaptado como laboratorio. A la muerte de su marido, le sucedió en su cátedra en la Sorbona: fue la primera mujer en ocupar este puesto. También fue la primera mujer galardonada con un premio Nobel y la primera persona de la historia en recibir un segundo Nobel. Durante la Primera Guerra Mundial colaboró en la construcción de centros de radiología. Murió en 1934 de una anemia probablemente causada por su prolongada exposición a la radiactividad.

Obras principales

1898 *Rayons émis par les composés de l'uranium et du thorium.*
1935 *Radioactivité.*

Véase también: Wilhelm Röntgen 186–187 ■ Ernest Rutherford 206–213 ■ J. Robert Oppenheimer 260–265

total del mineral (que contenía otros elementos además de uranio). Esto la indujo a creer que la radiactividad procedía de los átomos de uranio, no de reacciones entre el uranio y el resto de elementos.

Marie descubrió pronto que algunos minerales que contenían uranio eran más radiactivos que el propio uranio y se preguntó si contendrían otra sustancia más activa aún que este. En 1898 había identificado el torio como otro elemento radiactivo. Aunque se apresuró a presentar sus conclusiones en un artículo para la Academia de las Ciencias francesa, el descubrimiento de las propiedades radiactivas del torio ya se había publicado.

Una pareja de científicos

Marie y su marido, Pierre Curie, investigaron juntos para descubrir el resto de elementos radiactivos responsables de la elevada actividad de la pechblenda y la calcolita. A finales de 1898 anunciaron el descubrimiento del polonio (así llamado por Polonia, el país natal de Marie) y el radio. Intentaron obtener muestras puras de estos nuevos elementos, pero hasta 1902 solo lograron extraer 0,1 g de cloruro de radio a partir de una tonelada de pechblenda.

En ese periodo, los Curie publicaron decenas de artículos científicos, en uno de los cuales señalaron que el radio podría contribuir a eliminar tumores. Aunque no patentaron sus descubrimientos, en 1903 se les concedió a ambos el premio Nobel de física, compartido con Becquerel. Marie prosiguió sus investigaciones tras el fallecimiento de su esposo en 1906 y consiguió aislar una muestra de radio puro en 1910. En 1911 se le otorgó el premio Nobel de química, lo que la convirtió en la

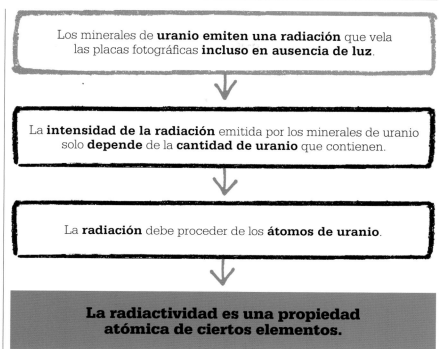

Los minerales de **uranio emiten una radiación** que vela las placas fotográficas **incluso en ausencia de luz**.

La **intensidad de la radiación** emitida por los minerales de uranio solo **depende** de la **cantidad de uranio** que contienen.

La **radiación** debe proceder de los **átomos de uranio**.

La radiactividad es una propiedad atómica de ciertos elementos.

primera persona en recibir dos de estos galardones.

Un nuevo modelo del átomo

Los descubrimientos de los Curie prepararon el terreno para que dos físicos nacidos en Nueva Zelanda, Ernest Rutherford y Ernest Marsden, formularan un nuevo modelo del átomo en 1911. Sin embargo, hubo que esperar hasta 1932 para que el físico inglés James Chadwick descubriera los neutrones, y el proceso de la radiactividad pudiera explicarse completamente. Los neutrones y los protones (con carga positiva) son partículas subatómicas que constituyen el núcleo del átomo, en torno al cual orbitan sin cesar electrones (con carga negativa). Los protones y los neutrones suponen la mayor parte de la masa del átomo. Los átomos de un elemento concreto siempre cuentan con el mismo número de

protones, pero el de neutrones puede variar. Los átomos de un mismo elemento con distinto número de neutrones se llaman isótopos de dicho elemento. Por ejemplo, el núcleo de un átomo de uranio siempre tendrá 92 protones, pero puede tener entre 140 y 146 neutrones. Los isótopos se denominan según el número total »

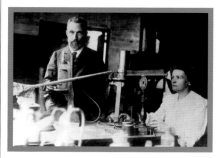

Marie y Pierre Curie llevaron a cabo la mayor parte de sus investigaciones en un almacén destartalado junto a la Escuela Superior de Física y Química Industriales de París.

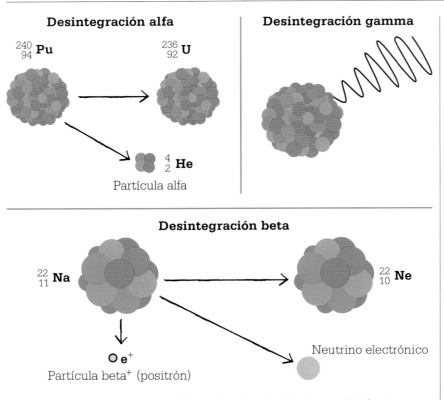

Desintegración alfa

$^{240}_{94}$ **Pu** $^{236}_{92}$ **U**

$^{4}_{2}$ **He**

Partícula alfa

Desintegración gamma

Desintegración beta

$^{22}_{11}$ **Na** $^{22}_{10}$ **Ne**

Neutrino electrónico

e⁺

Partícula beta⁺ (positrón)

Hay tres tipos de desintegración radiactiva. La del plutonio-240 (arriba, a la izquierda), que da lugar a uranio y a una partícula alfa, es un ejemplo de desintegración alfa. En la desintegración beta, el sodio-22 da lugar a neón, una partícula beta (en este caso un positrón) y un neutrino. En la desintegración gamma, un núcleo de alta energía emite rayos gamma, pero no partículas.

también libera energía, pero las altísimas presiones y temperaturas necesarias para iniciarlo explican por qué los científicos solo han logrado la fusión en forma de armas nucleares. Hasta ahora, los intentos de usar la fusión nuclear para generar electricidad consumen más energía de la que producen.

La vida media

A medida que el material nuclear se desintegra, los átomos del elemento radiactivo se transforman en otros elementos, por lo que el número de átomos inestables disminuye con el tiempo. Cuantos menos átomos inestables haya, menos radiactividad se producirá. La reducción de la actividad de un isótopo radiactivo se mide por su vida media, o periodo de semidesintegración, el tiempo necesario para que el número de átomos inestables de una muestra haya descendido a la mitad. Por ejemplo, el isótopo tecnecio-99m, que se utiliza mucho en medicina, tiene una vida media de seis horas. Esto significa que a las seis horas de haber inyectado una dosis, la actividad habrá descendido a la mitad del nivel original; 12 horas después, habrá descendido a una cuarta parte, etc. En cambio, la vida media del uranio-235 es superior a los 700 millones de años.

La datación radiométrica

El conocimiento de la vida media de ciertos elementos radiactivos permite datar minerales y otros materiales. El carbono es uno de los mejores. El isótopo más abundante del carbono es el carbono-12, con seis protones y seis neutrones en cada átomo. El carbono-12 tiene un núcleo estable y supone el 99% de todo el carbono de la Tierra. El carbono-14, cuyos átomos tienen dos neutrones más, es mucho más raro. Se trata de un isótopo inestable, con una vida media de 5.730 años, que se produce

de protones y de neutrones: así, el isótopo más abundante del uranio, con 146 neutrones, recibe el nombre de uranio-238 (92+146).

Al igual que el uranio, muchos elementos pesados poseen núcleos inestables, lo que provoca una desintegración radiactiva espontánea. Rutherford llamó rayos alfa, beta y gamma a las emisiones de los elementos radiactivos. El núcleo se estabiliza cuando emite una partícula alfa, una partícula beta o rayos gamma. Una partícula alfa consiste en dos protones y dos neutrones. Los partículas beta pueden ser, o bien electrones, o bien sus opuestos, los positrones, que el núcleo emite cuando un protón se transforma en neutrón, o viceversa. Tanto la desin-

tegración alfa como la beta modifican el número de protones del núcleo del átomo, que se transforma en un átomo de un elemento distinto. Los rayos gamma son una forma de radiación electromagnética de onda corta y alta energía, y no modifican la naturaleza del elemento.

La desintegración radiactiva es un fenómeno distinto de la fisión, que tiene lugar en los reactores nucleares, y de la fusión, que da al Sol su energía. En la fisión, los núcleos inestables, como los del uranio-235, son bombardeados con neutrones y se rompen para formar otros átomos mucho más pequeños en un proceso que libera energía. En la fusión, dos núcleos pequeños se unen para formar otro más grande. Este proceso en las capas superiores de la atmósfera continuamente, cuando los átomos de nitrógeno son bombardeados por rayos cósmicos. De este modo, la proporción de carbono-12 y carbono-14 en la atmósfera se mantiene relativamente constante. Como durante la fotosíntesis las plantas absorben dióxido de carbono de la atmósfera y nuestra alimentación se basa en plantas (o en animales que comen plantas), la proporción también permanece relativamente constante en las plantas y los animales vivos, pese a la continua desintegración del carbono-14. Cuando un organismo muere, deja de absorber carbono-14, pero el que ya contiene sigue desintegrándose. Así, midiendo la proporción entre el carbono-12 y el carbono-14 presentes en el cuerpo, los científicos pueden calcular cuánto tiempo hace que murió el organismo en cuestión.

Este método radiométrico se usa para datar madera, carbón, huesos y conchas. Las proporciones de los isótopos de carbono pueden variar,

> " El laboratorio [de los Curie] era un cruce entre un establo y un almacén de patatas. Si no hubiera visto la mesa con aparatos químicos, habría pensado que me estaban tomando el pelo.
> **Wilhelm Ostwald** "

pero las fechas pueden confirmarse o corregirse mediante otros métodos de datación, como los anillos de crecimiento de los árboles.

Uso terapéutico

En el curso de sus investigaciones, Marie Curie se dio cuenta de la utilidad terapéutica de la radiactividad.

Durante la Primera Guerra Mundial usó una pequeña cantidad de radio para producir radón, un gas radiactivo que mataba tejidos enfermos. Considerado un remedio casi milagroso, se utilizó en productos de belleza como tratamiento reafirmante de la piel. Más tarde se descubrió lo importante que era utilizar materiales con una vida media corta.

Los radioisótopos también son utilizados habitualmente en las técnicas de diagnóstico por la imagen y en el tratamiento del cáncer. Los rayos gamma sirven para esterilizar instrumental quirúrgico e incluso alimentos, para retrasar la fecha de caducidad. También permiten obtener imágenes del interior de objetos metálicos, para detectar grietas o inspeccionar el contenido de contenedores de carga. ∎

Según la datación radiométrica de útiles de madera hallados en el lugar, el conjunto megalítico de Ale (Suecia) se erigió *c.* 600 d.C. Las piedras son cientos de millones de años más antiguas.

UN FLUIDO VIVO CONTAGIOSO

MARTINUS BEIJERINCK (1851–1931)

El mosaico del tabaco presenta las **características de una infección**, pero…

⬇

… **los filtros** que retienen bacterias **no eliminan el agente contagioso**, por lo que este no puede ser una bacteria.

⬇

Además, a diferencia de las bacterias, **el agente infeccioso solo vive en huéspedes vivos**, no en medios de cultivo de laboratorio.

⬇

Por lo tanto, el agente causante debe ser distinto y más pequeño que una bacteria, y merece un nuevo nombre: **virus**.

En la actualidad, «virus» es un término común para designar a los más pequeños de los agentes capaces de causar infecciones a seres humanos, animales, plantas y hongos. Sin embargo, a finales del siglo XIX acababa de aparecer en el mundo de la ciencia y de la medicina. Fue un microbiólogo holandés, Martinus Beijerinck, quien lo propuso en 1898 para designar una nueva categoría de agentes patógenos infecciosos.

Beijerinck, interesado sobre todo en las plantas y microscopista de gran talento, experimentó con plantas de tabaco afectadas por la enfermedad llamada mosaico del tabaco, que se manifiesta por una peculiar decoloración moteada de las hojas y causa grandes pérdidas a la industria tabacalera. Sus resultados indicaban

Véase también: Friedrich Wöhler 124–125 ▪ Louis Pasteur 156–159 ▪ Lynn Margulis 300–301 ▪ Craig Venter 324–325

que era provocada por agentes contagiosos, a los que llamó «virus», una palabra que ya se usaba para aludir a sustancias tóxicas o venenosas.

Por entonces, la mayoría de los investigadores en los campos de la ciencia y la medicina aún se centraban en las bacterias. Louis Pasteur y el médico alemán Robert Koch las habían aislado e identificado por primera vez como agentes causantes de enfermedades en la década de 1870, y continuamente se descubrían bacterias nuevas.

Un método habitual en la época para determinar la presencia de bacterias era pasar un líquido sospechoso de contenerlas por varias series de filtros. Uno de los más conocidos era el filtro Chamberland, inventado en 1884 por Charles Chamberland, colega de Pasteur, y fabricado en una porcelana sin vidriar cuyos poros diminutos podían retener partículas tan pequeñas como las bacterias.

Demasiado pequeños para los filtros

Varios científicos ya habían sospechado la existencia de agentes más pequeños que las bacterias y capaces también de transmitir enfermedades. En 1892, el botánico ruso Dmitri Ivanovski había realizado pruebas sobre la enfermedad del mosaico del tabaco y demostró que los agentes infecciosos atravesaban los filtros. Concluyó que, en este caso, el agente no podía ser una bacteria, pero no siguió investigando para averiguar de qué agente se trataba.

Beijerinck repitió el experimento de Ivanovski y también llegó a la conclusión de que el causante del mosaico del tabaco seguía presente incluso tras haber filtrado el jugo obtenido prensando las hojas. En un principio, pensó que la causa era el propio jugo, al que llamó *contagium vivum fluidum* (fluido vivo contagioso). Luego demostró que el agente contagioso presente en el fluido no podía cultivarse en geles o caldos de laboratorio: tenía que infectar a un huésped vivo para poder multiplicarse y transmitir la enfermedad.

Aunque los virus no podían verse con los microscopios ópticos de la época, ni detectarse mediante técnicas microbiológicas estándar, ni cultivarse con los métodos de laboratorio habituales, Beijerinck concluyó que su existencia era real e inauguró una nueva era de la microbiología y la medicina al afirmar que causaban enfermedades. Hubo que esperar a 1939 y a la aparición del microscopio electrónico para que el virus del mosaico del tabaco se convirtiera en el primer virus fotografiado. ▪

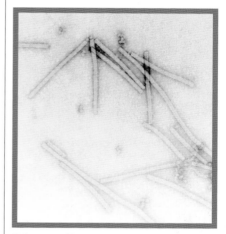

Micrografía electrónica de partículas del virus del mosaico del tabaco a 160.000 aumentos. Las partículas se han teñido con el objetivo de aumentar su visibilidad.

Martinus Beijerinck

Nacido en Ámsterdam en 1851, Martinus Beijerink se mudó a Delft para estudiar ingeniería química y en 1872 se doctoró en ciencias naturales en la Universidad de Leiden. En su laboratorio de Delft se especializó en microbiología del suelo y de las plantas, y durante la década de 1890 llevó a cabo sus famosos experimentos sobre el virus del mosaico del tabaco. También estudió el proceso por el que las plantas absorben nitrógeno del aire y lo incorporan a sus tejidos (un sistema fertilizante natural que ayuda a enriquecer el suelo), así como las agallas vegetales, la fermentación por levaduras, la nutrición de los microbios y las bacterias sulfúreas. Al final de su vida gozó de reconocimiento internacional. Los premios de virología Beijerinck se conceden cada dos años desde 1965.

Obras principales

1895 *Sobre la reducción del sulfato por* Spirillum desulfuricans.
1898 *Sobre un* contagium vivum fluidium *como causa de la enfermedad del mosaico de las hojas del tabaco.*

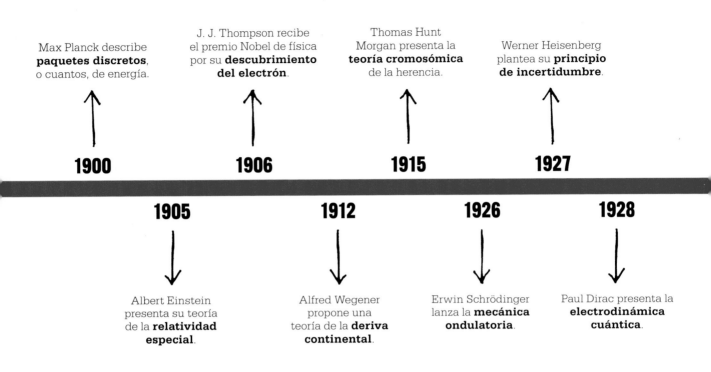

Max Planck describe **paquetes discretos**, o cuantos, de energía.

J. J. Thompson recibe el premio Nobel de física por su **descubrimiento del electrón**.

Thomas Hunt Morgan presenta la **teoría cromosómica** de la herencia.

Werner Heisenberg plantea su **principio de incertidumbre**.

1900   **1906**   **1915**   **1927**

1905   **1912**   **1926**   **1928**

Albert Einstein presenta su teoría de la **relatividad especial**.

Alfred Wegener propone una teoría de la **deriva continental**.

Erwin Schrödinger lanza la **mecánica ondulatoria**.

Paul Dirac presenta la **electrodinámica cuántica**.

Si bien el siglo XIX ya había presenciado un cambio fundamental en el modo en que los científicos concebían los procesos de la vida, la primera mitad del siglo XX trajo una revolución aún mayor. Las antiguas certidumbres de la física clásica, que apenas habían variado desde los tiempos de Newton, estaban a punto de ser descartadas y sustituidas por un modo nuevo de entender el espacio, el tiempo y la materia. En 1930, la antigua idea de un Universo predecible ya se había hecho pedazos.

Una nueva física

Los físicos estaban comprobando que las ecuaciones de la mecánica clásica daban resultados sin sentido. Era obvio que fallaba algo básico. En 1900, Max Planck resolvió el enigma del espectro de la radiación que emitía una «caja negra» y que tan obstinadamente se había resistido a las ecuaciones clásicas cuando imaginó que el electromagnetismo no viajaba en ondas continuas, sino en paquetes discretos (separados) o «cuantos». Cinco años después, Albert Einstein, entonces empleado en la oficina de patentes suiza, publicó su artículo sobre la relatividad especial, en el que afirmaba que la velocidad de la luz es constante e independiente del movimiento de la fuente o del observador. Sus investigaciones sobre la relatividad general le llevaron a concluir en 1916 que había que descartar la noción de un tiempo y un espacio absolutos e independientes del observador y que, en su lugar, había que pensar en un espacio-tiempo único, deformado por la presencia de masa para generar la gravedad. Einstein demostró también que la materia y la energía debían considerarse distintos aspectos del mismo fenómeno y que podían transformarse la una en la otra. La ecuación que creó para expresar dicha relación ($E = mc^2$) apuntaba al enorme potencial energético que contenían los átomos.

La dualidad onda-partícula

La antigua idea del Universo aún iba a recibir golpes más duros. En Cambridge, el físico inglés J. J. Thompson descubrió el electrón y demostró que posee carga negativa y que es, como mínimo, mil veces más pequeño y ligero que el átomo. El estudio de las propiedades del electrón planteó nuevos misterios. No solo la luz tenía propiedades de partícula, sino que las partículas también presentaban propiedades ondulatorias. El austriaco Erwin Schrödinger desarrolló una serie de ecuaciones que

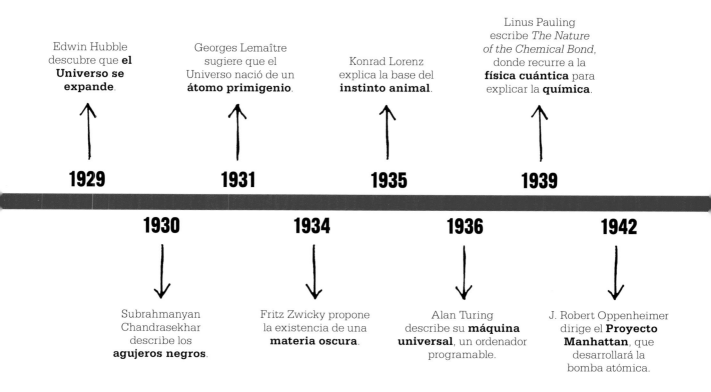

Edwin Hubble descubre que **el Universo se expande**.

Georges Lemaître sugiere que el Universo nació de un **átomo primigenio**.

Konrad Lorenz explica la base del **instinto animal**.

Linus Pauling escribe *The Nature of the Chemical Bond*, donde recurre a la **física cuántica** para explicar la **química**.

1929

1931

1935

1939

1930

1934

1936

1942

Subrahmanyan Chandrasekhar describe los **agujeros negros**.

Fritz Zwicky propone la existencia de una **materia oscura**.

Alan Turing describe su **máquina universal**, un ordenador programable.

J. Robert Oppenheimer dirige el **Proyecto Manhattan**, que desarrollará la bomba atómica.

---

expresaban la probabilidad de encontrar una partícula en un lugar y un estado concretos. Su colega alemán Werner Heisenberg demostró la incertidumbre inherente de los valores de posición y de momento lineal (cantidad de movimiento) de un objeto. Al principio se pensó que se trataba de un problema de medida, pero luego se descubrió que se trataba de un aspecto fundamental de la estructura del Universo. Empezaba a atisbarse la extraña imagen de un espacio-tiempo relativo, curvado y atravesado por partículas de materia en forma de ondas de probabilidad.

La división del átomo
El neozelandés Ernest Rutherford demostró por primera vez que el átomo está constituido básicamente por un núcleo pequeño y denso con electrones en órbita a su alrededor. Según

él, ciertas formas de radiactividad se debían a la desintegración del núcleo atómico. A partir de esta nueva imagen del átomo y de las ideas de la física cuántica, el químico Linus Pauling explicó el proceso de los enlaces atómicos. De paso, demostró que la química era, en realidad, una rama de la física. En la década de 1930, los físicos buscaron la manera de liberar la energía del átomo y, en EE UU, J. Robert Oppenheimer lideró el Proyecto Manhattan, que produjo las primeras bombas atómicas.

El Universo se expande
Hasta la década de 1920 se creía que las nebulosas eran nubes de gas o de polvo y que nuestra galaxia, la Vía Láctea, contenía todo el Universo. Entonces, el astrónomo estadounidense Edwin Hubble descubrió que las nebulosas eran, en realidad, ga-

laxias lejanas, y que el Universo se expandía en todas direcciones. De repente, el Universo se hizo muchísimo más vasto de lo que nadie había imaginado jamás. El sacerdote y físico belga Georges Lemaître propuso que se había expandido a partir de un «átomo primigenio», hipótesis que dio lugar a la teoría del Big Bang. El astrónomo Fritz Zwicky desveló otro misterio al acuñar el término «materia oscura» para explicar por qué el cúmulo de galaxias Coma parecía contener 400 veces más masa (calculada a partir de su gravedad) de la que podía explicar la suma de las estrellas observables. No solo resultaba que la materia no era lo que siempre se había pensado, sino que gran parte de ella ni siquiera podía detectarse directamente. Era obvio que aún quedaban muchos huecos por llenar en el conocimiento científico. ∎

LOS CUANTOS SON PAQUETES DISCRETOS DE ENERGIA

MAX PLANCK (1858–1947)

EN CONTEXTO

DISCIPLINA
Física

ANTES
1860 La distribución de la radiación de cuerpo negro no corresponde con los modelos teóricos.

Década de 1870 En su análisis de la entropía, el físico austriaco Ludwig Boltzmann plantea una interpretación probabilística de la mecánica cuántica.

DESPUÉS
1905 Albert Einstein opina que el cuanto es una entidad real e introduce el concepto de fotón.

1924 Louis de Broglie logra demostrar que la materia se comporta como una partícula y como una onda.

1926 Erwin Schrödinger crea una ecuación para expresar el comportamiento ondulatorio de las partículas.

En diciembre de 1900, el físico teórico austriaco Max Planck publicó un artículo en el que exponía su método para resolver un conflicto teórico que se venía arrastrando desde hacía tiempo. De este modo dio uno de los saltos conceptuales más importantes de toda la historia de la física. El artículo de Planck marcó el punto de inflexión entre la mecánica clásica de Newton y la mecánica cuántica: la certidumbre y la precisión dieron paso a una descripción probabilística e incierta del Universo.

La teoría cuántica hunde sus raíces en el estudio de la radiación térmica, el fenómeno que explica por qué percibimos el calor del fuego a

Véase también: Ludwig Boltzmann 139 ■ Albert Einstein 214–221 ■ Erwin Schrödinger 226–233

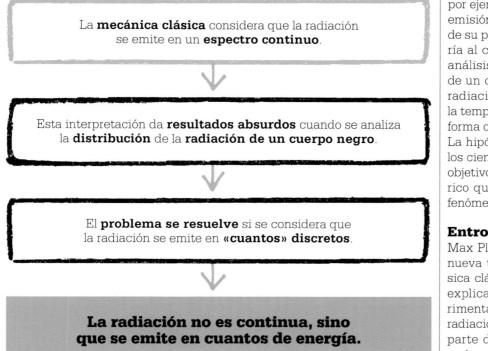

La **mecánica clásica** considera que la radiación se emite en un **espectro continuo**.

↓

Esta interpretación da **resultados absurdos** cuando se analiza la **distribución** de la **radiación de un cuerpo negro**.

↓

El **problema se resuelve** si se considera que la radiación se emite en **«cuantos» discretos**.

↓

La radiación no es continua, sino que se emite en cuantos de energía.

pesar de que el aire entre la llama y nosotros esté frío. Todo objeto absorbe y emite radiación electromagnética. Si su temperatura aumenta, la longitud de onda de la radiación que emite se reduce, mientras que la frecuencia se incrementa. Por ejemplo, un trozo de carbón a temperatura ambiente emite energía por debajo de la frecuencia de la luz visible, en el espectro infrarrojo. Como no podemos verla, aparece negro. Sin embargo, una vez encendido, emite radiación de una frecuencia más alta y despide una luz roja tenue cuando las emisiones irrumpen en el espectro visible, a continuación se vuelve blanco incandescente y, finalmente, de un azul brillante. Los objetos extremadamente calientes, como las estrellas, irradian luz ultravioleta y rayos X, con una longitud de onda

aún más corta, que de nuevo son invisibles a nuestros ojos. Además, los objetos reflejan la luz, y es esta luz reflejada la que les da color, aunque no brillen.

En 1860, el físico alemán Gustav Kirchhoff planteó un nuevo y revolucionario concepto teórico al que denominó «cuerpo negro ideal»: una superficie que, cuando se halla en equilibrio térmico (ni se calienta ni se enfría), absorbe todas las frecuencias de radiación electromagnética que inciden en ella, pero no refleja radiación alguna. El espectro de radiación térmica que produce el cuerpo es «puro», dado que no está mezclado con ningún reflejo y es resultado exclusivamente de su temperatura. En opinión de Kirchhoff, esta «radiación de cuerpo negro» es fundamental en la naturaleza. Así,

por ejemplo, el Sol, cuyo espectro de emisión es casi totalmente resultado de su propia temperatura, se acercaría al concepto de cuerpo negro. El análisis de la distribución de la luz de un cuerpo negro revelaría que la radiación depende únicamente de la temperatura del cuerpo y no de su forma o de su composición química. La hipótesis de Kirchhoff impulsó a los científicos a experimentar con el objetivo de encontrar un marco teórico que permitiera describir dicho fenómeno.

Entropía y cuerpos negros

Max Planck terminó elaborando su nueva teoría cuántica porque la física clásica era incapaz de dar una explicación a los resultados experimentales de la distribución de la radiación de un cuerpo negro. Gran parte de sus trabajos se centraron en la segunda ley de la termodinámica, que sostiene que los sistemas aislados evolucionan a lo largo del tiempo hacia un estado de equilibrio termodinámico (en que todas sus partes se hallan a la misma **»**

Una nueva verdad científica no triunfa convenciendo a sus adversarios […], sino más bien porque […] emerge una nueva generación familiarizada con ella.
Max Planck

temperatura). Planck intentó explicar el modelo de la radiación térmica de un cuerpo negro mediante el cálculo de la entropía del sistema. La entropía es una medida del desorden de un sistema, o, para ser aún más exactos, del número de maneras en que es posible organizar un sistema. Cuanto más elevada sea su entropía, de más maneras podrá configurarse un sistema y producir el mismo patrón general. Imaginemos, por ejemplo, una habitación en la que todas las moléculas de aire estuvieran acumuladas al principio en una esquina. Con el paso del tiempo, poco a poco irán distribuyéndose de modo uniforme por toda la habitación, a medida que la entropía del sistema aumenta. Uno de los puntales de la segunda ley de la termodinámica es el carácter irreversible de la entropía. En su avance hacia el equilibrio térmico, la entropía de un sistema únicamente puede aumentar o permanecer constante. Planck concluyó que este principio tenía que ser evidente en cualquier modelo teórico del cuerpo negro.

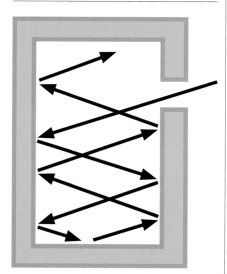

Una cavidad con un pequeño agujero retendrá la mayor parte de la radiación que entre por este y es una excelente aproximación al cuerpo negro ideal.

La ley de Wien-Planck

En la década de 1890, algunos experimentos realizados en Berlín consiguieron acercarse al cuerpo negro ideal de Kirchhoff, utilizando una caja con un pequeño orificio y mantenida a temperatura constante para retener toda la radiación que recibe, mientras que sus emisiones son debidas únicamente a su temperatura. En esto consiste la llamada «radiación de cavidad».

Los resultados obtenidos a partir de estos experimentos resultaron problemáticos para Wilhelm Wien, colega de Planck, debido a que las emisiones de baja frecuencia que se registraron no cuadraban en absoluto con los resultados de sus ecuaciones. Algo había salido mal. En 1899, Planck formuló una ecuación revisada (ley de Wien-Planck) en un nuevo intento de describir mejor el espectro de la radiación térmica de un cuerpo negro.

La catástrofe ultravioleta

Un año más tarde, los físicos británicos Lord Rayleigh y sir James Jeans plantearon un nuevo reto al proponer una fórmula sobre la distribución de la energía de la radiación de un cuerpo negro que ponía en evidencia los fallos de la física clásica. Según la ley de Rayleigh-Jeans, a medida que aumentaba la frecuencia de la radiación, la energía emitida se incrementaba exponencialmente. Sin embargo, si esto fuera cierto, cada vez que se encendiera una bombilla, la radiación ultravioleta emitida alcanzaría niveles letales. De aquí que se denominara «catástrofe ultravioleta» este fenómeno hipotético, radicalmente opuesto a los hallazgos experimentales.

A Max Planck no le inquietaba demasiado la ley de Rayleigh-Jeans. Le preocupaba mucho más la ley de Wien-Planck, que los datos no corroboraban ni siquiera en su forma re-

El cuerpo negro ideal no existe, pero el Sol, el terciopelo negro y las superficies recubiertas de negro de humo (alquitrán de hulla), se acercan mucho.

visada: podía describir el espectro de onda corta (alta frecuencia) de la emisión térmica de los objetos, pero no las emisiones de onda larga (baja frecuencia). Fue entonces cuando tomó la decisión de romper con su conservadurismo y recurrió al enfoque probabilista de Boltzmann para llegar a una nueva expresión de su ley de la radiación.

Previamente, Boltzmann había introducido una nueva manera de concebir la entropía, considerando el sistema como una gran colección de átomos y moléculas independientes. Boltzmann no negó la validez de

La ciencia no puede resolver el misterio último de la naturaleza porque, en el último análisis, nosotros mismos somos una parte del misterio que tratamos de resolver.
Max Planck

la segunda ley de la termodinámica, pero le otorgó una dimensión probabilista, en lugar de absoluta. Es el acontecimiento más probable el que prima sobre todos los alternativos. Cuando un plato se rompe, no se recompone por sí solo, pero no existe una ley absoluta que lo impida: sencillamente, es extremadamente improbable que suceda.

Los cuantos

Planck se sirvió de la interpretación estadística de Boltzmann para llegar a una nueva expresión de la ley de la radiación. Imaginó que la radiación térmica era producto de «osciladores» individuales y se propuso contar de cuántas maneras podía distribuirse entre ellos una energía determinada.

Para ello, decidió dividir la energía total en paquetes discretos (es decir, en un número finito) en un proceso que llamó «cuantización». Es probable que Planck, pianista y violonchelista excelente, concibiera esos «cuantos» por analogía con el número fijo de armónicos que produce la vibración de una cuerda de un instrumento. La ecuación resultante era sencilla y acorde con los datos experimentales.

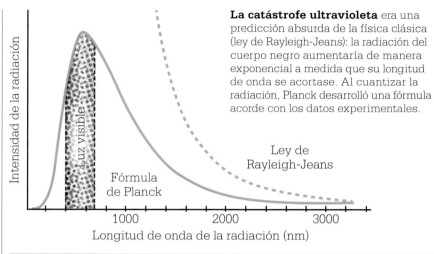

La catástrofe ultravioleta era una predicción absurda de la física clásica (ley de Rayleigh-Jeans): la radiación del cuerpo negro aumentaría de manera exponencial a medida que su longitud de onda se acortase. Al cuantizar la radiación, Planck desarrolló una fórmula acorde con los datos experimentales.

La introducción de los cuantos de energía hizo posible la reducción del número de estados de energía posibles en un sistema, y gracias a ello, Planck resolvió sin proponérselo el problema de la catástrofe ultravioleta. Para él, los cuantos eran más bien una necesidad matemática, una especie de «truco», que algo real. Sin embargo, Albert Einstein utilizó ese mismo concepto para explicar el efecto fotoeléctrico en 1905 e insistió en que los cuantos eran una propiedad real de la luz.

Al igual que muchos otros pioneros de la mecánica cuántica, Planck tuvo dificultades durante el resto de su vida para asimilar las consecuencias de su propio trabajo. Aunque no dudó jamás del impacto revolucionario de su obra, fue, en palabras del historiador James Franck, «un revolucionario contra su voluntad». Las consecuencias de sus ecuaciones no le satisfacían, porque con frecuencia ofrecían descripciones de la realidad física que chocaban frontalmente con nuestra experiencia habitual. Aun así, y para bien o para mal, el mundo de la física nunca volvió a ser el mismo después de Max Planck. ∎

Max Planck

Planck nació en 1858 en Kiel (norte de Alemania) y estudió física en la Universidad de Múnich, donde se convirtió en pionero de la física cuántica. En 1918 le fue concedido el premio Nobel de física gracias a su descubrimiento de los cuantos de energía, aunque jamás llegó a describir satisfactoriamente dicho fenómeno como una realidad física.

La vida personal de Planck estuvo marcada por la tragedia. Su primera esposa murió en 1909 y su hijo mayor perdió la vida en la Primera Guerra Mundial. Sus dos hijas gemelas murieron al dar a luz. Durante la Segunda Guerra

Mundial, una bomba aliada destruyó su casa de Berlín y todos sus trabajos se perdieron. En las últimas fases de la contienda, el único hijo que le quedaba fue ejecutado por haber participado en una conspiración para asesinar a Adolf Hitler. Planck falleció poco después de la guerra.

Obras principales

1900 *Entropía y temperatura de la radiación térmica.*
1901 *Sobre la ley de distribución de la energía en el espectro normal.*

ESTE ES EL MODELO NUCLEAR DEL ATOMO

ERNEST RUTHERFORD (1871–1937)

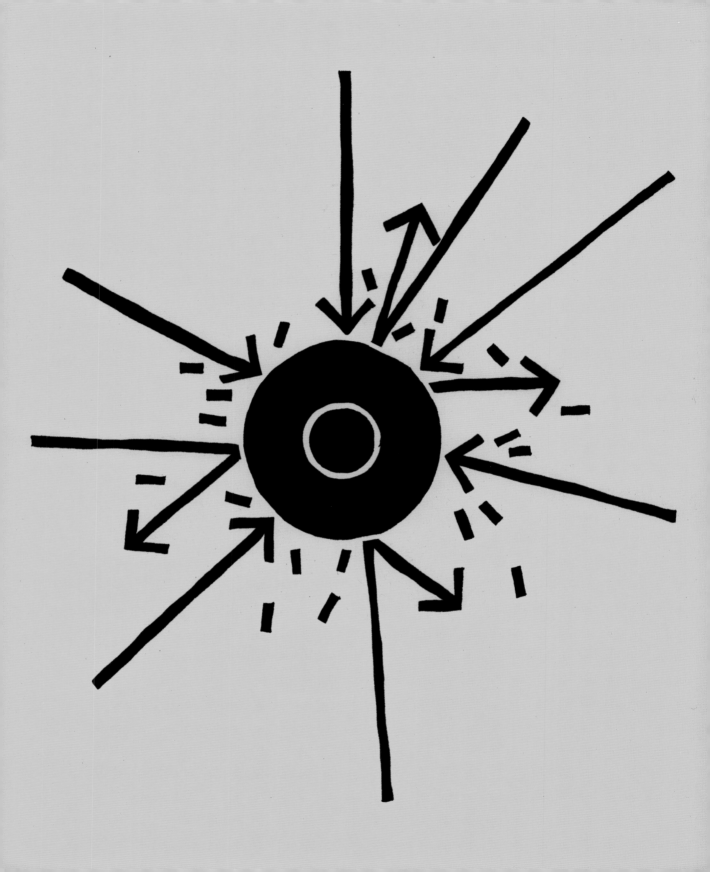

EN CONTEXTO

DISCIPLINA
Física

ANTES
***C.* 400 A.C.** El filósofo griego
Demócrito concibe los átomos
como sólidos e indestructibles
constituyentes de la materia.

1805 La teoría atómica de la
materia propuesta por John
Dalton relaciona química y
física, y permite calcular
pesos atómicos.

1896 Henri Becquerel descubre
la radiación nuclear, que permite
revelar la estructura interna
del átomo.

DESPUÉS
1938 Otto Hahn, Lise Meitner
y Fritz Strassmann dividen el
núcleo atómico.

2014 Se descubren más
partículas y antipartículas
subatómicas bombardeando
el núcleo con partículas cada
vez más energéticas.

El descubrimiento, a principios del siglo XX, de que el
constituyente básico de la
materia, el átomo, podía dividirse en
elementos aún más pequeños fue un
hito clave de la historia de la física.
Este extraordinario hallazgo revolucionó las ideas sobre la estructura
de la materia y sobre las fuerzas que
mantienen la cohesión de la propia
materia y del Universo. Apareció un
mundo absolutamente nuevo, el de
lo infinitamente pequeño, poblado
por una multitud de partículas diminutas, que requería una física nueva
para describir sus interacciones.

La historia de las teorías atómicas es muy larga. El filósofo griego
Demócrito desarrolló las ideas de
pensadores anteriores, que habían
afirmado que todo está compuesto por átomos. La palabra griega
átomos, que significa «indivisible»,
para designar la unidad básica de
la materia, se atribuye a este filósofo. Según Demócrito, los materiales
reflejaban las características de los
átomos que los componían, por lo
que los del hierro serían duros y fuertes, mientas que los del agua serían
suaves y escurridizos.

A principios del siglo XIX, el físico
británico John Dalton propuso una
nueva teoría atómica basada en su
«ley de las proporciones múltiples»,
que defendía que los elementos (sustancias simples) siempre se combinan en proporciones simples y de
números enteros. En consecuencia,
una reacción química entre dos sustancias no es más que la fusión de
pequeños componentes individuales, repetida innumerables veces.
Esta fue la primera teoría atómica
moderna.

Una ciencia estable

A finales del siglo XIX, la autocompla-
cencia era palpable en el ámbito de
la física. Algunos de los físicos eminentes afirmaban que ya se habían
hecho todos los descubrimientos importantes y que lo único que quedaba por hacer era mejorar la precisión
de las cantidades conocidas «hasta
el sexto decimal». Sin embargo, muchos investigadores de la época sabían que no era así y se enfrentaban
a una serie de fenómenos totalmente
nuevos y extraños que desafiaban
cualquier explicación conocida.

En 1896, Henri Becquerel, que
seguía los pasos de Wilhelm Röntgen y su descubrimiento de los misteriosos «rayos X» el año anterior,
detectó una radiación inexplicable.

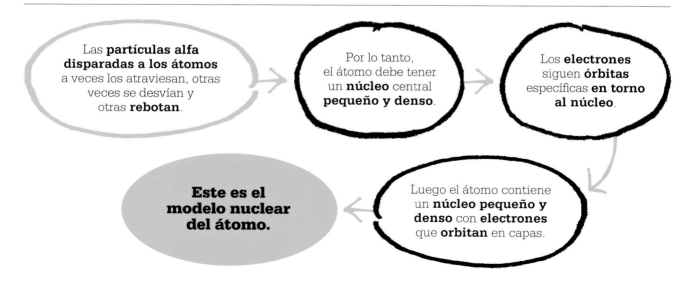

Las **partículas alfa
disparadas a los átomos**
a veces los atraviesan, otras
veces se desvían y
otras **rebotan**.

Por lo tanto,
el átomo debe tener
un **núcleo** central
pequeño y denso.

Los **electrones**
siguen **órbitas**
específicas **en torno
al núcleo**.

Luego el átomo contiene
un **núcleo pequeño y
denso** con **electrones**
que **orbitan** en capas.

**Este es el
modelo nuclear
del átomo.**

J. J. Thomson experimentando en su laboratorio de Cambridge. Su modelo atómico del «pudin de ciruelas» fue el primero que incorporaba el recién descubierto electrón.

¿Qué eran esas radiaciones nuevas y de dónde venían? Becquerel supuso, acertadamente, que la radiación emanaba de sales de uranio. Cuando Pierre y Marie Curie estudiaron la desintegración del radio, descubrieron una fuente de energía constante y aparentemente inextinguible en el interior de los elementos radiactivos. Si esto era cierto, invalidaría toda una serie de leyes fundamentales de la física. Fueran lo que fueran esas radiaciones, era evidente que los modelos de la época no bastaban para explicarlas.

El descubrimiento del electrón

Tan solo un año después, el físico británico Joseph John (J. J.) Thomson causó sensación al demostrar que era capaz de fragmentar átomos. Mientras investigaba los «rayos» que emanaban de cátodos (electrodos con carga negativa) de alto voltaje, descubrió que ese tipo concreto de radiación estaba compuesto por «corpúsculos», pues creaba puntos de luz al incidir sobre una pantalla fosforescente; que tenía carga negativa, porque los rayos podían ser desviados por un campo eléctrico; y que era extraordinariamente ligera, porque pesaba una milésima parte del átomo de hidrógeno, el más ligero de los átomos. Además, el peso de los corpúsculos era el mismo independientemente del elemento que se utilizara como fuente. Thomson acababa de descubrir el electrón, un hallazgo capital por el que fue galardonado con el premio Nobel de física en 1906. Sus resultados eran totalmente inesperados teóricamente. Si un átomo contenía partículas cargadas, ¿por qué no tendrían las partículas opuestas la misma masa? Las teorías atómicas anteriores sostenían que los átomos eran cuerpos sólidos, y como elementos básicos de la materia, enteros, completos y perfectos. Sin embargo, el descubrimiento de Thomson evidenciaba que eran divisibles y levantó la sospecha de que la ciencia no había logrado entender los componentes básicos de la materia y la energía. »

El modelo del pudin de ciruelas

Sin embargo, Thomson había comprendido ya la necesidad de desarrollar un modelo atómico radicalmente nuevo para poder incorporar de forma adecuada su descubrimiento. Su respuesta, presentada en 1904, fue el modelo del «pudin de ciruelas». Como los átomos carecen de carga eléctrica global y la masa del electrón es tan pequeña, supuso que una esfera más grande y con carga positiva contenía la mayor parte de la masa del átomo y que los electrones estaban incrustados en ella como las ciruelas en la masa de un pudin. En ausencia de pruebas que demostraran lo contrario, parecía lógico suponer que los puntos con carga, al igual que las ciruelas en el pudin, se distribuyeran de manera arbitraria por el átomo.

La revolución de Rutherford

La reticencia de aquellas partes del átomo con carga positiva a revelarse impulsó a los científicos a emprender la caza del miembro faltante de la pareja atómica. El resultado de la búsqueda fue un sorprendente descubrimiento que llevó a una visión

> **"**
> Toda ciencia, o es física, o es coleccionismo de sellos.
> **Ernest Rutherford**
> **"**

muy distinta de la estructura interna de la unidad básica de todos los elementos.

En los laboratorios de física de la Universidad de Manchester, Ernest Rutherford diseñó y dirigió un experimento con el objetivo de poner a prueba el modelo del pudin de ciruelas. Este carismático investigador neozelandés, dotado de un instinto excepcional para seleccionar los detalles, recibió en 1908 el premio Nobel de física por su teoría de la desintegración atómica.

Según esta teoría, las radiaciones que emanaban de los elementos radiactivos eran debidas a la descomposición de los átomos que los constituían. En colaboración con el

químico Frederick Soddy, Rutherford demostró que en el fenómeno de la radiactividad un elemento se transformaba espontáneamente en otro. Su trabajo abrió la vía a nuevas técnicas para averiguar qué había en el interior del átomo.

La radiactividad

Si bien Becquerel y los Curie descubrieron la radiactividad, fue Rutherford quien identificó y dio nombre a los tres tipos de radiación nuclear: las partículas «alfa», lentas y pesadas, con carga positiva; las partículas «beta», veloces y con carga negativa; y los rayos «gamma», de alta energía, aunque sin carga eléctrica (p. 194). Rutherford clasificó estas distintas formas de radiación en función de su poder de penetración, desde las menos penetrantes, las partículas alfa, que son bloqueadas por una fina hoja de papel, hasta los rayos gamma, a los que solo detiene una gruesa capa de plomo. También fue el primero en utilizar partículas alfa para explorar el reino atómico, así como en plantear el concepto de vida media o periodo radiactivo y en descubrir que las partículas alfa son núcleos de helio (átomos despojados de sus electrones).

Ernest Rutherford

Ernest Rutherford, nacido en Nueva Zelanda, trabajaba en el campo cuando le llegó la carta en la que J. J. Thomson le informaba de que se le había concedido una beca para estudiar en Cambridge. En 1895 empezó a trabajar en los Laboratorios Cavendish, donde, junto con Thomson, llevó a cabo los experimentos que condujeron al descubrimiento del electrón. En 1898, a los 27 años de edad, aceptó un puesto docente en la Universidad McGill de Montreal (Canadá). Fue allí donde desarrolló el trabajo sobre la radiactividad que le valió el premio Nobel de

física en 1908. También era un buen administrador y a lo largo de su vida dirigió tres notables laboratorios de investigación. En 1907 ocupó la cátedra de física de la Universidad de Manchester; fue allí donde descubrió el núcleo del átomo. Posteriormente, en 1919, regresó a los Laboratorios Cavendish como director.

Obras principales

1902 *The Cause and Nature of Radioactivity, I & II.*
1909 *The Nature of the α Particle from Radioactive Substances.*

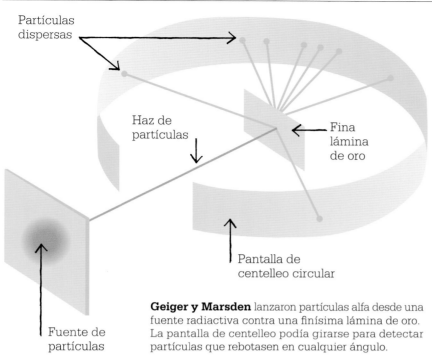

Partículas dispersas

Haz de partículas

Fina lámina de oro

Pantalla de centelleo circular

Fuente de partículas

Geiger y Marsden lanzaron partículas alfa desde una fuente radiactiva contra una finísima lámina de oro. La pantalla de centelleo podía girarse para detectar partículas que rebotasen en cualquier ángulo.

El experimento de la lámina de oro

En 1909, Rutherford se propuso investigar la estructura de la materia utilizando partículas alfa. El año anterior, junto con el alemán Hans Geiger, había desarrollado «pantallas de centelleo» de sulfuro de zinc que permitían contar las colisiones de las partículas alfa que se manifestaban en forma de breves chispas o destellos. Con ayuda de su alumno Ernest Marsden, Geiger utilizó estas pantallas para determinar si la materia era infinitamente divisible o si los átomos contenían constituyentes fundamentales.

Con este fin, lanzaron un haz de partículas alfa procedente de una muestra de radio contra una finísima lámina de oro, de tan solo unos mil átomos de grosor. Si, de acuerdo con el modelo del pudin de ciruelas, los átomos de oro estaban formados por una nube difusa con carga positiva tachonada de puntos con carga negativa, las partículas alfa, con carga positiva, atravesarían la lámina. La mayoría de ellas solo sufriría una desviación mínima, a causa de la interacción con los átomos de oro, y se dispersaría en ángulos cerrados.

Tanto Geiger como Marsden pasaron muchas horas a oscuras en el laboratorio, mirando por el micros-

Fue lo más increíble que me ha sucedido en toda mi vida. Casi tan increíble como disparar un obús de 15 pulgadas contra una hoja de papel de seda y ver que rebota y te da a ti.
Ernest Rutherford

copio y contando los destellos que aparecían sobre las pantallas. Entonces, Rutherford tuvo una intuición y les sugirió que colocaran pantallas que pudieran captar desviaciones pronunciadas, además de las ligeras que esperaban. Cuando lo hicieron, descubrieron con sorpresa que algunas de las partículas alfa se desviaban más de 90°, mientras que otras rebotaban en la lámina y volvían al punto de origen. Según Rutherford, fue como si un obús de 15 pulgadas disparado contra un papel de seda rebotase y alcanzase de lleno al lanzador.

El átomo nuclear

El hecho de que las pesadas partículas alfa fueran detenidas o desviadas en ángulos abiertos solo era posible si la carga positiva y la masa del átomo estaban concentradas en un pequeño volumen. A partir de estos resultados, Rutherford publicó en 1911 su concepción de la estructura atómica. El modelo «planetario» de Rutherford era como un sistema solar en miniatura, con electrones en órbita alrededor de un núcleo pequeño y denso con carga positiva. La principal innovación era ese núcleo infinitesimalmente pequeño, que obligó a concluir que los átomos no son en absoluto sólidos. La materia a escala atómica está constituida básicamente por espacio y gobernada por fuerzas y energía. Esto suponía una ruptura definitiva con las teorías atómicas del siglo anterior.

Si bien el modelo «pudin de ciruelas» fue inmediatamente aceptado, la comunidad científica en general ignoró el modelo de Rutherford. Tenía una serie de fallos demasiado evidentes. Sabiendo que las cargas eléctricas aceleradas emiten energía en forma de radiación electromagnética, mientras los electrones giraran en torno al núcleo (y experimentaran la aceleración circular » que los mantendría en órbita), emitirían continuamente radiación electromagnética. Por lo tanto, perderían energía constantemente mientras recorrían sus órbitas y terminarían cayendo inexorablemente sobre el núcleo. Según el modelo propuesto por Rutherford, los átomos serían inestables, pero no lo son.

El átomo cuántico

El físico danés Niels Bohr rescató del olvido al átomo de Rutherford al aplicar las ideas de la teoría cuántica al estudio de la materia. La revolución cuántica había comenzado en 1900, cuando Max Planck propuso la cuantización de la radiación, pero en 1913 todavía estaba en su primera infancia y habría que esperar hasta la década de 1920 para que la mecánica cuántica contara con una estructura matemática sólida. En la época en que trabajaba Bohr, la teoría cuántica se basaba fundamentalmente en la idea de Einstein de que la luz se compone de minúsculos «cuantos» (paquetes de energía), hoy llamados fotones. Bohr se propuso explicar el

mecanismo de la absorción y la emisión de luz por los átomos. Según él, cada electrón está confinado en una órbita fija dentro de una de las «capas» del átomo y los niveles de energía de las órbitas están «cuantizados», es decir, que solo pueden adoptar valores específicos.

En este modelo orbital, la energía de cualquier electrón está estrechamente relacionada con su distancia al núcleo. Cuanto más cerca del núcleo se encuentre un electrón, menos energía tiene, pero puede excitarse y alcanzar niveles de energía superiores al absorber radiación electromagnética de una longitud de onda concreta. Cuando absorbe luz, un electrón salta a una órbita más «alta» o externa. Sin embargo, una vez alcanzado este estado más elevado, desciende rápidamente de nuevo a la órbita de baja energía, liberando un cuanto de energía que coincide exactamente con el diferencial energético entre las dos órbitas.

Bohr se limitó a afirmar que era imposible que los electrones cayeran al núcleo. Su modelo atómico

Si tu experimento necesita estadísticas, deberías haber hecho un experimento mejor.
Ernest Rutherford

era puramente teórico; sin embargo, concordaba con los resultados de los experimentos y resolvía de una tacada muchos problemas asociados. En su opinión, los electrones llenaban las capas vacías en un orden estricto, alejándose progresivamente del núcleo, que coincidía con la progresión de las propiedades de los elementos que se observaba en la tabla periódica a medida que aumentaba el número atómico. Aún más convincente era que los niveles de energía teóricos de las capas coincidían con

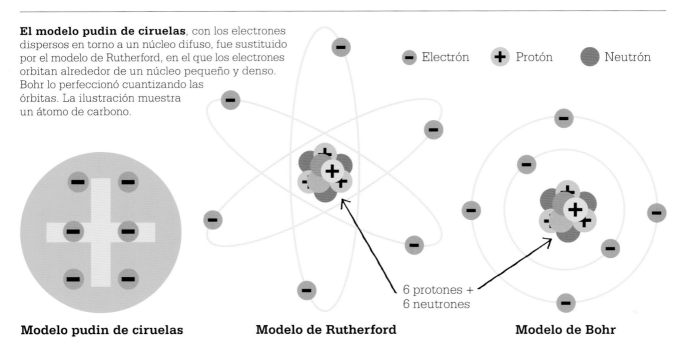

El modelo pudin de ciruelas, con los electrones dispersos en torno a un núcleo difuso, fue sustituido por el modelo de Rutherford, en el que los electrones orbitan alrededor de un núcleo pequeño y denso. Bohr lo perfeccionó cuantizando las órbitas. La ilustración muestra un átomo de carbono.

− Electrón   + Protón   Neutrón

6 protones + 6 neutrones

Modelo pudin de ciruelas   **Modelo de Rutherford**   **Modelo de Bohr**

las «series espectrales» reales: (las frecuencias de luz absorbidas y emitidas por distintos átomos). Por fin se había hecho realidad la tan esperada unión entre el electromagnetismo y la materia.

Viaje al interior del núcleo

Una vez que fue aceptada la imagen del átomo nuclear, el siguiente paso era averiguar qué había dentro del núcleo. En sus experimentos publicados en 1919, Rutherford había descubierto que los haces de partículas alfa eran capaces de generar núcleos de hidrógeno a partir de una enorme diversidad de elementos. Hacía ya mucho tiempo que se sabía que el hidrógeno era el elemento más sencillo y a partir del cual se construían todos los demás. Por consiguiente, Rutherford lanzó la novedosa idea de que el núcleo de hidrógeno era, en realidad, su propia partícula fundamental: el protón.

El siguiente avance en el estudio del núcleo atómico fue el descubrimiento del neutrón por James Chadwick, en 1932, y en el que Rutherford también tuvo mucho que ver. En 1920, Rutherford ya había postulado la existencia del neutrón como una manera de compensar el efecto de repulsión de las múltiples car-

> Las dificultades desaparecen si se supone que la radiación consiste en partículas de masa 1 y carga 0, o neutrones.
> **James Chadwick**

James Chadwick descubrió el neutrón bombardeando berilio con partículas alfa procedentes de polonio radiactivo. Las partículas alfa expulsaban neutrones del berilio. Estos neutrones expulsaban protones de una capa de parafina y estos eran detectados por una cámara de ionización.

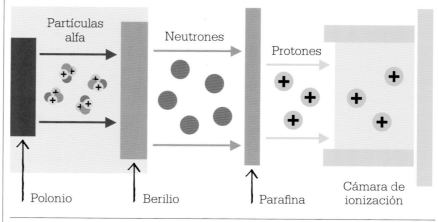

gas positivas y con forma de punto apelotonadas en un núcleo diminuto. Como las cargas se repelen mutuamente, llegó a la conclusión de que debía existir otra partícula que, de algún modo, disipara la carga o mantuviera unidos los protones. Por otra parte, el hecho de que los elementos más pesados que el hidrógeno también tienen más masa podía explicarse por la presencia de una partícula subatómica neutra, pero con masa.

Sin embargo, el neutrón resultó ser muy escurridizo y se tardó una década en encontrarlo. Chadwick trabajaba en el laboratorio Cavendish bajo la supervisión de Rutherford. Guiado por su mentor, estudiaba un nuevo tipo de radiación que habían descubierto los físicos alemanes Walther Bothe y Herbert Becker al bombardear berilio con partículas alfa.

Chadwick replicó el experimento de los alemanes y constató que esa radiación penetrante era el neutrón que Rutherford buscaba. Una partícula neutra, como el neutrón, es mucho más penetrante que otra cargada, como el protón, porque no

experimenta repulsión alguna cuando atraviesa la materia. Sin embargo, como su masa es ligeramente mayor que la del protón, puede expulsar con facilidad los protones del núcleo, algo que, de otro modo, tan solo puede conseguirse con una radiación electromagnética extraordinariamente potente.

Nubes de electrones

El descubrimiento del neutrón completó la imagen del átomo como un núcleo masivo rodeado de electrones en órbita. Los avances de la física cuántica perfeccionaron más el conocimiento de la estructura atómica. Los modelos actuales presentan «nubes» de electrones, que representan las zonas en las que es más probable encontrar un electrón, según su función de onda cuántica (p. 256).

Esta imagen se complicó posteriormente, cuando se descubrió que los neutrones y los protones no son partículas fundamentales, sino que a su vez se componen de partículas todavía más pequeñas, denominadas quarks. La investigación sobre la verdadera estructura del átomo aún no ha llegado a su fin. ∎

LA GRAVEDAD
ES UNA DISTORSION
DEL CONTINUO
ESPACIO-TIEMPO

ALBERT EINSTEIN (1879–1955)

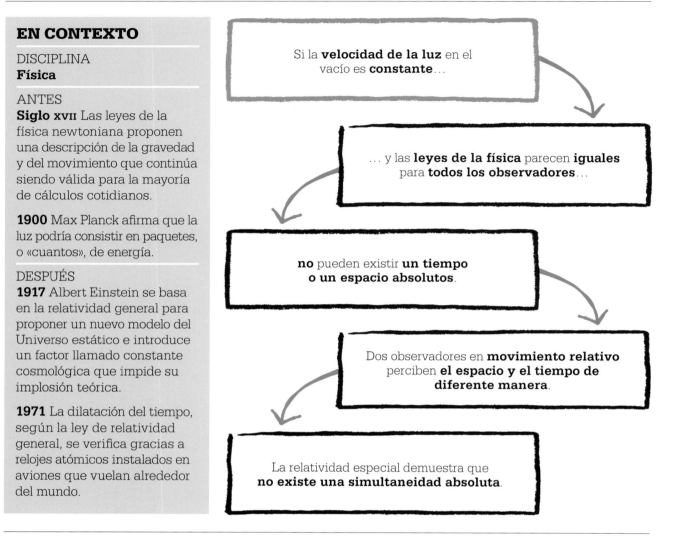

Si la **velocidad de la luz** en el vacío es **constante**…

… y las **leyes de la física** parecen **iguales** para **todos los observadores**…

no pueden existir **un tiempo o un espacio absolutos**.

Dos observadores en **movimiento relativo** perciben **el espacio y el tiempo de diferente manera**.

La relatividad especial demuestra que **no existe una simultaneidad absoluta**.

En 1905, la revista científica alemana *Annalen der Physik* publicó cuatro artículos firmados por un tal Albert Einstein, un físico de 26 años de edad entonces poco conocido, que trabajaba en la oficina de patentes suiza. Esos artículos sentaron las bases de gran parte de la física moderna.

Einstein resolvió algunos de los problemas fundamentales sobre el conocimiento del mundo físico que surgieron a finales del siglo XIX. El primer artículo aportaba una nueva manera de entender la naturaleza de la luz y la energía. El segundo proba-

ba que el movimiento browniano, un efecto observado desde hacía tiempo, podía demostrar la existencia de los átomos. El tercero afirmaba que existe un límite de velocidad último en el Universo y describía sus extraños efectos, a los que llamó relatividad especial. Finalmente, el cuarto cambió para siempre nuestra visión de la naturaleza de la materia al demostrar que era intercambiable con la energía. Una década después, Einstein desarrolló las conclusiones de estos últimos artículos en una nueva teoría de la relatividad general que redefinió la gravedad, el espacio y el tiempo.

La cuantización de la luz

El primero de los artículos que Einstein publicó en 1905 abordaba un antiguo problema acerca del efecto fotoeléctrico, un fenómeno que el físico alemán Heinrich Hertz había descubierto en 1887: los electrodos de metal producen un flujo eléctrico (es decir, emiten electrones) cuando son iluminados por una radiación de ciertas longitudes de onda, normalmente luz ultravioleta. La explicación es que los electrones externos de los átomos de la superficie del metal absorben la energía de la radiación, que les permite liberarse.

El problema era que no había manera de que esos mismos materiales emitieran electrones cuando eran iluminados con rayos de onda más larga, independientemente de la intensidad de la fuente de luz.

Esto ponía en causa la concepción clásica de la luz, que suponía que la intensidad era lo que determinaba, por encima de cualquier otro factor, la cantidad de energía que liberaba. Sin embargo, el artículo de Einstein partía de la idea de la cuantización de la luz que Max Planck había desarrollado hacía poco. Einstein demostró que si un haz de luz se divide en «cuantos de luz» (que hoy llamaríamos fotones), la energía que transporta cada uno de estos depende únicamente de su longitud de onda: cuanto más corta sea la onda, mayor será la energía. El efecto fotoeléctrico depende de la interacción de un electrón y un solo fotón, por lo que los electrones no se desprenderán sea cual sea la cantidad de fotones que bombardeen una superficie (en otras palabras, la intensidad de la luz), a no ser que alguno de ellos contenga la energía suficiente.

El gran objetivo de toda ciencia es abarcar el mayor número de hechos empíricos por deducción lógica a partir del menor número posible de hipótesis o axiomas.
Albert Einstein

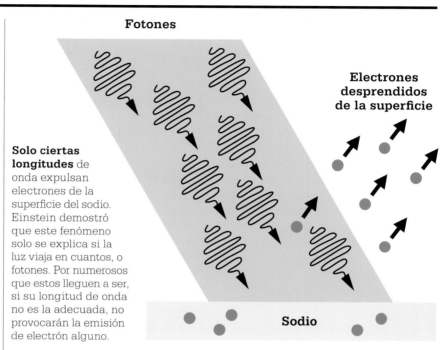

Fotones

Electrones desprendidos de la superficie

Solo ciertas longitudes de onda expulsan electrones de la superficie del sodio. Einstein demostró que este fenómeno solo se explica si la luz viaja en cuantos, o fotones. Por numerosos que estos lleguen a ser, si su longitud de onda no es la adecuada, no provocarán la emisión de electrón alguno.

Sodio

Los científicos más importantes de la época, Planck incluido, rechazaron las ideas de Einstein, pero en 1919 el físico estadounidense Robert Millikan llevó a cabo unos experimentos que demostraron que su teoría era correcta.

La relatividad especial
Los dos últimos artículos publicados por Einstein en 1905 contribuyeron a la redefinición de la verdadera naturaleza de la luz. Desde finales del siglo XIX, los físicos trataban en vano de entender el misterio de la velocidad de la luz. Su valor aproximado se conocía desde el siglo XVII, y los cálculos para determinarlo eran cada vez más precisos. Por otro lado, las ecuaciones de James Clerk Maxwell habían demostrado que la luz visible no era más que una manifestación de un espectro más amplio de ondas electromagnéticas que se propagaban por el Universo a la misma velocidad.

Como la luz se consideraba una onda transversal, se suponía que se propagaba a través de un medio, al igual que las ondas de agua en la superficie de un estanque. Las propiedades de esta sustancia hipotética, a la que se llamaba «éter luminífero», originaban las de las ondas electromagnéticas y, como no podían cambiar de un lugar a otro, proporcionarían un referente ideal de reposo absoluto.

Si este éter era inmóvil, la velocidad de la luz procedente de objetos distantes debería en consecuencia depender del movimiento relativo tanto de la fuente de luz como del observador. Por ejemplo, la velocidad de la luz de una estrella lejana variaría significativamente al ser observada desde un lado de la órbita terrestre o desde el lado opuesto, aunque el planeta siempre se alejaría de la estrella o se acercaría a ella a la misma velocidad de 30 km/h. »

Los físicos del siglo XIX se obsesionaron con medir el movimiento de la Tierra a través del éter porque era el único modo de confirmar la existencia de ese medio misterioso. Sin embargo, la prueba seguía mostrándose esquiva. Por preciso que fuera el equipo de medición, la luz siempre parecía moverse a la misma velocidad. En 1887, los físicos estadounidenses Albert Michelson y Edward Morley idearon un experimento para medir con gran precisión el supuesto «viento del éter», sin encontrar pruebas de su existencia. El resultado negativo del experimento Michelson-Morley socavó la creencia en la existencia del éter, y los resultados similares que se obtuvieron en repetidos intentos a lo largo de las décadas siguientes solamente consiguieron intensificar la sensación de crisis.

Einstein abordó este problema en su tercer artículo de 1905, *Sobre la electrodinámica de los cuerpos en movimiento*. Su teoría de la relatividad especial reposa en dos sencillos postulados: que la luz se propaga en el vacío a una velocidad fija e independiente del movimiento de la fuente y que las leyes de la física deben parecer las mismas para los

> ❝
> La masa y la energía son distintas manifestaciones de lo mismo.
> **Albert Einstein**
> ❞

observadores en todos los sistemas de referencia «inerciales», es decir, no sujetos a fuerzas externas como la aceleración. Indudablemente, a Einstein le fue más fácil aceptar el audaz primer postulado porque ya había aceptado la naturaleza cuántica de la luz: conceptualmente, imaginó los cuantos luminosos como diminutos paquetes independientes de energía electromagnética, capaces de atravesar el espacio vacío y dotados de propiedades de partícula conservando al mismo tiempo sus características ondulatorias.

Einstein valoró las consecuencias de estos dos postulados tanto en la física en general como en la mecánica en particular. Para que las leyes de la física se comportasen de la misma manera en todos los sistemas de referencia inerciales, necesariamente debían parecer distintas cuando se mirase desde un sistema hacia otro. Lo único importante era el movimiento relativo, y cuando el movimiento relativo entre dos sistemas de referencia se acercaba a la velocidad de la luz (la llamada velocidad «relativista»), empezaban a suceder cosas extrañas.

El factor de Lorentz

Aunque en su artículo Einstein no hacía referencias formales a otras publicaciones científicas, sí mencionaba el trabajo de otros científicos contemporáneos que, al igual que él, buscaban una solución no ortodoxa a la crisis del éter. Tal vez el más importante de todos ellos fuera el físico holandés Hendrik Lorentz. El «factor de Lorentz» es una de las claves de la descripción que hizo Albert Einstein de la física cercana a la velocidad de la luz. Matemáticamente, se define como:

$$\frac{1}{\sqrt{1 - v^2/c^2}}$$

Albert Einstein

Nacido en Ulm (sur de Alemania) en 1879, Einstein fue un estudiante mediocre y acabó ingresando en el Instituto Politécnico de Zúrich con la intención de convertirse en profesor de matemáticas. Al no conseguir empleo en la enseñanza, aceptó un puesto en la oficina de patentes suiza de Berna, que le dejaba el tiempo libre necesario para elaborar los artículos que publicó en 1905. Él mismo atribuyó su éxito a que jamás había perdido la capacidad de asombro infantil.

Siendo ya una estrella mundial tras la presentación de su teoría de la relatividad general, continuó explorando las repercusiones de sus primeras investigaciones y contribuyó a las innovaciones de la teoría cuántica. En 1933 decidió no regresar a Alemania después de un viaje por el extranjero, por temor al ascenso del partido nazi, y se asentó en la Universidad de Princeton (EE UU).

Obras principales

1905 *Un punto de vista heurístico sobre la producción y la transformación de la luz.*
1915 *Ecuaciones del campo gravitatorio.*

En el experimento teórico de Einstein, un observador estacionario en el punto M, percibe que los rayos A y B caen simultáneamente. Sin embargo, para un observador desde el punto M^1 en un tren que avanza a gran velocidad desde A hacia B, el rayo B cae antes que el A.

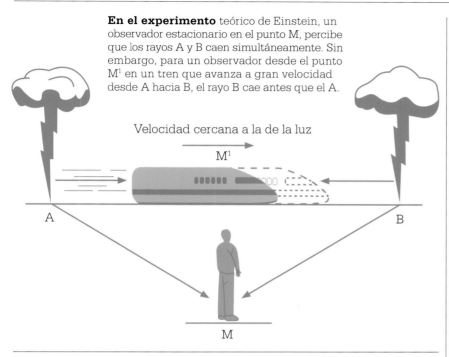

Velocidad cercana a la de la luz

M^1

A

B

M

El ejemplo del tren

Con el fin de ilustrar la relatividad especial, Einstein propuso imaginar dos sistemas de referencia en movimiento relativo uno respecto al otro: un tren en marcha y el andén junto al que circula. Dos rayos, situados en los puntos A y B, caen simultáneamente a ojos de un observador que se encuentra en el andén a medio camino entre ambos, en el punto M. Un observador que va dentro del tren se halla en la posición M^1 en otro sistema de referencia. En el momento en que brillan los relámpagos, cabe la posibilidad de que M^1 esté pasando justo junto a M. Sin embargo, para cuando la luz llega al observador del tren, este ha avanzado hacia B y se ha alejado de A. Como explica Einstein, el observador «huye del rayo de luz procedente de A». El viajero del tren concluye que el rayo B ha caído antes que el A. Entonces, Einstein insiste en que «a no ser que se nos indique el sistema de referencia al que alude una afirmación temporal, no tiene sentido indicar el tiempo de un suceso». Por lo tanto, el tiempo y la posición son conceptos relativos.

La equivalencia masa-energía

En el cuarto y último de los artículos publicados en 1905, titulado *¿Depende la inercia de un cuerpo de su contenido de energía?*, Einstein desarrollaba una idea que ya había mencionado de pasada en el artículo anterior: la masa de un cuerpo es una medida de su cantidad de energía. En sus tres páginas demostraba que si un cuerpo irradia una cantidad de energía concreta (E) en forma de radiación electromagnética, su masa se reducirá en una cantidad equivalente a E/c^2. Para obtener la energía de una partícula estacionaria en un sistema de referencia concreto, dicha ecuación puede »

Lorentz desarrolló esta ecuación con el objetivo de describir los cambios de las medidas de tiempo y de longitud necesarias para conciliar las ecuaciones del electromagnetismo de Maxwell con el principio de la relatividad. Tuvo una importancia crucial para Einstein, dado que le proporcionó una fórmula para transformar los resultados vistos por un observador y mostrar cómo los percibiría otro que se encontrase en movimiento relativo respecto al primero. Así, en la ecuación anterior, v es la velocidad de un observador comparada con la de otro y c es la velocidad de la luz. En la mayoría de las situaciones v será muy pequeña en relación a c, por lo que v^2/c^2 se acercará a cero, mientras que el factor de Lorentz se aproximará siempre a 1, por lo que apenas afecta a los cálculos.

El trabajo de Lorentz fue recibido con frialdad, fundamentalmente porque no era posible incorporarlo a las teorías del éter tradicionales. Einstein, no obstante, demostró que

el factor de Lorentz era una consecuencia inevitable del principio de la relatividad especial y reexaminó el verdadero significado de los intervalos de tiempo y espacio medidos. Uno de los resultados más importantes de este trabajo fue la constatación de que dos sucesos que un observador en un sistema de referencia concreto percibe como simultáneos no necesariamente lo son para alguien que se halla en un sistema de referencia diferente (un fenómeno conocido bajo el nombre de relatividad de la simultaneidad). Einstein también logró demostrar que, desde el punto de vista de un observador alejado, la longitud de los objetos en movimiento se contrae en la dirección de su desplazamiento a medida que se acercan a la velocidad de la luz, según una sencilla ecuación regida por el factor de Lorentz. Todavía más extraña era la conclusión de que el tiempo también parecía avanzar con mayor lentitud cuando se medía desde el sistema de referencia del observador.

reformularse de la siguiente manera: $E = mc^2$. El principio de la «equivalencia masa-energía» se convirtió en una piedra angular de la ciencia del siglo XX, desde la cosmología a la física nuclear.

Los campos gravitatorios

Los artículos publicados por Albert Einstein a lo largo de ese *annus mirabilis* resultaban demasiado complicados para tener demasiado eco fuera del minoritario mundo de la física, pero propulsaron a la fama a su autor.

Durante los años siguientes, numerosos científicos llegaron a la conclusión de que la relatividad especial proporcionaba una descripción del Universo mucho más precisa que la de la ya desacreditada teoría del éter y comenzaron a realizar distintos experimentos que demostraron los efectos relativistas. Mientras tanto, Einstein se enfrentaba a un nuevo y complicado desafío: ampliar los principios que ya había establecido para tener en cuenta situaciones no inerciales, es decir, con fases de aceleración y desaceleración.

Einstein ya había llegado a la conclusión en 1907 de que una caída libre bajo la influencia de la gravedad es igual a una situación inercial, según el principio de equivalencia. En 1911 se dio cuenta de que un sistema de referencia estacionario afectado por un campo gravitatorio es equivalente a otro que experimenta una aceleración constante.

El científico alemán ejemplificó esta idea imaginando una persona en un ascensor totalmente cerrado, acelerado en una sola dirección por un cohete en el espacio vacío. Esta persona percibe una fuerza de propulsión desde el suelo y ejerce sobre este una fuerza igual y opuesta, según la tercera ley de Newton. Einstein aseguró que notaría exactamente lo mismo si permaneciera inmóvil en un campo gravitatorio.

En un ascensor en aceleración constante, un haz de luz lanzado en perpendicular a la aceleración se desviaría y seguiría una trayectoria curva. Según Einstein, en un campo gravitatorio ocurriría lo mismo. Este efecto de la gravedad sobre la luz, que se conoce como lente gravitatoria, fue el primero predicho por la relatividad general.

Einstein también reflexionó acerca de lo que esto significaba para la naturaleza de la gravedad y predijo

Nuestra **experiencia de la gravedad** equivale a estar en un sistema de referencia en **aceleración constante**.

La aceleración puede interpretarse como una **distorsión del espacio-tiempo**.

La atracción gravitatoria de los **objetos con masa** se explica si estos distorsionan el espacio-tiempo.

La relatividad general explica la gravedad como una distorsión del espacio-tiempo.

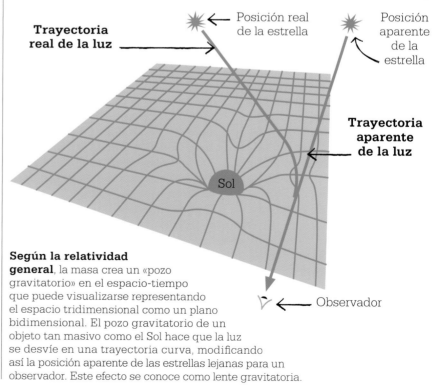

Según la relatividad general, la masa crea un «pozo gravitatorio» en el espacio-tiempo que puede visualizarse representando el espacio tridimensional como un plano bidimensional. El pozo gravitatorio de un objeto tan masivo como el Sol hace que la luz se desvíe en una trayectoria curva, modificando así la posición aparente de las estrellas lejanas para un observador. Este efecto se conoce como lente gravitatoria.

Posición real de la estrella

Posición aparente de la estrella

Trayectoria real de la luz

Trayectoria aparente de la luz

Sol

Observador

Las fotografías de un eclipse solar, tomadas por Arthur Eddington en 1919, aportaron las primeras pruebas de la relatividad general. Las estrellas en torno al Sol parecían haberse desplazado, tal y como había predicho Einstein.

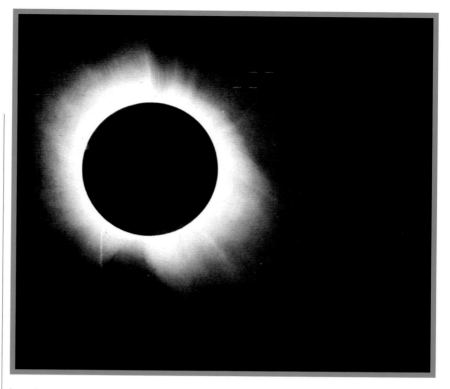

que en campos gravitatorios potentes se producirían efectos relativistas como la dilatación del tiempo. Cuanto más cerca esté un reloj de una fuente de gravitación, más lentamente avanzará. Este efecto fue puramente teórico durante muchos años, hasta que finalmente se confirmó con ayuda de relojes atómicos.

El continuo espacio-tiempo

En 1907, Hermann Minkowski, que había sido tutor de Einstein, dio con otra importante pieza del rompecabezas. Considerando los intercambios efectivos entre las dimensiones de espacio y tiempo de la relatividad especial, se le ocurrió la revolucionaria idea de combinar las tres dimensiones espaciales con una temporal en un espacio-tiempo continuo. La interpretación de Minkowski permitía describir los efectos relativistas en términos geométricos si se planteaban las distorsiones de la misma manera que los observadores en movimiento relativo observan el continuo desde sistemas de referencia distintos.

En 1915, Einstein publicó su teoría completa de la relatividad general. Se trataba de una nueva descripción de la naturaleza del espacio, el tiempo, la materia y la gravedad. Adaptando las ideas desarrolladas por Minkowski, consideró la «malla del Universo» como un continuo de espacio-tiempo que podía deformarse por el movimiento relativista, pero también curvarse debido a la presencia de grandes masas, como las estrellas y los planetas, de una manera que percibimos como gravedad. Las ecuaciones que describían la relación entre masa, distorsión y gravedad eran terriblemente complicadas, pero Einstein usó una aproximación para aclarar un antiguo misterio: por qué el punto de la órbita de Mercurio más próximo al Sol (perihelio) rota a una velocidad muy superior a la que predice la física newtoniana. La relatividad general logró resolver este enigma.

La lente gravitatoria

En el momento en que Einstein publicó sus artículos, el mundo estaba sumido en la Primera Guerra Mundial, y a los científicos anglófonos les preocupaban otras cosas. La teoría de la relatividad general era muy compleja y quizá habría permanecido en la sombra si Arthur Eddington, objetor de conciencia y secretario de la Royal Astronomical Society, no se hubiera interesado por ella.

Eddington conoció el trabajo de Einstein gracias a las cartas del físico holandés Willem de Sitter y se convirtió en su principal defensor en Gran Bretaña. En 1919, unos meses después del final de la guerra, Eddington lideró una expedición a la isla Príncipe, frente a la costa occidental de África, con el fin de verificar la teoría de la relatividad general y el efecto de la lente gravitatoria en unas circunstancias espectaculares. Einstein había predicho en 1911 que un eclipse solar total permitiría observar este fenómeno: en torno al disco solar, las estrellas aparecerían desplazadas debido a que la luz que emiten se desviaría al atravesar el espacio-tiempo distorsionado alrededor del Sol. La expedición de Eddington no solo obtuvo unas magníficas imágenes del eclipse, sino que demostró de forma concluyente la teoría de Einstein. La publicación de las pruebas al año siguiente causó sensación y catapultó a Albert Einstein a la fama mundial. Las ideas acerca de la naturaleza del Universo cambiaron para siempre. ∎

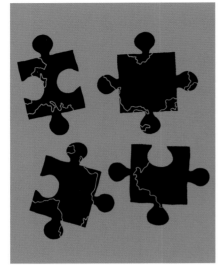

LOS CONTINENTES A LA DERIVA SON PIEZAS GIGANTESCAS DE UN ROMPECABEZAS EN CAMBIO CONSTANTE

ALFRED WEGENER (1880–1930)

EN CONTEXTO

DISCIPLINA
Ciencias de la Tierra

ANTES
1858 Para explicar el hallazgo de fósiles idénticos a ambos lados del Atlántico, Antonio Snider-Pellegrini dibuja un mapa en el que Europa, África y América están unidas.

1872 Según el geógrafo francés Élisée Reclus, el desplazamiento de los continentes originó los océanos y las cordilleras.

1885 Eduard Suess sugiere que antaño los continentes australes estuvieron unidos por puentes de tierra.

DESPUÉS
1944 Para el geógrafo británico Arthur Holmes, las corrientes de convección del manto terrestre son el mecanismo que mueve la corteza.

1960 Harry Hess, geólogo estadounidense, propone que la expansión del suelo oceánico separa los continentes.

El meteorólogo alemán Alfred Wegener presentó, en 1912, una teoría de la deriva continental basada en varias pruebas que sugería que los continentes de la Tierra estuvieron unidos y se separaron hace millones de años. Los científicos no la aceptaron hasta que averiguaron qué podía hacer que tan vastas masas de tierra se movieran.

En 1620, Francis Bacon examinó los primeros mapas del Nuevo Mundo y de África, y observó que las costas orientales americanas eran aproximadamente paralelas a las costas occidentales europeas y africanas. Esto llevó a los científicos a especular que esas masas de tierra habían estado unidas, lo que contradecía frontalmente el concepto convencional de un planeta sólido e inmutable.

Antonio Snider-Pellegrini reveló, en 1858, que a ambos lados del Atlántico se habían hallado plantas fósiles similares que databan del periodo Carbonífero, hace entre

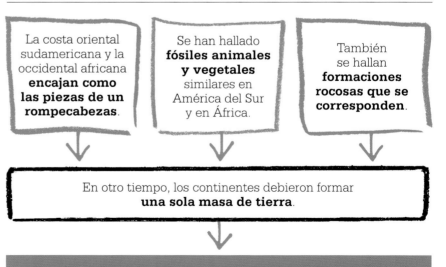

La costa oriental sudamericana y la occidental africana **encajan como las piezas de un rompecabezas**.

Se han hallado **fósiles animales y vegetales** similares en América del Sur y en África.

También se hallan **formaciones rocosas que se corresponden**.

En otro tiempo, los continentes debieron formar **una sola masa de tierra**.

Los continentes a la deriva son piezas gigantescas de un rompecabezas en cambio constante.

Véase también: Francis Bacon 45 ▪ Nicholas Steno 55 ▪ James Hutton 96–101 ▪ Louis Agassiz 128–129 ▪ Charles Darwin 142–149

359 y 299 millones de años. En sus mapas, el geógrafo mostró cómo podían haber encajado los continentes americano y africano, y atribuyó su separación al Diluvio bíblico. Cuando se hallaron fósiles de helechos *Glossopteris* en América del Sur, India y África, el geólogo austriaco Eduard Suess afirmó que debían haber evolucionado en una misma masa de tierra y sugirió que los continentes australes estuvieron unidos por pasarelas de tierra firme en un supercontinente al que llamó Gondwana.

Wegener halló más ejemplos de organismos parecidos separados por océanos, así como cordilleras y depósitos glaciales similares. En lugar de aceptar las teorías que afirmaban que partes de un supercontinente habían quedado sumergidas, pensó que quizá este se había fragmentado y desarrolló esta idea entre 1912 y 1929. Su supercontinente, llamado Pangea, comprendía Gondwana, América del Norte y Eurasia. Wegener fechó la fragmentación de esta masa terrestre única hacia finales del Mesozoico, hace unos 150 millones de años, y señaló que el valle del Rift, en África,

es la prueba de que la fragmentación continental sigue en marcha.

La expansión del fondo oceánico

Los geofísicos criticaron la teoría de Wegener por no explicar cómo se movían los continentes. En la década de 1950, gracias a nuevas técnicas geofísicas, se obtuvieron datos nuevos. Los estudios del campo magnético de la Tierra en el pasado indicaron que los antiguos continentes ocupaban una posición distinta respecto a los polos. La cartografía por sónar del fondo marino reveló signos de una formación de suelo oceánico más reciente. Esta se da en las dorsales, cuando la roca fundida sale por las grietas de la corteza y se aleja a medida que irrumpe roca fundida nueva.

En 1960, Harry Hess se percató de que la expansión del fondo oceánico era la causante de la deriva continental y lanzó su teoría de la tectónica de placas, según la cual la corteza terrestre se compone de placas gigantescas que se mueven continuamente debido a que las corrientes de convección del manto llevan

roca nueva a la superficie. La formación y destrucción de corteza oceánica provocan el desplazamiento de los continentes. Dicha teoría es aún la base de la geología moderna. ■

Pangea, hace 200 millones de años

Hace 75 millones de años

Actualidad

El supercontinente de Wegener solo es uno de una larga serie. Se cree que los continentes se acercan de nuevo y es posible que se vuelvan a unir dentro de 250 millones de años.

Alfred Wegener

Alfred Lothar Wegener nació en Berlín y se doctoró en astronomía en la Universidad de Berlín en 1904. Sin embargo, no tardó en mostrar interés por las ciencias de la Tierra y entre 1906 y 1930 realizó cuatro viajes a Groenlandia. En el curso de sus investigaciones pioneras sobre las masas de aire árticas, Wegener usó varios globos sonda meteorológicos para registrar las distintas corrientes de aire y tomó muestras de las profundidades del hielo con la esperanza de recoger pruebas de climas pasados.

En 1912 desarrolló su teoría de la deriva continental, publicada en 1915, seguida de tres ediciones revisadas y ampliadas en 1920, 1922 y 1929, sin que recibiera el reconocimiento esperado.

En 1930 dirigió una cuarta expedición a Groenlandia a fin de recoger pruebas que sustentasen su teoría. El 1 de noviembre, día de su 50 cumpleaños, partió a pie a través del hielo en busca de víveres, pero pereció antes de llegar al campamento principal.

Obra principal

1915 *El origen de los continentes y océanos.*

LOS CROMOSOMAS DESEMPEÑAN UN PAPEL EN LA HERENCIA
THOMAS HUNT MORGAN (1866–1945)

Cuando las células se dividen, sus **cromosomas** se separan y replican de un modo que **refleja la expresión de los caracteres heredados**.

Esto sugiere que los **genes** que controlan estos caracteres **se hallan en los cromosomas**.

Algunos caracteres dependen del **sexo del individuo**, luego deben estar controlados por cromosomas que determinan el sexo.

Los cromosomas desempeñan un papel en la herencia.

EN CONTEXTO

DISCIPLINA
Biología

ANTES
1866 Gregor Mendel concluye, en sus leyes de la herencia, que los rasgos heredados se hallan controlados por partículas, hoy llamadas genes.

1900 El holandés Hugo de Vries confirma las leyes de Mendel.

1902 Theodor Boveri y Walter Sutton constatan al fin que los cromosomas desempeñan un papel en la herencia.

DESPUÉS
1913 Alfred Sturtevant, alumno de Morgan, logra crear el primer «mapa» genético de *Drosophila*.

1930 Barbara McClintock revela que los genes pueden cambiar de posición en los cromosomas.

1953 El modelo del ADN de James Watson y Francis Crick explica cómo se transmite la información genética durante la reproducción.

Durante el siglo XIX, los biólogos que estudiaban la división celular bajo el microscopio detectaron la aparición de pares de filamentos en el núcleo de cada célula. Para facilitar su observación, los tiñeron con colorantes y de ahí su nombre de «cromosomas» (literalmente «cuerpos de colores»). Pronto empezaron a preguntarse si tenían alguna relación con la herencia.

En 1910, los experimentos del genetista estadounidense Thomas Hunt Morgan confirmaron la función que desempeñan los genes y los cromosomas en la herencia y explicaron la evolución a nivel molecular.

Las partículas de la herencia
A principios del siglo XX, ya se había determinado con precisión los movimientos de los cromosomas durante la división celular y se sabía que su número variaba según la especie, pero era el mismo en las células de los especímenes de cada especie. En 1902, el biólogo alemán Theodor Boveri, tras estudiar la fecundación de los erizos de mar, defendió que,

Véase también: Gregor Mendel 166–171 ▪ Barbara McClintock 271 ▪ James Watson y Francis Crick 276–283 ▪ Michael Syvanen 318–319

para que el embrión se desarrollara correctamente, debía tener un juego completo de cromosomas. Ese mismo año, un estudiante estadounidense, llamado Walter Sutton, concluyó a partir de su trabajo sobre los saltamontes que era muy posible que los cromosomas reflejaran las «partículas de la herencia» teóricas propuestas por Gregor Mendel en 1866.

Tras sus exhaustivos experimentos con plantas de guisante, Mendel había sugerido la existencia de unas partículas que controlaban las características que se heredaban. Cuatro décadas después, Morgan se embarcó en una investigación con el fin de comprobar la relación entre los cromosomas y la teoría de Mendel con ayuda de la microscopía moderna, en la «sala de las moscas», como se conocía su laboratorio de la Universidad de Columbia (Nueva York).

De los guisantes a las moscas del vinagre

Las moscas del vinagre, o de la fruta (género *Drosophila*) son insectos del tamaño de mosquitos que pueden criarse en recipientes de vidrio y se reproducen en tan solo 10 días y en gran número. Esto las hacía ideales para el estudio de la herencia. El equipo de Morgan aisló y cruzó moscas con caracteres concretos y luego analizó las proporciones de las variaciones en las crías, como Mendel había hecho con los guisantes.

Morgan corroboró los resultados de Mendel al detectar un macho con ojos de color blanco, en lugar del rojo habitual. Lo cruzó con una hembra de ojos rojos y solo obtuvo crías de ojos rojos, lo que sugería que el rojo era el rasgo dominante y el blanco el recesivo. Al cruzar a las crías entre ellas, una de cada cuatro de la generación siguiente tenía los ojos blan-

cos y siempre era macho. Así, el gen «ojos blancos» debía estar relacionado con el sexo. Cuando surgieron otros rasgos asociados al sexo, Morgan concluyó que todos estos rasgos debían heredarse juntos y que los genes responsables debían estar en el cromosoma que determina el sexo. Las hembras tienen un par de cromosomas X, y los machos, un cromosoma X y otro Y. Durante la reproducción, las crías heredan un cromosoma X de la madre y un X o un Y del padre. El gen «ojos blancos» está en el cromosoma X. El cromosoma Y no tiene un gen correspondiente.

Posteriormente, Morgan constató que los genes específicos no solo se hallan en cromosomas específicos, sino que ocupan una posición concreta en ellos. Este hallazgo abrió la vía a la posibilidad de «mapear» los genes de un organismo. ▪

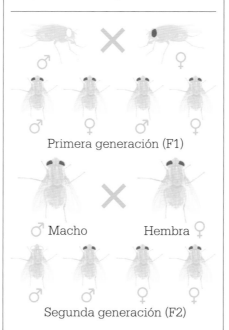

El cruce de moscas del vinagre en dos generaciones revela que los ojos blancos solo se transmiten a algunos machos, a través de los cromosomas sexuales.

Primera generación (F1)

♂ Macho   Hembra ♀

Segunda generación (F2)

Thomas Hunt Morgan

Nacido en Kentucky (EE UU), Thomas Hunt Morgan estudió zoología y embriología antes de decidir trasladarse en 1904 a la Universidad de Columbia (Nueva York), donde comenzó a investigar el mecanismo de la herencia. Al principio escéptico respecto a las conclusiones de Mendel, e incluso a las teorías de Darwin, comenzó a cruzar moscas del vinagre con el fin de comprobar sus ideas sobre la genética. El éxito de su trabajo llevó a muchos investigadores a utilizar estos insectos en experimentos similares.

La observación tanto de mutaciones heredadas como estables en las moscas del vinagre le llevó a concluir que Darwin tenía razón y en 1915 publicó un artículo en el que explicaba el funcionamiento de la herencia siguiendo las leyes de Mendel. Siguió investigando en el Instituto de Tecnología de California (CalTech) y en 1933 recibió el premio Nobel de fisiología y medicina.

Obras principales

1910 *Sex-limited Inheritance in* Drosophila.
1915 *El mecanismo de la herencia mendeliana.*
1926 *The Theory of the Gene.*

LAS PARTICULAS
TIENEN PROPIEDADES
ONDULATORIAS
ERWIN SCHRÖDINGER (1887–1961)

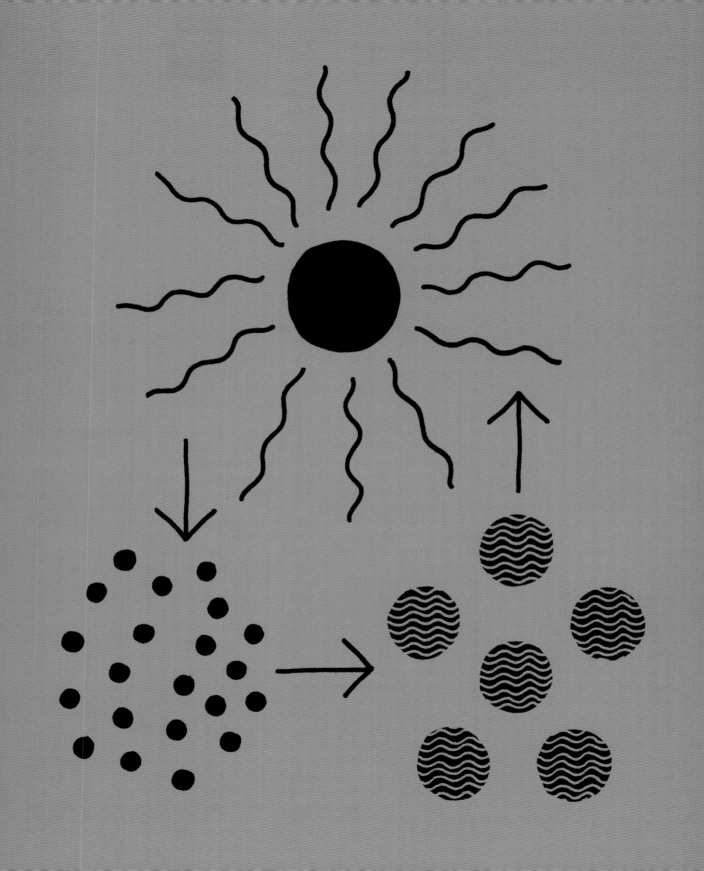

DISCIPLINA
Física

ANTES
1900 Max Planck propone una teoría que considera la luz como paquetes cuantizados de energía.

1905 Gracias a su explicación del efecto fotoeléctrico, Albert Einstein demuestra que la luz cuantizada de Planck existe realmente.

1913 El modelo atómico de Niels Bohr explica que cuando los electrones pasan de un nivel de energía a otro dentro del átomo, emiten o absorben cuantos de luz (fotones).

DESPUÉS
Década de 1930 Los trabajos de Schrödinger, Paul Dirac y Werner Heisenberg sientan la base de la física de partículas moderna.

rwin Schrödinger fue una figura clave para el avance de la física cuántica, la ciencia que estudia la materia a escala subatómica. Su principal contribución fue una famosa ecuación con la que demostró que las partículas se desplazan en ondas y que se convirtió en la base de la mecánica cuántica actual, además de revolucionar nuestra percepción del mundo. Sin embargo, esta revolución no fue repentina, sino el fruto de un largo proceso en el que participaron muchos pioneros.

Al principio, la teoría cuántica se limitaba a la descripción de la luz. En 1900, en un intento de resolver el espinoso problema de la «catástrofe ultravioleta» que planteaba la física teórica, el físico alemán Max Planck propuso considerar la luz como paquetes discretos, o cuantos, de energía. Albert Einstein dio el siguiente paso al afirmar que los cuantos luminosos son un fenómeno físico real.

El físico danés Niels Bohr se percató de que la idea de Einstein planteaba una cuestión clave acerca de la naturaleza de la luz y de los átomos y, en 1913, la utilizó para resolver un antiguo problema: la longitud de onda exacta de la luz que emiten ciertos elementos al calentarse. Ideó un modelo de la estructura atómica en que los electrones orbitan en «capas» discretas cuya distancia al núcleo determina su nivel de energía y explicó los espectros de emisión (distribución de las longitudes de onda de la luz) de los átomos en términos de fotones o cuantos de energía electromagnética emitida cuando los electrones saltaban de una órbita a otra. Sin embargo, el modelo de Bohr carecía de explicación teórica y solo podía predecir las emisiones del átomo más sencillo, el de hidrógeno.

¿Átomos ondulatorios?

La idea de Einstein resucitó la antigua teoría que concebía la luz como haces de partículas, a pesar de que el experimento de la doble ranura de Thomas Young había demostrado que se comportaba como una

En **1927,** el quinto Congreso Solvay reunió en Bruselas a los grandes de la ciencia, entre otros, Schrödinger (**1**), Pauli (**2**), Heisenberg (**3**), Dirac (**4**), De Broglie (**5**), Born (**6**), Bohr (**7**), Planck (**8**), Marie Curie (**9**), Lorentz (**10**) y Einstein (**11**).

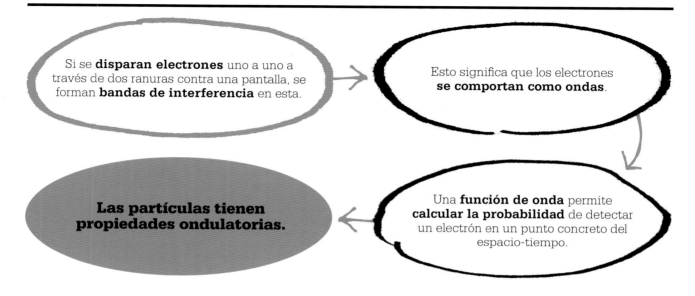

Si se **disparan electrones** uno a uno a través de dos ranuras contra una pantalla, se forman **bandas de interferencia** en esta.

Esto significa que los electrones **se comportan como ondas**.

Una **función de onda** permite **calcular la probabilidad** de detectar un electrón en un punto concreto del espacio-tiempo.

Las partículas tienen propiedades ondulatorias.

onda. El enigma de que la luz fuera a la vez una partícula y una onda se complicó aún más en 1924, cuando la aportación de un estudiante de doctorado francés, Louis de Broglie, inauguró una nueva fase de la revolución cuántica. De Broglie no solo demostró con una sencilla ecuación que en el mundo subatómico las partículas también pueden ser ondas, sino que cualquier objeto, de cualquier masa, puede comportarse hasta cierto punto como una onda. En otras palabras, si las ondas luminosas tenían propiedades de partícula, las partículas de materia, como los electrones, debían tener propiedades de onda.

Planck había calculado la energía de un fotón con la ecuación $E = h\nu$, donde E es la energía de los cuantos electromagnéticos, ν es la longitud de onda de la radiación en cuestión, y h es una constante, hoy conocida como constante de Planck. De Broglie demostró que el fotón también tiene momento lineal, algo que normalmente se atri-

buye solo a las partículas con masa y que se calcula multiplicando la masa de la partícula por su velocidad. De Broglie demostró que un fotón tiene un momento lineal de h dividido por su longitud de onda. Sin embargo, como se trataba de partículas cuyas energía y masa podían verse afectadas por el movimiento a velocidades cercanas a la de la luz, incorporó a su ecuación el factor de Lorentz (p. 219). Así creó una versión más sofisticada

Dos conceptos aparentemente incompatibles pueden representar distintos aspectos de la verdad.
Louis de Broglie

que tenía en cuenta los efectos de la relatividad.

Aunque la idea de De Broglie era radical y atrevida, pronto contó con valedores eminentes, como Einstein. Además, verificar su hipótesis era relativamente sencillo. En 1927, científicos de dos laboratorios distintos demostraron que los electrones se difractaban e interferían entre ellos exactamente igual que los fotones y confirmaron la hipótesis de De Broglie.

Una importancia cada vez mayor

Entre tanto, la hipótesis de De Broglie había llamado la atención de varios físicos teóricos que decidieron explorarla a fondo. En concreto, querían saber cómo las propiedades de esas ondas de materia podían generar la estructura de los niveles de energía específicos entre los orbitales de los electrones del átomo de hidrógeno que proponía el modelo atómico de Bohr. El propio De Broglie había sugerido que esta » estructura se debía a que cada orbital abarcaba un número entero de longitudes de la onda de materia. Como el nivel de energía del electrón depende de su distancia al núcleo, que tiene carga positiva, solo ciertas distancias y ciertos niveles de energía serían estables. Sin embargo, la solución de De Broglie suponía considerar la onda de materia como una onda unidimensional confinada en una órbita alrededor del núcleo. Era preciso considerarla una onda tridimensional para ofrecer una imagen completa.

La ecuación de onda

En 1925, tres físicos alemanes, Werner Heisenberg, Max Born y Pascual Jordan, intentaron explicar los saltos cuánticos que se producían en el modelo atómico de Bohr por medio de un método denominado mecánica matricial, que considera las propiedades de un átomo como un sistema matemático que puede cambiar a lo largo del tiempo. Sin embargo, ese método no podía explicar qué sucedía en el interior del átomo, y su oscuro lenguaje matemático impidió que se divulgara.

Un año después, el físico austriaco Erwin Schrödinger, entonces profesor en Zúrich, dio con una solución mejor. Llevó más allá la dualidad onda-partícula de De Broglie y empezó a pensar en una ecuación matemática que expresara el movimiento de una partícula subatómica. Para formular su ecuación de onda, partió de las leyes de la mecánica clásica sobre la energía y la cantidad de movimiento (momento lineal) y las modificó para que incluyeran la constante de Planck y la ley de De Broglie que relacionaba el momento lineal de una partícula con su longitud de onda.

Al aplicar la ecuación resultante al átomo de hidrógeno, los niveles de energía específicos concordaban

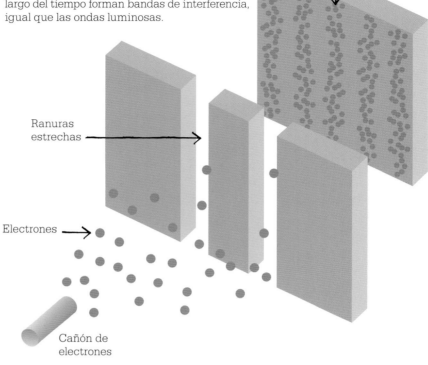

Esta ilustración clásica de la dualidad onda-partícula muestra el bombardeo de electrones sobre una pantalla a través de una barrera con dos ranuras. Si los electrones se acumulan a lo largo del tiempo forman bandas de interferencia, igual que las ondas luminosas.

Bandas de interferencia

Ranuras estrechas

Electrones

Cañón de electrones

con los que había observado en los experimentos. Pese a este éxito, aún quedaba por resolver una cuestión peliaguda: nadie, ni siquiera Schrödinger, sabía con exactitud qué describía en realidad la ecuación de onda. Schrödinger intentó interpretarla como la densidad de carga eléctrica, pero no lo consiguió del todo. Fue Max Born quien por fin sugirió que se trataba de una amplitud de probabilidad. En otras palabras, esta ecuación expresa la probabilidad de hallar un electrón en un lugar determinado. A diferencia de la mecánica matricial, la ecuación de onda de Schrödinger, o «función de onda» fue recibida por los científicos con los brazos abiertos, aunque su interpretación también suscitó toda una serie de dudas.

El principio de exclusión de Pauli

En 1925, el también austriaco Wolfgang Pauli puso otra pieza en el rompecabezas. ¿Por qué los electrones de un átomo no descendían automáticamente al nivel de energía más bajo posible? La respuesta de Pauli fue el principio de exclusión. Partiendo de la premisa que el estado cuántico global de una partícula podía definirse mediante un número concreto de propiedades, cada una de ellas con un número fijo de valores discretos posibles, el principio de Pauli afirmaba que era imposible que dos partículas del mismo sistema presentaran simultáneamente el mismo estado cuántico.

A fin de explicar la estructura en capas de electrones que refleja la tabla periódica, Pauli definió los electrones mediante cuatro números cuánticos. Tres de estos (principal, azimutal y magnético) definen el lugar preciso que ocupa el electrón en las capas y subcapas orbitales disponibles. Los valores de los dos últimos están limitados por el valor del número principal. El cuarto número cuántico, con dos valores posibles, era necesario para justificar la coexistencia de dos electrones con niveles de energía ligeramente distintos en cada subcapa. Los números cuánticos explicaban con claridad la existencia de orbitales atómicos que aceptan 2, 6, 10 y 14 electrones respectivamente.

En la actualidad, el cuarto número cuántico se conoce como espín. Se trata del momento angular intrínseco de una partícula (generado por su rotación mientras orbita) y tiene valores positivos o negativos que pueden ser números enteros o semienteros. Unos años después, Pauli demostró que todas las partículas se dividen en dos grandes grupos según los valores del espín: fermiones, como los electrones (con espín de número semientero), que obedecen las reglas conocidas como estadística de Fermi-Dirac (pp. 246–247); y bosones, como los fotones (con espín nulo o de número entero), que siguen la estadística de Bose-Einstein. Solo en los fermiones se cumple el principio de exclusión, lo cual tiene importantes repercusiones para la comprensión del Universo, desde la implosión de las estrellas hasta las partículas elementales.

El éxito de Schrödinger

Junto con el principio de exclusión de Pauli, la ecuación de onda de Schrödinger permitió comprender de una forma nueva y más profunda los orbitales, las capas y las subcapas del átomo. En vez de órbitas clásicas (rutas bien definidas por las que los electrones circulan al-rededor del núcleo), la ecuación de onda muestra que son nubes de probabilidad, regiones con forma de anillo y de lóbulo en las que es más probable encontrar un electrón concreto con unos números cuánticos determinados (p. 256).

Otro de los grandes logros de Schrödinger fue la explicación de la desintegración radiactiva alfa, durante la que una partícula alfa plenamente formada (con dos protones y dos neutrones) escapa del núcleo del átomo. Según la física clásica, para permanecer intacto, el núcleo debe estar rodeado por un pozo de potencial lo bastante abrupto para impedir que las partículas escapen (un pozo de potencial es una región del espacio donde la energía potencial es inferior a la de su entorno, por lo que retiene partículas). De lo contrario, se desintegrará completamente. Entonces, ¿cómo era posible que se produjeran las emisiones intermitentes detectadas en la desintegración alfa y, aun así, el núcleo restante sobreviviera intacto? Las ecuaciones de onda »

La ecuación de Schrödinger, en su forma más genérica muestra mediante números complejos la evolución de un sistema cuántico a lo largo del tiempo.

$$i\hbar \frac{\partial}{\partial t}\Psi = \hat{H}\Psi$$

Erwin Schrödinger

Nació en Viena (Austria) en 1887 y estudió física en la universidad de su ciudad natal, donde fue profesor auxiliar antes de servir en el ejército en la Primera Guerra Mundial. Luego se trasladó primero a Alemania y después a la Universidad de Zúrich (Suiza), donde realizó su trabajo más importante en el ámbito de la física cuántica. En 1927 volvió a Alemania y sucedió a Max Planck en la Universidad Humboldt de Berlín.

Opuesto al nazismo, en 1934 dejó Alemania para trabajar en la Universidad de Oxford. Allí supo que se le había concedido el Nobel de física de 1933, junto con Paul Dirac, por su ecuación de onda. Regresó a Austria en 1936, pero volvió a huir tras la anexión del país por Alemania. Vivió en Irlanda hasta la década de 1950, cuando volvió a Austria una vez retirado.

Obras principales

1920 *Grundlinien einer Theorie der Farbenmetrik im Tagessehen (Esbozo de una teoría de la medición del color de la visión diurna).*
1926 *Quantisierung als Eigenwertproblem (La cuantización como problema de autovalores).*

resolvían el problema porque permitían que la energía de la partícula alfa dentro del núcleo variara. La mayor parte del tiempo, su energía sería lo bastante baja para mantenerla prisionera, pero, de vez en cuando, aumentaría lo suficiente para permitirle superar el pozo y escapar (efecto túnel). Las predicciones de la ecuación de onda concordaban con la naturaleza impredecible de la desintegración radiactiva.

El principio de incertidumbre

La polémica sobre el significado de la función de onda para la realidad marcó la evolución de la física cuántica desde mediados del siglo XX. En un eco del debate entre Planck y Einstein dos décadas antes, De Broglie consideraba que su ecuación y la de Schrödinger no eran más que herramientas teóricas para describir el movimiento. Para él, el electrón continuaba siendo ante todo una partícula; sencillamente, se trataba de una partícula con una propiedad ondulatoria que determinaba su desplazamiento y su localización. En cambio, para Schrödinger la ecuación de onda tenía una importancia fundamental porque

> «
> Dios sabe que no soy amigo de la teoría de las probabilidades, la odio desde el mismo momento en que nuestro querido amigo Max Born la sacó a la luz.
> **Erwin Schrödinger**
> »

describía cómo se «dispersaban» físicamente por el espacio las propiedades del electrón. La oposición a la postura de Schrödinger llevó a Werner Heisenberg a desarrollar otra de las grandes ideas del siglo: el principio de incertidumbre (pp. 234–235), la constatación de que una partícula jamás puede «localizarse» en un punto del espacio y, al mismo tiempo, tener una longitud de onda definida. Por ejemplo, cuanto mayor sea la precisión con la que se ubique una partícula en el espacio, más difícil será calcular su momento lineal. Así, las partículas definidas por una función de onda cuántica existen en un estado general de incertidumbre.

El camino a Copenhague

Cuando se medían las propiedades de un sistema cuántico, la partícula siempre aparecía en un lugar concreto, no en un área de dispersión ondulatoria. En la física clásica y en la vida cotidiana, la mayoría de las situaciones se explican con medidas definidas y resultados concretos, no con una miríada de posibilidades solapadas. El reto de reconciliar la incertidumbre cuántica con la realidad recibe el nombre

Niels Bohr (izquierda) colaboró con Werner Heisenberg en la formulación de la interpretación de Copenhague de la función de onda de Schrödinger.

de «problema de la medida», que se ha abordado de distintas maneras, denominadas interpretaciones.

Una de las más famosas es la interpretación de Copenhague, concebida en 1927 por Niels Bohr y Werner Heisenberg. Según ellos, es la interacción entre el sistema cuántico y un observador o un aparato de medición externo a gran escala (sujeto a las leyes de la física clásica) lo que hace que la función de onda «se colapse» y dé un resultado definido. Esta interpretación, tal vez la más aceptada, parece derivarse de experimentos sobre la difracción de electrones y del experimento de la ranura doble sobre las ondas luminosas. Pero, si bien es posible descubrir los aspectos ondulatorios de la luz o de los electrones por vía experimental, resulta imposible registrar las propiedades de las partículas individuales con el mismo dispositivo.

A pesar de que la interpretación de Copenhague parece razonable cuando se aplica a sistemas a pequeña escala, como las partículas, la idea de que nada está determinado hasta que se mide desconcertó a muchos físicos. «Dios no juega a los dados», comentó Einstein, y Schrödinger ideó un experimento teórico para ilustrar lo que consideraba una situación absurda.

El gato de Schrödinger

Schrödinger imaginó un gato encerrado en una caja que contiene también una ampolla de veneno unida a una fuente radiactiva. Si la fuente se desintegra y emite una partícula de radiación, un mecanismo deja caer un martillo que rompe la ampolla de veneno. Según la interpretación de Copenhague, la fuente radiactiva permanece en su forma de función de onda (como superposición de dos resultados posibles) hasta que sea observada. En consecuencia, lo mismo debería decirse del gato.

Nuevas interpretaciones

La insatisfacción generada por paradojas como la del gato de Schrödinger impulsó a los científicos a elaborar varias interpretaciones alternativas de la mecánica cuántica. Una de las más conocidas es la de los «muchos universos» que el físico estadounidense Hugh Everett III propuso en 1956 y que resolvía la paradoja sugiriendo que, durante cualquier suceso cuántico, el Universo se escinde en tantas historias alternativas mutuamente inobservables como resultados posibles. En otras palabras, el gato de Schrödinger viviría y moriría al mismo tiempo.

La interpretación denominada de las «historias consistentes», mucho menos radical, se basa en matemáticas complejas para generalizar la interpretación de Copenhague. Así evita los problemas relativos al colapso de la función de onda y en su lugar permite asignar probabilidades a distintos escenarios o «historias» tanto a escala clásica como a escala cuántica. Esta interpretación acepta que solo una de estas historias acabará conformándose a la realidad, pero no permite predecir cuál de los resultados posibles se materializará. Se limita a describir cómo puede generar la física cuántica el Universo que vemos sin colapso de la función de onda.

Einstein defendió una interpretación estadística, matemática y minimalista. La teoría de De Broglie-Bohm, desarrollada a partir de la reacción inicial de De Broglie a la ecuación de onda, es un intento de explicación estrictamente causal, en lugar de probabilística, que postula la existencia de un «orden implicado» subyacente en el Universo. La interpretación transaccional plantea que las ondas viajan hacia delante y hacia atrás en el tiempo.

Tal vez la interpretación más curiosa sea una que roza lo teológico. En la década de 1930, el matemático estadounidense de origen húngaro John von Neumann llegó a la conclusión de que todo el Universo está sujeto a una ecuación de onda que lo abarca todo, o función de onda universal, que se colapsa continuamente cuando medimos sus distintos aspectos. Eugene Wigner, colega y compatriota de Von Neumann, desarrolló esta teoría para sugerir que el colapso de la función de onda no se debía simplemente a la interacción con sistemas a gran escala (como en la interpretación de Copenhague), sino a la presencia de una conciencia inteligente. ■

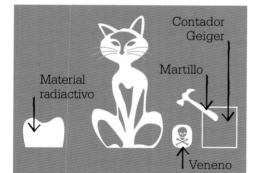

Un gato dentro de una caja hermética vivirá mientras la fuente radiactiva no se desintegre.

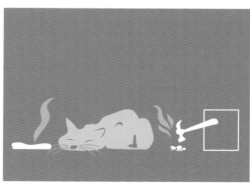

Cuando la fuente se desintegra, libera el veneno, y el gato muere.

Debemos medir el sistema para saber si la fuente se ha desintegrado o no. Hasta ese momento, debemos pensar que el gato está vivo y muerto.

El experimento teórico de Schrödinger genera una situación en la que, según una lectura estricta de la interpretación de Copenhague, el gato está vivo y muerto al mismo tiempo.

LA INCERTIDUMBRE ES INEVITABLE

WERNER HEISENBERG (1901–1976)

EN CONTEXTO

DISCIPLINA
Física

ANTES
1913 Niels Bohr explica mediante el concepto de luz cuantizada los niveles de energía asociados a los electrones en los átomos.

1924 Louis de Broglie propone que, al igual que la luz presenta propiedades de partícula, las partículas pueden presentar comportamiento ondulatorio a escala cuántica.

DESPUÉS
1927 Heisenberg y Bohr proponen su célebre interpretación de Copenhague sobre la manera en que los sucesos a escala cuántica afectan al mundo a gran escala (macroscópico).

1929 Heisenberg y Pauli trabajan en el desarrollo de la teoría cuántica de campos cuyas bases sentó Paul Dirac.

Después de que Louis de Broglie sugiriera en 1924 que las partículas subatómicas podían tener propiedades ondulatorias (pp. 226–233), varios físicos centraron sus esfuerzos en entender cómo era posible que las complejas propiedades del átomo fueran resultado de la interacción de «ondas de materia» asociadas a sus partículas constituyentes. En 1925, los científicos alemanes Werner Heisenberg, Max Born y Pascual Jordan utilizaron la «mecánica matricial» para modelar el desarrollo de los átomos de hidrógeno a lo largo del tiempo. Este enfoque fue sustituido poco después por la función de onda de Erwin Schrödinger.

Heisenberg y el físico danés Niels Bohr se basaron en el trabajo de Schrödinger para elaborar la «interpretación de Copenhague» sobre la manera en que los sistemas cuánticos, regidos por las leyes de la probabilidad, interaccionan con el mundo a gran escala. El «principio de incertidumbre», que limita la precisión con que podemos determinar las propiedades de un sistema cuántico, es clave en esta interpretación.

El principio de incertidumbre surgió como una consecuencia matemática de la mecánica matricial. Heisenberg reconoció que este método matemático no permitiría determinar simultáneamente y con precisión absoluta ciertos pares de

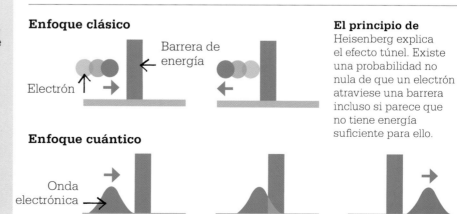

Enfoque clásico

Electrón

Barrera de energía

Enfoque cuántico

Onda electrónica

El principio de Heisenberg explica el efecto túnel. Existe una probabilidad no nula de que un electrón atraviese una barrera incluso si parece que no tiene energía suficiente para ello.

Véase también: Albert Einstein 214–221 ▪ Erwin Schrödinger 226–233 ▪ Paul Dirac 246–247 ▪ Richard Feynman 272–273 ▪ Hugh Everett III 284–285

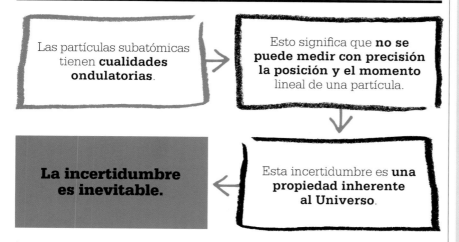

Las partículas subatómicas tienen **cualidades ondulatorias**.

Esto significa que **no se puede medir con precisión la posición y el momento** lineal de una partícula.

Esta incertidumbre es **una propiedad inherente al Universo**.

La incertidumbre es inevitable.

Werner Heisenberg

Nació en 1901 en Wurzburgo (Alemania) y estudió física y matemáticas en Múnich y Gotinga, donde fue alumno de Max Born y conoció a su futuro colaborador, Niels Bohr. Aunque se le conoce sobre todo por la interpretación de Copenhague y el principio de incertidumbre, realizó aportaciones a la teoría cuántica de campos y desarrolló su teoría de la antimateria. En 1932 recibió el Nobel de física, lo que le convirtió en uno de los galardonados más jóvenes de su historia. Su prestigio le permitió criticar a los nazis cuando estos accedieron al poder, pero permaneció en Alemania y dirigió el programa de energía nuclear del país durante la Segunda Guerra Mundial.

Obras principales

1927 *Über quantentheoretische Umdeutung kinematischer und mechanischer Beziehungen (Sobre una interpretación teórico-cuántica de las relaciones cinemáticas y mecánicas).*
1930 *Die physikalischen Prinzipien der Quantentheorie (Principios físicos de la teoría cuántica)*
1958 *Física y filosofía.*

propiedades. Así, cuanto mayor sea la precisión con que se mida la posición de una partícula, con menos precisión se podrá determinar su momento lineal (cantidad de movimiento). Heisenberg estableció que la relación de este par concreto de propiedades podía escribirse así:

$$\Delta x \Delta p \geq \hbar/2$$

donde Δx es la incertidumbre de la posición, Δp la incertidumbre del momento lineal, y $\hbar$ es una versión modificada de la constante de Planck (p. 202).

Un Universo incierto

El principio de incertidumbre suele describirse como una consecuencia de las mediciones a escala cuántica. Por ejemplo, el hecho de que para determinar la posición de una partícula subatómica se requiera aplicar una fuerza de algún tipo implica que su energía cinética y su momento lineal estarán menos definidos. Esta explicación, que el propio Heisenberg planteó por primera vez, llevó a varios científicos, Einstein incluido, a concebir experimentos teóricos que permitieran obtener una medida simultánea y precisa de la posición y del momento lineal gracias a algún «truco». Sin embargo, la verdad es mucho más sorprendente: la incertidumbre es una característica inherente a los sistemas cuánticos.

Para entenderlo basta considerar las ondas de materia asociadas a las partículas: en esta situación, el momento lineal de la partícula afecta a su energía global y, por tanto, a su longitud de onda. No obstante, cuanto más precisa sea la posición de la partícula que obtengamos, menos información tendremos sobre su función de onda y, por lo tanto, sobre su longitud de onda. A la inversa, para medir con precisión la longitud de onda hay que tener en cuenta una región espacial más amplia y, por lo tanto, sacrificar información acerca de la localización exacta de la partícula. Aunque parezca que contradicen lo que se observa en el mundo a gran escala, estas ideas se han verificado con numerosos experimentos y constituyen una parte clave de la física moderna. El principio de incertidumbre explica fenómenos aparentemente sorprendentes de la vida real, como el efecto túnel, por el que una partícula puede atravesar una barrera aunque su nivel de energía sugiera que no es capaz de hacerlo. ▪

EL UNIVERSO ES GRANDE...
Y CRECE SIN
CESAR

EDWIN HUBBLE (1889–1953)

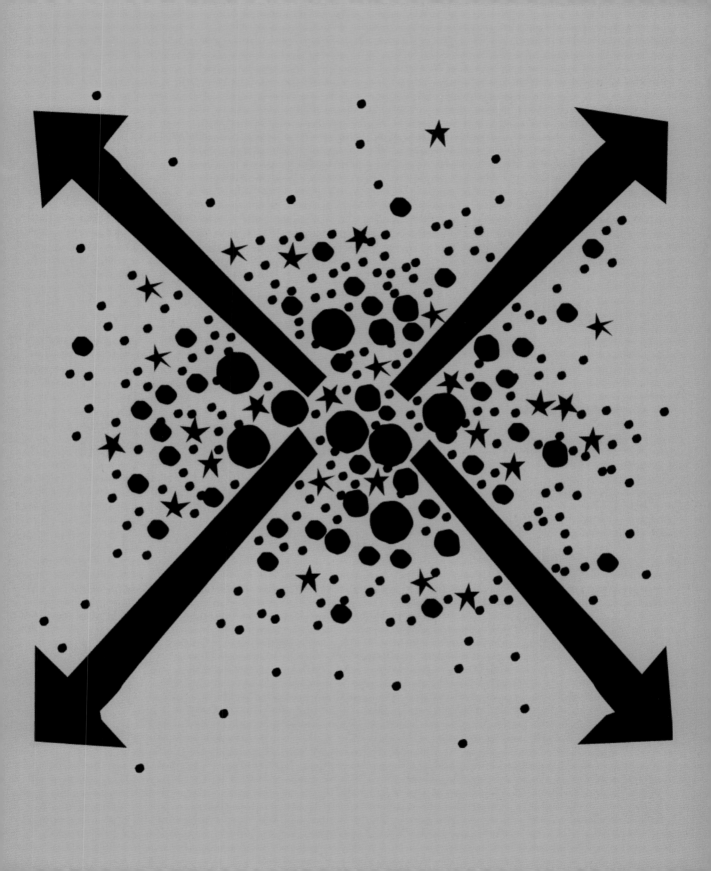

EN CONTEXTO

DISCIPLINA
Cosmología

ANTES
1543 Nicolás Copérnico concluye que la Tierra no es el centro del Universo.

Siglo XVII La visión cambiante de las estrellas que ofrece la órbita de la Tierra es el origen del método del paralaje para medir distancias estelares.

Siglo XIX La mejora del telescopio permite el estudio de la luz de las estrellas y el auge de la astrofísica.

DESPUÉS
1927 Georges Lemaître propone que el origen del Universo se remonta a un único punto primigenio.

Década de 1990 Los astrónomos descubren que la expansión del Universo se acelera, impulsada por una fuerza llamada energía oscura.

A principios del siglo XX, las teorías acerca del tamaño del Universo dividían a los astrónomos: para unos, la galaxia de la Vía Láctea era todo lo que había, mientras que otros creían en la posibilidad de que la Vía Láctea fuera solo una más entre innumerables galaxias. Edwin Hubble zanjó la cuestión al demostrar que el Universo es mucho más vasto de lo que nadie había imaginado jamás.

Un elemento clave del debate era la naturaleza de las «nebulosas espirales». Actualmente, el término «nebulosa» designa una nube interestelar de polvo y gas, pero en la época se aplicaba a cualquier nube amorfa de luz, incluidos objetos que luego resultaron ser galaxias situadas más allá de la Vía Láctea.

Gracias a la mejora de los telescopios a lo largo del siglo XIX, algunos de los objetos que se habían clasificado como nebulosas empezaron a revelar formas espirales características. Al mismo tiempo, el desarrollo de la espectroscopia (estudio de la interacción de la materia y la energía radiante) sugería que esas espirales estaban compuestas en realidad por innumerables estrellas agrupadas.

No menos interesante resultaba la distribución de estas nebulosas: a diferencia de otros objetos que se concentraban en el plano de la Vía Láctea, eran más comunes en los cielos oscuros alejados del plano. En consecuencia, algunos astrónomos recuperaron una idea del filósofo alemán Immanuel Kant, que en 1755 había sugerido que las nebulosas eran «universos isla», parecidos a la Vía Láctea, pero mucho más lejanos y visibles únicamente en los puntos donde la distribución de la materia en nuestra galaxia permite una visión clara de lo que hoy llamamos espacio intergaláctico. Los que seguían creyendo que el Universo era mucho más limitado afirmaban que

Existe una relación simple entre la luminosidad y el periodo de las variables.
Henrietta Leavitt

Edwin Hubble

Edwin Powell Hubble nació en Marshfield (Missouri) en 1889, y ya en su juventud manifestó su carácter competitivo como atleta brillante. Pese a su interés por la astronomía, estudió derecho para complacer a su padre. A los 25 años de edad y tras la muerte de este decidió dedicarse a su verdadera pasión. Interrumpió sus estudios a causa de la Primera Guerra Mundial, pero a su regreso a EE UU obtuvo un puesto en el Observatorio del Monte Wilson, donde llevó a cabo su trabajo más importante. En 1924–1925 publicó su estudio sobre las «nebulosas extragalácticas» y en 1929 su demostración de la expansión cósmica. En sus últimos años luchó para que el comité del premio Nobel reconociera la astronomía, pero las normas solo cambiaron después de su muerte, en 1953, por lo que jamás recibió el galardón.

Obras principales

1925 *Cepheid Variables in Spiral Nebulae.*
1929 *A Relation between Distance and Radial Velocity among Extra-galactic Nebulae.*

Véase también: Nicolás Copérnico 34–39 ▪ Christian Doppler 127 ▪ Georges Lemaître 242–245

Henrietta Leavitt apenas gozó de reconocimiento en vida, pero sus descubrimientos sobre las estrellas variables cefeidas fueron la clave para medir la distancia entre la Tierra y las galaxias lejanas.

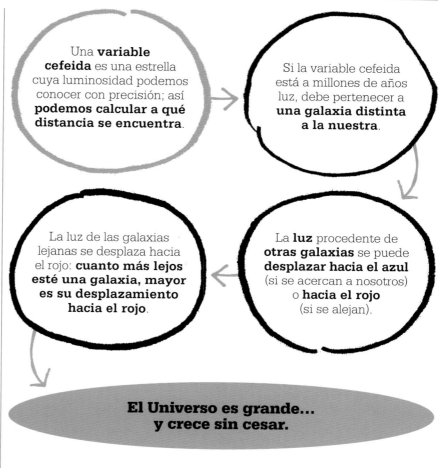

Una **variable cefeida** es una estrella cuya luminosidad podemos conocer con precisión; así **podemos calcular a qué distancia se encuentra**.

Si la variable cefeida está a millones de años luz, debe pertenecer a **una galaxia distinta a la nuestra**.

La luz de las galaxias lejanas se desplaza hacia el rojo: **cuanto más lejos esté una galaxia, mayor es su desplazamiento hacia el rojo**.

La **luz** procedente de **otras galaxias** se puede **desplazar hacia el azul** (si se acercan a nosotros) o **hacia el rojo** (si se alejan).

El Universo es grande... y crece sin cesar.

las espirales podían ser soles o sistemas solares en formación, en órbita alrededor de la Vía Láctea.

Las estrellas pulsantes

La solución a este antiguo enigma llegó por etapas. Tal vez el avance más importante fue el desarrollo de un sistema preciso para medir la distancia de las estrellas, fruto del trabajo de Henrietta Swan Leavitt, miembro del equipo femenino de astronomía de la Universidad de Harvard que analizaba las propiedades de la luz de las estrellas.

A Leavitt le intrigaban las estrellas variables, cuya luminosidad parece fluctuar, o «pulsar», porque cuando se acercan al final de su vida se expanden y se contraen periódicamente. Empezó a estudiar placas fotográficas de las Nubes de Magallanes, dos pequeñas manchas luminosas visibles en el cielo del hemisferio austral y que parecen «fragmentos» aislados de la Vía Láctea. Descubrió que cada nube contenía muchísimas estrellas variables y, comparando muchas placas, no solo vio que la variación de la luz seguía un ciclo regular, sino que pudo calcular su periodo.

El estudio de esas pequeñas, tenues y aisladas nubes de estrellas permitió a Leavitt concluir que todas las estrellas que contenían se encontraban, aproximadamente, a la misma distancia de la Tierra. Aunque no supiera cual era la distancia exacta, esa certeza le bastó para comprender que las diferencias de «magnitud aparente» (luminosidad observada) de las estrellas indicaban diferencias de su «mag-

nitud absoluta» (luminosidad real). Cuando Leavitt publicó por primera vez sus resultados, en 1908, mencionó de pasada que, en algunas estrellas, parecía existir una relación entre el periodo de variabilidad y su magnitud absoluta. Pasaron cuatro años antes de que descubriera lo que esta relación significaba: en un tipo de estrellas variables, conocidas como cefeidas, cuanto mayor sea la luminosidad, más largo es su periodo de variabilidad.

La ley «periodo-luminosidad» de Leavitt fue la clave para desvelar la escala del Universo. Si es posible »

> Nos aventuramos en el espacio cada vez más lejos, hasta que, al alcanzar las nebulosas más tenues [...] lleguemos a la frontera del Universo conocido.
> **Edwin Hubble**

calcular la magnitud absoluta de una estrella a partir de su periodo de variabilidad, la magnitud aparente permitirá calcular la distancia entre la estrella y la Tierra. El primer paso para llevar a cabo este cálculo era establecer la escala, tarea que realizó el astrónomo sueco Ejnar Hertzsprung, que calculó las distancias hasta 13 cefeidas relativamente cercanas a la Tierra utilizando el método del paralaje (p. 39). Estas cefeidas (hoy llamadas «supergigantes amarillas») eran miles de veces más luminosas que el Sol. Por lo tanto, en teoría, eran una «vela estándar» ideal: estrellas cuya luminosidad podía usarse para medir las inmensas distancias cósmicas. Sin embargo, a pesar de los esfuerzos de los astrónomos, las cefeidas de las nebulosas espirales seguían siendo un misterio.

El gran debate

En 1920, el Museo Smithsonian de Washington D. C., organizó un debate entre las dos escuelas cosmológicas rivales con la esperanza de zanjar de una vez por todas la cuestión del tamaño del Universo.

Harlow Shapley, un respetado astrónomo de Princeton, defendía el «Universo pequeño». Había sido el primero en utilizar la obra de Leavitt sobre las cefeidas para medir la distancia hasta los cúmulos globulares (densos grupos de estrellas en órbita alrededor de la Vía Láctea) y descubrió que estaban a varios miles de años luz. En 1918, había utilizado estrellas RR Lyrae (estrellas tenues que se comportan como cefeidas) para estimar el tamaño de la Vía Láctea y demostró que el Sol no estaba en absoluto cerca del centro. Sus argumentos se hacían eco del escepticismo público ante la idea de un Universo enorme y con numerosas galaxias, apoyándose en pruebas específicas (que luego resultaron ser erróneas), como informes de que a lo largo de muchos años, algunos astrónomos habían observado rotar a las nebulosas espirales. Para que esto fuera cierto sin que algunas partes de las nebulosas superaran la velocidad de la luz, tenían que ser relativamente pequeñas.

Heber D. Curtis, del Observatorio Allegheny de la Universidad de Pittsburgh, representaba a los defensores del «Universo isla». Basaba sus argumentos en la comparación entre la tasa de novas (explosiones de estrellas muy brillantes que pueden servir como indicadores de distancia) en las espirales lejanas y en la propia Vía Láctea.

Curtis también citó como prueba otro factor crucial: el gran desplazamiento hacia el rojo que mostraban numerosas nebulosas espirales. Este fenómeno, consistente en la desviación de las líneas espectrales de una nebulosa hacia el extremo rojo del espectro, había sido descubierto por Vesto Slipher, del Observatorio Flagstaff (Arizona), en 1912. Slipher, Curtis y muchos otros creían que se debía al efecto

Al medir la luz de las estrellas variables cefeidas de la nebulosa Andrómeda, Hubble determinó que esta se encuentra a 2,5 millones de años luz de distancia y es una galaxia.

Doppler (cambio de la longitud de onda a consecuencia del movimiento relativo entre la fuente y el observador) y que, por lo tanto, indicaba que las nebulosas se alejaban de nosotros a gran velocidad, demasiado rápido para que la gravedad de la Vía Láctea pudiera afectarlas.

Medir el Universo

Entre 1922 y 1923, Edwin Hubble y Milton Humason, del Observatorio del Monte Wilson (California), aclararon por fin el misterio. Con ayuda del nuevo telescopio Hooker (de 2,5 m, el mayor del mundo en la época), buscaron variables cefeidas en el seno de las nebulosas espirales y esta vez lograron encontrar cefeidas en muchas de las nebulosas más grandes y luminosas.

Hubble calculó sus periodos de variabilidad y, por lo tanto, su magnitud absoluta. A partir de esto, bastó una simple comparación con la magnitud aparente para descubrir a qué distancia se encontraban, que resultó ser del orden de varios millones de años luz. Esto demostraba definitivamente que las nebulosas espirales eran, en realidad, gigantescos sistemas estelares independientes situados muchísimo más allá de la Vía Láctea y de tamaño similar al de esta. En la

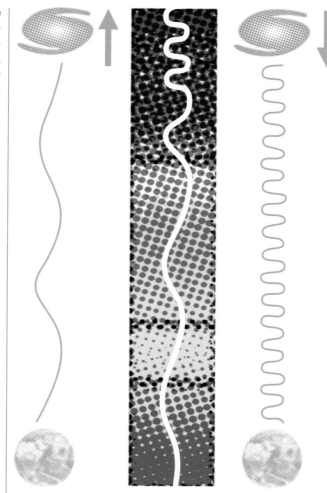

Equipado con sus cinco sentidos, el hombre explora el Universo que le rodea y llama ciencia a esta aventura.
Edwin Hubble

En 1842, Christian Doppler (p. 127) demostró que las ondas luminosas nos llegan a distinta velocidad si la fuente se acerca o se aleja de nosotros. Si se acerca, vemos un color más azul porque las ondas se concentran en el extremo azul del espectro; si se aleja, vemos un color más rojo. Hubble pensó que la luz de sodio era del mismo color en las galaxias lejanas que en la Tierra, pero que el efecto Doppler la desplazaba hacia el rojo o hacia el azul en función de si las galaxias se alejaban o se acercaban.

actualidad se denominan, correctamente, galaxias espirales. Como si esta revolución de la concepción del Universo no hubiera sido suficiente, Hubble pasó a examinar la relación entre las distancias de las galaxias y el desplazamiento hacia el rojo que había descubierto Slipher. Cotejando la distancia de más de 40 galaxias con su desplazamiento hacia el rojo, descubrió un patrón aproximadamente lineal: cuanto más lejos está una galaxia, mayor es su desplazamiento hacia el rojo y, por tanto, más rápido se aleja de la Tierra. Hubble se percató inmediatamente de que esto era consecuencia de una expansión cósmica generalizada. En otras palabras: el espacio se expande y se lleva consigo todas las galaxias. Cuanta mayor sea la separación entre dos galaxias, a mayor velocidad se expande el espacio entre ellas. La tasa de expansión del espacio se denominó «constante de Hubble» y fue medida en 2001 por el telescopio espacial que lleva el nombre de Hubble.

Mucho antes, el descubrimiento de la expansión del Universo dio origen a una de las teorías más célebres de la historia de la ciencia: el Big Bang (pp. 242–245). ■

EL RADIO DEL ESPACIO PARTIO DE CERO

GEORGES LEMAÎTRE (1894–1966)

La idea de que el Universo empezó con una gran explosión, o Big Bang, y se expandió a partir de un punto diminuto, superdenso y extraordinariamente caliente es la base de la cosmología moderna. Aunque suele decirse que surgió a partir de que Edwin Hubble descubriera la expansión del cosmos, en 1929, los precursores de esta teoría precedieron a Hubble varios años y las primeras aportaciones se derivaron de la aplicación de la relatividad general de Albert Einstein al Universo como un todo.

Para formular su teoría, Einstein partió del principio de que el Universo es estático: ni se expande ni se contrae. La relatividad general preveía

Véase también: Isaac Newton 62–69 ▪ Albert Einstein 214–221 ▪
Edwin Hubble 236–241 ▪ Fred Hoyle 270

Desde el Big Bang, hace unos 13.800 millones de años, la expansión del Universo ha pasado por distintas fases. Tras un periodo de expansión rápida, o inflación, se ralentizó y luego volvió a acelerarse.

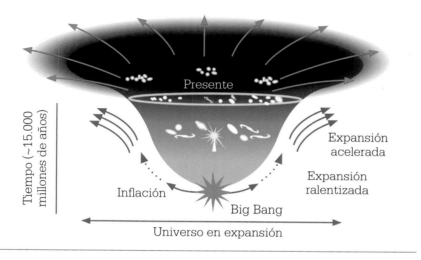

Tiempo (~15.000 millones de años)

Presente

Expansión acelerada

Expansión ralentizada

Inflación

Big Bang

Universo en expansión

---

que el Universo se colapsaría bajo su propia gravedad, por lo que Einstein corrigió sus ecuaciones añadiendo un término conocido como constante cosmológica, que contrarrestaba matemáticamente la contracción gravitatoria para que encajaran con un Universo supuestamente estático.

Más tarde, Einstein afirmó que la constante cosmológica había sido

Las primeras fases de la expansión consistieron en una expansión rápida determinada por la masa del átomo inicial, casi igual a la masa actual del Universo.
Georges Lemaître

su mayor error, pero hubo quien la encontró insatisfactoria desde el primer momento. El físico holandés Willem de Sitter y el matemático ruso Alexander Friedmann sugirieron por separado una solución a la relatividad general en la que el Universo se expandía. En 1927, el astrónomo y sacerdote belga Georges Lemaître llegó a la misma conclusión, dos años antes de que Hubble obtuviera pruebas observacionales.

Inicios ardientes
En un discurso ante la British Association en 1931, Lemaître llevó la idea de la expansión cósmica a su conclusión lógica al sugerir que el Universo se había desarrollado a partir de un único punto al que llamó «átomo primigenio». Esta idea radical tuvo una acogida desigual.

Para la corriente principal de la ciencia astronómica, que continuaba apegada a la idea de un Universo eterno, sin principio ni final, la hipótesis de un punto de origen concreto introducía en la cosmología un »

Georges Lemaître

Georges Lemaître nació en Charleroi (Bélgica) en 1894. Estudió ingeniería civil en la Universidad Católica de Lovaina y sirvió en la Primera Guerra Mundial antes de volver a la universidad, donde estudió física y matemáticas, además de teología. A partir de 1923 viajó a Gran Bretaña y EE UU para estudiar astronomía. En 1925 regresó a Lovaina como profesor y empezó a desarrollar su teoría de la expansión del Universo para explicar el desplazamiento hacia el rojo de las nebulosas exteriores a nuestra galaxia.

Sus ideas, publicadas por primera vez en 1927 en una revista belga de pequeña tirada, saltaron a la palestra cuando publicó una traducción al inglés con Arthur Eddington. Vivió hasta 1966, lo bastante para ver su teoría validada por el hallazgo de la radiación de fondo de microondas.

Obras principales

1927 *Un Univers homogène de masse constante et de rayon croissant rendant compte de la vitesse radiale des nébuleuses extragalactiques.*
1931 *The Evolution of the Universe: Discussion.*

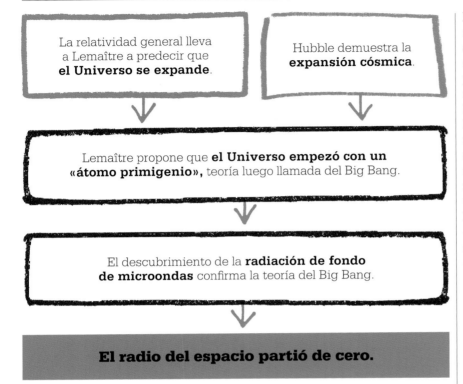

La relatividad general lleva a Lemaître a predecir que **el Universo se expande**.

Hubble demuestra la **expansión cósmica**.

Lemaître propone que **el Universo empezó con un «átomo primigenio»,** teoría luego llamada del Big Bang.

El descubrimiento de la **radiación de fondo de microondas** confirma la teoría del Big Bang.

El radio del espacio partió de cero.

elemento religioso innecesario, especialmente si quien la proponía era un sacerdote católico.

No obstante, las observaciones de Hubble eran innegables, y se necesitaba un modelo que explicara la expansión del Universo. Durante la década de 1930 se propusieron varias teorías, pero solo dos de ellas permanecían en pie a finales de la de 1940: la del átomo primigenio de Lemaître y la del «estado estacionario», según la cual la materia se crea continuamente. En 1949, el astrónomo británico Fred Hoyle, defensor del modelo del estado estacionario, calificó despectivamente a la teoría rival de «Big Bang». El nombre gustó y así la conocemos hoy.

Se han encontrado minúsculas variaciones en la radiación de fondo: los distintos colores de la imagen muestran diferencias de temperatura de menos de 400 millonésimas de kelvin.

La formación de los elementos

Cuando Hoyle bautizó sin saberlo la teoría de Lemaître, ya se había publicado un estudio convincente en su favor que inclinó aún más la balanza en contra del estado estacionario. Se trataba del artículo escrito en 1948 por Ralph Alpher y George Gamow, de la Universidad Johns Hopkins (EE UU), titulado *The Origin of Chemical Elements (El origen de los elementos químicos)*, que describía cómo podían haberse producido las partículas subatómicas y los elementos químicos ligeros a partir de la energía pura del Big Bang, según la ecuación $E = mc^2$. Pero esta teoría, que luego se denominó nucleosíntesis primordial o del Big Bang, explicaba un proceso que solo podía formar los cuatro elementos más ligeros: hidrógeno, helio, litio y berilio. Más tarde se descubrió que los elementos más pesados del Universo son producto de la nucleosíntesis estelar (un proceso que tiene lugar en el interior de las estrellas). Paradójicamente, fue Fred Hoyle quien aportó la prueba del funcionamiento de la nucleosíntesis estelar.

No obstante, aún no había pruebas observacionales directas que validaran ni la teoría del Big Bang ni la del estado estacionario. Los primeros intentos de probar estas teorías se llevaron a cabo en la década de 1950 con un radiotelescopio rudimentario, conocido como interferómetro de Cambridge. Si la teoría del estado estacionario era cierta, el Universo debía ser básicamente uniforme tanto en lo concerniente al tiempo como al espacio. Pero si se originó hace 10.000 o 20.000 millones de años, como sugería la teoría

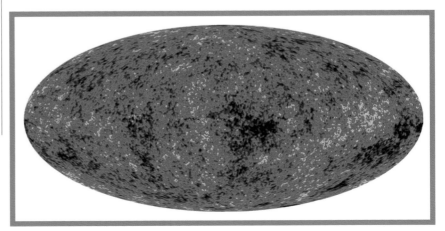

Arno Penzias y Robert Wilson detectaron la radiación de fondo sin proponérselo. Al principio, creían que las interferencias se debían a excrementos de pájaros en la antena.

del Big Bang, y había evolucionado a lo largo de su historia, los confines remotos del Universo, cuya radiación habría tardado miles de millones de años en llegar a la Tierra, deberían ser sustancialmente distintos. (Este efecto de máquina del tiempo cósmica, que hace que veamos los objetos celestes más lejanos como eran en el pasado remoto, se conoce como «tiempo retrospectivo» o *lookback time*). Calcular el número de galaxias lejanas cuya radiación supere una luminosidad determinada debería permitir distinguir entre los dos escenarios.

Los resultados del primer experimento de Cambridge parecieron confirmar el Big Bang, pero fueron invalidados debido a problemas en los detectores de radio. Los resultados de experimentos posteriores fueron más equívocos.

Los vestigios del Big Bang

Por suerte, la cuestión se resolvió por sí sola de otra manera. En 1948, Alpher y su colega Robert Herman habían predicho que el Big Bang habría dejado un efecto de calor residual en todo el Universo. Según su teoría, cuando el Universo alcanzó unos 380.000 años de edad, ya se habría enfriado lo suficiente para ser transparente, lo que habría permitido a los fotones viajar libremente por el espacio por primera vez. Los fotones que existían entonces se propagarían por el espacio desde ese momento, enrojeciendo progresivamente a medida que el espacio se expande. En 1964, Robert Dicke y sus colegas de la Universidad de Princeton se propusieron construir un radiotelescopio capaz de detec-

tar esa levísima señal, que creían tendría la forma de ondas de radio de baja energía. Sin embargo, Arno Penzias y Robert Wilson, dos ingenieros que trabajaban en los cercanos Laboratorios Bell Telephone, se les adelantaron. Penzias y Wilson habían construido un radiotelescopio para comunicaciones por satélite que captaba una señal de fondo no deseada y que no lograban eliminar de ningún modo. Procedía de todo el espacio y se correspondía con la emisión de un cuerpo a una temperatura de 3,5 K, tan solo 3,5 °C por encima del cero absoluto. Cuando los Laboratorios Bell le pidieron ayuda para solventar este problema, Dicke comprendió que acababan de encontrar los vestigios del Big Bang que hoy se conoce como radiación de fondo de microondas (o CMBR, del inglés *Cosmic Microwave Background Radiation*).

El hallazgo de que la CMBR permea todo el Universo, un fenómeno que la teoría del estado estacionario no podía explicar, cerró el caso en favor del Big Bang. Las mediciones posteriores demostraron que la verdadera temperatura media de la radiación de fondo es de unos 2,73 K, y las realizadas por satélite de alta precisión han revelado variaciones mínimas en la señal que permiten es-

tudiar las condiciones del Universo 380.000 años después del Big Bang.

Últimos descubrimientos

A pesar de que en principio está demostrada su validez, la teoría del Big Bang se ha modificado en varias ocasiones desde la década de 1960 para adaptarla a nuestro conocimiento, cada vez más amplio, del Universo. Unos de los cambios más importantes han sido la introducción de la materia oscura y de la energía oscura, y la incorporación de una fase de crecimiento fulgurante en el instante posterior a la creación, a la que se ha llamado inflación. Los acontecimientos que llevaron al Big Bang aún están fuera de nuestro alcance, pero las mediciones del ritmo de expansión, facilitadas por instrumentos como el telescopio espacial Hubble, nos permiten determinar el momento de la creación cósmica con gran precisión: el Universo empezó a existir hace 13.798 millones de años, 370 millones arriba o abajo. Aunque existen muchas teorías sobre el futuro del Universo, muchos creen que seguirá expandiéndose hasta alcanzar un estado de equilibrio termodinámico, o «muerte térmica», en que la materia se habrá desintegrado en partículas subatómicas frías, dentro de unos 10^{100} años. ∎

246

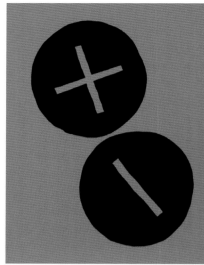

A CADA PARTICULA DE MATERIA LE CORRESPONDE UNA ANTIPARTICULA

PAUL DIRAC (1902–1984)

EN CONTEXTO

DISCIPLINA
Física

ANTES
1925 Werner Heisenberg, Max Born y Pascual Jordan desarrollan la mecánica matricial para describir el comportamiento ondulatorio de las partículas.

1926 Erwin Schrödinger desarrolla una función de onda que describe el cambio de un electrón a lo largo del tiempo.

DESPUÉS
1932 Carl Anderson confirma la existencia del positrón, la antipartícula del electrón.

Década de 1940 Richard Feynman, Sin-Itiro Tomonaga y Julian Schwinger desarrollan la electrodinámica cuántica, una descripción matemática de la interacción de la luz y la materia que aúna la teoría cuántica y la relatividad especial.

Dirac corrige la **ecuación de onda** de Schrödinger para tener en cuenta los **efectos relativistas**.

La **nueva ecuación** de Dirac predice la existencia de **antimateria**.

El posterior **descubrimiento** de la **antimateria** confirma la predicción de Dirac.

A cada partícula de materia le corresponde una antipartícula.

Pese a su extraordinaria aportación a la estructura teórica de la mecánica cuántica durante la década de 1920, el físico inglés Paul Dirac es recordado sobre todo por haber predicho matemáticamente la existencia de las antipartículas.

Dirac era alumno de posgrado en la Universidad de Cambridge cuando leyó el revolucionario artículo de Werner Heisenberg sobre mecánica cuántica que describía cómo pasan las partículas de un estado cuántico a otro. Dirac, una de las pocas personas capaces de entender las complejas matemáticas del artículo, detectó paralelismos entre las ecuaciones de Heisenberg y ciertos aspectos de la teoría clásica (precuántica) del movimiento conocida como mecánica hamiltoniana. Esto le llevó a desarrollar un método que permitía entender a nivel cuántico los sistemas clásicos. Uno de sus primeros resultados fue una derivación del concepto de espín cuántico. Dirac formuló una serie de reglas conocidas como «estadística de Fermi-Dirac» (que Enrico Fermi también las había desarrollado por su cuenta) y llamó «fermiones» (en honor a Fermi) a las partículas cuyo valor de espín es un número semientero, como los elec-

Véase también: James Clerk Maxwell 180–185 ▪ Albert Einstein 214–221 ▪ Erwin Schrödinger 226–233 ▪ Werner Heisenberg 234–235 ▪ Richard Feynman 272–273

trones. Las reglas describen el modo en que interactúan muchos fermiones. En 1926, Ralph Fowler, director de tesis de Dirac, usó esta estadística para calcular el comportamiento de un núcleo estelar colapsante y explicar el origen de las estrellas enanas blancas superdensas.

La teoría cuántica de campos

Mientras que la mayoría de los manuales de física se centran en las propiedades y la dinámica de partículas y cuerpos individuales sometidos a la influencia de fuerzas, las teorías de campos permiten ahondar en su comprensión al describir la manera en que las fuerzas ejercen su influencia en el espacio. La importancia de los campos como entidades independientes fue reconocida por primera vez por James Clerk Maxwell a mediados del siglo XIX, cuando desarrolló su teoría de la radiación electromagnética. La teoría de la relatividad de Einstein es otro ejemplo de teoría de campos.

La nueva interpretación del mundo cuántico por Dirac también era una teoría de campos. Gracias a ella

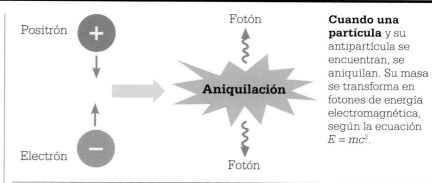

Positrón +

Electrón –

Aniquilación

Fotón

Fotón

Cuando una partícula y su antipartícula se encuentran, se aniquilan. Su masa se transforma en fotones de energía electromagnética, según la ecuación $E = mc^2$.

desarrolló en 1928 una versión relativista de la ecuación de onda de Schrödinger, en la que integró los efectos de las partículas que se mueven a una velocidad cercana a la de la luz y que, por tanto, permitía modelar el mundo cuántico con más precisión que la ecuación no relativista de Schrödinger. La «ecuación de Dirac» también predijo la existencia de partículas con propiedades idénticas a las de la materia, pero con carga eléctrica opuesta, que se llamaron partículas de «antimateria» (término ya usado en las especulaciones más fantasiosas desde finales del siglo XIX).

El físico estadounidense Carl Anderson confirmó experimentalmente la existencia del antielectrón, o positrón, que detectó por primera vez en rayos cósmicos (partículas de alta energía que llegan a la atmósfera terrestre desde el espacio profundo) y en ciertos tipos de desintegración radiactiva. Desde entonces, la antimateria apasiona tanto a los investigadores científicos como a los autores de ciencia-ficción (sobre todo por su capacidad de «aniquilarse» con una gran explosión de energía al entrar en contacto con la materia normal). Pero ante todo, la teoría cuántica de campos de Dirac sentó las bases de la teoría de la electrodinámica cuántica, desarrollada por una generación posterior de físicos. ▪

Paul Dirac

Paul Dirac fue un genio de las matemáticas que hizo múltiples aportaciones a la física cuántica, por las que compartió el Nobel de física con Erwin Schrödinger en el año 1933. Nacido en Bristol (Inglaterra), de padre suizo y madre inglesa, estudió ingeniería eléctrica y matemáticas en la universidad de su ciudad natal antes de proseguir sus estudios en Cambridge, donde se consagró a la teoría de la relatividad general y la teoría cuántica. Después de sus revolucionarios avances a mediados de la década de 1920, continuó su trabajo en Gotinga y Copenhague antes de regresar a Cambridge para ocupar la cátedra Lucasiana de matemáticas. En sus últimos trabajos, Didac se centró en la electrodinámica cuántica. También intentó unificar la teoría cuántica con la relatividad general, pero sus esfuerzos apenas dieron fruto.

Obras principales

1930 *Principles of Quantum Mechanics.*
1966 *Lectures on Quantum Field Theory.*

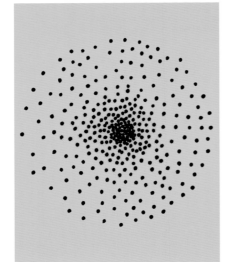

HAY UN LIMITE MAS ALLA DEL CUAL UN NUCLEO ESTELAR COLAPSANTE SE VUELVE INESTABLE
SUBRAHMANYAN CHANDRASEKHAR (1910–1995)

EN CONTEXTO

DISCIPLINA
Astrofísica

ANTES
Siglo XIX Los astrónomos descubren las enanas blancas al observar una estrella cuya masa es mucho mayor de lo que sugiere su pequeño tamaño.

DESPUÉS
1934 Según Fritz Zwicky y Walter Baade, las explosiones llamadas supernovas marcan la muerte de estrellas masivas y el colapso de su núcleo origina una estrella de neutrones.

1967 Jocelyn Bell y Anthony Hewish detectan señales de radio pulsantes emitidas por un «púlsar», estrella de neutrones que rota a gran velocidad.

1971 Se descubre que las emisiones de rayos X desde una fuente llamada Cygnus X-1 se originan en material caliente que cae en espiral en lo que parece ser un agujero negro, el primero que se confirmó.

El desarrollo de la física cuántica en la década de 1920 tuvo consecuencias para la astronomía, que la aplicó para entender las estrellas superdensas a las que llamamos enanas blancas. Estas son núcleos agotados de estrellas similares al Sol que han consumido su combustible nuclear y se han colapsado por efecto de su propia gravedad hasta convertirse en objetos del tamaño de la Tierra. En 1926, los físicos Ralph Fowler y Paul Dirac explicaron que el colapso se detiene al llegar a este tamaño debido a la «presión de la degeneración electrónica» que aparece cuando los electrones están tan apretados que entra en acción el principio de exclusión de Pauli (p. 230), la imposibilidad de que dos partículas ocupen el mismo estado cuántico.

Un agujero negro
En 1930, el astrónomo indio Subrahmanyan Chandrasekhar dedujo que debía haber un límite superior para la masa de un núcleo estelar, más allá del cual la gravedad superaría la presión de la degeneración electrónica. El núcleo se contraería en un solo punto del espacio conocido como singularidad, formando un agujero negro. Hoy se sabe que el límite de Chandrasekhar es de 1,44 masas solares (o 1,44 veces la masa del Sol). Pero hay un estado intermedio entre la enana blanca y el agujero negro: una estrella del tamaño de una ciudad estabilizada por otro efecto cuántico: la «presión de degeneración neutrónica». Los agujeros negros se crean solo cuando el núcleo de neutrones de la estrella supera un límite que está entre 1,5 y 3 masas solares. ∎

Los agujeros negros [...] son los objetos macroscópicos más perfectos del Universo.
Subrahmanyan Chandrasekhar

LA VIDA ES UN PROCESO DE ADQUISICION DE CONOCIMIENTO
KONRAD LORENZ (1903–1989)

D ouglas Spalding, biólogo inglés, fue uno de los primeros en llevar a cabo experimentos científicos sobre la conducta de los animales, en su caso aves, en el siglo XIX. Aunque la opinión imperante era que la conducta compleja de las aves era aprendida, Spalding creía que en parte era innata: se heredaba y estaba «programada», como la tendencia de la gallina a incubar sus huevos.

Para la etología (el estudio de la conducta animal) moderna, la conducta comprende elementos tanto innatos como aprendidos. La conducta innata es estereotípica y, dado que se hereda, puede evolucionar por selección natural, mientras que la conducta aprendida puede modificarse con la experiencia.

La impronta

En la década de 1930, el biólogo austriaco Konrad Lorenz se centró en un tipo de conducta aprendida de las aves a la que llamó «impronta». En especial, estudió la manera en que los gansos comunes adquieren la impronta de seguir al primer estí-

Estos gansos y grullas criados por Christian Moullec se improntaron a él y le siguen a todas partes. Desde su ultraligero, Moullec les enseña sus rutas migratorias.

mulo en movimiento que ven (normalmente su madre) durante un periodo crítico tras salir del cascarón. El ejemplo de la madre activa en las crías una conducta instintiva conocida como «patrón fijo de acción».

Lorenz demostró este fenómeno con ansarinos, que lo adoptaron como madre y lo seguían a todas partes; incluso se improntaron a objetos y seguían a trenes de juguete en circuitos circulares. En 1973, Lorenz recibió el premio Novel de fisiología junto con el biólogo holandés Nikolaas Tinbergen. ∎

Véase también: Charles Darwin 142–149 ▪ Gregor Mendel 166–171 ▪ Thomas Hunt Morgan 224–225

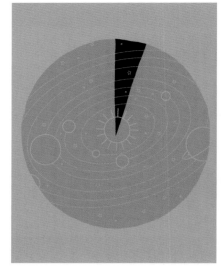

FALTA EL 95 % DEL UNIVERSO
FRITZ ZWICKY (1898–1974)

EN CONTEXTO

RAMA
Física y cosmología

ANTES
1923 Edwin Hubble confirma que las galaxias son sistemas estelares independientes a millones de años luz de la Vía Láctea.

1929 Hubble determina que el Universo se expande y que las galaxias se alejan a mayor velocidad cuanto más lejos se encuentran (flujo de Hubble).

DESPUÉS
Década de 1950 El astrónomo estadounidense George Abell compila el primer catálogo detallado de cúmulos de galaxias. Estudios posteriores confirman la existencia de materia oscura.

Década de 1950–presente Varios modelos indican que el Big Bang tuvo que haber generado mucha más materia que la que vemos hoy en día.

E l astrónomo suizo Fritz Zwicky fue el primero en sugerir la posibilidad de que el Universo estuviera regido por algo distinto de la materia luminosa detectable. Una década después de que Edwin Hubble demostrara, en 1922–1923, que las nebulosas eran galaxias lejanas, Zwicky se propuso determinar la masa global del cúmulo de Coma. Para ello usó el teorema del virial, un modelo matemático que le permitió calcular la masa general a partir de las velocidades relativas de distintos cúmulos de galaxias. Para su sorpresa, los resultados sugerían que la

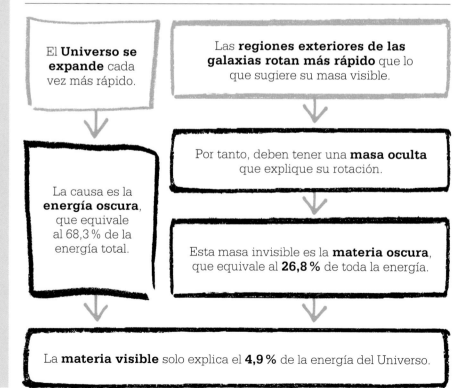

El **Universo se expande** cada vez más rápido.

Las **regiones exteriores de las galaxias rotan más rápido** que lo que sugiere su masa visible.

La causa es la **energía oscura**, que equivale al 68,3 % de la energía total.

Por tanto, deben tener una **masa oculta** que explique su rotación.

Esta masa invisible es la **materia oscura**, que equivale al **26,8 %** de toda la energía.

La **materia visible** solo explica el **4,9 %** de la energía del Universo.

Véase también: Edwin Hubble 236–241 ▪ Georges Lemaître 242–245

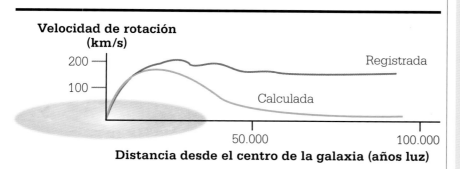

**Velocidad de rotación
(km/s)**

Registrada

Calculada

Distancia desde el centro de la galaxia (años luz)

Si la distribución de la masa en nuestra galaxia coincidiera con la de su materia visible, las estrellas del disco exterior se moverían más despacio a mayor distancia del centro. Según Vera Rubin, más allá de cierta distancia, las estrellas tienden a desplazarse a una velocidad uniforme independientemente de su distancia al centro, revelando la presencia de materia oscura en el halo exterior de la galaxia.

masa del cúmulo era unas 400 veces mayor de lo que sugería la luz combinada de sus estrellas. Zwicky llamó «materia oscura» a esta asombrosa cantidad de materia invisible.

En aquel momento, la conclusión de Zwicky apenas llamó la atención, pero en la década de 1950, cuando la tecnología ya permitía detectar materia no luminosa, se hizo evidente la existencia de grandes cantidades de materia demasiado fría para brillar con luz visible, pero que irradiaba en longitudes de onda infrarrojas y de radio. A medida que los científicos empezaron a entender la estructura visible e invisible de nuestra galaxia y de otras, la cantidad de «masa perdida» descendió notablemente.

Lo invisible es real

La realidad de la materia oscura se reconoció por fin en la década de 1970, cuando la astrónoma estadounidense Vera Rubin registró la velocidad de las estrellas en órbita en la Vía Láctea y midió la distribución de su masa. Demostró que más allá de los confines visibles de la galaxia, en una región denominada halo galáctico, existen grandes cantidades de masa.

Hoy se admite que la materia oscura constituye en torno al 84,5 % de la masa del Universo. Las hipótesis de que en realidad se trate de materia normal en formas difíciles de detectar, como agujeros negros o planetas errantes, no se han podido corroborar. Hoy se cree que la materia oscura comprende las llamadas partículas masivas de interacción débil (o WIMP, del inglés *Weakly Interacting Massive Particles*). Aún se desconocen las propiedades de estas hipotéticas partículas subatómicas: además de ser oscuras y transparentes, solo interactúan con la materia normal o con la radiación a través de la gravedad.

Desde finales de la década de 1990 se sabe que incluso la materia oscura se queda pequeña ante la «energía oscura». Este fenómeno es una fuerza que acelera la expansión del Universo (pp. 236–241) y cuya naturaleza se desconoce: puede que se trate de una característica del propio espacio-tiempo o de una quinta fuerza clave llamada «quintaesencia». Se cree que la energía oscura supone un 68,3 % de la energía total del Universo; la energía de la materia oscura ascendería al 26,8 %, y la de la materia normal a un insignificante 4,9 %. ▪

Fritz Zwicky

Nacido en Varna (Bulgaria) en 1898, Zwicky se crió con sus abuelos en Suiza y pronto demostró un gran talento para la física. En 1925 se trasladó a EE UU para trabajar en el Instituto de Tecnología de California (Caltech), donde desarrolló el resto de su carrera.

Además de por su trabajo sobre la materia oscura, se le conoce por su investigación sobre las estrellas gigantes explosivas. Él y Walter Baade probaron la existencia de estrellas de neutrones de tamaño intermedio entre las enanas blancas y los agujeros negros, y acuñaron el término «supernova» para designar las gigantescas explosiones estelares en las que nacen estos remanentes estelares masivos. Al probar que las supernovas de cierto tipo alcanzan siempre la misma luminosidad máxima, proporcionaron una manera de medir la distancia de galaxias lejanas independientemente de la ley de Hubble y con ello abrieron el camino al posterior hallazgo de la energía oscura.

Obras principales

1934 *On Supernovae* (con Walter Baade).
1957 *Morphological Astronomy.*

UNA MAQUINA COMPUTADORA UNIVERSAL

ALAN TURING (1912–1954)

EN CONTEXTO

RAMA
Informática

ANTES
1906 El ingeniero Lee De Forest inventa el triodo, o audión, base de las primeras computadoras electrónicas.

1928 El matemático David Hilbert formula el «problema de la toma de decisiones», sobre la capacidad de los algoritmos para tratar datos de todo tipo.

DESPUÉS
1943 En Bletchley Park empieza a funcionar Colossus, un ordenador con triodos que utiliza algunas de las ideas de Turing para descifrar códigos.

1945 El matemático John von Neumann describe la estructura lógica básica, o arquitectura, del ordenador programable.

1946 Se presenta el ENIAC, primer ordenador programable de propósito general, basado en parte en las ideas de Turing.

El cálculo de las respuestas a muchos problemas numéricos se puede **reducir** a una serie de pasos matemáticos, o **algoritmo**.

Con las instrucciones adecuadas, una **máquina de Turing** puede resolver cualquier **algoritmo solucionable**.

Un **dispositivo programable** con diferentes secuencias de instrucciones podrá resolver diversas tareas.

Se trata de una máquina computadora universal.

Si hubiera que ordenar 1.000 números aleatorios (520, 74, 2.395, 4, 999, etc.) en orden ascendente, resultaría útil contar con algún tipo de procedimiento automático, por ejemplo: **A** Comparar el primer par de números; **B** Si el segundo número es inferior, invertirlos y volver a A. Si es igual o superior, ir a C; **C** Poner el segundo número del par anterior como el primero de un nuevo par. Si hay otro número en la lista, insertarlo como segundo del par e ir a B. Si no hay más números, **acabar**.

Esta serie de instrucciones conforma una secuencia llamada algoritmo. Empieza con una condición o estado inicial; recibe datos, o entradas; se ejecuta a sí mismo un número finito de veces y proporciona un resultado final, o salida. Este concepto, bien conocido por los programadores informáticos actuales, se formalizó por primera vez en 1936, cuando el matemático y lógico británico Alan Turing concibió unas máquinas, hoy llamadas «de Turing», capaces de llevar a cabo

Véase también: Donald Michie 286–291 ■ Yuri Manin 317

estos procedimientos. Al principio se trataba de un trabajo meramente teórico, un ejercicio de lógica, con el propósito de reducir una tarea numérica a su forma más sencilla, básica y automática.

La «máquina a»

Turing concibió una máquina hipotética, la «máquina a» («a» de automática) que se componía de una larga cinta de papel dividida en cuadrados con un número, una letra o un símbolo en cada uno, y de un cabezal de lectura/escritura. El cabezal leía el símbolo del cuadrado o celda que veía y lo cambiaba o no, siguiendo unas instrucciones en forma de tabla de reglas. Luego pasaba al cuadrado de la derecha o de la izquierda y repetía el procedimiento. En cada ocasión, la máquina tenía una configuración global distinta, con una secuencia numérica diferente.

El proceso puede equipararse al algoritmo clasificador de números presentado con anterioridad, diseñado para una tarea específica. Turing concibió una serie de máquinas, cada una con una serie de reglas para una tarea concreta, y añadió: «Basta con considerar la posibilidad de extraer las reglas y cambiarlas por otras para obtener algo muy parecido a una máquina computadora universal».

Este dispositivo, hoy conocido como máquina universal de Turing, contaba con un almacén (memoria) infinito que contenía tanto las instrucciones como los datos. Lo que Turing llamaba «cambiar las reglas» es lo que ahora llamaríamos programación. De este modo, Turing planteó por primera vez el concepto de ordenador programable, adaptable a múltiples tareas, con introducción de datos, procesamiento de la información y salida de datos. ■

Un ordenador merecería ser llamado inteligente si lograra hacer creer a un ser humano que él también es humano.
Alan Turing

Alan Turing

Nació en Londres en 1912 y ya de niño demostró un talento matemático prodigioso. En 1934 se licenció con honores en el Kings College de Cambridge y se centró en la teoría de la probabilidad. Entre 1936 y 1938 estudió en la Universidad de Princeton (EE UU), donde propuso sus teorías sobre una máquina computadora genérica.

Durante la Segunda Guerra Mundial diseñó y participó en la construcción de una computadora plenamente funcional, conocida como «Bombe», para descifrar los códigos alemanes generados por la máquina Enigma. A Turing también le interesaba la teoría cuántica y las formas y motivos biológicos. En 1945 se trasladó al Laboratorio Nacional de Física de Londres y de allí a la Universidad de Manchester, donde siguió trabajando en sus proyectos informáticos. En 1952 fue juzgado por homosexualidad (por aquel entonces penada por la ley) y dos años más tarde murió envenenado con cianuro (probablemente se trató de un suicidio). En 2013 se le otorgó el «perdón real» póstumo.

Obra principal

1939 *Report on the Applications of Probability to Cryptography.*

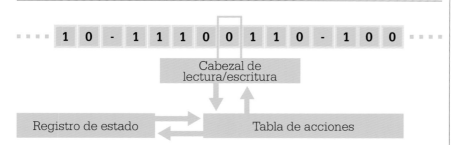

Una máquina de Turing es un modelo matemático de un ordenador. El cabezal lee un número de la cinta infinita, escribe un nuevo número y se desplaza a la derecha o a la izquierda según las reglas de la tabla de acciones. El registro de estado guarda los cambios y los introduce de nuevo en la tabla de acciones.

LA NATURALEZA DEL ENLACE QUIMICO

LINUS PAULING (1901–1994)

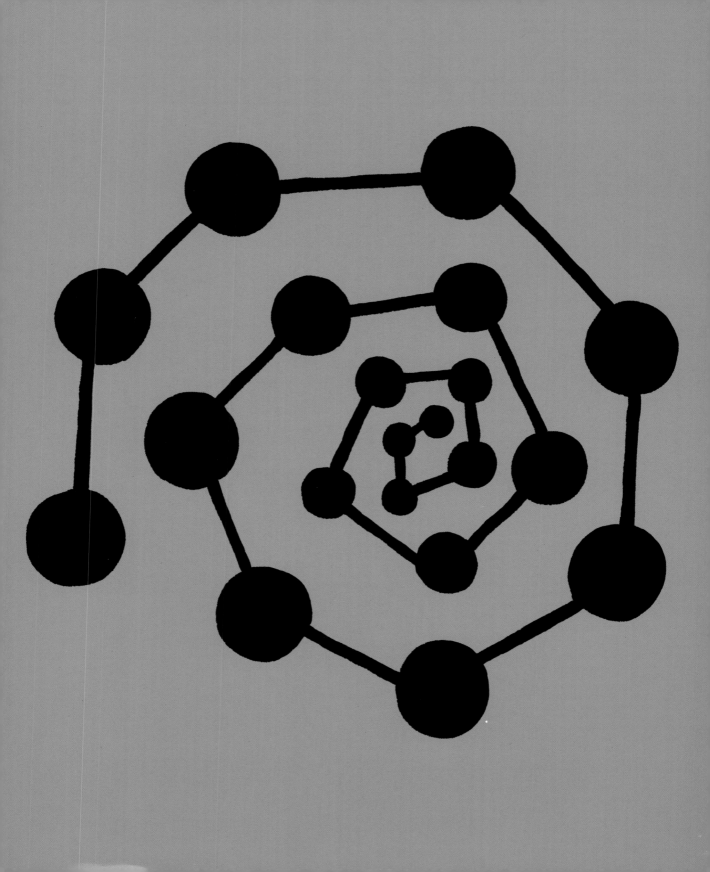

A finales de la década de 1920 y principios de la de 1930, el químico estadounidense Linus Pauling publicó una serie de artículos en los que explicaba la naturaleza de los enlaces químicos desde la perspectiva de la mecánica cuántica, que había estudiado con el físico alemán Arnold Sommerfeld en Múnich, con Niels Bohr en Copenhague y con Erwin Schrödinger en Zúrich. Había decidido investigar los enlaces moleculares y se percató de que la mecánica cuántica le ofrecía las herramientas adecuadas para ello.

La hibridación de los orbitales

Cuando regresó a Estados Unidos, Pauling publicó unos cincuenta artículos y, en 1929, estableció un conjunto de cinco reglas, hoy conocidas como leyes de Pauling, para la interpretación de las pautas de difracción de rayos X de cristales complejos. Al mismo tiempo había comenzado a dirigir su atención hacia los enlaces atómicos en las moléculas covalentes (moléculas en las que los átomos se enlazan compartiendo dos electrones), sobre todo de compuestos orgánicos, basados en el carbono.

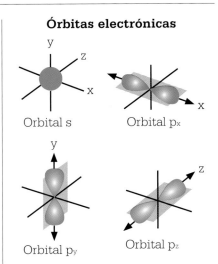

Órbitas electrónicas

Orbital s

Orbital p$_x$

Orbital p$_y$

Orbital p$_z$

Los electrones orbitan en torno al núcleo atómico en capas alrededor del centro (s) o en lóbulos sobre un eje (p).

Un átomo de carbono tiene seis electrones en total. Los dos primeros, en un orbital esférico, o capa, alrededor del núcleo (como un globo inflado con una pelota de golf en el centro) fueron denominados «electrones 1s» por los pioneros europeos de la mecánica cuántica. Sobre la capa 1s hay otra (como un globo más grande que rodeara al primero), que contiene dos «electrones 2s». Por último, los «orbitales p» son grandes lóbulos que sobresalen a cada lado del núcleo. El orbital p$_x$ descansa sobre el eje x; el orbital p$_y$ sobre el eje y; y el orbital p$_z$ sobre el eje z. Los dos últimos electrones del átomo de carbono ocupan dos de estos orbitales: quizá uno en p$_x$ y el otro en p$_y$.

La nueva representación mecánico-cuántica de los electrones consideraba sus órbitas como «nubes» de densidad de probabilidad. En lugar de pensar en los electrones como puntos girando en sus órbitas, su presencia se extendía entre órbitas. Esta nueva visión deslocalizada de la realidad permitió desa-

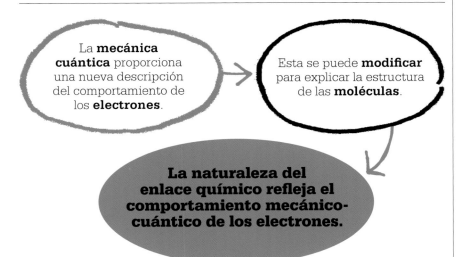

La **mecánica cuántica** proporciona una nueva descripción del comportamiento de los **electrones**.

Esta se puede **modificar** para explicar la estructura de las **moléculas**.

La naturaleza del enlace químico refleja el comportamiento mecánico-cuántico de los electrones.

Véase también: August Kekulé 160–165 ▪ Max Planck 202–205 ▪ Erwin Schrödinger 226–233 ▪ Harry Kroto 320–321

rrollar nuevas ideas radicales sobre los enlaces químicos, que pueden ser enlaces «sigma», más fuertes, en los que los orbitales se superponen de frente, o enlaces «pi», más débiles y difusos, en los que los orbitales están en paralelo entre ellos.

Pauling lanzó la idea de que, en una molécula, los orbitales atómicos del carbono podían combinarse, o «hibridarse», para crear enlaces más fuertes con otros átomos. Demostró que los orbitales s y p podían hibridarse para formar cuatro híbridos sp^3 que serían equivalentes y se proyectarían desde el núcleo hacia los vértices de un tetraedro con un ángulo de 109,5° entre ellos. Cada orbital sp^3 podría formar un enlace sigma con otro átomo. Esto cuadraba con el hecho de que todos los átomos de hidrógeno del metano (CH_4) y todos los átomos de cloro del tetracloruro de carbono

> Hacia 1935 creí haber comprendido la naturaleza del enlace químico casi por completo.
> **Linus Pauling**

(CCl_4) se comportan de este modo.

El estudio de la estructura de varios compuestos del carbono reveló que los cuatro átomos más próximos se encuentran a menudo en una disposición tetraédrica. La estructura cristalina del diamante fue una de las primeras en resolverse mediante cristalografía de rayos X, en 1914. El diamante es carbono puro: cada átomo de carbono se enlaza con otros cuatro por medio de enlaces sigma en los vértices de un tetraedro. Esta estructura explica su dureza.

Los átomos de carbono también pueden enlazarse con otros combinando un orbital s con dos orbitales p para formar tres híbridos sp^2. Estos últimos parten del núcleo en un mismo plano, formando ángulos de 120° entre ellos. Este es el caso de moléculas como las del etileno, cuya estructura de doble enlace es $H_2C = CH_2$: uno de los híbridos sp^2 forma un enlace sigma entre los átomos de carbono, y el cuarto orbital, no hibridado, forma un enlace pi.

Por último, un orbital s puede combinarse con un orbital p y formar dos híbridos sp, cuyos lóbulos »

Metano

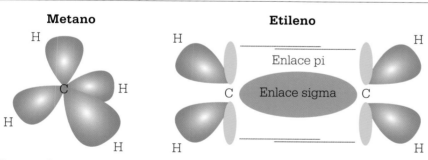

Cuatro elementos del átomo de carbono se hibridan para formar cuatro orbitales sp^3.

Etileno

Enlace pi

Enlace sigma

Tres electrones de los átomos de carbono se hibridan para formar tres orbitales sp^2. Los orbitales no hibridados restantes forman un segundo enlace pi entre los átomos de carbono.

Dióxido de carbono

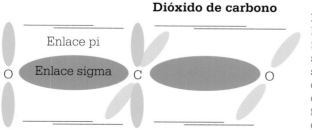

Enlace pi

Enlace sigma

Dos electrones de los átomos de carbono forman dos orbitales sp, y cada uno de estos se enlaza con un átomo de oxígeno. Los dos orbitales restantes forman un enlace pi con el oxígeno.

Diamante

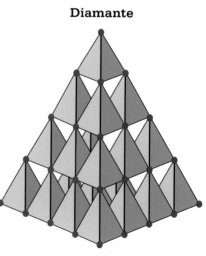

Cada átomo de carbono del diamante está enlazado a otros cuatro átomos con híbridos sp^3 para formar el vértice de un tetraedro. El resultado es una red infinita que se mantiene unida mediante enlaces covalentes carbono-carbono, extraordinariamente fuertes.

sobresalen en línea recta y con una separación de 180°. Este es el caso de la estructura del dióxido de carbono (CO_2), en la que cada híbrido sp forma un enlace sigma con el oxígeno, y los dos orbitales restantes, no hibridados, forman un segundo enlace pi.

La nueva estructura del benceno

Más de 60 años antes, August Kekulé había afirmado al principio que la estructura del benceno, C_6H_6, era un anillo, pero después sugirió que los átomos de carbono debían estar conectados mediante enlaces simples y dobles alternos, y que la molécula oscilaba entre estas dos estructuras equivalentes (p. 164).

Pauling propuso una alternativa elegante: todos los átomos de carbono son híbridos sp^2, de modo que los enlaces entre ellos y los átomos de hidrógeno se hallan en el mismo plano xy, y forman un ángulo de 120° entre uno y otro. Cada átomo de carbono posee un electrón sobrante en un orbital p_z. Estos electrones se combinan para formar un enlace que une los seis átomos de carbono. Se trata de un enlace pi, en el que los electrones permanecen por encima y por debajo del anillo, alejados de los núcleos de carbono (derecha).

El enlace iónico

A temperatura ambiente, el metano y el etileno son gases, mientras que el benceno y muchos otros compuestos orgánicos con base de carbono son líquidos. Se componen de moléculas pequeñas y ligeras que pasan con facilidad de estado líquido a gaseoso. Por el contrario, las sales como el carbonato de calcio o el nitrato de potasio, casi siempre son sólidas y se funden a temperaturas muy elevadas. Sin embargo, una unidad de cloruro de sodio

Enlace iónico

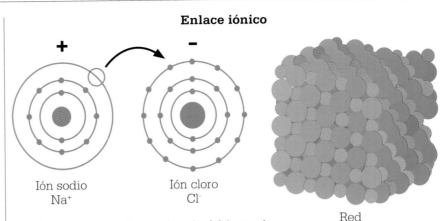

En el cloruro de sodio, un electrón del átomo de sodio pasa al átomo de cloro y se forman dos iones estables cargados. La atracción electrostática mantiene unidos los iones en una red estable.

Anillo de benceno

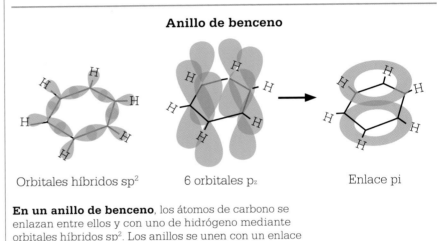

Orbitales híbridos sp^2 6 orbitales p_z Enlace pi

En un anillo de benceno, los átomos de carbono se enlazan entre ellos y con uno de hidrógeno mediante orbitales híbridos sp^2. Los anillos se unen con un enlace pi deslocalizado, formado por los seis orbitales p_z.

(NaCl) tiene un peso molecular de 62, mientras que el de una unidad de benceno es 78. Es la estructura, no el peso, lo que explica su diferente comportamiento. Los átomos de la molécula de benceno están unidos mediante enlaces covalentes, es decir, que cada enlace consta de un par de electrones compartidos por dos átomos específicos.

Las propiedades del cloruro de sodio son muy distintas. El sodio es un metal plateado que arde con gran energía en presencia de cloro gaseoso, verdoso, para producir clo-

ruro de sodio, un sólido blanco. El átomo de sodio tiene una capa completa y estable de electrones alrededor del núcleo, más un electrón sobrante, fuera de la capa. Al átomo de cloro le falta un electrón para tener una capa completa y estable. Cuando reaccionan, un electrón pasa del átomo de sodio al de cloro, de modo que ambos adquieren capas de electrones completas y estables. El sodio se convierte en un ión Na^+, y el cloro en un ión Cl^- (arriba). No les quedan electrones sobrantes para formar enlaces co-

> No hay faceta del mundo que los científicos no deban investigar. Siempre quedan preguntas sin respuesta. Por lo general, son preguntas que aún no se han planteado.
> **Linus Pauling**

valentes, pero los iones están cargados: el átomo de sodio ha perdido un electrón con carga negativa y tiene una carga global positiva; el átomo de cloro ha ganado un electrón y tiene carga negativa. Los iones se mantienen unidos gracias a la atracción electrostática +/-, un enlace fuerte.

El cloruro de sodio fue el primer compuesto que se analizó con cristalografía de rayos X. Se descubrió que, en realidad, no existía una molécula NaCl propiamente dicha: su estructura es una alternancia infinita de iones de sodio y de cloro. Cada ion de sodio está rodeado de seis iones de cloro y cada ión de cloro está rodeado por seis iones de sodio. Muchas otras sales tienen una estructura similar: una red infinita de iones de un tipo, con otros iones que llenan todos los espacios.

La electronegatividad

Pauling explicó el enlace iónico en compuestos como el cloruro de sodio, que es puramente iónico, y también en compuestos donde los enlaces no son ni puramente iónicos ni puramente covalentes, sino algo intermedio. Este trabajo le llevó a desarrollar el concepto de electronegatividad, que en cierta medida era un eco de la lista de metales por electropositividad decreciente que Alessandro Volta había propuesto en 1800. Pauling descubrió que el enlace covalente formado entre los átomos de dos elementos (por ejemplo, C-O) es más fuerte de lo que cabría esperar a partir de la fuerza promedio de los enlaces C-C y O-O. Pensó que tenía que haber algún factor eléctrico que lo reforzara y se propuso calcular valores para ese factor. La escala resultante se conoce como escala de Pauling.

La electronegatividad de un elemento (en un compuesto, en sentido estricto) es la medida de la fuerza con la que un átomo de dicho elemento atrae electrones hacia él. El elemento más electronegativo es el flúor, y el menos electronegativo (o más electropositivo) de los elementos conocidos es el cesio. En el fluoruro de cesio, cada átomo de flúor se apropia de un electrón del átomo de cesio, dando lugar así a un compuesto iónico Cs^+F^-.

Si bien en un compuesto covalente como el agua (H_2O) no hay iones, como el oxígeno es mucho más electronegativo que el hidrógeno, la molécula de agua es polar, con una pequeña carga negativa en el átomo de oxígeno y una pequeña carga positiva en los átomos de hidrógeno. Estas cargas hacen que las moléculas estén fuertemente unidas y explican la tensión superficial y el punto de ebullición tan elevado del agua.

Pauling presentó en 1932 la primera escala de electronegatividad, que él y otros desarrollaron durante los años siguientes. En 1954 recibió el premio Nobel de química por su trabajo sobre la naturaleza del enlace químico. ∎

Linus Pauling

Linus Carl Pauling nació en Portland (Oregón, EE UU), donde por primera vez oyó hablar de la mecánica cuántica. En 1926 obtuvo una beca para estudiar en Europa con algunos de los expertos mundiales en la materia. A su regreso, trabajó como profesor asociado en el Instituto de Tecnología de California, donde permaneció durante la mayor parte de su vida.

Le interesaban mucho las moléculas biológicas, y descubrió que la anemia drepanocítica, o falciforme, es una enfermedad molecular. También fue un activo pacifista y en 1963 recibió el Nobel de la paz por sus intentos de mediación entre EE UU y Vietnam.

Posteriormente, su reputación se vio empañada por su entusiasmo por la medicina alternativa. Abogó por la ingesta de altas dosis de vitamina C para prevenir el resfriado común, un tratamiento cuya ineficacia está demostrada.

Obra principal

1939 *The Nature of the Chemical Bond and the Structure of Molecules and Crystals.*

EL NUCLEO DEL ATOMO ENCIERRA UN PODER FORMIDABLE

J. ROBERT OPPENHEIMER (1904–1967)

EN CONTEXTO

DISCIPLINA
Física

ANTES
1905 La célebre ecuación
$E = mc^2$ de Albert Einstein
describe cómo masas
diminutas «almacenan»
grandes cantidades de
energía.

1932 Los experimentos
de John Cockcroft y Ernest
Walton sobre la división de
núcleos de litio con protones
apuntan a la enorme energía
contenida en el núcleo.

1939 Leo Szilard descubre que
una sola fisión de uranio-235
libera tres neutrones y sugiere
la posibilidad de que provoque
una reacción en cadena.

DESPUÉS
1954 Empieza a funcionar la
central nuclear de Obninsk
(URSS), la primera que genera
electricidad para una red
nacional.

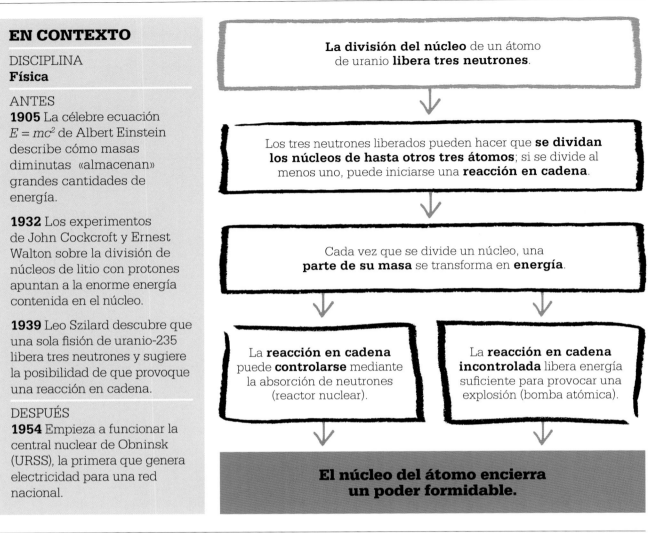

La división del núcleo de un átomo
de uranio **libera tres neutrones**.

Los tres neutrones liberados pueden hacer que **se dividan
los núcleos de hasta otros tres átomos**; si se divide al
menos uno, puede iniciarse una **reacción en cadena**.

Cada vez que se divide un núcleo, una
parte de su masa se transforma en **energía**.

La **reacción en cadena**
puede **controlarse** mediante
la absorción de neutrones
(reactor nuclear).

La **reacción en cadena
incontrolada** libera energía
suficiente para provocar una
explosión (bomba atómica).

**El núcleo del átomo encierra
un poder formidable.**

En 1938, el mundo estaba a las puertas de la era atómica. El hombre que dio un paso al frente para liderar el progreso científico que abrió la nueva era se llamaba J. Robert Oppenheimer. Su decisión acabó destruyéndole. Aunque dirigió el mayor proyecto científico que el mundo había visto jamás (el Proyecto Manhattan), acabó lamentando haber participado en él.

En el meollo de la actualidad
La vida profesional de Oppenheimer se caracterizó por un impulso irrefrenable de «estar a la última» que llevó al recién graduado en Harvard a viajar a Europa, centro de una floreciente física teórica. En la Universidad de Gotinga (Alemania), en 1926, desarrolló junto con Max Born la aproximación Born-Oppenheimer, que explicaba «por qué las moléculas son moléculas», en sus propias palabras. Este método llevaba la mecánica cuántica más allá de los átomos individuales para describir la energía de los compuestos químicos. Era un ambicioso ejercicio matemático, ya que había que calcular una cantidad abrumadora de posibilidades para cada electrón de una molécula.

El trabajo de Oppenheimer en Alemania resultó crucial para el cálculo de la energía en la química moderna, pero el descubrimiento final que llevó a la bomba atómica tuvo lugar en Estados Unidos.

**La fisión y los
agujeros negros**
La reacción en cadena que condujo a la fabricación de la bomba atómica empezó a mediados de diciembre de 1938, cuando los químicos alemanes Otto Hahn y Fritz Strassmann «rompieron el átomo» en su laboratorio de Berlín. Habían estado bombar-

Véase también: Marie Curie 190–195 ▪ Ernest Rutherford 206–213 ▪ Albert Einstein 214–221

> Sabíamos que el mundo ya no sería el mismo. Unos rieron. Otros lloraron. La mayoría guardó silencio. Yo recordé una frase de las escrituras hindúes: «Ahora me he convertido en la Muerte, el destructor de los mundos».
> **J. Robert Oppenheimer**

John Archibald Wheeler en Princeton tras la Conferencia de Física Teórica anual desembocaron en la teoría Bohr-Wheeler sobre la fisión nuclear.

El núcleo de todos los átomos del mismo elemento tiene el mismo número de protones, pero el número de neutrones puede variar y dar lugar a diferentes isótopos. En el caso del uranio, se dan de forma natural dos isótopos. El uranio-238 (U-238), cuyo núcleo contiene 92 protones y 146 neutrones, supone el 99,3 % del uranio natural. El 0,7 % restante es uranio-235 (U-235), con 92 pro-

tones y 143 neutrones en el núcleo. La teoría Bohr-Wheeler integraba el descubrimiento de la capacidad de los neutrones de baja energía para provocar la fisión del U-235, con la consiguiente división del átomo y la liberación de energía.

Cuando estas noticias llegaron a la costa oeste de EE UU cautivaron a Oppenheimer, entonces en Berkeley. Tras impartir varias conferencias y seminarios sobre la nueva teoría, comprendió su potencial para fabricar un arma potentísima, «una buena manera, práctica y honesta» »

deando uranio con neutrones, pero en lugar de crear elementos más pesados por absorción de neutrones, o elementos más ligeros por emisión de uno o más nucleones (protones o neutrones), encontraron que se liberaba bario, un elemento con 100 nucleones menos que el núcleo de uranio. Ninguno de los procesos nucleares entonces conocidos podía explicar la pérdida de 100 nucleones.

Perplejo, Hahn envió una carta a sus colegas Lise Meitner y Otto Frisch, en Copenhague. En menos de un mes, Meitner y Frisch habían descubierto el mecanismo básico de la fisión nuclear: el uranio se separaba en bario y criptón, los nucleones desaparecidos se transformaban en energía y podía producirse una reacción en cadena. En 1939, el físico danés Niels Bohr llevó estas noticias a EE UU. Su relato y la publicación del artículo de Meitner y Frisch en la revista *Nature* causaron sensación en la comunidad científica de la costa este estadounidense. Las conversaciones entre Bohr y

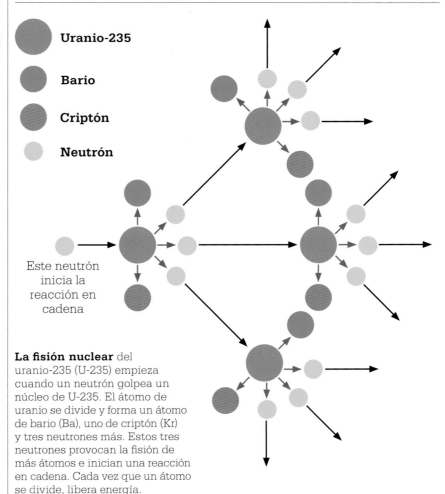

Este neutrón inicia la reacción en cadena

La fisión nuclear del uranio-235 (U-235) empieza cuando un neutrón golpea un núcleo de U-235. El átomo de uranio se divide y forma un átomo de bario (Ba), uno de criptón (Kr) y tres neutrones más. Estos tres neutrones provocan la fisión de más átomos e inician una reacción en cadena. Cada vez que un átomo se divide, libera energía.

de explotar la nueva ciencia, en su opinión. Sin embargo, mientras que los laboratorios de las universidades de la costa este se apresuraron a replicar los resultados de los primeros experimentos sobre la fisión nuclear, Oppenheimer concentró sus esfuerzos en investigar cómo se contraían y se colapsaban las estrellas a consecuencia de su propia gravedad y formaban agujeros negros.

El nacimiento de la idea

La idea de un arma nuclear ya estaba en el aire. En 1913, H. G. Wells había escrito acerca de «aprovechar la energía interna de los átomos» para fabricar «bombas atómicas». Según su libro *La liberación mundial*, esto iba a ocurrir en 1933, y fue precisamente en 1933 cuando Ernest Rutherford habló de la gran cantidad de energía que se liberaba durante la fisión nuclear en un discurso publicado en el *The Times* de Londres. Sin embargo, descartó la idea de explotar esa energía y la calificó de «tontería» porque el proceso era tan ineficiente que requería mucha más energía que la que producía.

Tuvo que ser un húngaro residente en Gran Bretaña, Leo Szilard, quien vio que era factible y también las terribles consecuencias que podía tener para un mundo abocado a la guerra. Reflexionando sobre el discurso de Rutherford, Szilard comprendió que los «neutrones secundarios» que surgían de la primera fisión podían crear fisiones sucesivas en una reacción en cadena creciente. Más tarde, afirmó: «No albergaba la menor duda de que el mundo se encaminaba al desastre».

Los experimentos realizados en EE UU y Alemania demostraron que, efectivamente, la reacción en cadena era posible, lo que llevó a Szilard y a otro emigrante húngaro, Edward Teller, a enviar una carta a Einstein, que la transmitió al presidente estadounidense Roosevelt el 11 de octubre de 1939. Tan solo diez días después se constituyó el Comité Asesor sobre el Uranio para investigar la posibilidad de desarrollar la bomba en EE UU.

El nacimiento de la *Big Science*

El Proyecto Manhattan que surgió de esta resolución fue una iniciativa científica de una amplitud sin precedentes, con múltiples ramas en grandes centros en EE UU y Canadá y numerosas sedes más pequeñas. Empleó a 133.000 personas y costó

> Hemos creado algo, un arma terrible, que ha alterado bruscamente y profundamente la naturaleza del mundo. Al hacerlo, hemos planteado de nuevo la cuestión de si la ciencia es buena para el hombre.
> **J. Robert Oppenheimer**

más de 2.000 millones de dólares (más de 26.000 millones de dólares de 2014), todo ello en el mayor secreto.

A principios de 1941 se decidió investigar cinco métodos de producción de material fisible para una bomba: separación electromagnética, difusión gaseosa y difusión térmica para separar los isótopos de uranio-235 de los de uranio-238, y dos líneas de investigación sobre la tecnología de reactores nucleares. El 2 de diciembre de 1942 se llevó a cabo la primera reacción en cadena

J. Robert Oppenheimer

Julius Robert Oppenheimer, formado en la Ethical Culture School de Nueva York, fue un niño nervioso que entendía los conceptos rápidamente. Después de licenciarse en Harvard, pasó dos años en la Universidad de Cambridge con Ernest Rutherford antes de trasladarse a Gotinga (Alemania), donde Max Born le acogió bajo sus alas.

Oppenheimer fue un personaje complejo con un talento especial para estar en el centro de las cosas y entabló amistad con personas influyentes allá donde fue, a pesar de su lengua afilada y su afán de que se reconociera su inteligencia superior. Se le conoce sobre todo por su trabajo en el Proyecto Manhattan; sin embargo, su mayor contribución a la ciencia fue la investigación anterior a la guerra, en Berkeley, sobre las estrellas de neutrones y los agujeros negros.

Obras principales

1927 *Zur Quantentheorie der Molekeln (Sobre la teoría cuántica de las moléculas).*
1939 *On Continued Gravitational Contraction.*

El 9 de agosto de 1945, se lanzó la bomba *Fat Man* sobre Nagasaki, en el sur de Japón. Unas 40.000 personas murieron al instante y durante las semanas siguientes fallecieron muchas más.

controlada en la que intervenía la fisión nuclear, en una pista de squash de la Universidad de Chicago. El Chicago Pile-1 de Enrico Fermi fue el prototipo de los reactores para enriquecer uranio y crear el recién descubierto plutonio, un elemento inestable aún más pesado que el uranio y capaz de provocar una rápida reacción en cadena, que puede usarse para fabricar una bomba aún más mortífera.

Las fases finales

Oppenheimer, que había sido nombrado director de la investigación sobre armas secretas del Proyecto Manhattan, aprobó la instalación del centro destinado a acoger las fases finales de la creación de la bomba atómica en un internado abandonado en Los Álamos (Nuevo México). El «site Y» albergó una concentración inédita de galardonados con el Nobel.

Como gran parte del trabajo de investigación ya se había hecho, muchos de los científicos de Los Álamos consideraron su trabajo en el desierto de Nuevo México un mero «problema de ingeniería». Sin embargo, la fabricación de la bomba atómica solo fue posible gracias a la coordinación de 3.000 científicos por Oppenheimer.

Cambio de opinión

El éxito de la prueba Trinity el 16 de julio de 1945 y el posterior lanzamiento de la bomba llamada *Little Boy* sobre Hiroshima (Japón) el 6 de agosto de 1945 llenaron de júbilo a Oppenheimer. Sin embargo, la sombra de Hiroshima sobre el director de Los Álamos se hizo muy alargada. Cuando se lanzó la bomba, Alema-

nia ya se había rendido y muchos científicos de Los Álamos pensaban que una demostración pública de la bomba sería suficiente: cuando Japón constatara su potencia, se rendiría. Sin embargo, mientras que algunos consideraron la bomba de Hiroshima un mal necesario, la explosión de una bomba de plutonio (*Fat Man*) sobre Nagasaki el 9 de agosto fue difícil de justificar. Un año después, Oppenheimer declaró públicamente que las bombas atómicas se habían lanzado sobre un enemigo ya vencido.

En octubre de 1945, cuando Oppenheimer se reunió con Harry S.

Truman y le dijo: «Siento que tengo las manos llenas de sangre», el presidente montó en cólera. En 1954, el Congreso retiró al científico la habilitación de seguridad y puso fin así a su capacidad de influir en la política pública.

Para ese momento, Oppenheimer ya había supervisado la construcción del complejo militar-industrial e inaugurado una nueva era de *Big Science*, o megaciencia. Al presidir el advenimiento de un nuevo «terror científico», se convirtió en el símbolo del deber de los científicos de asumir la responsabilidad moral de sus actos. ∎

LOS CONST
ULTIMOS
1945—PRESENT

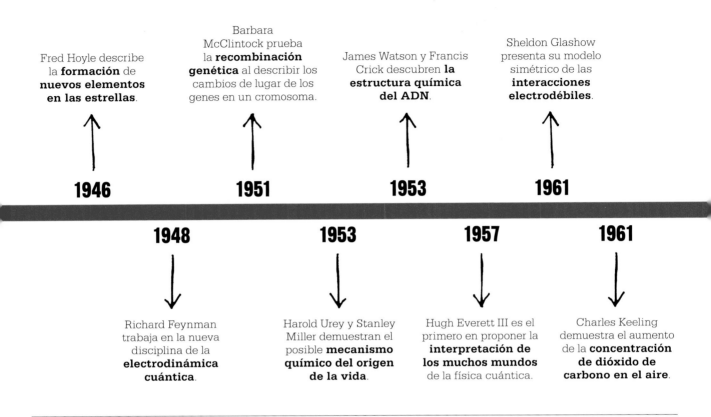

Fred Hoyle describe la **formación** de **nuevos elementos en las estrellas**.

Barbara McClintock prueba la **recombinación genética** al describir los cambios de lugar de los genes en un cromosoma.

James Watson y Francis Crick descubren **la estructura química del ADN**.

Sheldon Glashow presenta su modelo simétrico de las **interacciones electrodébiles**.

1946

1951

1953

1961

1948

1953

1957

1961

Richard Feynman trabaja en la nueva disciplina de la **electrodinámica cuántica**.

Harold Urey y Stanley Miller demuestran el posible **mecanismo químico del origen de la vida**.

Hugh Everett III es el primero en proponer la **interpretación de los muchos mundos** de la física cuántica.

Charles Keeling demuestra el aumento de la **concentración de dióxido de carbono en el aire**.

L a segunda mitad del siglo XX presenció la rápida evolución de las tecnologías empleadas en prácticamente todos los campos de la ciencia y de otras nuevas, que han ampliado las posibilidades de cálculo y de experimentación. En la década de 1940 aparecieron los primeros ordenadores, que propiciaron el nacimiento de una nueva disciplina científica: la inteligencia artificial. El Gran Colisionador de Hadrones (un acelerador de partículas) del CERN es el mayor instrumento científico que se ha construido jamás. Potentes microscopios han permitido ver el átomo por primera vez, mientras que los nuevos telescopios han revelado la existencia de planetas más allá del Sistema Solar. En el siglo XXI, la ciencia se ha convertido en una actividad de equipo que requiere instrumentos cada vez más costosos y colaboración interdisciplinaria.

El código de la vida
En 1953, en la Universidad de Chicago, los químicos estadounidenses Harold Urey y Stanley Miller idearon un ingenioso experimento para determinar si la aparición de la vida en la Tierra pudo deberse a reacciones químicas desencadenadas por rayos en la atmósfera. Ese mismo año, dos biólogos moleculares, el estadounidense James Watson y el británico Francis Crick, en una carrera contra equipos rivales de Estados Unidos y la Unión Soviética, descubrieron la estructura molecular del ácido desoxirribonucleico, o ADN, y dieron así con la clave del código genético de la vida, que llevó a la compleción del mapa del genoma humano menos de medio siglo después.

Gracias al mejor conocimiento del mecanismo genético, la bióloga estadounidense Lynn Margulis propuso la teoría, aparentemente absurda, de que cuando algunos organismos son absorbidos por otros, ambos pueden seguir desarrollándose: este proceso habría originado la complejidad celular de todas las formas de vida pluricelulares. Tras veinte años de escepticismo, los hallazgos en el campo de la genética le dieron la razón. El microbiólogo estadounidense Michael Syvanen probó que los genes pueden saltar de una especie a otra, mientras que en la década de 1990, la antigua idea de Lamarck de que también los caracteres adquiridos podían transmitirse cobró nuevo impulso gracias al hallazgo de la epigenética. El conocimiento de los mecanismos que intervienen en la evolución era cada vez más rico.

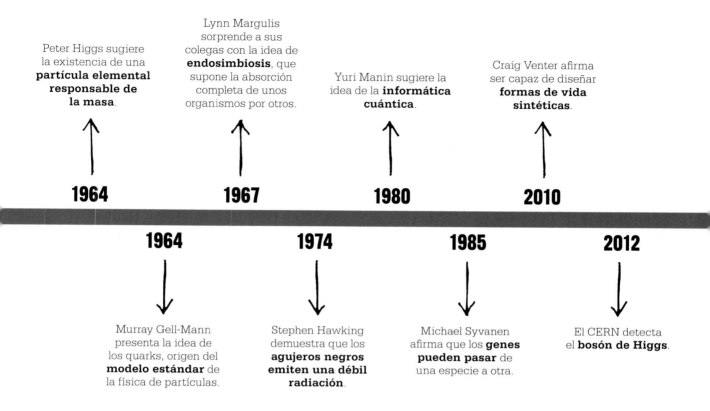

Peter Higgs sugiere la existencia de una **partícula elemental responsable de la masa**.

Lynn Margulis sorprende a sus colegas con la idea de **endosimbiosis**, que supone la absorción completa de unos organismos por otros.

Yuri Manin sugiere la idea de la **informática cuántica**.

Craig Venter afirma ser capaz de diseñar **formas de vida sintéticas**.

1964   **1967**   **1980**   **2010**

1964   **1974**   **1985**   **2012**

Murray Gell-Mann presenta la idea de los quarks, origen del **modelo estándar** de la física de partículas.

Stephen Hawking demuestra que los **agujeros negros emiten una débil radiación**.

Michael Syvanen afirma que los **genes pueden pasar** de una especie a otra.

El CERN detecta el **bosón de Higgs**.

A finales de siglo, el estadounidense Craig Venter, tras secuenciar su propio genoma humano, creó vida artificial codificando el ADN en su ordenador. En Escocia, y tras repetidos fracasos, Ian Wilmut y su equipo lograron clonar una oveja.

Nuevas partículas

En el ámbito de la física, el estadounidense Richard Feynman y otros siguieron ahondando en la mecánica cuántica y asimilaron las interacciones cuánticas al intercambio de partículas «virtuales». Paul Dirac predijo la existencia de la antimateria en la década de 1930, y en las décadas siguientes se detectaron más partículas subatómicas mediante las colisiones generadas por colisionadores de partículas cada vez más potentes. De esta variedad de partículas exóticas nació el modelo estándar de la física de partículas, que pretendía ordenar las partículas elementales según sus propiedades. Aunque no todos los físicos quedaron convencidos, este modelo ganó credibilidad cuando el gran colisionador de partículas del CERN detectó el bosón de Higgs.

Entre tanto, la búsqueda de una «teoría del todo», es decir, una teoría que unificara las cuatro fuerzas fundamentales de la naturaleza (gravedad, electromagnetismo y las fuerzas nucleares fuerte y débil) emprendió distintas direcciones. El estadounidense Sheldon Glashow unió el electromagnetismo y la fuerza nuclear débil en una teoría «electrodébil», mientras que la teoría de cuerdas intentó combinar todas las teorías físicas en una sola proponiendo la existencia de seis dimensiones ocultas, además de las tres espaciales y la temporal. El físico estadounidense Hugh Everett III sugirió la posibilidad de que hubiera una base matemática para explicar la existencia de más de un universo. Al principio ignorada, la teoría de Everett de un Universo múltiple en escisión permanente ha ganado adeptos en los últimos años.

Hacia el futuro

Aún quedan grandes misterios por resolver, como el de una teoría que una la mecánica cuántica con la relatividad general. Sin embargo, también se abren seductoras perspectivas, como una potencial revolución informática gracias al cubit cuántico, y es probable que surjan nuevos problemas, inimaginables a día de hoy. Si la historia de la ciencia nos ha enseñado algo, es que debemos esperar lo inesperado. ∎

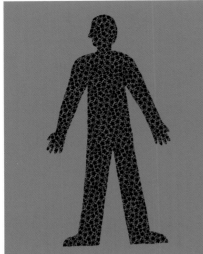

ESTAMOS HECHOS DE POLVO DE ESTRELLAS
FRED HOYLE (1915–2001)

El primero en proponer que las estrellas generan energía por fusión nuclear fue el astrónomo inglés Arthur Eddington, en 1920. Según él, las estrellas son como fábricas donde la fusión de los núcleos de hidrógeno produce helio. Un núcleo de helio contiene ligeramente menos masa que los cuatro núcleos de hidrógeno necesarios para crearlo. Esta masa se transforma en energía, según la ecuación $E = mc^2$. Eddington desarrolló un modelo de estructura estelar basado en el equilibrio entre la atracción de la gravedad (hacia el interior) y la presión de la radiación (hacia el exterior), pero no explicó el mecanismo físico de las reacciones nucleares implicadas.

Los elementos pesados

En 1939, el físico estadounidense de origen alemán Hans Bethe publicó un análisis de las vías que podría seguir la fusión del hidrógeno. Identificó dos: una cadena lenta a baja temperatura, que predomina en estrellas como el Sol, y un ciclo rápido a temperatura elevada, que predomina en estrellas más masivas.

Entre 1946 y 1957, el astrónomo británico Fred Hoyle y otros desarrollaron las ideas de Bethe y demostraron que reacciones de fusión posteriores, esta vez de helio, podían generar carbono y elementos más pesados hasta el hierro, este incluido. Esto explica el origen de muchos de los elementos más pesados del Universo. Hoy se sabe que los más pesados que el hierro se forman en supernovas. Los elementos necesarios para la vida proceden de las estrellas. ∎

> El espacio no está lejos [...] tan solo a una hora de conducción, si tu coche circulara en vertical.
> **Fred Hoyle**

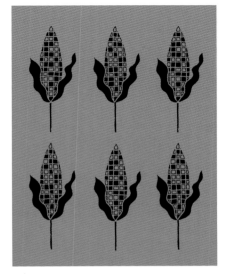

LOS GENES SALTARINES

BARBARA McCLINTOCK (1902–1992)

A principios del siglo xx, las leyes de la herencia descritas por Gregor Mendel en 1866 se perfeccionaron gracias a nuevos descubrimientos acerca de las partículas portadoras de la herencia, identificadas como genes, y de los filamentos microscópicos que las contienen, llamados cromosomas. En la década de 1930, la genetista Barbara McClintock fue la primera en constatar que los cromosomas no son estructuras estables, como se creía, y que la posición de los genes en ellos puede variar.

Intercambio de genes

McClintock estudió la herencia en plantas de maíz. Una mazorca tiene cientos de granos, que pueden ser amarillos, marrones o estriados, en función de los genes. Como cada grano es una semilla (un solo descendiente), el estudio de numerosas mazorcas proporciona una gran cantidad de datos sobre la herencia del color de los granos. McClintock combinó cultivos experimentales con el estudio microscópico de los cromosomas. En 1930 descubrió

Intrigada por el color de los granos de maíz, McClintock estudió las recombinaciones genéticas responsables de su variedad y publicó los resultados en 1951.

que, durante la reproducción sexual, los cromosomas se aparean cuando se forman las células sexuales y crean unas estructuras con forma de X. Estas estructuras marcan los lugares donde los pares cromosómicos intercambian segmentos. Genes antes unidos en el mismo cromosoma cambian de sitio y generan rasgos nuevos, como colores variables.

Este reordenamiento de genes, o recombinación genética, produce una variedad genética mucho mayor en la descendencia. De este modo aumentan las probabilidades de supervivencia en entornos distintos. ∎

Véase también: Gregor Mendel 166–171 ▪ Thomas Hunt Morgan 224–225 ▪ James Watson y Francis Crick 276–283 ▪ Michael Syvanen 318–319

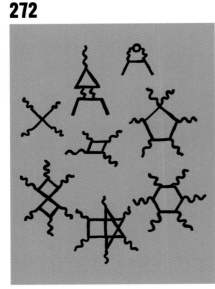

LA EXTRAÑA TEORÍA DE LA LUZ Y LA MATERIA

RICHARD FEYNMAN (1918–1988)

EN CONTEXTO

DISCIPLINA
Física

ANTES
1925 Según Louis de Broglie, toda partícula con masa puede comportarse como una onda.

1927 Werner Heisenberg demuestra la incertidumbre inherente a ciertos pares de valores a escala cuántica.

1927 Paul Dirac aplica la mecánica cuántica a los campos en lugar de a las partículas.

DESPUÉS
Finales de la década de 1950 Julian Schwinger y Sheldon Glashow desarrollan la teoría electrodébil, que auna la fuerza nuclear débil y el electromagnetismo.

1965 Moo-Young Han, Yoichiro Nambu y Oscar Greenberg explican la interacción fuerte de las partículas mediante una propiedad hoy conocida como «carga de color».

Una de las cuestiones planteadas por la mecánica cuántica en la década de 1920 era el modo en que las partículas de materia interactúan mediante fuerzas. También era necesario formular una teoría del electromagnetismo a escala cuántica. La electrodinámica cuántica (EDC) vino a explicar la interacción de las partículas mediante el intercambio de electromagnetismo. Esta teoría tuvo mucho éxito, pese a que uno de sus creadores, Richard Feynman, la calificó de «extraña» porque generaba una representación del Universo difícil de visualizar.

Las partículas mediadoras
Paul Dirac dio el primer paso hacia una teoría de la EDC a partir de la idea de que las partículas cargadas interactúan mediante el intercambio de cuantos de energía electromagnética, o «fotones». Según el principio de incertidumbre de Heisenberg, los fotones pueden surgir de la nada durante brevísimos periodos de tiempo, y esto permite la fluctuación de la cantidad de energía disponible en el espacio «vacío». Posteriormente, los físicos confirmaron el papel que desempeñan en el electromagnetismo estos fotones, a veces llamados partículas «virtuales». De forma más general, las partículas mediadoras de las teorías cuánticas de campos se llaman «bosones de gauge».

Sin embargo, la EDC presentaba algunos problemas. Uno de los más importantes era que, con frecuencia, los resultados de sus ecuaciones eran valores infinitos sin sentido.

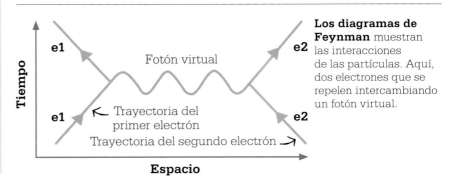

Los diagramas de Feynman muestran las interacciones de las partículas. Aquí, dos electrones que se repelen intercambiando un fotón virtual.

Véase también: Erwin Schrödinger 226–233 ▪ Werner Heisenberg 234–235 ▪ Paul Dirac 246–247 ▪ Sheldon Glashow 292–293

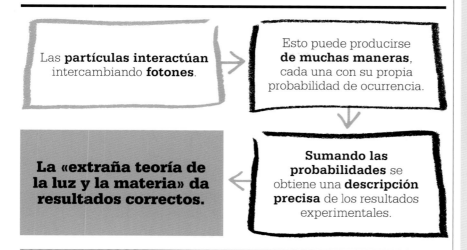

Las **partículas interactúan** intercambiando **fotones**.

Esto puede producirse **de muchas maneras**, cada una con su propia probabilidad de ocurrencia.

Sumando las probabilidades se obtiene una **descripción precisa** de los resultados experimentales.

La **«extraña teoría de la luz y la materia»** da resultados correctos.

Richard Feynman

Nacido en Nueva York en 1918, Feynman demostró un gran talento para las matemáticas desde muy joven. Se licenció en el Instituto Tecnológico de Massachusetts (MIT) antes de superar con la máxima nota en matemáticas y física el examen de ingreso a Princeton. Tras doctorarse en 1942, trabajó con Hans Bethe en el Proyecto Manhattan para desarrollar la bomba atómica y, después de la Segunda Guerra Mundial, siguió colaborando con él en la Universidad Cornell, donde llevó a cabo su trabajo más importante sobre la EDC.

Dotado para la comunicación, defendió el potencial de la nanotecnología y hacia el final de su vida escribió libros sobre la EDC y otros aspectos de la física moderna que llegaron a ser éxitos de ventas.

Obras principales

1950 *Mathematical Formulation of the Quantum Theory of Electromagnetic Interaction.*
1985 *Electrodinámica cuántica: la extraña teoría de la luz y la materia.*
1985 *¿Está usted de broma, Sr. Feynman?*

Suma de probabilidades

En 1947, el físico alemán Hans Bethe sugirió una manera de corregir las ecuaciones para que reflejaran los resultados de laboratorio. A finales de la década de 1940, el físico japonés Sin-Itiro Tomonaga y los estadounidenses Julian Schwinger y Richard Feynman, entre otros, retomaron y desarrollaron las ideas de Bethe con el fin de crear una versión de la EDC matemáticamente coherente, que daba resultados significativos gracias a que tenía en cuenta todas las posibilidades de interacción de acuerdo con la mecánica cuántica.

Feynman hizo más accesible este tema tan complejo por medio de unas sencillas representaciones gráficas de las interacciones electromagnéticas posibles entre partículas, los «diagramas de Feynman», que proporcionaban una descripción intuitiva de los procesos implicados. El logro esencial fue haber encontrado un modo matemático de modelar una interacción como la suma de probabilidades de cada trayectoria, incluida la de las partículas que retroceden en el tiempo. Cuando se suman, muchas de las probabilidades se anulan mutuamente: por ejemplo, la probabilidad de que una partícula avance en una dirección concreta puede ser la misma que la de que avance en la dirección opuesta, por lo que la suma de estas dos probabilidades es igual a cero. Sumando todas las posibilidades, incluidas las «extrañas» que suponen viajar hacia atrás en el tiempo, se obtienen resultados conocidos, como que la luz parece viajar en línea recta. Sin embargo, en ciertas condiciones, la suma de probabilidades da resultados extraños: se ha demostrado que la luz no necesariamente viaja siempre en línea recta. Por lo tanto, la descripción que ofrece la EDC es fiel a la realidad, aunque parezca ajena al mundo que percibimos.

La EDC se convirtió en un modelo para teorías parecidas, relativas a otras fuerzas fundamentales: la cromodinámica cuántica (CDC) ha descrito con éxito la fuerza nuclear fuerte, mientas que la fuerza nuclear débil y la electromagnética se han unificado en una teoría electrodébil de gauge. Solo la gravedad se resiste a conformarse a este tipo de modelo. ∎

LA VIDA NO ES UN MILAGRO

HAROLD UREY (1893–1981)
STANLEY MILLER (1930–2007)

EN CONTEXTO

DISCIPLINA
Química

ANTES
1871 Charles Darwin sugiere que la vida pudo empezar en «un pequeño estanque cálido».

1922 Según el bioquímico ruso Alexander Oparin, pudieron formarse compuestos complejos en una atmósfera primitiva.

1952 En EE UU, Kenneth A. Wilde obtiene monóxido de carbono haciendo pasar chispas de 600 voltios por una mezcla de dióxido de carbono y vapor de agua.

DESPUÉS
1961 Joan Oró añade más elementos químicos probables a la mezcla de Urey-Miller y obtiene moléculas vitales para el ADN, entre otras.

2008 Jeffrey Bada, antiguo alumno de Miller, y otros obtienen muchas más moléculas orgánicas con técnicas más modernas.

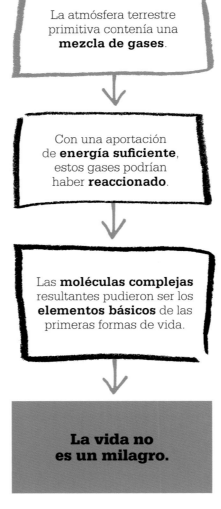

La atmósfera terrestre primitiva contenía una **mezcla de gases**.

↓

Con una aportación de **energía suficiente**, estos gases podrían haber **reaccionado**.

↓

Las **moléculas complejas** resultantes pudieron ser los **elementos básicos** de las primeras formas de vida.

↓

La vida no es un milagro.

Los científicos se preguntan desde hace tiempo por el origen de la vida. En 1871, Darwin escribió a su amigo Joseph Hooker: «Sin embargo, si pudiéramos imaginar que en algún pequeño estanque cálido con toda clase de sales fosfóricas y amoniacales, y en presencia de luz, calor, electricidad, etc. se formara químicamente un compuesto proteico que pudiera sufrir cambios posteriores aún más complejos…». En 1953, el químico estadounidense Harold Urey y su alumno, Stanley Miller, replicaron la primera atmósfera terrestre en su laboratorio y generaron compuestos orgánicos esenciales para la vida a partir de materia inorgánica.

Antes de este experimento, los avances de la química y la astronomía habían permitido analizar la atmósfera de otros planetas, sin vida, del Sistema Solar. En la década de 1920, el bioquímico soviético Alexander Oparin y el genetista británico J. B. S. Haldane sugirieron por separado que si las condiciones prebióticas (anteriores a la vida) de la Tierra se parecían a las de esos planetas, algunos elementos químicos simples habrían reaccionado en un caldo primigenio para generar moléculas más complejas, a partir de las cuales habrían evolucionado los seres vivos.

El efecto de los rayos en la atmósfera primitiva de la Tierra se reprodujo en el laboratorio desencadenando una serie de reacciones químicas.

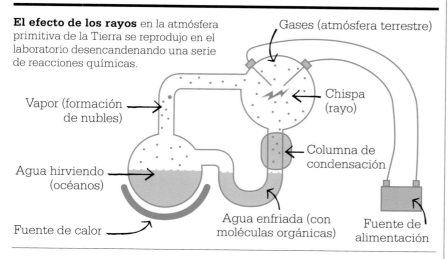

- Gases (atmósfera terrestre)
- Vapor (formación de nubles)
- Chispa (rayo)
- Columna de condensación
- Agua hirviendo (océanos)
- Agua enfriada (con moléculas orgánicas)
- Fuente de alimentación
- Fuente de calor

La recreación de la atmósfera primitiva

En 1953, Urey y Miller realizaron el primer experimento prolongado para poner a prueba la teoría Oparin-Haldane. Introdujeron agua y una mezcla de los gases que se creía estaban presentes en la atmósfera terrestre primitiva (hidrógeno, metano y amoniaco) en un circuito cerrado formado por recipientes de vidrio conectados. Calentaron el agua para generar vapor de agua que circulase por todo el circuito. En uno de los recipientes había un par de electrodos que producían chispas constantemente para simular rayos, unos de los hipotéticos activadores de las reacciones primigenias. Las chispas proporcionaban la energía suficiente para fragmentar algunas moléculas y generar formas muy reactivas que seguirían reaccionando con el resto de moléculas.

Al cabo de un día, la mezcla se había vuelto rosa y, a las dos semanas, Urey y Miller descubrieron que como mínimo el 10 % del carbono (procedente del metano) se hallaba en forma de otros compuestos orgánicos: el 2 % había formado aminoácidos, los constituyentes fundamentales de las proteínas de todos los seres vivos. Urey animó a Miller a enviar un artículo sobre el experimento a la revista *Science*, que lo publicó con el título de «Production of amino acids under posible primitive earth conditions». El mundo ya podía imaginar cómo se generaron las primeras formas de vida en el «pequeño estanque cálido» de Darwin.

En una entrevista, Miller afirmó que «basta con encender una chispa en un experimento prebiótico elemental para obtener aminoácidos». Más tarde y con material más sofisticado, los científicos descubrieron que el experimento original había generado al menos 25 aminoácidos, más de los que existen en la naturaleza. Hoy se sabe casi con certeza que la primera atmósfera terrestre contenía dióxido de carbono, nitrógeno, sulfuro de hidrógeno y dióxido de azufre procedente de volcanes. Por lo tanto, la mezcla de compuestos orgánicos que surgió entonces debió de ser mucho más rica, como ocurrió en experimentos posteriores. El hallazgo de meteoritos que contienen decenas de aminoácidos, no todos presentes en la Tierra, ha impulsado la búsqueda de formas de vida más allá del Sistema Solar. ■

Harold Urey y Stanley Miller

Harold Clayton Urey nació en Walkerton (Indiana, EE UU). Su trabajo sobre la separación de isótopos le llevó al hallazgo del deuterio, que le valió el premio Nobel de química en 1934. Su posterior trabajo sobre el enriquecimiento del uranio-235 por difusión gaseosa resultó fundamental para el desarrollo de la bomba atómica en el marco del Proyecto Manhattan. Tras sus experimentos prebióticos con Stanley Miller en Chicago, se trasladó a San Diego para estudiar las rocas lunares traídas por el Apolo 11.

Stanley Lloyd Miller nació en Oakland (California). Tras estudiar química en Berkeley fue profesor auxiliar en la Universidad de Chicago, donde empezó a trabajar con Urey. Luego fue profesor en la Universidad de San Diego.

Obra principal

1953 *Production of Amino Acids under Possible Primitive Earth Conditions.*

> Mi estudio [del Universo] apenas deja dudas de que haya surgido vida en otros planetas. Dudo de que la raza humana sea la forma de vida más inteligente.
> **Harold C. Urey**

LA ESTRUCTURA DEL ADN ES UNA DOBLE HELICE

JAMES WATSON (n. en 1928)
FRANCIS CRICK (1916–2004)

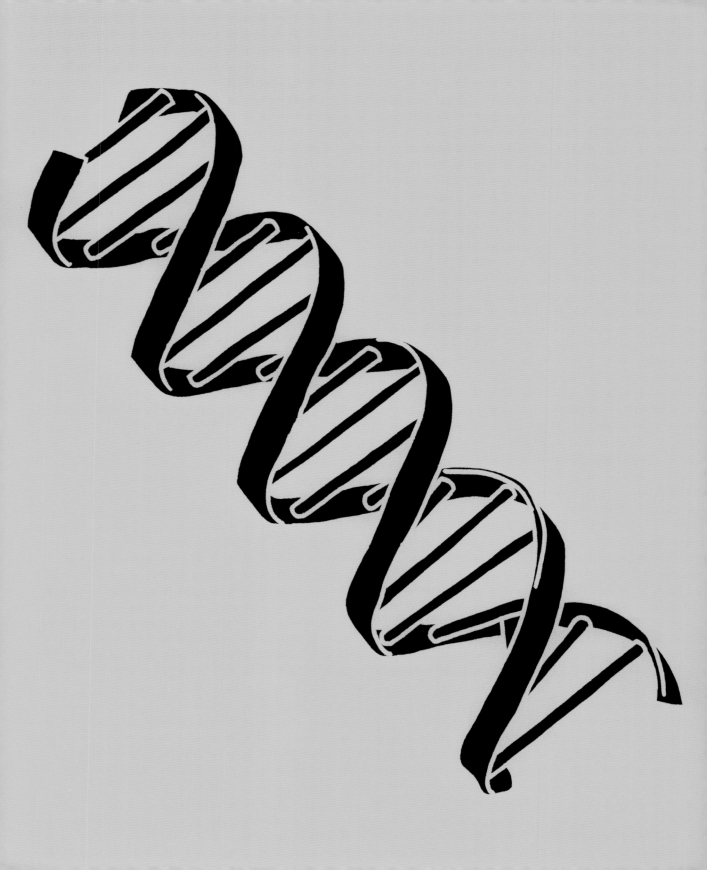

EN CONTEXTO

DISCIPLINA
Biología

ANTES
1869 Friedrich Miescher identifica el ADN en células sanguíneas.

Década de 1920 Phoebus Levene y otros analizan los componentes del ADN: azúcares, fosfatos y bases.

1944 Se demuestra que el ADN porta información genética.

1951 Linus Pauling propone la estructura de hélice alfa de ciertas moléculas biológicas.

DESPUÉS
1963 Frederick Sanger desarrolla técnicas de secuenciación para identificar bases en el ADN.

Década de 1960 Se descifra el código del ADN.

2010 Craig Venter implanta ADN sintético en bacterias.

Un breve artículo publicado discretamente en la revista científica *Nature* en abril de 1953 dilucidó un misterio fundamental concerniente a los seres vivos. El artículo explicaba cómo se encuentran las instrucciones genéticas en el interior de los organismos y cómo se transmiten a la generación siguiente, pero lo esencial es que describía por primera vez la estructura de doble hélice del ácido desoxirribonucleico (ADN), la molécula que contiene la información genética.

Sus autores eran James Watson, un biólogo estadounidense de 29 años de edad, y el biofísico británico Francis Crick, algunos años mayor y su colega de investigación. Ambos habían estado trabajando

> Es tan bonito que tiene que ser verdad.
> **James Watson**

juntos desde 1951 para dilucidar la estructura del ADN en el Laboratorio Cavendish de la Universidad de Cambridge bajo la coordinación del director, sir Lawrence Bragg.

El ADN era el tema del momento. A principios de la década de 1950, la sensación de estar cerca de desentrañar su estructura llevó a equipos europeos, estadounidenses y soviéticos a emprender una carrera para ser los primeros en descifrar esa forma tridimensional que permitía que el ADN contuviera información genética codificada químicamente y pudiera replicarse de modo que se transmitiera la misma información genética a la descendencia, o células hijas, incluidas las de la siguiente generación.

El pasado del ADN

La molécula del ADN no se descubrió en 1953, pese a lo que se suele creer, y Crick y Watson tampoco fueron los que descubrieron su composición. La historia de la investigación sobre el ADN es mucho más larga. En la década de 1880, el biólogo alemán Walther Flemming había informado de que cuando las células se preparaban para dividirse, aparecían en su interior unos cuerpos con forma de X (luego llamados cromoso-

James Watson y Francis Crick

Watson (derecha), nacido en 1928 en Chicago (EE UU), ingresó a los 15 años en la universidad de su ciudad para estudiar zoología. Luego se interesó por la genética y se mudó a Cambridge (Gran Bretaña) para trabajar con Francis Crick. A su regreso a EE UU se incorporó al Laboratorio Cold Spring Harbor de Nueva York. Desde 1988 trabajó en el Proyecto Genoma Humano, pero lo abandonó en desacuerdo sobre la patente de los datos genéticos.

Crick, nacido en 1916 cerca de Northampton (Gran Bretaña), desarrolló minas antisubmarinos en la Segunda Guerra Mundial.

En 1947 estudió biología en Cambridge y empezó a colaborar con Watson. Luego se hizo famoso por su «dogma central» de que el flujo de información genética en las células es esencialmente unidireccional. Después se interesó en el cerebro y formuló una teoría de la conciencia.

Obras principales

1953 *Estructura molecular de los ácidos nucleicos: una estructura para el ácido desoxirribonucleico.*
1968 *La doble hélice* (James Watson).

Véase también: Charles Darwin 142–149 ▪ Gregor Mendel 166–171 ▪ Thomas Hunt Morgan 224–225 ▪ Linus Pauling 254–259 ▪ Barbara McClintock 271 ▪ Craig Venter 324–325

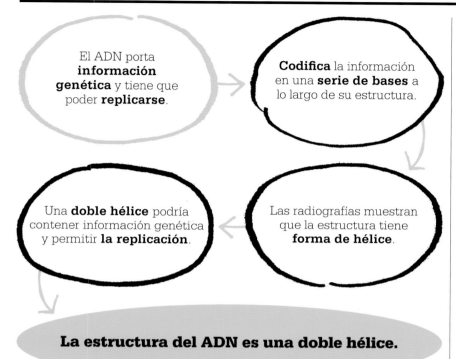

El ADN porta **información genética** y tiene que poder **replicarse**.

Codifica la información en una **serie de bases** a lo largo de su estructura.

Una **doble hélice** podría contener información genética y permitir **la replicación**.

Las radiografías muestran que la estructura tiene **forma de hélice**.

La estructura del ADN es una doble hélice.

mas). En 1900 se redescubrieron los experimentos sobre la herencia que Gregor Mendel había llevado a cabo con plantas de guisante. Mendel fue el primero en sugerir la existencia de unas unidades de la herencia (luego denominadas genes) que se daban en pares. Hacia la misma época en que se redescubrió a Mendel, el medico estadounidense Walter Sutton y el biólogo alemán Theodor Boveri llevaron a cabo de forma independiente experimentos que revelaron que la célula en división transmite a cada una de las células hijas juegos de cromosomas (las estructuras filiformes que contienen los genes). Según la teoría Sutton-Boveri, los cromosomas son los portadores del material genético.

Muy pronto, otros científicos empezaron a estudiar esos misteriosos cuerpos con forma de X. En 1915, el biólogo estadounidense Thomas Hunt Morgan demostró que, efectivamente, los cromosomas portan la información hereditaria. El siguiente paso era analizar las moléculas que los constituían, posibles candidatas a genes.

Los nuevos pares de genes
En la década de 1920 se descubrieron dos tipos de estas moléculas: unas proteínas llamadas histonas y los ácidos nucleicos, descritos químicamente como «nucleína» por el biólogo suizo Friedrich Miescher en 1869. El bioquímico ruso-estadounidense Phoebus Levene y otros identificaron cada vez con mayor detalle los principales ingredientes del ADN, o unidades de nucleótidos (tripletes), compuestas por una desoxi-

rribosa (un azúcar), un fosfato y una de cuatro unidades a las que llamaron bases. A finales de la década de 1940 ya se conocía la fórmula básica del ADN como un polímero gigante: una macromolécula formada por una serie de unidades idénticas, o monómeros. En 1952, los experimentos con bacterias demostraron que el soporte físico de la información genética era el ADN, y no las proteínas del interior de los cromosomas, las candidatas rivales.

Herramientas de investigación complicadas
Los investigadores que competían en la carrera del ADN utilizaban distintos instrumentos y técnicas avanzados, como la radiocristalografía, consistente en hacer que los rayos X atraviesen los cristales de una sustancia. La geometría única del cristal determinada por su contenido atómico provocaba la difracción, o desviación, de los rayos X y la formación de patrones de difracción en forma de puntos, líneas y manchas que se capturaban en papel »

Una de las generalizaciones más asombrosas de la bioquímica es [...] que los veinte aminoácidos y las cuatro bases son, con raras excepciones, los mismos en toda la naturaleza.
Francis Crick

fotográfico. Entonces se trabajaba retrospectivamente a partir de los patrones obtenidos para determinar los detalles estructurales del cristal. No era una tarea fácil: se ha comparado con el estudio de la miríada de destellos que una araña de cristal proyecta en el techo y las paredes de un salón para determinar la forma y la posición de cada pieza de cristal de la lámpara.

Pauling en cabeza

El equipo británico del Laboratorio Cavendish aspiraba a vencer a los investigadores estadounidenses, liderados por Linus Pauling. En 1951, Pauling y sus colegas Robert Corey y Herman Branson habían dado un gran paso adelante en biología molecular al proponer que muchas moléculas biológicas, como la hemoglobina (que transporta el oxígeno en la sangre), tienen forma helicoidal. Pauling llamó hélice alfa a este modelo molecular.

Con este descubrimiento, Pauling había adelantado al Laboratorio Cavendish y parecía que la estructura del ADN estaba a su alcance. A principios de 1953, propuso que dicha estructura tenía forma de triple hélice. En esa época, James Watson trabajaba en el Laboratorio Cavendish. Solo tenía 25 años, pero contaba con el entusiasmo de la juventud y dos licenciaturas en zoología. Además, había estudiado los genes y los ácidos nucleicos de los bacteriófagos (virus que infectan bacterias). Crick, de 37 años de edad, era un biofísico interesado por el cerebro y la neurología, que había estudiado las proteínas, los ácidos nucleicos y otras macromoléculas en seres vivos. También había observado los esfuerzos del equipo de Cavendish para llegar antes que Pauling a la idea de la hélice alfa y analizado sus hipótesis erróneas y experimentos estériles.

Tanto Watson como Crick tenían experiencia en radiocristalografía, aunque en campos distintos. Juntos empezaron a reflexionar sobre dos preguntas que les tenían fascinados: ¿Cómo codifica el ADN, una molécula física, la información genética? y ¿Cómo se traduce la información genética en un sistema vivo?

Imágenes cristalinas cruciales

Watson y Crick conocían el éxito del modelo de hélice alfa de las proteínas, desarrollado por Pauling, en el cual la molécula se retorcía como un sacacorchos en una trayectoria helicoidal única, repitiendo su estructura principal cada 3,6 vueltas. Sabiendo que las investigaciones más recientes no parecían sustentar el modelo de triple hélice que Pauling había propuesto para el ADN, se plantearon la posibilidad de que no fuera ni una hélice única ni triple. En

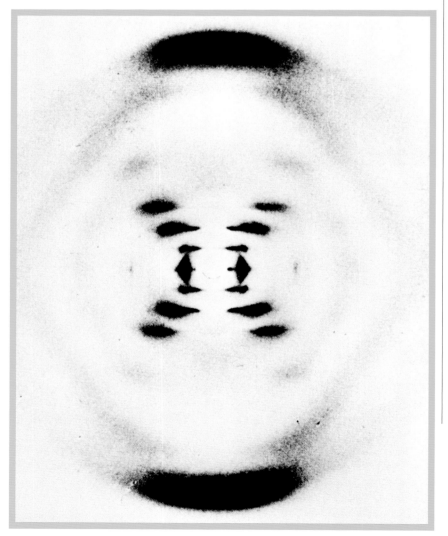

Esta fotografía obtenida en 1953 por Rosalind Franklin con la técnica de difracción de rayos X permitió deducir la estructura helicoidal del ADN a partir del dibujo formado por puntos y rayas.

lugar de dedicarse a llevar a cabo sus propios experimentos, prefirieron recopilar los resultados de otros, incluidos los que proporcionaban información sobre los ángulos de los enlaces entre los distintos átomos y subgrupos del ADN. Por otra parte, combinaron sus conocimientos de radiocristalografía y las imágenes de mejor calidad del ADN y otras moléculas similares obtenidas por otros investigadores.

Una de estas imágenes, la «fotografía 51», fue la clave de su descubrimiento. Se trata de una imagen del ADN obtenida por difracción de rayos X que recuerda una «X» vista a través de una persiana veneciana. Hoy nos parece borrosa, pero entonces era una de las imágenes del ADN más nítidas e informativas. Procedía del laboratorio de la biofísica británica Rosalind Franklin, experta en radiocristalografía, y de su alumno Raymond Gosling, que trabajaba bajo su dirección en el King's College de Londres, pero la identidad de la persona que la tomó no está clara.

Los modelos de cartulina
En el King's College trabajaba también Maurice Wilkins, un físico interesado por la biología molecular. A principios de 1953, en un gesto que cabría considerar incumplimiento del protocolo científico, Wilkins

> Hemos descubierto el secreto de la vida.
> **Francis Crick**

Rosalind Franklin escribió informes sobre sus modelos teóricos de la estructura del ADN que fueron esenciales para el descubrimiento de la doble hélice por Watson y Crick, pero apenas se le reconoció en vida.

mostró a James Watson las imágenes de Franklin y Gosling sin conocimiento ni autorización de estos. El estadounidense comprendió inmediatamente su importancia y se apresuró a comunicarlo a Crick: su trabajo estaba bien encaminado.

La secuencia exacta de los acontecimientos a partir de este momento es confusa, ya que existen versiones contradictorias. Las ideas sobre la estructura y la forma del ADN que Franklin había descrito en un informe no publicado fueron incorporadas por Watson y Crick en su reflexión sobre varias posibilidades. La idea principal, derivada del modelo de hélice alfa de Pauling y apoyada por Wilkins, se centraba en una especie de estructura helicoidal repetida.

Franklin se preguntaba si la «columna vertebral» estructural, una cadena de subunidades de fosfato y azúcar (desoxirribosa), estaba en

el centro y con las bases proyectadas hacia fuera, o a la inversa. Otro colega que prestó ayuda a Watson y Crick fue el biólogo británico nacido en Austria Max Perutz, galardonado con el premio Nobel de química en 1962 por su trabajo sobre la estructura de la hemoglobina y otras proteínas. Perutz también tuvo acceso a los informes sin publicar de Franklin y se los pasó a los dos investigadores. Estos desarrollaron la idea de que las cadenas estaban en la parte externa con las bases apuntando hacia el interior y tal vez unidas en pares, y la plasmaron recortando y combinando tiras de cartulina que representaban las subunidades moleculares: fosfatos y azúcares en la cadena, y las cuatro bases: adenina, timina, guanina y citosina.

En 1952, Watson y Crick habían conocido a Erwin Chargaff, un bioquímico de origen austriaco, autor de la llamada «primera ley de Chargaff», según la cual el ADN contiene la misma cantidad de guanina y de citosina, y la misma de adenina y de timina. Algunos experimentos habían demostrado que las cuatro cantidades eran aproximadamente iguales, pero no siempre. Esto se atribuyó a errores de metodología y se acabó aceptando como norma general que las cantidades de las cuatro bases eran equivalentes.

El montaje de las piezas
Al separar las cantidades de las bases en dos series de pares, Chargaff arrojó luz sobre la estructura del ADN. A partir de entonces Watson y Crick empezaron a concebir la adenina siempre y únicamente ligada a la timina, y la guanina a la citosina.

Para ensamblar las piezas de su rompecabezas tridimensional, Watson y Crick debían lidiar con una ingente cantidad de datos (procedentes de cálculos matemáticos, imágenes de rayos X, sus propios »

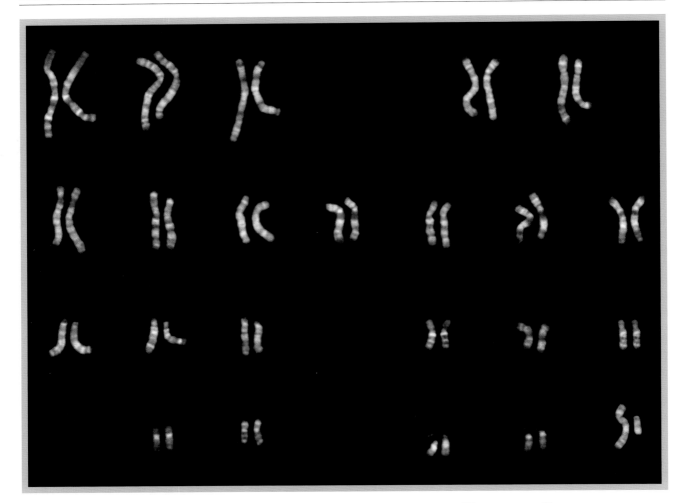

Cromosomas masculinos humanos. Antes del descubrimiento de Crick y Watson se sabía que los cromosomas son portadores de los genes que pasan de una célula en división a las células hijas.

conocimientos sobre los enlaces químicos y sus ángulos, etc.), todos ellos aproximativos y sujetos a márgenes de error. El desenlace llegó cuando se dieron cuenta de que si hacían ligeros ajustes en las configuraciones de la timina y la guanina, las piezas empezaban a encajar y formaban una elegante doble hélice con los pares de bases unidos en el centro. A diferencia de la hélice alfa de las proteínas, que tenía 3,6 subunidades por cada giro comple-

to, la del ADN tenía unas 10,4 subunidades por giro.

El modelo que describieron Watson y Crick consiste en dos cadenas de fosfato-azúcar que giran como los montantes de una escalera de mano retorcida, unidas por pares de bases que hacen las veces de peldaños. Las secuencias de bases funcionan como las letras en una frase, con pequeñas unidades de información que, combinadas, forman una instrucción compleja, o gen. A su vez, el gen dicta a la célula cómo construir una proteína concreta u otra molécula que constituye la manifestación física de la información genética y desempeña una función específica en la composición y la función de la célula.

Una cremallera abierta o cerrada

Cada par de bases está unido por lo que los químicos llaman enlaces de hidrógeno. Estos se hacen y deshacen con relativa facilidad, por lo que algunas partes de la doble hélice pueden «abrirse» deshaciendo los enlaces, de modo que el código de bases queda expuesto como una plantilla para hacer una copia.

Abrir y cerrar la cremallera permite dos procesos. Por un lado, a partir de una de las mitades de la doble hélice se puede hacer una copia simétrica complementaria de ácido nucleico que, con la información genética de la secuencia de bases en su interior, sale del núcleo celular para participar en la producción de proteínas.

Por otro lado, cuando se abre por completo la doble hélice a lo largo, cada mitad puede servir de plantilla para construir otra mitad complementaria, obteniendo así copias de ADN idénticas al original y entre ellas. De este modo se replica el ADN cuando las células se dividen en dos durante los procesos de crecimiento y reparación a lo largo de la vida de un organismo (y cuando espermatozoides y óvulos, las células sexuales, aportan su dotación de genes para formar un huevo fecundado y originar la generación siguiente).

El «secreto de la vida»

El 28 de febrero de 1953, entusiasmados por su descubrimiento, Watson y Crick fueron a almorzar a *The Eagle*, una de las tabernas más antiguas de Cambridge, donde solían reunirse con colegas del Cavendish y otros laboratorios. Crick dejó estupefactos a los presentes al anunciar que Watson y él habían descubierto «el secreto de la vida». Al menos, así lo cuenta Watson en su libro *La doble hélice*, si bien Crick lo desmintió.

En 1962, Watson, Crick y Wilkins fueron galardonados con el premio Nobel de fisiología y medicina «por sus descubrimientos relacionados

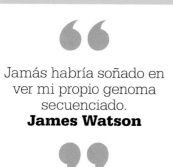

Jamás habría soñado en ver mi propio genoma secuenciado.
James Watson

con la estructura molecular de los ácidos nucleicos y su importancia para la transmisión de información en material vivo». Sin embargo, el premio fue muy controvertido. Durante los años anteriores, Rosalind Franklin apenas recibió reconocimiento oficial por las imágenes y los informes que indicaron a Watson y Crick la dirección correcta, y tampoco pudo ser candidata al Nobel de 1962, ya que había fallecido de cáncer de ovarios en 1958, a los 37 años de edad, y este premio no se concede póstumamente. Hubo quien dijo que el premio tenía que haberse concedido antes y que ella tenía que haber sido uno de los galardonados, pero las normas establecen un máximo de tres.

Su histórico hallazgo catapultó a Watson y a Crick a la fama mundial. Ambos siguieron investigando en el campo de la biología molecular y recibieron numerosos premios y honores. Una vez conocida la estructura del ADN, el siguiente reto era descifrar el «código» genético. En 1964, los científicos descubrieron cómo se traducen las secuencias de bases en los aminoácidos que componen proteínas específicas y otras moléculas, los constituyentes últimos de la vida.

En la actualidad, los científicos pueden identificar las secuencias de bases de todos los genes de un organismo, o genoma, así como manipular el ADN para cambiar genes de lugar, eliminarlos de tramos específicos de ADN e insertarlos en otros. En 2003, el Proyecto Genoma Humano, el mayor proyecto internacional de investigación biológica de la historia, anunció que se había completado el mapa del genoma humano, la secuencia de más de 20.000 genes. El descubrimiento de Crick y Watson abrió el camino a la ingeniería genética y la terapia génica. ∎

La molécula de ADN es una doble hélice formada por pares de bases unidos a una doble cadena de azúcar-fosfato. Los pares de bases siempre son combinaciones de adenina-timina o de citosina-guanina.

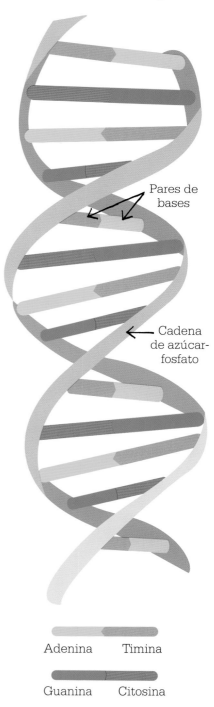

Pares de bases

Cadena de azúcar-fosfato

Adenina　Timina

Guanina　Citosina

TODO LO QUE PUEDE SUCEDER, SUCEDE

HUGH EVERETT III (1930–1982)

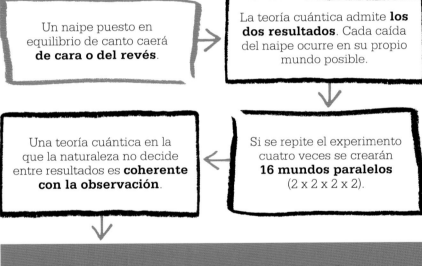

Un naipe puesto en equilibrio de canto caerá **de cara o del revés**.

La teoría cuántica admite **los dos resultados**. Cada caída del naipe ocurre en su propio mundo posible.

Si se repite el experimento cuatro veces se crearán **16 mundos paralelos** (2 x 2 x 2 x 2).

Una teoría cuántica en la que la naturaleza no decide entre resultados es **coherente con la observación**.

Todo lo que puede suceder, sucede.

Hugh Everett III es una figura de culto para los aficionados a la ciencia ficción por su interpretación de los muchos mundos (IMM) de la mecánica cuántica, que revolucionó las ideas de los científicos sobre la realidad.

Everett se inspiró en el embarazoso fallo de la mecánica cuántica que, aunque es capaz de explicar las interacciones en el nivel más fundamental de la materia, genera resultados extraños que parecen contradecir la experiencia. Esta dicotomía está en el centro de la paradoja de la medida cuántica (pp. 232–233).

En el mundo cuántico, las partículas subatómicas pueden existir en cualquier número de estados de ubicación, velocidad y espín, o «superposiciones», como lo describe la función de onda de Erwin Schrödinger; sin embargo, el fenómeno de las posibilidades múltiples desaparece

Véase también: Max Planck 202–205 ▪ Erwin Schrödinger 226–233 ▪ Werner Heisenberg 234–235

Multiverse **es una instalación** compuesta por 41.000 luces LED, obra de Leo Villareal, en la Galería Nacional de Arte de Washington. Está inspirada en la interpretación de los muchos mundos.

La IMM afirma que, en realidad, todas las posibilidades suceden. La realidad se escinde, o se separa, en nuevos mundos, pero como vivimos en un mundo donde solo se da un resultado, ese es el único que vemos. Los demás resultados son inaccesibles para nosotros porque no existen interferencias entre mundos. Por eso, es un error pensar que cada vez que medimos algo, perdemos algo.

Aunque no goza de aceptación unánime, la teoría de Everett elimina un obstáculo teórico a la hora de interpretar la mecánica cuántica. La IMM no menciona los universos paralelos, pero estos son una conclusión lógica. Ha sido criticada por ser inverificable, pero esto podría cambiar. Un efecto conocido como «decoherencia», por el que los objetos cuánticos «filtran» información de su superposición, podría probar la multiplicidad de mundos. ∎

en cuanto se observa. El mero hecho de medir un sistema cuántico parece «empujarlo» hacia un estado u otro y obligarlo a «elegir» una opción. En el mundo que conocemos, lanzar una moneda al aire solo puede dar un resultado: cara o cruz, no uno, otro y ambos a la vez.

El truco de Copenhague

En la década de 1920, Niels Bohr y Werner Heisenberg intentaron eludir el problema de la medida con la denominada interpretación de Copenhague, según la cual el hecho de observar un sistema cuántico hace que la función de onda se «colapse» en un resultado único. Aunque esta interpretación sigue siendo ampliamente aceptada, muchos teóricos no la encuentran satisfactoria porque no explica en absoluto el mecanismo del colapso de la función de onda. Esto también preocupaba a Schrödinger. En su opinión, cualquier formulación matemática del mundo debía reflejar una realidad objetiva. Como dijo el físico irlandés John Bell: «O la función de onda, tal como Schrödinger la expresa en su ecuación, no es todo, o no es correcta».

La multiplicidad de mundos

La intención de Everett era explicar el misterio de las superposiciones cuánticas. Supuso la realidad objetiva de la función de onda y eliminó el colapso (no observado): ¿Por qué tendría que «elegir» la naturaleza una versión concreta de la realidad cada vez que alguien realiza una medición? Después formuló otra pregunta: ¿Qué sucede entonces con las otras opciones disponibles en los sistemas cuánticos?

Hugh Everett III

Nacido en Washington D. C., fue un niño precoz. A los doce años de edad escribió a Einstein para preguntarle qué mantenía unido al Universo. Mientras estudiaba matemáticas en Princeton se interesó en la física. La interpretación de los muchos mundos, su respuesta al gran misterio de la mecánica cuántica y tema de su tesis doctoral en 1957, le convirtió en blanco de burlas. Viajó a Copenhague en 1959 para discutir la idea con Niels Bohr, pero este rechazó sus planteamientos. Desanimado, dejó la física y empezó a trabajar para la industria armamentística estadounidense. Hoy, su teoría es un clásico de la mecánica cuántica, demasiado tarde para Everett, que acabó sus días alcoholizado a los 51 años y pidió que tirasen sus cenizas a la basura.

Obras principales

1956 *Wave Mechanics Without Probability.*
1956 *The Theory of the Universal Wave Function.*

UNA PARTIDA PERFECTA
DE TRES EN RAYA
DONALD MICHIE (1923–2007)

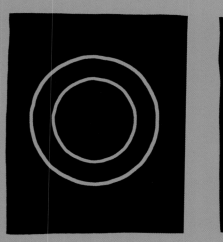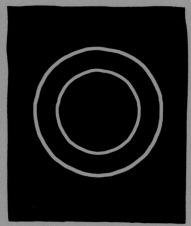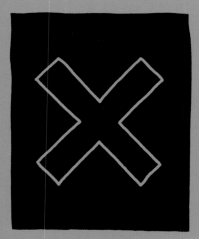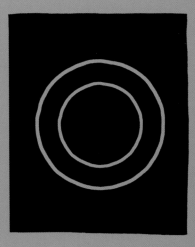

EN CONTEXTO

DISCIPLINA
Inteligencia artificial

ANTES
1950 Alan Turing idea
una prueba para medir la
inteligencia de una máquina.

1955 Arthur Samuel hace que
su programa para jugar a las
damas sea capaz de aprender
del propio juego.

1956 John McCarthy acuña el
término «inteligencia artificial».

1960 Frank Rosenblatt,
psicólogo estadounidense,
construye un ordenador con
redes neurales que aprenden
de la experiencia.

DESPUÉS
1968 Richard Greenblatt
diseña McHack, primer
programa de ajedrez con un
alto nivel de habilidad.

1997 El ordenador Deep Blue,de
IBM, derrota a Gari Kaspárov,
campeón del mundo de ajedrez.

En 1961, los ordenadores eran un gran servidor que ocupaba una habitación. En 1965 aparecieron los miniordenadores y los microchips, como los conocemos ahora, aún tardaron años en llegar. Como los aparatos eran tan grandes y especializados, el investigador británico Donald Michie decidió usar objetos físicos sencillos para realizar un proyecto sobre aprendizaje automático e inteligencia artificial: cajas de cerillas y cuentas de cristal; además, pensó en una tarea sencilla: el juego de tres en raya. El resultado fue la MENACE (Matchbox Educable Noughts And Crosses Engine, «máquina educable de tres en raya con cajas de cerillas»). La versión principal de MENACE consistía en 304 cajas de cerillas unidas como si formaran una cajonera, es decir, que se sacan deslizándose sobre una bandeja; y cada caja tenía un código, que se apuntaba en una tabla. En la tabla había dibujos de un tablero de juego, con distintas posiciones de O y X (como si fueran los dos jugadores), que correspondían a las posiciones posibles a medida que el juego avanzaba. Aunque hay 19.683 combinaciones posibles, algunas solo iguales pero con el tablero girado entre ellas,

> ¿Pueden pensar las máquinas? La respuesta corta es: «Sí, hay máquinas que pueden hacer lo que llamaríamos pensar si lo hiciera un ser humano».
> **Donald Michie**

por lo que, en realidad, solo hace falta trabajar con 304 posiciones.

En cada caja de cerillas había cuentas de cristal de nueve colores distintos. Cada color equivalía a que MENACE colocara su O en uno los nueve cuadrados posibles. Por ejemplo, una cuenta verde significaba un O en la esquina inferior izquierda, una roja designaba un O en el cuadrado central, etc.

La mecánica del juego

MENACE abre el juego con la caja que significa que no hay nada en el tablero. En la bandeja de cada caja de cerillas hay dos trocitos de cartulina que forman una V. Para jugar, se saca la bandeja, se sacude y se inclina, de modo que la V quede en el extremo inferior, de forma que las cuentas rueden y una queda encajada en el vértice de la V. Elegida la cuenta así, al azar, su color determina la primera jugada, o sea, donde ha puesto MENACE su primera O. Entonces, la cuenta se retira y la bandeja vuelve a su caja, que se deja ligeramente abierta. Ahora el oponente hace su primera jugada, es decir, coloca una pieza X. Para el segundo turno de MENACE, se selecciona la caja de cerillas que corresponde a las posiciones de la X y el O en la tabla en ese momen-

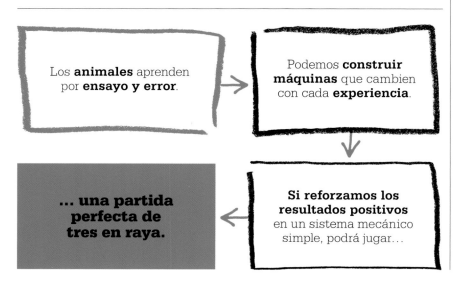

Los **animales** aprenden por **ensayo y error**.

Podemos **construir máquinas** que cambien con cada **experiencia**.

Si reforzamos los **resultados positivos** en un sistema mecánico simple, podrá jugar…

… una partida perfecta de tres en raya.

Véase también: Alan Turing 252–253

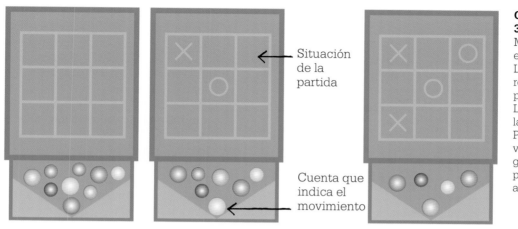

Situación de la partida

Cuenta que indica el movimiento

Cada una de las
304 cajas de cerillas de MENACE representa un estado posible del tablero. Las cuentas en el interior representan las jugadas posibles para cada estado. La cuenta en el vértice de la V determina la jugada. Partida a partida, cada vez hay más cuentas ganadoras y menos perdedoras: MENACE aprende de la experiencia.

to (como si fueran coordenadas). De nuevo la caja se abre, se sacude y se inclina, y queda seleccionada al azar la cuenta que, con su color, determina la posición del segundo O de MENACE (o sea, su segunda jugada). El oponente coloca su segunda X y así sucesivamente. La secuencia de las cuentas y movimientos consiguientes de MENACE debe ser anotada.

Victoria, derrota, empate
En el experimento, las cuentas retiradas mostraban la secuencia de movimientos del ganador y si eran los de MENACE, recibía un premio. Cada cuenta, identificada por el código y la bandeja ligeramente abierta, se devolvía a su caja y se añadían tres cuentas extra del mismo color, como premio: si en una partida posterior, se daba la misma combinación de piezas O y X en el tablero, la caja volvería a jugar y tendría más cuentas del color que le había llevado a la victoria. Así, la probabilidad de sacar la misma cuenta y hacer el mismo movimiento, aumentaba.

Si MENACE perdía, el castigo era que no se le devolvían las cuentas con las que había jugado, esto es, las de los movimientos perdedores.

Sin embargo, eso también era una ventaja porque si en partidas posteriores se daba la misma situación de X y O en el tablero, el movimiento que había llevado a la derrota ya no era posible (porque la máquina no tenía las cuentas con las que lo había hecho), así que se reducía la probabilidad de volver a perder.

En caso de empate en la primera partida, cada cuenta se devolvía a su caja, junto con una cuenta más del mismo color como premio; así aumentaba la probabilidad de elegir esa cuenta si se repetía la situación

Colossus, el primer ordenador programable del mundo, se construyó en 1943 para descifrar códigos en Bletchley Park (Inglaterra). Michie formaba al personal que usaba la máquina.

en la siguiente partida, pero no tanto como cuando ganaba.

Michie prentedía que MENACE aprendiera en cada experiencia. Si una secuencia de movimientos llevaba a una situación de O y X en el tablero que resultaba ganadora, tenía que aumentar gradualmente la probabilidad de que se repitiera; en cambio, una secuencia de movimientos que llevara a la derrota sería cada vez menos probable. MENACE aprendería por ensayo y error, y cuantas más veces jugara, más veces ganaría.

Controlar las variables
Michie también tuvo en cuenta los posibles problemas. ¿Qué sucedería si al elegir una cuenta resultaba que la jugada de MENACE era poner la pieza en una casilla ya ocupada? Michie se aseguró de que las cajas solo contuvieran cuentas que correspondieran a casillas vacías en cada situación del tablero de juego. Por tanto, si en una jugada una caja hacía que se pusiera una pieza O en la esquina superior izquierda y una pieza X en la inferior derecha, no tendría cuentas que dieran la misma jugada. La idea del autor era que poner en cada caja cuentas para todas las »

posiciones posibles de O (que son nueve) complicaría el problema innecesariamente. Eso significaba que MENACE aprendería a ganar o a empatar y también tendría que aprender las reglas del juego sobre la marcha. Tales condiciones de partida podían llevar a uno o dos desastres que colapsaran todo el sistema al principio, lo que ponía de manifiesto un principio: es conveniente empezar el aprendizaje automático por lo sencillo e ir sofisticándolo poco a poco.

Cuando MENACE perdía, el último movimiento era letal. Sin embargo, el penúltimo, que contribuía a la derrota, como si pusiera a la máquina entre la espada y la pared, no era una sentencia definitiva; por lo general, dejaba una posibilidad de no perder. Al retroceder paso a paso hacia el primer movimiento de la partida, cada uno contribuía menos a la derrota que el que lo había seguido; es decir, cada movimiento aumenta la probabilidad de que el siguiente sea el último. Por tanto, a medida que el número de movimientos totales aumenta, es más importante deshacerse de los que han resultado ser fatales.

Michie lo simuló con distintas cantidades de cuentas para cada movimiento. Así, para el segundo movi-

> ❝
> El conocimiento por experiencia es intuitivo: el experto no siempre dispone de él.
> **Donald Michie**
> ❞

miento de MENACE (el tercero de la partida), cada caja de las que podía pasar a la acción (que eran las que ya contaban con una O y una X en el tablero) tenían tres cuentas de cada color. Para el tercer movimiento de MENACE, había dos cuentas de cada color y, para el cuarto (el séptimo de la partida), solo una. Así que si con el cuarto movimiento llegaba la derrota, retiraría la única cuenta que daba lugar a esa posición en el tablero, pues sin ella, la jugada no se repetiría.

Humano frente a MENACE

¿Qué sucedió? Michie fue el primer adversario de MENACE en un torneo de 220 partidas. La máquina empezó con mal pie, pero luego fue empatando con más frecuencia y pasó a ganar alguna partida. Para contrarrestar, Michie descartó las opciones seguras y aplicó estrategias menos habituales. MENACE necesitó algo de tiempo para adaptarse, pero luego también aprendió a responder y volvió a empatar y a conseguir algunas victorias. Llegó un momento en que en una serie de diez partidas, el humano perdió ocho.

MENACE era un ejemplo sencillo de aprendizaje automático y de cómo jugar con las variables podía afectar al resultado. En realidad, la descripción de MENACE por parte de Michie formaba parte de una narración más larga en la que comparaba la actuación de la máquina con el aprendizaje animal por ensayo y error. Tal y como dijo el propio Michie: «En esencia, el animal hace movimientos más o menos aleatorios y selecciona –puesto que los repite– los que producen el resultado deseado. Esa descripción parece hecha a medida para el modelo de la caja de cerillas; efectivamente, MENACE constituye un modelo de aprendizaje por ensayo y error tan puro que cuando muestra elementos de otras categorías de

---

Donald Michie

Nació en 1923 en Rangún, la capital de Myanmar (entonces Birmania). En 1942 consiguió una beca para estudiar en Oxford, pero en vez de disfrutarla se unió a los equipos que en la guerra descifraban códigos en Bletchley Park; allí trabajó con Alan Turing, el pionero de la computación.

En 1946 regresó a Oxford para estudiar la genética de los mamíferos, pero la inteligencia artificial le interesaba cada vez más. En la década de 1960 ya era su principal objeto de estudio y en 1967 se fue a la Universidad de Edimburgo, donde fue el primer

director del Departamento de Inteligencia y Percepción Automáticas. Trabajó en los FREDDY, unos robots de investigación con capacidad visual y de aprendizaje. Dirigió además varios proyectos de inteligencia artificial y fundó el Instituto Turing en Glasgow.

Con más de ochenta años seguía investigando. Falleció en un accidente de tráfico de camino a Londres en 2007.

Obra principal

1961 *Trial and Error.*

aprendizaje, resulta razonable sospechar que están contaminadas por el componente de ensayo y error».

Punto de inflexión

Donald Michie tenía una destacada trayectoria de investigación en biología, cirugía, genética y embriología, pero tras desarrollar MENACE, se pasó al campo de la inteligencia artificial (IA), que avanzaba a pasos agigantados. Siguió trabajando sobre su idea del aprendizaje automático para convertirlo en «una herramienta de potencia industrial» aplicable a todo tipo de situaciones, como cadenas de montaje, producción industrial y plantas siderúrgicas. Cuando el uso de los ordenadores se popularizó, su trabajo sobre inteligencia artificial se usó para elaborar programas informáticos y estructuras de control capaces de aprender hasta un punto

que sus autores no llegaban a prever. Michie probó que la aplicación cuidadosa de la inteligencia humana capacitaba a las máquinas para hacerse más inteligentes a sí mismas. Los últimos avances en IA usan principios parecidos para desarrollar redes que se asemejan a las redes neuronales de los cerebros animales.

Michie también desarrolló el concepto de memorización, que consiste en que el resultado de un grupo de datos introducidos en una máquina se almacena como memorando, de manera que si vuelve a aparecer ese mismo grupo de datos, el aparato activa automáticamente el memorando y recupera la respuesta sin tener que repetir el cálculo; así se ahorran tiempo y recursos. Los lenguajes de programación informática, como POP-2 y LISP utilizan la técnica de la memoización. ∎

La tecnología de la computación ha llevado al rápido desarrollo de la IA. En 1997, la máquina de ajedrez *Deep Blue* venció al campeón del mundo, Gari Kaspárov. El ordenador aprendió estrategia analizando miles de partidas ya jugadas.

Tenía una idea que quería probar y que creía que podría resolver el ajedrez automático... Era la idea de alcanzar un estado estacionario.
Kathleen Spracklen

LA UNIDAD DE LAS FUERZAS FUNDAMENTALES

SHELDON GLASHOW (n. en 1932)

La idea de las fuerzas de la naturaleza, o fuerzas fundamentales, se remonta, como mínimo, a la antigua Grecia. Hoy día los físicos reconocen cuatro fuerzas fundamentales: la gravedad, el electromagnetismo y los dos tipos de fuerzas nucleares, la fuerte y la débil, que mantienen unidas las partículas subatómicas en el interior del núcleo del átomo; además, ya se ha visto que la fuerza nuclear débil y el electromagnetismo son manifestaciones distintas de una misma fuerza «electrodébil», un descubrimiento que fue fundamental para dar con una teoría del todo que explicase la relación entre las cuatro fuerzas.

La fuerza nuclear débil

En su día la fuerza nuclear débil se usó para explicar la desintegración alfa, tipo de radiación nuclear caracterizada porque en el interior del núcleo de un átomo un neutrón se transforma en un protón emitiendo electrones o positrones. En 1961, a Sheldon Glashow, alumno de posgrado de Harvard, le encargaron unificar la teoría de la fuerza débil con la del electromagnetismo. Glashow no lo consiguió, pero sí describió las partículas que intervienen en la interacción débil.

Partículas mensajeras

Como describe la mecánica cuántica los campos, una fuerza o interacción se «percibe» por el intercambio de un bosón de gauge –como el fotón–, lo cual comporta una interacción electromagnética; una partícula emite un bosón y otra lo absorbe. Por lo general, en esa interacción ninguna de las dos partículas se transforma: el electrón sigue siendo un electrón tras haber emitido o absorbido un fotón. Sin embargo, según la fuerza nuclear débil esa simetría se rompe y los quarks (las partículas de las que están hechos tanto los protones como

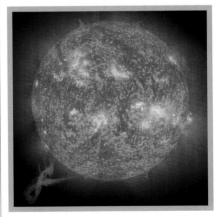

La desintegración de partículas por la fuerza nuclear débil impulsa la fusión protón-protón, que transforma el hidrógeno del Sol en helio.

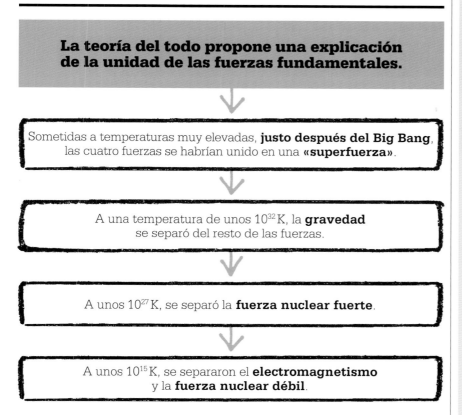

La teoría del todo propone una explicación de la unidad de las fuerzas fundamentales.

↓

Sometidas a temperaturas muy elevadas, **justo después del Big Bang**, las cuatro fuerzas se habrían unido en una **«superfuerza»**.

↓

A una temperatura de unos 10^{32} K, la **gravedad** se separó del resto de las fuerzas.

↓

A unos 10^{27} K, se separó la **fuerza nuclear fuerte**.

↓

A unos 10^{15} K, se separaron el **electromagnetismo** y la **fuerza nuclear débil**.

Sheldon Glashow

Sheldon Lee Glashow nació en Nueva York en 1932, hijo de inmigrantes rusos judíos. Estudió en el instituto con su amigo Steven Weinberg y luego ambos se matricularon en la Universidad Cornell. Glashow se doctoró en Harvard, donde se le ocurrió la descripción de los bosones W y Z. Después, en 1961 se trasladó a la Universidad de California, en Berkeley, para regresar a Harvard en 1967 como profesor de física.

En la década de 1960, Glashow amplió el modelo de quarks de Murray Gell-Mann y añadió una propiedad (un sabor) a los quarks; la llamó «encanto» y así predecía un cuarto quark, descubierto en 1974. En los últimos años ha sido muy crítico con la teoría de cuerdas, porque sus predicciones no se pueden comprobar y la ha calificado de tumor.

Obras principales

1961 *Partial Symmetries of Weak Interactions.*
1988 *Interacciones: una visión desde el mundo desde el encanto de los átomos* (1994).
1991 *El encanto de la física* (1995).

---

los neutrones) se transforman: pasan de ser de un tipo a ser de otro.

¿Qué tipo de bosón interviene en ese tipo de interacción? Glashow consideró que los bosones asociados a la fuerza nuclear débil debían ser relativamente masivos, porque dicha fuerza tiene un alcance minúsculo y las partículas pesadas no se alejan mucho. Propuso dos bosones con carga eléctrica, W+ y W–, y un tercer bosón neutro, Z. El acelerador de partículas del CERN detectó los bosones W y Z en 1983.

Unificación

En la década de 1960, el estadounidense Steven Weinberg y el paquistaní Abdus Salam, incorporaron por separado el campo de Higgs (pp. 298–299) a la teoría de Glashow. El resultado fue el modelo electrodébil de Weinberg-Salam, o teoría del campo unificado, que reunía la fuerza nuclear débil y el electromagnetismo en una única fuerza. Fue un gran hallazgo, pues las dos fuerzas operan en esferas distintas. La fuerza electromagnética actúa en todo el universo visible (el electromagnetismo se desplaza en fotones, carentes de masa), mientras que la fuerza nuclear débil apenas logra salir del núcleo del átomo y es unas 10 millones de veces más débil que el electromagnetismo. La unificación plantea la emocionante posibilidad de que, bajo determinadas condiciones de alta energía, como el Big Bang, las cuatro fuerzas fundamentales puedan unirse en una «superfuerza». Aún se buscan pruebas que corroboren esta teoría. ▪

SOMOS LA CAUSA DEL CALENTAMIENTO GLOBAL
CHARLES KEELING (1928–2005)

EN CONTEXTO

DISCIPLINA
Meteorología

ANTES
1824 Joseph Fourier sugiere que la atmósfera terrestre calienta el planeta.

1859 John Tyndall demuestra que el dióxido de carbono (CO_2), el vapor de agua y el ozono absorben radiación en la atmósfera terrestre.

1903 Según el químico sueco Svante Arrhenius, el CO_2 que se libera al quemar combustibles fósiles podría provocar el calentamiento de la atmósfera.

1938 Guy Callendar informa de que entre 1890 y 1935 la temperatura media de la Tierra ha aumentado 0,5 °C.

DESPUÉS
1988 Se forma el Grupo Intergubernamental de Expertos sobre el Cambio Climático (IPCC) para evaluar la investigación científica y guiar la política global.

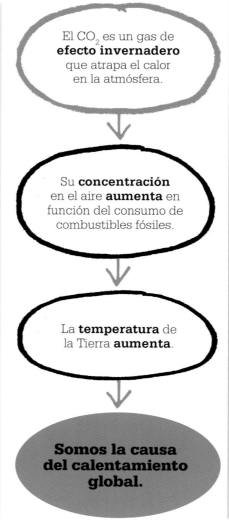

El CO_2 es un gas de **efecto invernadero** que atrapa el calor en la atmósfera.

Su **concentración** en el aire **aumenta** en función del consumo de combustibles fósiles.

La **temperatura** de la Tierra **aumenta**.

Somos la causa del calentamiento global.

En la década de 1950, la constatación de que la concentración de dióxido de carbono (CO_2) en la atmósfera aumentaba y que podía provocar un calentamiento desastroso captó la atención de los científicos. Estos habían supuesto que, aunque la concentración de CO_2 en la atmósfera era variable, se mantenía siempre en torno al 0,03 %, o 300 partes por millón (ppm). En 1958, el geoquímico Charles Keeling empezó a medir la concentración de CO_2 con un instrumento muy sensible que él había desarrollado. Sus conclusiones alertaron del aumento implacable de la concentración atmosférica de CO_2 y, a finales de la década de 1970, de la contribución del ser humano a lo que se ha llamado «efecto invernadero».

Medidas periódicas

Keeling midió el CO_2 en varios puntos: Big Sur en California, la península Olímpica en Washington y los bosques de alta montaña de Arizona. También registró medidas procedentes del Polo Sur y desde un avión. En 1957 fundó una estación meteorológica a 3.000 m sobre el nivel del mar, en la cima del Mauna Loa (Hawái), en la que empezó a medir la concentración de CO_2 con regularidad. Descubrió tres cosas. La primera fue que local-

Véase también: Jan Ingenhousz 85 ▪ Joseph Fourier 122–123 ▪ Robert FitzRoy 150–155

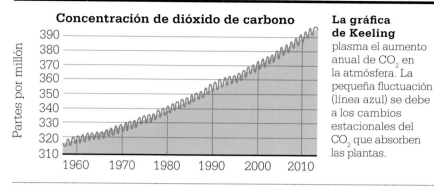

Concentración de dióxido de carbono

Partes por millón: 390, 380, 370, 360, 350, 340, 330, 320, 310

1960 1970 1980 1990 2000 2010

La gráfica de Keeling plasma el aumento anual de CO_2 en la atmósfera. La pequeña fluctuación (línea azul) se debe a los cambios estacionales del CO_2 que absorben las plantas.

El CO_2 es un gas de efecto invernadero: contribuye a atrapar la radicación solar, por lo que es muy probable que si aumenta su concentración, también aumente el calentamiento global. Keeling concluyó que «en el Polo Sur, la concentración ha aumentado a un ritmo de 1,3 ppm/año… la tasa de aumento observada se aproxima a la que cabe esperar de la combustión de combustible fósil (1,4 ppm)». Los seres humanos somos, como mínimo, parte del problema. ■

mente se daba una variación diaria: el mínimo se registraba a media tarde, cuando las plantas tenían su máxima actividad absorbiendo CO_2. En segundo lugar, la variación a lo largo del año era de escala global. En el hemisferio norte hay más superficie donde pueden vivir las plantas, por lo que la concentración de CO_2 ascendía despacio durante el invierno septentrional, cuando las plantas no crecían; alcanzaba el máximo en mayo, antes de que las plantas brotasen y reanudasen la absorción de CO_2; el valor bajaba al mínimo en octubre, cuando las plantas del hemisferio norte volvían a marchitarse antes del invierno. La tercera y última

conclusión era vital: la concentración de CO_2 aumentaba inexorablemente. El hielo de las profundidades polares contenía burbujas de aire que probaban que durante la mayor parte del tiempo transcurrido desde el año 9000 a.C., la concentración de dióxido de carbono había fluctuado entre 275 y 285 ppm. En 1958, Keeling midió 315 ppm; en mayo de 2013, la concentración media superó las 400 ppm por primera vez. Entre 1958 y 2013 la concentración había aumentado en 85 ppm, lo que representaba el 27 % en 55 años. Esta fue la primera evidencia concreta de que la concentración de CO_2 en la atmósfera terrestre está aumentando.

La demanda de energía aumentará a medida que más personas se esfuercen por mejorar su nivel de vida.
Charles Keeling

Charles Keeling

Keeling nació en Scranton (Pensilvania), y además de científico fue un gran pianista. En 1954, cuando era alumno de posdoctorado en el Instituto de Tecnología de California (CalTech), desarrolló un instrumento para medir el dióxido de carbono en muestras atmosféricas. Se dio cuenta de que la concentración variaba de hora en hora en el CalTech, probablemente como consecuencia del tráfico, así que se fue a las montañas de Big Sur, donde también halló variaciones, pequeñas pero significativas. Esto lo estimuló a emprender lo que

se convertiría en el trabajo de su vida. En 1956 se unió al Instituto de Oceanografía de Scripps en La Jolla (California), donde trabajó durante 43 años.

En 2002 recibió la Medalla Nacional de la Ciencia, el mayor galardón científico que se concede en EE UU. Desde su muerte, su hijo Ralph ha tomado el relevo en la tarea de observar la atmósfera.

Obra principal

1997 *Climate Change and Carbon Dioxide: An Introduction.*

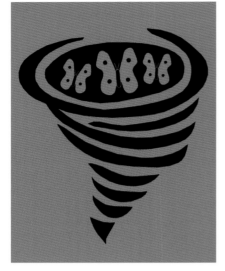

EL EFECTO MARIPOSA

EDWARD LORENZ (1917–2008)

EN CONTEXTO

DISCIPLINA
Meteorología

ANTES
1687 Las leyes del movimiento
de Newton describen que el
Universo es predecible.

Década de 1880 Henri
Poincaré prueba la naturaleza
caótica e impredecible del
movimiento de tres o más
cuerpos en interacción
gravitatoria.

DESPUÉS
Década de 1970 Se
aplica la teoría del caos a los
modelos de flujo de tráfico, la
encriptación digital y el diseño
de automóviles y aviones.

1979 Benoît Mandelbrot
descubre el conjunto de
Mandelbrot y muestra cómo
crear pautas complejas a partir
de normas simples.

Década de 1990 Se establece
que la teoría del caos es parte
de la teoría de la complejidad.

Durante gran parte de su historia, la ciencia ha buscado desarrollar modelos sencillos que permitan predecir la conducta de sistemas complejos. Algunos fenómenos de la naturaleza, como el movimiento de los planetas, se ajustan bien a un modelo, pues una vez descritas las condiciones iniciales se puede calcular la configuración en cualquier momento. Sin embargo, hay procesos, como las olas rompien-

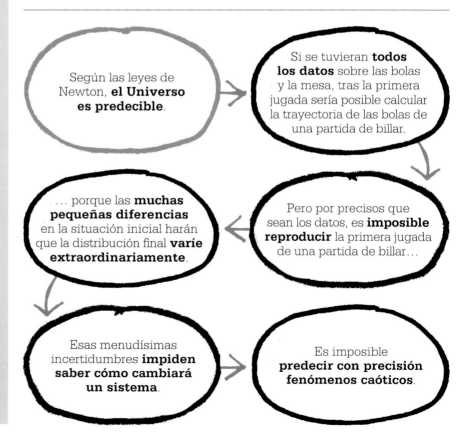

Según las leyes de Newton, **el Universo es predecible**.

Si se tuvieran **todos los datos** sobre las bolas y la mesa, tras la primera jugada sería posible calcular la trayectoria de las bolas de una partida de billar.

Pero por precisos que sean los datos, es **imposible reproducir** la primera jugada de una partida de billar…

…. porque las **muchas pequeñas diferencias** en la situación inicial harán que la distribución final **varíe extraordinariamente**.

Esas menudísimas incertidumbres **impiden saber cómo cambiará un sistema**.

Es imposible **predecir con precisión fenómenos caóticos**.

Véase también: Isaac Newton 62–69 ∎ Benoît Mandelbrot 316

do en la playa, el humo de una vela o la meteorología, que no son tan predecibles (o aún no se ha dado con el modelo adecuado). La teoría del caos intenta explicar esos fenómenos.

Los tres cuerpos

Los primeros pasos hacia una teoría del caos se dieron en la década de 1880, cuando el matemático francés Henri Poincaré planteó el problema de los tres cuerpos: demostró que para un planeta que tiene un satélite y que orbita en torno a una estrella (un sistema Tierra-Luna-Sol) no existe una órbita estable. Concluyó que la interacción gravitatoria entre los cuerpos era demasiado compleja para calcularla; además, dijo que la consecuencia de una diferencia ínfima en las condiciones iniciales era un cambio significativo e impredecible; es decir, no se podía construir un modelo. No obstante, su trabajo apenas tuvo repercusión.

Un hallazgo sorprendente

Hasta la década de 1960 apenas hubo avances, pero entonces los científicos empezaron a usar los nuevos y potentes ordenadores para hacer el pronóstico meteorológico. Creían que si proporcionaban los datos suficientes acerca del estado de la atmósfera en un momento concreto y contaban con la potencia computacional suficiente para procesarlos, sería posible predecir la evolución atmosférica. Edward Lorenz, un meteorólogo estadounidense que trabajaba en el Instituto Tecnológico de Massachusetts (MIT), partió de la premisa de que ordenadores cada vez más potentes generarían predicciones de alcance creciente, y puso a prueba simulaciones que solo contenían tres ecuaciones sencillas. Repitió la simulación varias veces, cada vez con el mismo estado inicial y con la expectativa de obtener los mismos resultados.

Lorenz descubrió que los resultados del ordenador eran distintos cada vez. Volvió a comprobar las cifras y vio que el programa había redondeado los números de seis decimales a tres; esa pequeñísima alteración del estado inicial había ejercido un gran impacto. La dependencia extrema de las condiciones iniciales recibió el nombre de «efecto mariposa»: un cambio mínimo en un sistema, tan trivial como unas moléculas de aire desplazadas por el aleteo de una mariposa en Brasil, podía amplificarse con el tiempo y crear resultados impredecibles, como un tornado en Texas.

Edward Lorenz definió los límites de la predictibilidad y dijo que, de hecho, la imposibilidad de saber lo que sucederá forma parte de las normas que rigen un sistema caótico. Además de las condiciones meteorológicas, hay muchos sistemas corrientes que son caóticos: el tráfico, el movimiento de los líquidos, el crecimiento de las galaxias… El modelo de todos ellos se ha construido usando la teoría del caos. ∎

Turbulencias en el extremo del remolino que se forma a rebufo del ala de un avión. Estudiar el punto crítico más allá del cual un sistema crea turbulencias fue clave para desarrollar la teoría del caos.

Edward Lorenz

Edward Lorenz nació en West Hartford (Connecticut) en 1917 y se licenció en matemáticas en Harvard en 1940. Durante la Segunda Guerra Mundial ejerció de meteorólogo para las fuerzas aéreas estadounidenses. Tras la guerra, estudió meteorología en el Instituto Tecnológico de Massachusetts (MIT).

En uno de los grandes momentos «eureka» de la ciencia, Lorenz descubrió por casualidad la extrema dependencia de las condiciones iniciales. Al hacer simulaciones informáticas de sistemas meteorológicos, vio que el modelo arrojaba resultados totalmente diferentes pese a que las condiciones iniciales eran casi idénticas. Su innovador artículo de 1963 demostró que la predicción exacta del tiempo era una quimera. Lorenz se mantuvo académicamente activo a lo largo de toda su vida, y practicó el senderismo y el esquí hasta poco antes de fallecer en 2008.

Obras principales

1963 *Deterministic Nonperiodic Flow.*
1995 *La esencia del caos.*

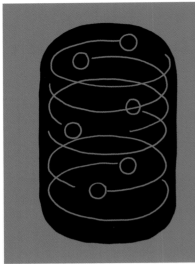

EL VACIO NO ES EXACTAMENTE LA NADA

PETER HIGGS (n. en 1929)

EN CONTEXTO

DISCIPLINA
Física

ANTES
1964 Peter Higgs, François Englert y Robert Bout describen un campo que confiere masa a todas las partículas elementales y portadoras de fuerza.

1964 Tres equipos de físicos predicen la existencia de una nueva partícula con masa (el bosón de Higgs).

DESPUÉS
1966 Steven Weinberg y Abdus Salam usan el campo de Higgs para formular la teoría electrodébil.

2010 El acelerador de partículas del CERN alcanza su máxima potencia. Empieza la búsqueda del bosón de Higgs.

2012 Los científicos del CERN anuncian el hallazgo de una partícula nueva que encaja con la descripción del bosón de Higgs.

Imagine una sala llena de físicos en una **fiesta**. Es como un campo de Higgs, que lo llena todo, **incluso el vacío**.

Un **inspector fiscal** llega a la fiesta y avanza, sin interrupciones, hasta la barra al final de la sala.

Aparece **Peter Higgs**. Los físicos quieren hablar con él, así que se acercan, lo rodean y entorpecen su avance.

El inspector **apenas interacciona** con el «campo» de físicos y es análogo a una partícula de baja masa.

Peter Higgs **interacciona mucho** con el «campo» y avanza muy lentamente por la sala. Es como una **partícula de masa elevada**.

El vacío no es exactamente la nada.

El gran acontecimiento científico del 2012 fue que los científicos que trabajaban con el gran colisionador de hadrones (GCH) (o acelerador de partículas) del CERN, en Suiza, habían hallado una partícula nueva y que podía tratarse del bosón de Higgs. Esa partícula confiere masa a todas las cosas del Universo, y era la pieza que faltaba para completar el modelo físico aceptado. En 1964, seis científicos, Higgs entre ellos, habían planteado la hipótesis de su existencia. Encontrar el bosón de Higgs era crucial, pues explicaba por qué algunas partículas portadoras de fuerza tienen masa y otras no.

Campos y bosones

La física clásica (precuántica) imagina los campos eléctricos o magnéticos como entidades continuas que se extienden por el espacio. En cambio, la mecánica cuántica rechaza la idea del continuo, por lo que los campos se convierten en distribuciones discretas de partículas cuya densidad determina la fuerza del campo. Las partículas que pasan por un campo se ven influidas por él mediante el intercambio de partículas portadoras de fuerza, los bosones de gauge.

El campo de Higgs llena el espacio, incluso el vacío, y confiere masa a las partículas elementales cuando interactúan con él. Ese proceso se explica con una analogía: un campo cubierto con una gruesa capa de nieve, que deben cruzar esquiadores y personas que calzan botas. Cada persona tardará más o menos tiempo en cruzar en función de la fuerza que ejerza sobre la nieve: quienes se deslicen sobre ella en esquís serán como

El bosón de Higgs se autodestruye billonésimas de segundo después de su aparición. Se crea por la interacción de otras partículas en el campo de Higgs.

partículas de baja masa, mientras que quienes se hundan experimentarán una masa mayor a medida que avancen. Las partículas sin masa, como los fotones y los gluones (las partículas portadoras de la fuerza electromagnética y de la fuerza nuclear fuerte, respectivamente), no se ven afectadas por el campo de Higgs, por lo que lo atraviesan como una bandada de patos en vuelo.

A la caza del Higgs

En la década de 1960, seis físicos, entre ellos Peter Higgs, François Englert y Robert Brout, desarrollaron la teoría de la ruptura espontánea de la simetría, que explicaba por qué las partículas que intervienen en la interacción débil, los bosones W y Z, tienen masa, mientras que protones y gluones carecen de ella. Esta teoría fue crucial para la formulación de la teoría electrodébil (pp. 292–293). Higgs probó que el bosón que lleva su nombre (o, mejor dicho, los productos de su desintegración) debía poder detectarse.

La búsqueda de este bosón impulsó la construcción del Gran Colisionador de Hadrones (GCH), un acelerador de partículas de 27 km de diámetro, a 100 m de profundidad. A plena potencia, genera una cantidad de energía similar a la que hubo justo después del Big Bang y suficiente para crear un bosón de Higgs cada mil millones de colisiones. La dificultad reside en detectar este entre el aluvión de restos y en que el bosón de Higgs tiene tanta masa que, en cuanto aparece, se desintegra inmediatamente. Sin embargo, y tras cincuenta años de espera, por fin se confirmó la existencia del bosón de Higgs. ■

Peter Higgs

Nació en Newcastle-upon-Tyne (Inglaterra) en 1929. Estudió en el King's College de Londres y allí se doctoró antes de incorporarse a la Universidad de Edimburgo como investigador titular. Tras un breve periodo en Londres, en 1960 volvió a Edimburgo. Mientras paseaba por las montañas Cairngorm, se le ocurrió su «única gran idea»: un mecanismo que permitiría que un campo de fuerza generase bosones de gauge de masa elevada y de baja masa. A pesar de que otros investigadores trabajaban en líneas similares, hablamos del campo de Higgs y no del campo de Brout-Englert-Higgs, porque su artículo de 1964 describió cómo detectar la partícula. Higgs ha reconocido una «incompetencia subyacente», porque en su doctorado no estudió física de partículas. Esta desventaja no le impidió compartir el Nobel de física de 2013 con François Englert por su trabajo de 1964.

Obras principales

1964 *Broken Symmetry and the Mass of Gauge Vector Mesons.*
1964 *Broken Symmetries and the Mass of Gauge Bosons.*

LA SIMBIOSIS ESTA POR TODAS PARTES

LYNN MARGULIS (1938–2011)

EN CONTEXTO

DISCIPLINA
Biología

ANTES
1858 El médico alemán Rudolf Virchow propone que las células proceden de otras y nunca se forman espontáneamente.

1873 El microbiólogo Anton de Bary denomina «simbiosis» a la cohabitación de organismos distintos.

1905 Konstantin Mereschkowski sugiere que los cloroplastos y los núcleos se originan por simbiosis.

1937 El biólogo francés Edouard Chatton clasifica las formas de vida según su estructura celular: eucariotas (complejas) y procariotas (simples). La teoría se redescubrirá en 1962.

DESPUÉS
1970–1975 El microbiólogo Carl Woese descubre que el ADN de los cloroplastos se parece al de las bacterias.

La teoría de la evolución de Darwin coincidió en el tiempo con la teoría celular de la vida, que apareció en la década de 1850 y afirmaba que todos los organismos estaban compuestos por células y que las células nuevas solo podían proceder de otras células, por medio de un proceso de división; y parecía que algunos de los orgánulos celulares, como los cloroplastos, también se reproducían por división.

Este último hallazgo llevó al botánico Konstantin Mereschkowski a desarrollar la idea de que, quizás, los cloroplastos habían sido formas de vida independientes. Los biólogos

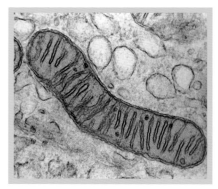

Las mitrocondrias son orgánulos que sintetizan trifosfato de adenosina (ATP), el combustible de las células eucariotas. Esta mitocondria se ha teñido de azul.

evolutivos y celulares se preguntaban cómo habían aparecido las células complejas. La respuesta estaba en la endosimbiosis, una teoría de Mereschkowski de 1905, pero que no se aceptó hasta que en 1967 la demostró la bióloga Lynn Margulis.

Las células complejas con orgánulos (el núcleo, que controla la célula; las mitocondrias, que almacenan energía; los cloroplastos, que realizan la fotosíntesis, entre otros) están en animales, plantas y muchos microorganismos. Estas células, que hoy se llaman «eucariotas», evolucionaron a partir de bacterias unicelulares simples y sin orgánulos (procariotas). Mereschkowski imaginó comunidades primordiales de células simples, algunas de las cuales obtenían la energía de la fotosíntesis, mientras que otras fagocitaban a las células vecinas. Sugirió que, a veces, las células fagocitadas no se digerían y se convertían en cloroplastos. No obstante, como carecía de pruebas, la teoría de la endosimbiosis no prosperó.

Nuevas pruebas
El desarrollo del microscopio electrónico en la década de 1930 y los avances en bioquímica ayudaron a los biólogos a desentrañar el funcionamiento celular. En la década de

Véase también: Charles Darwin 142–149 ▪ James Watson y Francis Crick 276–283 ▪ James Lovelock 315

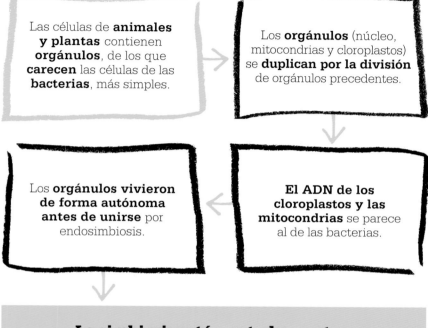

Las células de **animales y plantas** contienen **orgánulos**, de los que **carecen** las células de las **bacterias**, más simples.

Los **orgánulos** (núcleo, mitocondrias y cloroplastos) se **duplican por la división** de orgánulos precedentes.

Los **orgánulos vivieron de forma autónoma antes de unirse** por endosimbiosis.

El ADN de los **cloroplastos y las mitocondrias** se parece al de las bacterias.

La simbiosis está por todas partes.

Lynn Margulis

Lynn Alexander (luego Sagan y luego Margulis) se matriculó en la Universidad de Chicago a los 14 años de edad y se doctoró en la Universidad de California en Berkeley. Su interés por la diversidad celular de los organismos la llevó a recuperar la teoría evolutiva de la endosimbiosis, que Richard Dawkins ha descrito como «uno de los grandes hitos de la biología evolutiva del siglo xx».

Margulis pensaba que las interacciones cooperativas influyeron en la evolución tanto como la competencia, y concebía los seres vivos como sistemas autorregulados. Luego apoyó la hipótesis de Gaia de James Lovelock, que propuso que la Tierra también podía verse como un organismo autorregulado. En reconocimiento de su trabajo, fue incorporada a la Academia Nacional de Ciencias estadounidense y recibió la Medalla Nacional de la Ciencia.

Obras principales

1967 *On the Origin of Mitosing Cells.*
1970 *Origin of Eukaryotic Cells.*
1982 *Five Kingdoms: An Illustrated Guide to the Phyla of Life on Earth.*
2011 *El origen de la vida.*

1950, los científicos sabían que el ADN proporcionaba las instrucciones genéticas para llevar a cabo los procesos vitales y que se transmitía de una generación a la siguiente. En las células eucariotas, el ADN está en el núcleo, pero también se encuentra en los cloroplastos y en las mitocondrias.

En 1967, Margulis usó este hallazgo para recuperar y sustanciar la teoría de la endosimbiosis. Introdujo la idea de que al principio de la historia de la vida en la Tierra se había producido un «holocausto» de oxígeno. Hace 2.000 millones de años, los organismos fotosintetizadores proliferaron y saturaron de oxígeno la atmósfera, lo que intoxicó a muchos de los microorganismos, mientras que los que eran depredadores sobrevivieron fagocitando a otros capaces de consumir oxígeno en sus procesos de liberación de energía. Se convirtieron en mitocondrias: las pilas de las células actuales. Aunque, al principio, la mayoría de biólogos consideró que la teoría era descabellada, poco a poco las pruebas que apoyaban la teoría de Margulis se hicieron más contundentes, y hoy se acepta de forma generalizada. Por ejemplo, el ADN de las mitocondrias y de los cloroplastos se compone de moléculas circulares, como el de las bacterias vivas.

La evolución por cooperación no era algo nuevo: Darwin había concebido la idea para explicar la interacción mutuamente beneficiosa entre las plantas, que proporcionan néctar, y los insectos, que las polinizan. No obstante, pocos habían creído que pudiera darse en un nivel tan básico, como cuando las células se fusionaron al principio de la vida. ▪

LOS QUARKS SE AGRUPAN EN TRIOS

MURRAY GELL-MANN (n. en 1929)

EN CONTEXTO

DISCIPLINA
Física

ANTES
1932 James Chadwick logra encontrar una partícula nueva, el neutrón. Con ella se conocen ya tres partículas subatómicas con masa: protones, neutrones y electrones.

1932 Se descubre la primera antipartícula, el positrón.

Décadas de 1940 y 1950
Aceleradores de partículas (que hacen colisionar partículas a gran velocidad) cada vez más potentes producen una enorme cantidad de nuevas partículas subatómicas.

DESPUÉS
1964 El descubrimiento de la partícula omega (Ω–) confirma el modelo de quarks.

2012 Se descubre el bosón de Higgs en el CERN, hecho que refuerza el modelo estándar.

El conocimiento acerca de la estructura del átomo es muy distinto del que se tenía a finales del siglo XIX. En 1897, J. J. Thomson afirmó que los rayos catódicos son haces de partículas mucho menores que el átomo: había descubierto el electrón. En 1905, y gracias a la teoría de los cuantos de luz de Max Planck, Albert Einstein propuso concebir la luz como un haz de diminutas partículas sin masa: los fotones. En 1911, Ernest Rutherford, protegido de Thomson, dedujo que el núcleo del átomo es pequeño y denso, con electrones que orbitan a su alrededor. La imagen del átomo como un cuerpo indivisible se había hecho añicos.

En 1920, Rutherford llamó protón al núcleo de hidrógeno, el elemento más ligero. Doce años después se descubrió el neutrón, lo que dio lugar a una imagen más compleja del núcleo, compuesto por protones y neutrones. Entonces, en la década de 1930, el estudio de los rayos cósmicos permitió entrever otros reinos de componentes: partículas de alta energía que se cree que se originan en las supernovas. En la investigación se detectaron partículas nuevas asociadas a una gran cantidad de energía y, por lo tanto, con masa mayor,

> ¿Cómo es posible que un par de fórmulas sencillas y elegantes puedan predecir las regularidades universales de la Naturaleza?
> **Murray Gell-Mann**

según el principio de equivalencia masa-energía de Einstein ($E = mc^2$).

En las décadas de 1950 y 1960, y con el objetivo de explicar la naturaleza de las interacciones en el interior del núcleo del átomo, los científicos fueron muy productivos, y sus trabajos iban a constituir el marco de referencia conceptual para toda la materia del Universo. Aunque fueron muchos los que contribuyeron a ese desarrollo, el físico estadounidense Murray Gell-Mann tuvo un papel crucial en la construcción de la taxonomía de partículas elementales y portadoras de energía que hoy se reconoce como el modelo estándar.

El zoológico de partículas
Gell-Mann suele decir en broma que los físicos teóricos que trabajan en partículas elementales se plantean objetivos muy modestos: solo quieren explicar las leyes que rigen toda la materia del Universo; y afirma que los teóricos «trabajan con papel, lápiz y papelera, y esta última es su instrumento más importante». Por el contrario, la herramienta principal del experimentador es el acelerador, o colisionador, de partículas.

En 1932, los físicos Ernest Walton y John Cockcroft separaron por primera vez núcleos atómicos (de litio)

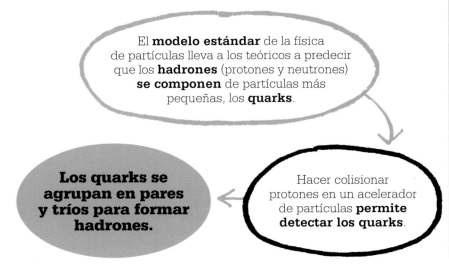

El **modelo estándar** de la física de partículas lleva a los teóricos a predecir que los **hadrones** (protones y neutrones) **se componen** de partículas más pequeñas, los **quarks**.

Hacer colisionar protones en un acelerador de partículas **permite detectar los quarks**.

Los quarks se agrupan en pares y tríos para formar hadrones.

con un acelerador de partículas en Cambridge (Inglaterra). A partir de entonces, empezaron a construirse aceleradores cada vez más potentes. Se trata de máquinas que lanzan diminutas partículas subatómicas a la velocidad de la luz, para que choquen entre sí o contra otros objetivos. Hoy son las predicciones teóricas las que impulsan la investigación: el Gran Colisionador de Hadrones (GCH) de Suiza se construyó, sobre todo, para encontrar el entonces teórico bosón de Higgs (pp. 298-299). El GCH es un anillo de 27 kilómetros de longitud compuesto por imanes superconductores; su construcción duró diez años.

Al colisionar entre sí, las partículas subatómicas se separan en sus unidades fundamentales. En ocasiones, la energía liberada basta para producir nuevas generaciones de partículas que no podrían existir en condiciones ordinarias. De estas acumulaciones surgen lluvias de partículas efímeras y extrañas que se desintegran o se aniquilan casi inmediatamente. Con la posibilidad de usar herramientas cada vez más potentes, los investigadores se han propuesto descifrar los misterios de la materia acercándose cada vez más a las condiciones en las que se originó la materia, es decir, el Big Bang. El proceso

se ha comparado con el acto de hacer chocar dos relojes y rebuscar entre las piezas para intentar averiguar cómo funciona el instrumento.

En 1953, usando aceleradores que alcanzaban una velocidad cada vez más elevada, partículas extrañas que no se hallaban en la materia ordinaria parecían surgir de la nada. Se identificaron más de 100 partículas que »

El acelerador lineal de Stanford (California), construido en 1962, tiene 3 km de longitud y es el acelerador lineal más largo del mundo. Allí se demostró en 1968, por primera vez en la historia, que los protones se componen de quarks.

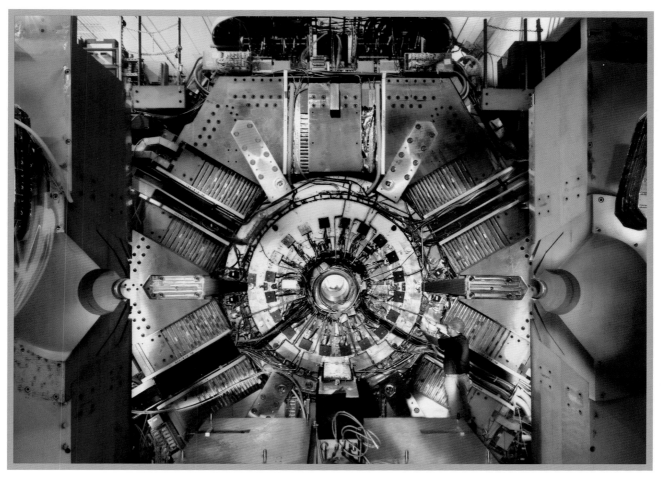

interactuaban con gran intensidad, y se creyó que todas eran fundamentales. Aquel gran circo recibió el sobrenombre de «zoológico de partículas».

La vía óctuple

En la década de 1960, los científicos habían agrupado las partículas en función de cómo les afectaban las cuatro fuerzas fundamentales: la gravedad, el electromagnetismo y las fuerzas nucleares fuerte y débil. La gravedad afecta a todas las partículas con masa; el electromagnetismo actúa sobre las partículas con carga eléctrica; y las interacciones nucleares fuerte y débil operan en el diminuto rango de acción del núcleo atómico. Las partículas pesadas, o hadrones, como los protones y los neutrones, son «muy interactivas» y se ven afectadas por las cuatro fuerzas fundamentales, mientras que los leptones, más ligeros, como los electrones y los neutrinos, no se ven afectados por la interacción nuclear fuerte.

Gell-Mann organizó el zoológico de partículas con un sistema de ordenación al que llamó «vía óctuple», en alusión al Noble Camino Óctuple budista. Al igual hizo Mendeléiev al ordenar los elementos químicos en una tabla periódica, Gell-Mann diseñó una tabla en la que colocó las partículas elementales conocidas y dejó espacios para las piezas que aún faltaban por descubrir. Esfor-

> ¡Tres quarks para Muster Mark!
> **James Joyce**

zándose para que el esquema fuera lo más sencillo posible, propuso que los hadrones contenían una subunidad fundamental aún desconocida. Como las partículas más pesadas ya no eran fundamentales, el cambio redujo la cantidad de partículas elementales a un número manejable: ahora, los hadrones no eran más que combinaciones de distintos componentes elementales. A Gell-Mann le gustaban los nombres llamativos y llamó «quark» a esta partícula, en referencia a una de sus frases favoritas de *Finnegans Wake*, de James Joyce.

¿Real o no?

No solo Gell-Mann estudió la idea. En 1964, un alumno del CalTech, George Zweig, había sugerido que los hadrones se componían de cuatro partes básicas, a las que llamó «ases». La revista *Physics Letters*, del CERN, rechazó el artículo de Zweig, pero ese mismo año publicó otro escrito por Gell-Mann, que tenía más prestigio, donde se planteaba la misma idea.

Es muy posible que el artículo de Gell-Mann se publicara porque no decía que hubiera ninguna realidad subyacente al patrón: tan solo proponía un esquema organizativo. Sin embargo, su esquema no acababa de funcionar, pues exigía que la carga de los quarks fuera fraccionada, como 1/3 (positiva o negativa). Tales valores carecían de sentido en el marco de la teoría aceptada, que solo per-

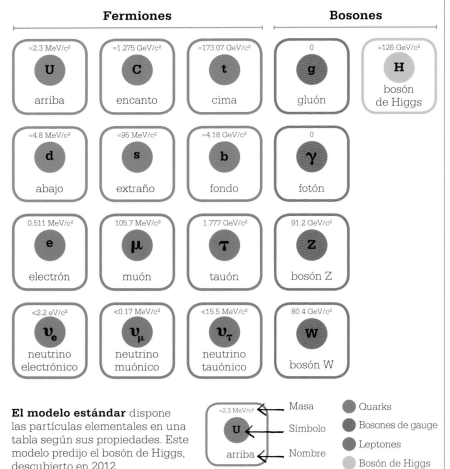

El modelo estándar dispone las partículas elementales en una tabla según sus propiedades. Este modelo predijo el bosón de Higgs, descubierto en 2012.

mitía cargas enteras. Gell-Mann se percató de que eso carecería de importancia si las subunidades permanecían ocultas y atrapadas en el interior de los hadrones. Poco después de esta publicación, en el Laboratorio Nacional de Brookhaven (Nueva York) se descubrió la partícula omega ($\Omega-$) que él había predicho. Esto confirmó el nuevo modelo, y Gell-Mann ha insistido siempre en que también se le reconociera a Zweig la autoría.

Al principio, Gell-Mann dudó de que los quarks pudieran aislarse. Sin embargo, ahora se esfuerza en explicar que, aunque inicialmente concibió los quarks como entidades matemáticas, nunca descartó del todo la posibilidad de que fueran reales. Los experimentos en el acelerador lineal de Stanford (SLAC), realizados entre 1967 y 1973, desprendieron electrones de partículas granulares duras en el interior del protón, con lo que se constató la realidad de los quarks.

El modelo estándar

Así pues, el modelo vigente se desarrolló a partir del modelo de quarks de Gell-Mann. En él las partículas se dividen en fermiones y bosones. Los fermiones son los elementos fundamentales de la materia, y los bosones, partículas portadoras de fuerza.

A su vez, los fermiones se subdividen en dos familias de partículas elementales: quarks y leptones. Los quarks se agrupan de dos en dos y de tres en tres para formar hadrones, que son partículas complejas. Las partículas subatómicas con tres quarks se conocen como bariones, y comprenden los protones y los neutrones. Los formados por un quark y un antiquark se llaman mesones, que comprenden los piones y los kaones. En total hay seis «sabores» de quark: arriba, abajo, extraño, encanto, cima y fondo. La característica definitoria de los quarks es que portan carga de color, que les permite establecer la interacción nuclear fuerte. Los leptones no tienen carga de color y, por lo tanto, no se ven afectados por la interacción fuerte. Hay seis leptones: electrón, muón, tauón, neutrino electrónico, neutrino muónico y neutrino tauónico. Los neutrinos carecen de carga eléctrica y solo se ven afectados por la interacción nuclear débil, por lo que es muy difícil detectarlos. Cada partícula tiene su antipartícula de antimateria correspondiente.

En el modelo estándar, las fuerzas a nivel subatómico son el resultado de un intercambio de partículas portadoras de fuerza, llamadas bosones de gauge. Cada fuerza tiene su propio bosón de gauge: los bosones W+, W– y Z median la interacción nuclear débil; los fotones median el electromagnetismo fuerte, y los gluones median la interacción nuclear fuerte.

Este modelo es una teoría firme, confirmada por la experimentación y, sobre todo, por el hallazgo del bosón de Higgs (la partícula que confiere masa a las demás) en el CERN, en 2012. Sin embargo, muchos científicos creen que el modelo no es elegante y que plantea problemas, como la incapacidad de incorporar la antimateria o explicar la gravedad en términos de interacción de bosones. Aún quedan preguntas que responder, como por qué en el Universo impera la materia (en lugar de la antimateria) y por qué existen, aparentemente, tres generaciones de materia. ∎

Nuestro trabajo es un juego maravilloso.
Murray Gell-Mann

Murray Gell-Mann

Nacido en Manhattan, Murray Gell-Mann fue un niño prodigio. Aprendió cálculo infinitesimal de forma autodidacta con solo siete años y a los 15 entró en Yale. Se doctoró en el Instituto Tecnológico de Massachusetts (MIT) en 1951; ese mismo año colaboró con Richard Feynman, en el Instituto de Tecnología de California (CalTech), para desarrollar un nuevo número cuántico llamado «extrañeza». Por su parte, el físico japonés Kazuhiko Nishijima había hecho el mismo descubrimiento, pero le llamó «carga eta».

El abanico de intereses de Murray Gell-Mann, que habla unos 13 idiomas con fluidez, resulta amplísimo, y disfruta desplegando su conocimiento polímata en juegos de palabras y referencias arcanas. Es muy posible que le debamos a él la reciente moda de dar nombres extravagantes a las partículas nuevas. El descubrimiento del quark le valió el premio Nobel de Física en 1969.

Obras principales

1962 *Prediction of the $\Omega-$ Particle.*
1964 *The Eightfold Way: A Theory of Strong Interaction Symmetry.*

¿UNA TEORIA DEL TODO?

GABRIELE VENEZIANO (n. en 1942)

EN CONTEXTO

DISCIPLINA
Física

ANTES
Década de 1940 Richard Feynman, entre otros, estudia la electrodinámica cuántica (EDC), que describe interacciones, en niveles cuánticos, mediadas por la fuerza electromagnética.

Década de 1960 Se revela todo el rango de partículas subatómicas conocidas, y las interacciones que les afectan, gracias al modelo estándar de la física de partículas.

DESPUÉS
Década de 1970 La teoría de cuerdas pierde temporalmente crédito, pues la cromodinámica cuántica parece explicar mejor la interacción nuclear fuerte.

1988–1990 Lee Smolin y Carlo Rovelli estudian la teoría de la gravedad cuántica de bucles, que no precisa teorizar sobre las dimensiones adicionales ocultas.

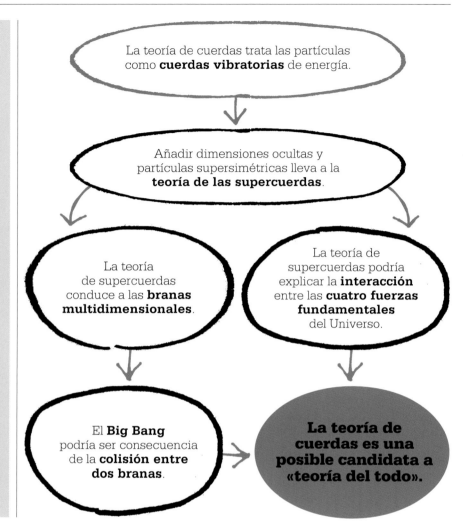

La teoría de cuerdas trata las partículas como **cuerdas vibratorias** de energía.

Añadir dimensiones ocultas y partículas supersimétricas lleva a la **teoría de las supercuerdas**.

La teoría de supercuerdas conduce a las **branas multidimensionales**.

La teoría de supercuerdas podría explicar la **interacción** entre las **cuatro fuerzas fundamentales** del Universo.

El **Big Bang** podría ser consecuencia de la **colisión entre dos branas**.

La teoría de cuerdas es una posible candidata a «teoría del todo».

L a teoría de cuerdas es la extraordinaria (y controvertida) teoría de que la materia del Universo no se compone de partículas con forma de punto, sino de diminutas «cuerdas» de energía. La teoría plantea la existencia de una estructura no detectable, pero que explica todos los fenómenos que vemos. Las ondas que emite la vibración de estas cuerdas originan las conductas cuantizadas (propiedades discretas como la carga eléctrica o el espín) que se producen en la naturaleza, y serían como los armónicos generados por la vibración de una cuerda de violín.

El desarrollo de la teoría de cuerdas ha sido un camino largo y accidentado y, de hecho, muchos físicos no la aceptan. Sin embargo, se sigue trabajando en ella, entre otras cosas, por ser la única que intenta unir la teoría del gauge cuántico del electromagnetismo y la interacción nuclear fuerte y débil con la teoría de la gravedad de Einstein.

Explicar la interacción nuclear fuerte
La teoría de cuerdas surgió como un modelo que explicaba la interacción nuclear fuerte que mantiene unidas

las partículas en los núcleos de los átomos y la conducta de los hadrones, partículas compuestas sujetas a la influencia de la interacción nuclear fuerte.

En 1960, y como parte del estudio sobre las propiedades de los hadrones, el físico estadounidense Geoffrey Chew propuso un enfoque radicalmente nuevo: abandonar la idea de que los hadrones eran partículas en el sentido tradicional del concepto y pensar en sus interacciones como si fueran un objeto matemático llamado «matriz S». Cuando el físico italiano Gabriele Veneziano

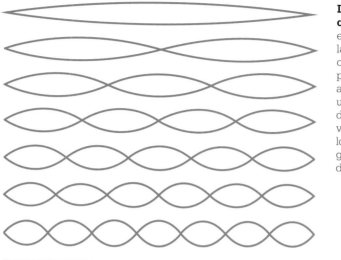

La teoría de cuerdas se basa en la idea de que las propiedades cuantizadas que podemos observar aparecen cuando una cuerda adopta distintos estados vibratorios, como los armónicos que genera la cuerda de un violín.

partículas que se mueven a una velocidad superior a la de la luz, por lo que retrocederían en el tiempo.

Otra complicación era que la teoría no funcionaba correctamente a no ser que se asumiera la existencia de no menos de 26 dimensiones distintas (en lugar de las cuatro tradicionales: las tres espaciales y el tiempo). El concepto de las dimensiones adicionales no era nuevo en absoluto: el matemático alemán Theodor Kaluza había intentado unificar el electromagnetismo y la gravedad mediante una quinta dimensión. Matemáticamente no suponía un problema, pero sí planteaba la cuestión de por qué no experimentamos todas las dimensiones. En 1926, el físico sueco Oscar Klein había propuesto que las dimensiones añadidas quizás fueran invisibles a la escala macroscópica ordinaria, porque se «enrollaban» en bucles cuánticos.

A mediados de la década de 1970, la teoría de cuerdas cayó en desgracia después de que la teoría de la cromodinámica cuántica (CDC) introdujera el concepto de la «carga de color» de los quarks para explicar cómo »

investigó los resultados del modelo de Chew, vió patrones que sugerían que las partículas aparecían en puntos a lo largo de líneas rectas unidimensionales; este fue el primer indicio de lo que hoy llamamos cuerdas. En la década de 1970, los físicos siguieron estudiando las cuerdas y su comportamiento, pero la investigación empezó a dar resultados molestamente complejos y poco intuitivos; por ejemplo, las partículas tienen una propiedad

llamada espín (análoga al momento angular), que solo puede adoptar unos valores concretos. Los borradores iniciales de la teoría de cuerdas podían producir bosones (cuyo espín es cero o un número entero y que suelen ser las partículas «mensajeras» en los modelos de fuerzas cuánticas), pero no así fermiones (partículas con espín semientero y que podían ser cualquier partícula material). La teoría también predecía la existencia de

La teoría de cuerdas es un intento de describir la naturaleza más profundamente y concibe las partículas elementales no como puntitos, sino como bucles de una cuerda que vibra.
Edward Witten

Gabriele Veneziano

Veneziano, nacido en Florencia (Italia), estudió en su ciudad natal antes de partir a Israel para doctorarse en el Instituto Weizmann de Ciencias, a donde regresó en 1972 como profesor de física tras una estancia en el laboratorio de partículas europeo (CERN). En 1968, en el Instituto Tecnológico de Massachusetts (MIT), desarrolló la teoría de cuerdas como un modelo para describir la interacción nuclear fuerte y se convirtió en el pionero de la investigación en este campo.

Desde 1976 ha trabajado sobre todo en el departamento teórico del CERN, en Ginebra, del que fue director entre 1994 y 1997. Desde 1991 se ha centrado en investigar cómo la teoría de cuerdas y la CDC pueden ayudar a describir las calientes y densas condiciones inmediatamente posteriores al Big Bang.

Obra principal

1968 *Construction of a Cross-Symmetric, Regge-behaved Amplitude for Linearly Rising Trajectories.*

interactuaban por medio de la interacción nuclear fuerte. Pero ya antes algunos físicos habían detectado fallos conceptuales en la teoría. Cuanto más se investigaba, menos parecía que las cuerdas describieran la interacción nuclear fuerte en absoluto.

El auge de las supercuerdas

Aunque hubo físicos que siguieron trabajando en la teoría de cuerdas, tuvieron que solucionar algunos de los problemas que planteaba para que la comunidad científica volviera a tomarlos en serio. A principios de la década de 1980, dieron un paso en esa dirección al acuñar el concepto de supersimetría, que sugiere que todas las partículas conocidas en el modelo estándar de la física de partículas (pp. 302–305) tienen una «supercompañera» desconocida (un fermión para cada bosón y un bosón para cada fermión). De ser así, muchos de los dilemas de la teoría de cuerdas desaparecerían, y el número de dimensiones necesarias para des-

cribirlas se reduciría a diez. Que esas partículas no se hubieran detectado todavía podía deberse a que solo pueden existir de forma independiente si la energía es muy superior a la que se genera en los aceleradores de partículas modernos más potentes.

Esa teoría de cuerdas supersimétrica pronto fue conocida como «teoría de supercuerdas». Pero aún quedaban problemas por resolver. Para empezar, se habían planteado cinco interpretaciones distintas de las supercuerdas. Además, pronto empezaron a acumularse pruebas de que las supercuerdas podían dar lugar no solo a cuerdas bidimensionales y a puntos unidimensionales, sino también a estructuras multidimensionales, conocidas colectivamente como «branas». Se pueden concebir las branas como estructuras análogas a membranas bidimensionales que se movieran en nuestro mundo tridimensional; de igual modo, una brana tridimensional podría moverse en un espacio cuatridimensional.

> La teoría de cuerdas concibe un multiverso en el que nuestro universo solo es una rebanada de la gigantesca barra de pan cósmica. Las otras estarían alejadas, en otra dimensión espacial.
> **Brian Greene**

La teoría M

En 1995, el físico estadounidense Edward Witten presentó un modelo nuevo, conocido como teoría M, que ofrecía una solución al problema de las teorías rivales de supercuerdas. Añadió una única dimensión extra, con lo que obtuvo un total de 11, y eso le permitió describir las cinco teorías de supercuerdas como distintos elementos de una misma teoría. Las 11 dimensiones del espacio-tiempo que necesitaba la teoría M se equiparaban a las 11 dimensiones de los entonces populares modelos de supergravedad (gravedad supersimétrica). Según la teoría de Witten, las siete dimensiones espaciales adicionales que se necesitaban se compactarían y se convertirían en estructuras diminutas similares a esferas que actuarían como puntos y que tendrían aspecto de punto en todas las escalas excepto en las más microscópicas.

Sin embargo, el mayor problema que plantea la teoría M es que todavía se desconoce su propio contenido. Se trata más bien de una predicción de la existencia de una teoría de ciertas características que satisfaría con elegancia varios criterios observados o predichos.

La teoría de supercuerdas predice la existencia de branas multidimensionales. Nuestro Universo podría ser una de ellas. Se ha sugerido que cuando dos branas colisionan provocan un Big Bang que da lugar a un modelo de Universo cíclico.

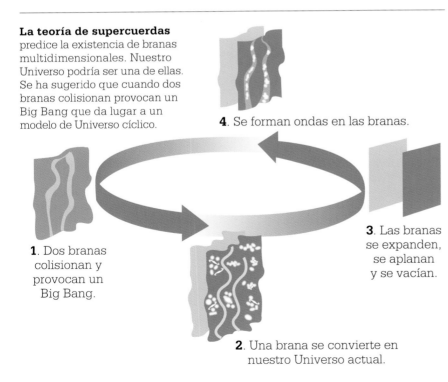

4. Se forman ondas en las branas.

3. Las branas se expanden, se aplanan y se vacían.

1. Dos branas colisionan y provocan un Big Bang.

2. Una brana se convierte en nuestro Universo actual.

Pese a sus limitaciones actuales, la teoría M ha resultado un gran estímulo en varios campos de la física y la cosmología. Las singularidades de los agujeros negros pueden interpretarse como fenómenos de cuerdas, al igual que las primeras etapas del Big Bang. Una derivada muy interesante de la teoría M es el modelo del Universo cíclico, propuesto por cosmólogos como Neil Turok o Paul Steinhardt. Según esta teoría, nuestro Universo sería una de múltiples branas distintas, separadas entre sí por distancias diminutas en un espacio tiempo de 11 dimensiones. Esas branas tenderían a acercarse unas a otras de forma imperceptible y a escalas de billones de años luz; las colisiones entre ellas podrían liberar una enorme cantidad de energía y provocar más Big Bangs.

Teorías del todo

Se ha propuesto la teoría M como una posible teoría del todo, que uniría las teorías de campos cuánticos (que han logrado describir el electromagnetismo y la interacción nuclear fuerte y débil) con la descripción de la gravedad planteada por la teoría de la relatividad general de Einstein. Hasta ahora, no se ha podido describir la gravedad desde la perspectiva cuántica. La gravedad parece ser de una naturaleza radicalmente distin-

> Si la teoría de cuerdas es un error, no es un error trivial. Es muy grande y, por lo tanto, valioso.
> **Lee Smolin**

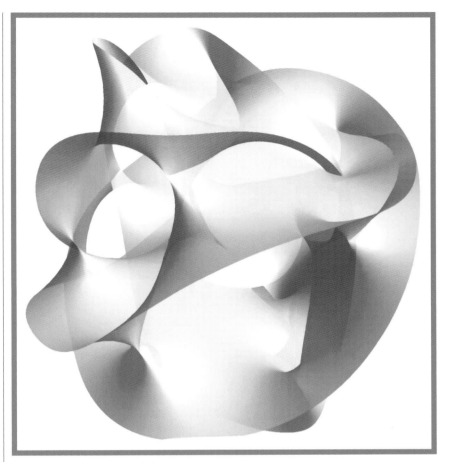

Corte bidimensional de una estructura matemática de seis dimensiones llamada «variedad de Calabi-Yau». Se ha sugerido que las seis dimensiones ocultas de la teoría de cuerdas puedan tener tal forma.

ta a la de las otras tres fuerzas, que actúan sobre partículas individuales aunque solo a escala relativamente pequeña, mientras que la gravedad es insignificante (excepto si una gran cantidad de partículas se unen), pero actúa a distancias enormes. Una explicación para este inusual comportamiento de la gravedad podría ser que su influencia en el nivel cuántico se filtre a dimensiones más elevadas, por lo que en las dimensiones de nuestro Universo solo percibimos una pequeña fracción de su influencia.

Hoy en día, la teoría de cuerdas no es la única candidata a teoría del todo. Desde finales de la década de 1980, Lee Smolin y Carlo Rovelli desarrollaron la gravedad de bucles cuánticos (GBC). En esta teoría, las partículas no deben sus propiedades cuánticas a su naturaleza de cuerdas, sino a la estructura a pequeña escala del propio espacio-tiempo, que se cuantiza en bucles diminutos. La GBC y sus múltiples derivadas ofrecen varias ventajas interesantes respecto a la teoría de cuerdas, eliminan la necesidad de dimensiones adicionales y se han aplicado para resolver con éxito varios problemas cosmológicos importantes. Sin embargo, no se ha podido determinar de forma concluyente si como teoría del todo es mejor la teoría de cuerdas o la de los bucles espacio-temporales. ∎

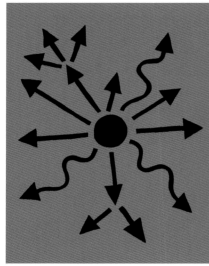

LOS AGUJEROS NEGROS SE EVAPORAN
STEPHEN HAWKING (n. en 1942)

EN CONTEXTO

DISCIPLINA
Cosmología

ANTES
1783 John Michell teoriza sobre objetos cuya gravedad es tan fuerte que atrapa la luz.

1930 Según Subrahmanyan Chandrasekhar, el colapso de un núcleo estelar superior a una masa determinada provocaría un agujero negro.

1971 Se identifica Cygnus X-1, primer agujero negro probable.

DESPUÉS
2002 El estudio de estrellas en órbita cerca del centro de nuestra galaxia sugiere la presencia de un agujero negro gigantesco.

2012 El especialista en la teoría de cuerdas Joseph Polchinski sugiere que el entrelazamiento cuántico crea un cortafuegos supercaliente en el horizonte de sucesos de un agujero negro.

2014 Hawking deja de creer que los agujeros negros existan.

En la década de 1960, el físico británico Stephen Hawking era uno de los brillantes investigadores interesados en el comportamiento de los agujeros negros. Su tesis doctoral versaba sobre los aspectos cosmológicos de la singularidad (el punto del espacio-tiempo donde se concentra toda la masa del agujero negro) y estableció paralelismos entre las singularidades de los agujeros negros con masa estelar y el estado inicial del Universo durante el Big Bang.

Mi objetivo es bien sencillo. La comprensión completa del Universo: por qué es como es y por qué existe.
Stephen Hawking

Hacia 1973, Hawking comenzó a interesarse por la mecánica cuántica y la conducta de la gravedad a escala subatómica. Hizo un descubrimiento importante: a pesar de su nombre, los agujeros negros no se limitan a «tragar» materia y energía, sino que también emiten radiación. La radiación de Hawking se emite en el horizonte de sucesos del agujero negro, el límite exterior en el que la gravedad del agujero negro es tan potente que ni siquiera la luz puede escapar. Hawking demostró que, en el caso de un agujero negro rotatorio, la intensísima gravedad produciría pares subatómicos virtuales de partícula-antipartícula. En el horizonte de sucesos, sería posible que uno de los elementos del par cayera al agujero negro, lanzando la partícula superviviente a una existencia como partícula real. El resultado de esto, para un observador lejano, es que el horizonte de sucesos emite radiación térmica de baja temperatura. Con el tiempo, la energía perdida a través de la radiación provocaría la pérdida de masa y la evaporación del agujero negro. ∎

Véase también: John Michell 88–89 ▪ Albert Einstein 214–221 ▪ Subrahmanyan Chandrasekhar 248

LA TIERRA Y TODAS SUS FORMAS DE VIDA COMPONEN UN UNICO ORGANISMO: GAIA

JAMES LOVELOCK (n. en 1919)

La NASA creó, a principios de la década de 1960, un equipo en Pasadena (California) para averiguar cómo buscar vida en Marte. Le preguntaron al ambientalista británico James Lovelock cómo abordar el problema, lo que lo llevó a reflexionar sobre la vida en la Tierra.

Lovelock descubrió muy pronto que hay una serie de condiciones necesarias para la vida. Toda la vida en la Tierra depende del agua. La temperatura media de la superficie debe mantenerse entre los 10 y los 16 °C para que haya suficiente agua en estado líquido; ese rango de temperatura se ha mantenido durante 3,5 millones de años. Las células requieren un medio de salinidad constante y, en general, no pueden sobrevivir cuando es superior al 5 %; la salinidad media del mar es del 3,4 %. Desde que el oxígeno apareciera en la atmósfera, hace unos 2.000 millones de años, se ha mantenido en una concentración cercana al 20 %, y si cayera por debajo del 16 %, sería insuficiente para respirar; por otra parte, si llegase al 25 %, sería imposible extinguir un incendio forestal.

La evolución es una danza compleja, en la que la vida y el medio material son la pareja de baile. Y del baile surge la entidad de Gaia.
James Lovelock

La hipótesis de Gaia

Lovelock afirmó que todo el planeta es una entidad única, viva y autorregulada, a la que llamó Gaia. La propia actividad de los seres vivos regula la temperatura de la superficie, la concentración de oxígeno y la composición química de los océanos, lo que, a su vez, optimiza las condiciones para la vida. También advirtió que el impacto del ser humano sobre el medio ambiente podría romper ese equilibrio tan delicado. ∎

Véase también: Alexander von Humboldt 130–135 ▪ Charles Darwin 142–149 ▪ Charles Keeling 294–295 ▪ Lynn Margulis 300–301

UNA NUBE ESTA HECHA DE MILLONES DE MILLONES DE VOLUTAS
BENOÎT MANDELBROT (1924–2010)

EN CONTEXTO

DISCIPLINA
Matemáticas

ANTES
1917–1920 En Francia, Pierre Fatou y Gaston Julia construyen conjuntos matemáticos usando números complejos, es decir, con combinaciones de números reales e imaginarios (múltiplos de la raíz cuadrada de –1). Estos conjuntos, precursores de los fractales, son o bien regulares (conjuntos de Fatou) o bien caóticos (conjuntos de Julia).

1926 «Does the Wind Possess a Velocity?», del matemático y meteorólogo británico Lewis Fry Richardson, es uno de los primeros modelos matemáticos para sistemas caóticos.

DESPUÉS
Actualidad Los fractales forman parte de la ciencia de la complejidad. Se utilizan en biología marina, mecánica de fluidos, estudios demográficos y modelos sísmicos.

En la década de 1970, el matemático belga Benoît Mandelbrot utilizó ordenadores para modelar los patrones de la naturaleza. Y así abrió un campo matemático nuevo con múltiples y diversas aplicaciones: la geometría fractal.

Dimensiones fraccionarias

La geometría convencional usa dimensiones de números enteros y la fractal, dimensiones fraccionarias, que pueden entenderse como una «medida de la aproximación». Para comprender lo que eso significa, se puede pensar en medir la costa británica con un palo. Cuanto más largo sea el palo, menor será el resultado, pues redondeará las irregularidades del contorno. La costa británica tiene una dimensión fraccionaria de 1,28, que es un índice de cuánto aumenta el resultado de la medición a medida que la longitud del palo se reduce.

Una característica de los fractales es la autosimilitud, es decir, que sea cual sea la escala de aumento, siempre hay el mismo detalle. Así, la naturaleza fractal de las nubes imposibilita el saber a qué distan-

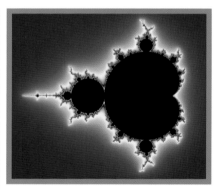

El conjunto de Mandelbrot es un fractal generado con una serie de números complejos y contiene infinitas representaciones de sí mismo a todas las escalas. Al visualizarlo gráficamente, produce la peculiar forma de la imagen.

cia se hallan de nosotros sin una referencia externa: las nubes tienen el mismo aspecto a cualquier distancia. En el cuerpo humano hay muchos ejemplos, como la ramificación de los bronquiolos. Al igual que las funciones caóticas, los fractales son sensibles a pequeños cambios en las condiciones iniciales y se usan para analizar sistemas caóticos, como el tiempo meteorológico. ∎

Véase también: Robert FitzRoy 150–155 ▪ Edward Lorenz 296–297

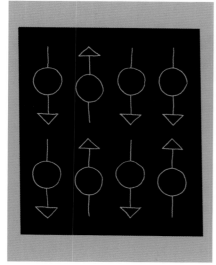

UN NIVEL CUANTICO DE COMPUTACION
YURI MANIN (n. en 1937)

EN CONTEXTO

DISCIPLINA
Informática

ANTES
1935 Albert Einstein, Boris Podolsky y Nathan Rosen desarrollan la paradoja EPR, la primera descripción de un entrelazamiento cuántico.

DESPUÉS
1994 Peter Shor, matemático estadounidense, desarrolla un algoritmo que puede factorizar números mediante ordenadores cuánticos.

1998 Los teóricos parten de la interpretación de los muchos mundos de Hugh Everett para imaginar una superposición de estados en la que el ordenador cuántico se halla encendido y apagado a la vez.

2011 Un equipo de expertos de la Universidad de Ciencia y Tecnología de Hefei (China) encuentra los factores primos de 143 usando una disposición cuántica de cuatro cubits.

El procesamiento cuántico de la información es uno de los ámbitos abiertos por la mecánica cuántica y opera de un modo totalmente distinto al de la computación convencional. El matemático ruso-alemán Yuri Manin fue un pionero en desarrollar la teoría cuántica.

El bit, o unidad básica de información de un ordenador, puede existir en dos estados, el 0 y el 1. La unidad fundamental de información en computación cuántica es el cubit, que se compone de partículas subatómicas atrapadas y también tiene dos estados posibles. Así, el espín de un electrón puede estar orientado hacia arriba o hacia abajo, y los fotones, polarizados. Sin embargo, la función de onda de la mecánica cuántica permite que los cubits existan en una superposición de ambos estados, lo que aumenta la cantidad de información que pueden contener. La teoría cuántica también permite que los cubits se entrelacen, lo que aumenta exponencialmente la cantidad de datos contenidos en cada cubit que se suma. Este procesamiento paralelo podría generar, en teoría, una potencia computacional extraordinaria.

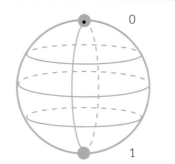

La información de un cubit se puede representar como cualquier punto de la superficie de una esfera: un 0, un 1, o una superposición de los dos.

Demostrar la teoría
Los ordenadores cuánticos se presentaron por primera vez en la década de 1980 como concepto teórico. Sin embargo, recientemente se ha logrado llevar a cabo cálculos sobre distribuciones con unos pocos cubits. Para proporcionar una máquina útil, los ordenadores cuánticos deben llegar a cientos o miles de cubits entrelazados, y alcanzar esta escala resulta problemático. Actualmente, se sigue trabajando en ello. ∎

Véase también: Albert Einstein 214–221 ▪ Erwin Schrödinger 226–233 ▪ Alan Turing 252–253 ▪ Hugh Everett III 284–285

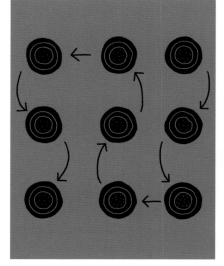

LOS GENES PUEDEN PASAR DE UNA ESPECIE A OTRA

MICHAEL SYVANEN (n. en 1943)

EN CONTEXTO

DISCIPLINA
Biología

ANTES
1928 Según Frederick Griffith, una cepa de bacterias puede transformarse en otra distinta al transferir lo que más tarde se identificará como ADN.

1946 Joshua Lederberg y Edward Tatum descubren el intercambio natural de material genético entre bacterias.

1959 Tomoichiro Akiba y Kunitaro Ochia estudian cómo un plásmido (anillo de ADN) que resiste a los antibióticos puede pasar de una bacteria a otra.

DESPUÉS
1993 Margaret Kidwell, genetista estadounidense, identifica ejemplos de genes que han saltado de una especie a otra de organismos complejos.

2008 El biólogo estadounidense John K. Pace y otros demuestran que la transferencia génica horizontal se da en vertebrados.

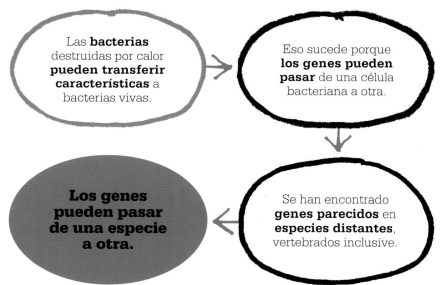

Las **bacterias** destruidas por calor **pueden transferir características** a bacterias vivas.

Eso sucede porque **los genes pueden pasar** de una célula bacteriana a otra.

Se han encontrado **genes parecidos** en **especies distantes**, vertebrados inclusive.

Los genes pueden pasar de una especie a otra.

El ciclo de la vida (el crecimiento, la reproducción y la evolución de los organismos) suele entenderse como un proceso vertical, en el que los genes se transmiten de los progenitores a sus descendientes. Sin embargo, en 1985, el microbiólogo estadounidense Michael Syvanen propuso que, además de entre generaciones, los genes también podían pasarse horizontalmente entre especies, y que la transferencia génica horizontal (TGH) desempeña un papel vital en la evolución.

En 1928, el médico británico Frederick Griffith analizaba las bacterias causantes de la neumonía. Descubrió que una cepa inofensiva podía hacerse peligrosa al mezclar sus células vivas con los restos muertos de otra cepa virulenta, destruida por calor. Atribuyó sus resultados a un «principio químico» transformador que había pasado de las células muertas a las vivas. Un cuarto de siglo antes de que James Watson y Francis Crick descifraran la estructura del ADN, Griffith halló la primera prueba de

> La transferencia de genes entre especies representa una forma de variabilidad genética cuyas implicaciones aún no entendemos del todo.
> **Michael Syvanen**

que el ADN puede pasar de unas células a otras de la misma generación, es decir, horizontalmente, además de entre generaciones, o verticalmente.

En 1946, los biólogos estadounidenses Joshua Lederberg y Edward Tatum vieron que el intercambio de material genético es habitual entre bacterias. En 1959, un equipo de microbiólogos japoneses, dirigido por Tomoichiro Akiba y Kunitaro Ochia, demostró que ese tipo de transferencia génica explica por qué la resistencia a los antibióticos se extiende tan rápidamente entre las bacterias.

Microbios capaces de transformarse

Las bacterias tienen unos pequeños anillos móviles de ADN, o plásmidos, que pasan de una célula a otra con el contacto directo y transfieren la información genética. Algunas bacterias poseen genes que les permiten resistir la acción de ciertos antibióticos. Los genes se copian cada vez que el ADN se replica y pueden distribuirse entre toda una población de bacterias a medida que el ADN se transfiere.

La transferencia génica horizontal también puede darse en virus, tal y como descubrió Norton Zinder, alumno de Lederberg. Los virus son más pequeños que las bacterias y pueden invadir células vivas, inclusive bacterias. Son capaces de interferir con los genes del huésped y, al pasar de un huésped a otro, pueden llevar genes del primero al segundo.

Genes para el desarrollo

A partir de 1985, Syvanen estudió la TGH en un contexto más amplio. Detectó que el desarrollo embrionario, a nivel celular, está controlado genéticamente de modo similar en especies lejanas. Lo atribuyó a genes que habían pasado de una especie a otra durante la historia evolutiva, y afirmó que la evolución había llevado a un control genético del desarrollo parecido en diversos grupos animales para maximizar las probabilidades de que el intercambio genético funcionara.

A medida que se completa el genoma de más especies y se reexamina el registro fósil, nuevas pruebas sugieren que la TGH puede darse no solo en microorganismos, sino también en seres más complejos, como plantas y animales. El árbol de la vida de Darwin quizás se parezca más a una red, con antepasados múltiples en lugar de un antepasado común universal. La TGH tiene notables implicaciones para la taxonomía, el control de enfermedades y de plagas y la ingeniería genética. Aún desconocemos el alcance que puede adquirir. ■

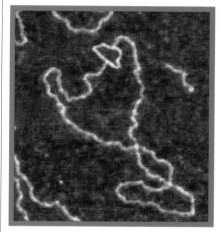

Los plásmidos de ADN (azules en la imagen) son independientes de los cromosomas. Al ser capaces de replicar los genes, se pueden usar para insertar genes de un organismo en otro.

Michael Syvanen

Michael Syvanen se formó en química y bioquímica en las universidades de Washington y de Berkeley (California) antes de especializarse en el ámbito de la microbiología. En 1975 entró como profesor de microbiología y genética molecular en la facultad de medicina de Harvard, y allí investigó sobre el desarrollo de la resistencia a antibióticos en las bacterias y de la resistencia a los insecticidas en las moscas. Sus hallazgos lo llevaron a publicar su teoría sobre la transmisión genética horizontal (TGH) y su importante papel en la evolución y la adaptación de las especies.

Desde 1987, Syvanen trabaja como profesor de microbiología e inmunología en la facultad de medicina de la Universidad Davis de California.

Obras principales

1985 *Cross-species Gene Transfer: Implications for a New Theory of Evolution.*
1994 *Horizontal Gene Transfer: Evidence and Possible Consequences.*

EL BALON DE FUTBOL PUEDE SOPORTAR MUCHA PRESION

HARRY KROTO (n. en 1939)

EN CONTEXTO

DISCIPLINA
Química

ANTES
1966 David Jones, químico británico, predice la creación de moléculas de carbono huecas.

1970 Científicos japoneses y británicos predicen por separado la existencia del carbono-60 (C_{60}).

DESPUÉS
1988 Se encuentra C_{60} en el hollín de las velas.

1993 El físico estadounidense Don Huffman y el físico alemán Wolfgang Krätschmer idean un método que permite sintetizar «fulerenos».

1999 Markus Arndt y Anton Zeilinger, físicos austriacos, demuestran que el C_{60} tiene propiedades ondulatorias.

2010 Se detecta el espectro del C_{60} en polvo cósmico a 6.500 años luz de la Tierra.

Hemos hecho una **molécula** tan **dura** y **resistente** que…

… tiene **múltiples aplicaciones** en diversos ámbitos de la tecnología y la medicina.

Tiene forma de balón de fútbol.

El balón de fútbol puede soportar mucha presión.

Durante más de dos siglos, los científicos habían creído que el carbono elemental (C) solo existía en tres formas, o alótropos: diamante, grafito y carbón amorfo, que es el elemento principal del hollín y del carbón. Esto cambió en 1985, gracias al trabajo del químico británico Harold Kroto y sus colegas estadounidenses Robert Curl y Richard Smalley: vaporizaron grafito con un rayo láser para producir agregados de carbono y obtuvieron moléculas con un número par de átomos de carbono. Los agregados más abundantes tenían las formulaciones C_{60} y C_{70}, moléculas hasta entonces desconocidas.

Pronto se vio que las propiedades del C_{60} (carbono-60) eran extraordinarias. Tenía la estructura de un balón de fútbol: una esfera completa de átomos de carbono, cada uno de ellos enlazado a otros tres átomos o

Véase también: August Kekulé 160–165 ■ Linus Pauling 254–259

incluso más, de modo que todas las caras del poliedro eran o bien pentágonos o bien hexágonos. El C_{70} se parece más a un balón de rugby: tiene un anillo adicional de átomos de carbono alrededor de su ecuador.

Tanto el C_{60} como el C_{70} hicieron pensar a Kroto en las cúpulas futuristas diseñadas por el arquitecto estadounidense Buckminster Fuller, por lo que llamó a estos compuestos buckminsterfulerenos, o, de forma abreviada, fulerenos.

Propiedades de los fulerenos

Se descubrió que el compuesto C_{60} era estable y que soportaba temperaturas elevadas sin desintegrarse. Hacia los 650 °C, se transformaba en gas. Era inodoro e insoluble en agua, pero ligeramente soluble en solventes orgánicos. También era uno de los cuerpos más grandes con propiedades ondulatorias y corpusculares. En 1999, unos investigadores austriacos hicieron pasar moléculas de C_{60} por rendijas estrechas y observaron el patrón de interferencias de la conducta ondulatoria.

El C_{60}, tan blando como el grafito, adquiere la estructura superdura del diamante al comprimirlo ligeramente. Al parecer, el balón de fútbol puede soportar mucha presión.

Por su parte, el C_{60} puro es semiconductor; es decir, su capacidad de conducir electricidad se halla a medio camino entre la de un aislante y la de un conductor. Sin embargo, si se le añaden átomos de metales alcalinos como el sodio o el potasio, se transforma en conductor e incluso en superconductor a bajas temperaturas y conduce la electricidad sin ofrecer apenas resistencia.

El C_{60} también participa en muchas reacciones químicas que dan lugar a sustancias cuyas propiedades aún se están investigando.

El nuevo mundo nano

Aunque el C_{60} fue la primera de estas moléculas que se investigó, su hallazgo ha abierto una rama totalmente nueva de la química: el estudio de los fulerenos. Se han construido nanotubos (fulerenos cilíndricos de tan solo unos nanómetros de anchura, pero de varios milímetros de longitud). Son buenos conductores del calor y de la electricidad, químicamente inactivos y extraordinariamente fuertes, por lo que son de una grandísima utilidad en ingeniería.

Hoy se investigan las propiedades de muchas otras moléculas, de sus cualidades eléctricas a su posible aplicación en tratamientos contra el cáncer o el VIH. El fulereno más reciente hasta la fecha es el grafeno, una lámina de átomos de carbono, similar a una capa individual de grafito, cuyas notables propiedades se están estudiando con gran interés. ■

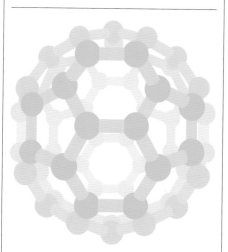

Cada átomo de carbono de una molécula de C_{60} se enlaza con otros tres. Una molécula posee 32 caras: 12 pentágonos y 20 hexágonos, lo que le da la forma de un balón de fútbol.

Harry Kroto

Harold Walter Krotoschiner, conocido como Harry Kroto, nació en Cambridgeshire (Inglaterra) en 1939. El juego de construcción Mecano le fascinó desde niño. Estudió química y en 1975 empezó a dar clases en la Universidad de Sussex. Deseaba encontrar compuestos con enlaces múltiples carbono-carbono, como el $H\text{-}C\equiv C\text{-}C\equiv C\text{-}C\equiv N$, y halló algunas pruebas gracias a la espectroscopia (estudio de la respuesta de la materia a la radiación). Cuando oyó hablar del trabajo con espectroscopia láser que Richard Smalley y Robert Curl llevaban a cabo en la Universidad de Rice, se unió a ellos en Texas y juntos lograron descubrir el C_{60}. Desde 2004, ha trabajado en el campo de la nanotecnología en la Universidad Estatal de Florida.

En 1995, Harry Kroto fundó el Vega Science Trust con el fin de realizar documentales científicos. Se puede acceder a ellos en www.vega.org.uk.

Obras principales

1981 *The Spectra of Interstellar Molecules.*
1985 *60: Buckminsterfullerene* (con Heath, O'Brien, Curl y Smalley).

INSERTAR GENES EN SERES HUMANOS PARA CURAR ENFERMEDADES

WILLIAM FRENCH ANDERSON (n. en 1936)

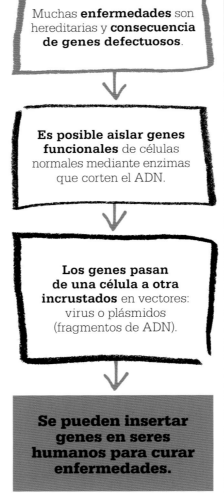

Muchas **enfermedades** son hereditarias y **consecuencia de genes defectuosos**.

Es posible aislar genes funcionales de células normales mediante enzimas que corten el ADN.

Los genes pasan de una célula a otra incrustados en vectores: virus o plásmidos (fragmentos de ADN).

Se pueden insertar genes en seres humanos para curar enfermedades.

El genoma humano (toda la información genética de una persona) consta aproximadamente de 20.000 genes; estos son las unidades moleculares de la herencia de los organismos vivos y pueden funcionar mal. Si la información del gen normal no se copia bien, los genes son defectuosos y, entonces, los progenitores pasan la mutación a su descendencia. Cómo se manifieste esa mutación y los síntomas que pueda dar dependerán del gen del que se trate. Los genes controlan la síntesis de las proteínas (que son responsables de las funciones en los organismos vivos), pero esa síntesis falla si hay un error. Por ejemplo, si hay una mutación en el gen que controla la proteína que hace que la sangre se coagule, la persona que tiene esa mutación no sintetiza la proteína en cuestión y padece hemofilia.

Las enfermedades genéticas no se curan con fármacos convencionales y, durante siglos, lo único que se podía hacer era aliviar los síntomas para que el paciente viviera una vida más cómoda. Sin embargo, a principios de la década de 1970, los expertos empezaron a pensar en aplicar terapias génicas para curar enfermedades; es decir, sustituir con genes «sanos» los genes defectuosos.

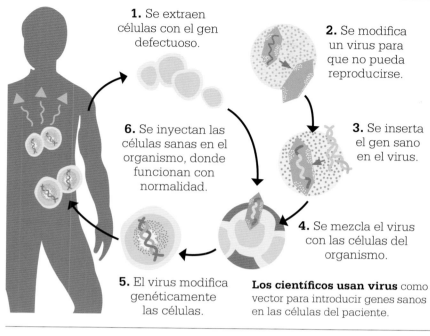

1. Se extraen células con el gen defectuoso.

2. Se modifica un virus para que no pueda reproducirse.

3. Se inserta el gen sano en el virus.

4. Se mezcla el virus con las células del organismo.

5. El virus modifica genéticamente las células.

6. Se inyectan las células sanas en el organismo, donde funcionan con normalidad.

Los científicos usan virus como vector para introducir genes sanos en las células del paciente.

Introducir genes nuevos

Es posible introducir genes nuevos en un organismo usando un vector, algo que lleve el gen a su ubicación correcta. Se estudiaron varias entidades capaces de actuar como vectores, inclusive virus, por lo general más asociados al origen de enfermedades que a su curación. Los virus invaden de forma natural las células como parte de su ciclo de infección, por lo que se pensó que quizás pudieran aprovecharse para que llevaran consigo los genes terapéuticos.

En la década de 1980, un equipo de científicos estadounidenses, William French Anderson entre ellos, logró usar virus para insertar genes en tejido cultivado (desarrollado en el laboratorio). Posteriormente, fue probado en animales que sufrían una deficiencia inmunitaria de origen genético. El objetivo era llevar el gen sano a la médula ósea de los animales, que así podrían sintetizar glóbulos rojos sanos. El experimento no dio los resultados esperados, aunque funcionó mucho mejor al centrarse en los glóbulos blancos.

Sin embargo, en 1990, Anderson realizó el primer ensayo clínico con dos niñas que sufrían la misma enfermedad inmunitaria, conocida como la enfermedad de los niños burbuja; quienes la sufren son tan proclives a las infecciones que a veces deben pasar toda su vida en un entorno estéril, es decir, en una burbuja.

Anderson y su equipo extrajeron muestras celulares de ambas niñas, les inocularon virus que contenían los genes adecuados e insertaron las células en las niñas. El tratamiento se repitió varias veces a lo largo de dos años; y funcionó. No obstante, los efectos fueron temporales, pues las células nuevas que producía el organismo seguían heredando el gen defectuoso (no el corregido); ese es todavía uno de los problemas básicos a que se enfrentan los investigadores de la terapia génica en la actualidad.

Perspectivas futuras

Por otro lado, se han hecho avances extraordinarios en el tratamiento de otras enfermedades. En 1989, científicos estadounidenses identificaron el gen que provoca la fibrosis quística, una enfermedad que consiste en que las células producen una mucosidad que tapona los pulmones y el aparato digestivo. A los cinco años de haber identificado el gen defectuoso responsable ya se había desarrollado una técnica que introduce genes sanos usando liposomas (una especie de gota de grasa) como vector. Los resultados del primer ensayo clínico se están analizando.

Aún quedan muchos retos que superar antes de poder generalizar la terapia génica. La fibrosis quística es causada por la mutación de un único gen. Sin embargo, muchas enfermedades genéticas, como el Alzheimer, los trastornos cardiovasculares o la diabetes, son consecuencia de la interacción de varios genes, por lo que tratarlas es mucho más complejo. La búsqueda de terapias génicas seguras sigue en marcha. ▪

La terapia génica es ética, porque se sustenta en el principio moral fundamental de la beneficencia: aliviaría el sufrimiento humano.
William French Anderson

DISEÑAR NUEVAS FORMAS DE VIDA EN LA PANTALLA DE UN ORDENADOR
CRAIG VENTER (n. en 1946)

EN CONTEXTO

DISCIPLINA
Biología

ANTES
1866 Gregor Mendel demuestra que los rasgos heredados de las plantas de guisante siguen unos patrones fijos.

1902 Según el biólogo y médico estadounidense Walter Sutton, los portadores de la herencia son los cromosomas.

1910–1911 Thomas Hunt Morgan demuestra la teoría de Sutton experimentando con la mosca de la fruta.

1953 James Watson y Francis Crick descifran cómo transporta el ADN la información genética.

2000 Se secuencia por primera vez el genoma humano.

2007 Craig Venter sintetiza un cromosoma en el laboratorio.

DESPUÉS
2010 Venter anuncia que se ha sintetizado una forma de vida por primera vez.

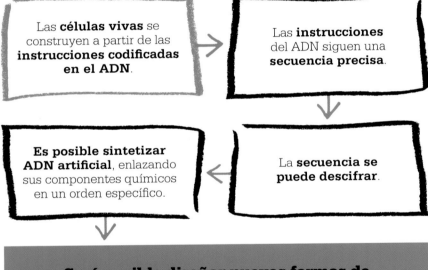

Las **células vivas** se construyen a partir de las **instrucciones codificadas en el ADN**.

Las **instrucciones** del ADN siguen una **secuencia precisa**.

Es posible sintetizar ADN artificial, enlazando sus componentes químicos en un orden específico.

La **secuencia se puede descifrar**.

Será posible diseñar nuevas formas de vida en la pantalla de un ordenador.

En mayo de 2010, Craig Venter lideró un equipo de científicos para crear la primera forma de vida totalmente artificial. El organismo (una bacteria unicelular) se ensambló a partir de sus elementos químicos fundamentales y testimonió el avance en la comprensión de la naturaleza de la propia vida. El sueño de crear vida no es nuevo; en 1771, Luigi Galvani provocó espasmos en la pata diseccionada de una rana con electricidad e inspiró a Mary Shelley a escribir *Frankenstein*. Sin embargo, los expertos vieron que la vida depende menos de una chispa que de los procesos químicos que ocurren en el interior de las células.

A mediados de la década de 1950, se halló el secreto de la vida en una molécula llamada ácido desoxirribonucleico, cuyas siglas son ADN, que

> Estamos creando un nuevo sistema de valores para la vida.
> **Craig Venter**

se halla en el núcleo de todas las células. Se identificó la cadena larga de ADN como la secuencia genética que controla el funcionamiento de la célula. Para crear vida, habría que crear ADN y dar con la secuencia exacta de nucleótidos (los eslabones que forman la cadena). Cada nucleótido consta de solo dos bases nitrogenadas acopladas de entre cuatro posibles bases, pero las combinaciones de la secuencia son infinitas.

Fabricar ADN

La secuencia de nucleótidos es distinta en cada organismo y el resulta-do de miles de años de evolución. Una secuencia aleatoria enviaría un mensaje químico sin sentido que no originaría un ser vivo. Para crear vida, los expertos debían copiar una secuencia de un organismo ya existente. En 1990 había nueva tecnología que permitía realizar el proceso a través de una serie de métodos complejos y se lanzó el Proyecto del Genoma Humano, un proyecto internacional cuyo objetivo era obtener el mapa de la secuencia del ADN humano.

En 1995 se secuenció el primer genoma de un organismo, una bacteria. Tres años después, frustrado por la lentitud con que avanzaba el Proyecto del Genoma Humano, Venter lo abandonó y fundó la empresa privada Celera Genomics para obtener el genoma humano más rápidamente y difundir los datos al público. En 2007, anunció que había creado un cromosoma artificial (una cadena completa de ADN) a partir de una bacteria del género *Mycoplasma*. Tres años después, creó una forma de vida nueva insertando un cromosoma artificial en otra bacteria cuyo material genético había sido retirado.

Vida generada por ordenador

El genoma del ser vivo más sencillo, como los *Mycoplasma*, se compone de cientos de miles de nucleótidos, que deben enlazarse artificialmente en un orden concreto; hacer eso con un genoma completo es una tarea formidable. El proceso se automatiza con la ayuda de la informática, con máquinas capaces de descodificar el mapa genético de la vida, identificar los factores genéticos que intervienen en la enfermedad e incluso crear nuevas formas de vida. ▪

Las células de la bacteria *Mycoplasma* no tienen membrana celular. Son la forma de vida más pequeña que se conoce y fue el primer organismo cuyos cromosomas se secuenciaron artificialmente.

Craig Venter

Craig Venter nació en Salt Lake City (Utah, EE UU) y nunca destacó en la escuela; su amor por la biomedicina surgió mientras trabajaba en un hospital de campaña, en la guerra de Vietnam. En 1984, tras estudiar en la Universidad de California en San Diego, empezó a trabajar en el Instituto Nacional de la Salud (NIH) de EE UU. En la década de 1990, ayudó a desarrollar tecnología para localizar los genes humanos y llegó a ser un pionero de la investigación del genoma. Abandonó el NIH para fundar el Instituto de Investigación Genómica, sin ánimo de lucro, en 1992. Inventó un nuevo modo de secuenciar genomas completos y se centró en la investigación de la bacteria *Haemophilus influenzae* antes de secuenciar el genoma humano. Fundó la empresa Celera y ayudó a construir máquinas de secuenciación avanzada. En 2006, fundó el J. Craig Venter Institute, también sin ánimo de lucro, que investiga la creación de formas de vida artificiales.

Obras principales

2001 *The Sequence of the Human Genome.*
2007 *Una vida descodificada.*

326

UNA NUEVA LEY NATURAL
IAN WILMUT (n. en 1944)

EN CONTEXTO

DISCIPLINA
Biología

ANTES
1953 James Watson y Francis Crick demuestran que el ADN tiene una estructura de doble hélice que contiene el código genético y puede replicarse.

1958 F. C. Stewart clona zanahorias a partir de tejidos maduros (diferenciados).

1984 El biólogo danés Steen Willadsen idea un sistema para fusionar células embrionarias con óvulos a los que se les ha extraído el material genético.

DESPUÉS
2001 En EE UU nace por clonación *Noah*, un ejemplar de gaur, que era una especie similar al buey en peligro de extinción. Fallece a los dos días de disentería.

2008 La clonación terapéutica de tejido, en ratones, es eficaz en el tratamiento de Parkinson.

La clonación, común en la naturaleza, es la producción de un organismo genéticamente idéntico a un progenitor único. Así, la planta de la fresa produce tallos rastreros y sus descendientes heredan todos los genes de la planta progenitora. En cambio, la clonación artificial es compleja, pues no todas las células pueden convertirse en individuos completos y las células maduras suelen resistirse a ello. En 1958, el biólogo británico F. C. Stewart clonó por vez primera un organismo multicelular: una zanahoria cultivada a partir de una única célula. La clonación animal fue muchó más complicada.

La presión para lograr la clonación humana es muy potente, pero no debemos asumir que llegará a ser habitual o importante en la vida humana.
Ian Wilmut

Clonar animales
En los animales, los óvulos fecundados y las células de los embriones jóvenes son de las pocas células totipotentes, es decir, con la capacidad de desarrollarse y formar un organismo entero. En la década de 1980, ya se podían producir clones separando las células de embriones jóvenes, pero era muy difícil. El biólogo británico Ian Wilmut decidió insertar núcleos de células de un ser en óvulos fecundados cuyo material genético había retirado y, así, los hizo totipotentes.

Usó núcleos de células de ubre de oveja e insertó los embriones resultantes en ovejas, para que se desarrollaran. De los 27.729 embriones solo uno, nacido en 1996, vivió hasta la edad adulta: la oveja *Dolly*. La investigación sobre la clonación en los ámbitos de la agricultura, conservación y medicina continúa, así como el debate sobre sus aspectos éticos. ∎

Véase también: Gregor Mendel 166–171 ▪ Thomas Hunt Morgan 224–225 ▪ James Watson y Francis Crick 276–283

MUNDOS MAS ALLA DEL SISTEMA SOLAR

GEOFFREY MARCY (n. en 1954)

Hace mucho que se baraja la posibilidad de que existan planetas orbitando en torno a estrellas distintas al Sol, pero hasta hace poco la tecnología ha limitado su detección. Primero se hallaron planetas alrededor de púlsares (estrellas de neutrones que giran a gran velocidad y cuyas señales de radio varían al ser atraídas en distintas direcciones por sus planetas). En 1995, los astrónomos suizos Michel Mayor y Didier Queloz detectaron 51 Pegasi B, planeta del tamaño de Júpiter en torno a una estrella parecida al Sol, a 51 años luz de la Tierra. Desde entonces, más de 1.000 planetas extrasolares, o exoplanetas, han sido confirmados.

Cazador de planetas

El astrónomo Geoffrey Marcy, de la Universidad de California en Berkeley, ostenta el record de planetas detectados por un observador humano, entre ellos 70 de los 100 primeros.

Pese a que se trata de planetas tan lejanos que no pueden ser vistos directamente, sí se pueden detectar de forma indirecta. El efecto de la gravedad de un planeta sobre su estrella provoca variaciones en la velocidad radial de la estrella (la velocidad a la que se acerca o aleja de la Tierra), que puede calcularse a partir de los cambios de su frecuencia luminosa. Queda por ver si hay vida en alguno de los exoplanetas. ∎

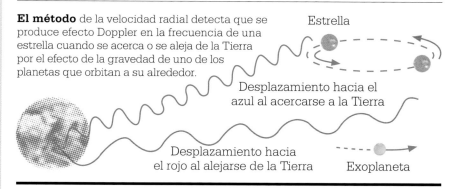

El método de la velocidad radial detecta que se produce efecto Doppler en la frecuencia de una estrella cuando se acerca o se aleja de la Tierra por el efecto de la gravedad de uno de los planetas que orbitan a su alrededor.

Estrella

Desplazamiento hacia el azul al acercarse a la Tierra

Desplazamiento hacia el rojo al alejarse de la Tierra

Exoplaneta

BIOGRAFIAS

Desde sus orígenes, cuando las personas investigaban en soledad o en grupos aislados y a menudo en pos de objetivos cuasi religiosos, la ciencia se ha transformado en una actividad práctica esencial para la vida moderna. Hoy el alto grado de colaboración que caracteriza a muchos proyectos científicos hace que sea difícil, a la par que injusto, seleccionar las personalidades más eminentes. Existen más áreas de investigación que nunca, y los límites entre disciplinas son cada vez más borrosos. Los matemáticos aportan soluciones a problemas físicos, los físicos explican la naturaleza de las reacciones químicas, los químicos ahondan en los misterios de la vida y los biólogos se interesan en la inteligencia artificial. Esta sección presenta tan solo algunas de las figuras que nos han ayudado a entender el mundo.

PITÁGORAS
c. 570–495 A.C.

Se sabe muy poco de la vida del matemático griego Pitágoras, que no dejó nada escrito. Nació en la isla griega de Samos y poco antes del año 518 a.C. se trasladó a Crotona, en el sur de Italia, donde fundó una escuela filosófica y religiosa. Los miembros del círculo más cercano a Pitágoras se llamaban a sí mismos *mathematikoi* y sostenían que la realidad es en esencia de naturaleza matemática. Pitágoras estaba convencido de que todas las relaciones entre las cosas podían reducirse a números, y sus seguidores se propusieron descubrir esas relaciones. Entre sus numerosas aportaciones a la ciencia y a las matemáticas, Pitágoras estudió los armónicos de las cuerdas vibrantes y es probable que fuera el primero en demostrar el teorema que lleva su nombre: en un triángulo rectángulo, el cuadrado de la hipotenusa es igual a la suma de los cuadrados de los otros dos lados.
Véase también: Arquímedes 24–25

JENÓFANES
c. 570–475 A.C.

Jenófanes de Colofón fue un filósofo y poeta griego ambulante cuyos vastos conocimientos procedían de las minuciosas observaciones que llevaba a cabo durante sus largos viajes. Jenófanes afirmó que la energía del Sol, que calienta el agua de los océanos y forma las nubes, es la fuerza motriz de los procesos físicos de la Tierra. Consideraba que las nubes habían originado los cuerpos celestes: las estrellas eran nubes ardientes, mientras que la Luna estaba compuesta por nubes comprimidas. A raíz del descubrimiento de fósiles marinos tierra adentro, muy lejos de la costa, Jenófanes dedujo que la Tierra había pasado por periodos alternos de inundación y de sequía. De este modo, fue uno de los primeros en explicar los fenómenos naturales sin recurrir a la intervención de fuerzas divinas, pero sus obras en general fueron ignoradas durante los siglos posteriores a su muerte.
Véase también: Empédocles 21 ▪ Zhang Heng 26–27

ARYABHATA
476–550 D.C.

El matemático y astrónomo hindú Aryabhata trabajó en Kusumapura, un centro intelectual de la India del Imperio gupta. Con solo 23 años de edad escribió el breve tratado *Aryabhatiya*, que ejerció una importante influencia en los eruditos islámicos posteriores. *Aryabhatiya*, obra escrita en verso, trata de aritmética, álgebra, trigonometría y astronomía, e incluye una aproximación de pi (π, la relación entre la longitud de una circunferencia y su diámetro) redondeada a 3,1416 y la estimación de la circunferencia de la Tierra en 39.968 km, un valor muy cercano al de 40.075 km que se acepta en la actualidad. Por otra parte, Aryabhata también sugirió que el movimiento aparente de las estrellas se debe a la rotación de la Tierra y que las órbitas de los planetas son elípticas, aunque no parece proponer un modelo heliocéntrico del Sistema Solar.
Véase también: Nicolás Copérnico 34–39 ▪ Johannes Kepler 40–41

BRAHMAGUPTA
598–670

El matemático y astrónomo indio Brahmagupta introdujo el concepto de cero en el sistema numérico y lo definió como el resultado de sustraer un número de sí mismo. También estableció las reglas aritméticas para los números negativos. Escribió su obra principal en el año 628, cuando vivía y trabajaba en Bhillamala, la capital de la dinastía Gurjara-Pratihara. Este tratado, titulado *Brahmasphutasiddhanta (El tratado correcto de Brahma),* no contiene símbolos matemáticos, pero ofrece una descripción completa de la fórmula cuadrática, un método para resolver ecuaciones de segundo grado. Fue traducido al árabe en Bagdad un siglo después y ejerció una gran influencia sobre los científicos árabes posteriores.

Véase también: Alhacén 28–29

YABIR IBN HAYYAN
c. 722–*c.* 815

El alquimista persa Yabir ibn Hayyan, también conocido por el nombre latinizado de Geber, fue un científico experimental que describió métodos para la fabricación de aleaciones, la verificación de metales y la destilación fraccionada, entre otras cosas. A Geber se le han atribuido casi 3.000 obras, la mayoría de las cuales se escribieron un siglo después de su muerte y apenas fueron conocidas en la Europa medieval con la excepción de la titulada *Summa Perfectionis (Suma de la perfección),* que apareció en el siglo XIII y se convirtió en el libro de alquimia más célebre del continente. Sin embargo, es muy probable que la escribiera el monje francis-cano Pablo de Tarento, ya que en la época era habitual que los autores adoptaran el nombre de un predecesor ilustre.

Véase también: John Dalton 112–113

AVICENA
980–1037

Este filósofo y médico persa, cuyo verdadero nombre era Abu Ali al-Husayn ibn Sina, fue un niño prodigio que a los diez años de edad ya había memorizado íntegramente el Corán. Escribió extensamente sobre temas que abarcaban desde matemáticas y lógica hasta astronomía, física, alquimia y música. Sus obras más importantes son *Kitab al-sifa (El libro de la sanación),* una enciclopedia científica, y *Al-Qanun fi al-Tibb (Canon de la medicina),* que fue un libro de referencia universitario hasta el siglo XVII. Avicena no solo describe métodos terapéuticos, sino que insiste en la importancia del ejercicio, el masaje, la dieta y el sueño para mantener la salud. Vivió en un periodo de turbulencias políticas y llegó a ser encarcelado.

Véase también: Louis Pasteur 156–159

AMBROISE PARÉ
c. 1510–1590

Durante sus treinta años como cirujano militar en el ejército francés, Ambroise Paré introdujo muchas técnicas nuevas, como la ligadura de las arterias después de la amputación de un miembro. Estudió anatomía, ideó miembros artificiales y elaboró una de las primeras descripciones médicas del trastorno conocido como «miembro fantasma», consistente en la percep-ción de sensaciones en un miembro amputado. También fabricó ojos artificiales de oro, plata, porcelana y cristal. Examinaba los órganos internos de personas que habían sufrido una muerte violenta y redactó los primeros informes médicos legales. Fue cirujano personal de cuatro reyes franceses y en el año 1575 publicó *Les Oeuvres (Las obras),* un libro en el que explicaba sus técnicas. El trabajo de Paré elevó el estatus de los cirujanos, hasta entonces bastante bajo.

Véase también: Robert Hooke 54

WILLIAM HARVEY
1578–1657

El médico inglés William Harvey fue el primero que describió con precisión la circulación sanguínea. Anteriormente se creía que existían dos sistemas sanguíneos: las venas, que llevaban sangre violeta cargada de nutrientes desde el hígado, y las arterias, que transportaban una sangre escarlata «vital» procedente de los pulmones. Después de llevar a cabo numerosos experimentos, Harvey demostró que la sangre fluye a gran velocidad por todo el cuerpo en un sistema, bombeada por el corazón. También estudió el latido cardíaco de muchos animales. Sin embargo, se opuso al mecanicismo de Descartes y afirmó que la sangre tenía fuerza vital propia. Aunque al principio encontró resistencia, su teoría de la circulación de la sangre había sido ampliamente aceptada cuando falleció. A finales del siglo XVII, los nuevos microscopios revelaron los capilares, los vasos más pequeños, que unen las venas y las arterias.

Véase también: Robert Hooke 54 ▪ Antonie van Leeuwenhoek 56–57

MARIN MERSENNE
1588–1648

El monje francés Marin Mersenne es recordado actualmente sobre todo por el trabajo que llevó a cabo sobre los números primos. Así, Mersenne demostró que si el número 2^n-1 es primo, n también debe serlo. Además, llevó a cabo amplios estudios en numerosos ámbitos científicos. En acústica, formuló las leyes que rigen la frecuencia de las vibraciones de una cuerda en tensión. Vivió en París, donde colaboró con René Descartes, y mantuvo una intensa correspondencia con Galileo, cuyas obras tradujo al francés. Defendió ardientemente la experimentación como la clave del progreso científico y criticó la falta de rigor de muchos de sus contemporáneos. En 1635 fundó la Academia Parisiensis, una sociedad científica privada con más de cien miembros en toda Europa que más tarde se convirtió en la Academia de las Ciencias de Francia.
Véase también: Galileo Galilei 42–43

RENÉ DESCARTES
1596–1650

El filósofo francés René Descartes fue una figura fundamental de la revolución científica del siglo XVII. Viajó por toda Europa y colaboró con muchas de las personalidades más relevantes de su tiempo. En parte gracias a Descartes, los científicos europeos comenzaron a superar el enfoque no empírico de Aristóteles mediante la aplicación de un escepticismo metódico. Propuso un método científico basado en las matemáticas y en cuatro preceptos: no aceptar nada como cierto a no ser que sea evidente; dividir los problemas en sus partes más simples; resolver los problemas avanzando desde lo más sencillo hasta lo más complejo, y por último, verificar los resultados. También desarrolló el sistema de coordenadas denominadas cartesianas (con los ejes x, y, y z) para representar puntos en el espacio mediante números, y viceversa. De esta manera, Descartes sentó las bases de la geometría analítica.
Véase también: Galileo Galilei 42–43 ▪ Francis Bacon 45

HENNIG BRAND
c. 1630–c. 1710

Se sabe poco de los primeros años del químico alemán Hennig Brand. Luchó en la guerra de los Treinta Años y, después de abandonar el ejército, se consagró a la alquimia, en busca de la anhelada piedra filosofal capaz de convertir en oro cualquier metal. En 1669, calentando el residuo de orina reducida obtuvo un material blanco y ceroso al que llamó «fósforo» («portador de luz»), porque brillaba en la oscuridad. El fósforo es muy reactivo y no se encuentra jamás como elemento libre en la Tierra: esta fue la primera vez que se aislaba un elemento de este tipo. Brand mantuvo en secreto su método, pero Robert Boyle redescubrió el fósforo por su cuenta en el año 1680.
Véase también: Robert Boyle 46–49

GOTTFRIED LEIBNIZ
1646–1716

El alemán Gottfried Leibniz estudió derecho en la Universidad de Leipzig y empezó a interesarse por la ciencia a medida que descubría las ideas de Descartes, Francis Bacon y Galileo. Desde entonces consagró su vida al empeño de recopilar todo el conocimiento humano. En París asistió a las clases de matemáticas de Christiaan Huygens y allí empezó a desarrollar el cálculo infinitesimal, un método matemático para calcular las tasas de cambio que resultó clave para el desarrollo de la ciencia y que elaboró al mismo tiempo que Isaac Newton, con quien mantuvo correspondencia hasta que discutieron. Leibniz promovió activamente el estudio de la ciencia: se carteó con más de 600 científicos de toda Europa y fundó academias en Berlín, Dresde, Viena y San Petersburgo.
Véase también: Christiaan Huygens 50–51 ▪ Isaac Newton 62–69

DENIS PAPIN
1647–1712

El físico e inventor francés Denis Papin comenzó su carrera profesional como ayudante de Christiaan Huygens y de Robert Boyle en sus experimentos sobre el aire y la presión. Así, en 1679 inventó la olla a presión, a la que denominó «digestor». Cuando observó que el vapor tendía a elevar la tapa del recipiente, se le ocurrió la idea de emplearlo para impulsar un pistón en el interior de un cilindro: de esta manera, Papin fue el primero que concibió un motor de vapor, aunque no llegó a construir ninguno. Sin embargo, en el año 1707 construyó un barco de vapor impulsado por ruedas de paletas, que resultaban más eficaces que los remos.
Véase también: Robert Boyle 46–49 ▪ Christiaan Huygens 50–51 ▪ Joseph Black 76–77

STEPHEN HALES
1677–1761

El clérigo inglés Stephen Hales llevó a cabo una serie de experimentos pioneros sobre la fisiología de las plantas. Midió el vapor de agua que desprenden las hojas en el proceso denominado transpiración y descubrió que este facilita el flujo ascendente continuo de un fluido que lleva nutrientes a toda la planta: la savia. Esta asciende desde una zona de alta presión, en las raíces, hasta las áreas de menor presión, donde el agua se evapora. Hales publicó sus resultados en 1727 en su obra *Vegetable Staticks*. Además, llevó a cabo numerosos experimentos con animales, sobre todo perros, y midió la presión sanguínea por primera vez. También inventó la cuba neumática, un aparato de laboratorio para recoger los gases emitidos durante las reacciones químicas.

Véase también: Joseph Priestley 82–83 ▪ Jan Ingenhousz 85

DANIEL BERNOULLI
1700–1782

Daniel Bernoulli fue probablemente el miembro más brillante de una familia de destacados matemáticos suizos. Jakob, su tío, y Johann, su padre, hicieron importantes aportaciones al desarrollo del cálculo. En 1738 publicó *Hydrodynamica*, donde analiza las propiedades de los fluidos. El principio de Bernoulli, enunciado por él, afirma que la presión de un fluido disminuye a medida que aumenta su velocidad. Esto explica por qué las alas de un avión generan la fuerza ascensional que le permite volar. Asimismo, reconoció que un fluido en movimiento debe intercambiar parte de su presión por energía cinética para no violar el principio de la conservación de energía. Además de matemáticas y física, estudió astronomía, biología y oceanografía.

Véase también: Joseph Black 76–77 ▪ Henry Cavendish 78–79 ▪ Joseph Priestley 82–83 ▪ James Joule 138 ▪ Ludwig Boltzmann 139

GEORGES-LOUIS LECLERC, CONDE DE BUFFON
1707–1788

Desde el año 1749 hasta su muerte, este naturalista francés trabajó en su monumental obra *Historia natural* con el propósito de compilar todos los conocimientos existentes en los campos de la historia natural y la geología. Esta obra enciclopédica alcanzó los 44 volúmenes una vez terminada por sus ayudantes, dieciséis años después de su muerte. En ella, Buffon trazó la historia geológica de la Tierra y sugirió que esta es mucho más antigua que lo que se había creído hasta entonces. Registró la extinción de especies y lanzó la idea, un siglo antes que Darwin, de que el ser humano y los simios tuvieron un antepasado común.

Véase también: Carlos Linneo 74–75 ▪ James Hutton 96–101 ▪ Charles Darwin 142–149

GILBERT WHITE
1720–1793

El párroco británico Gilbert White, que residía en la aldea de Selborne, en Hampshire, publicó en 1789 la obra titulada *The Natural History and Antiquities of Selborne*, una recopilación de cartas escritas a sus amigos. En ellas, White registra sus observaciones sistemáticas de la naturaleza y desarrolla sus ideas sobre las interrelaciones de los seres vivos. De hecho, fue el primer ecologista. Comprendió que todos los seres vivos desempeñan una función en lo que actualmente denominamos ecosistema y observó que las lombrices de tierra «parecen ser los grandes promotores de la vegetación, que apenas prosperaría sin ellas». Los métodos de White, como el registro del estado de un mismo lugar a lo largo de los años, influyeron notablemente en los biólogos posteriores.

Véase también: Alexander von Humboldt 130–135 ▪ James Lovelock 315

NICÉPHORE NIÉPCE
1765–1833

Nicéphore Niépce, físico e inventor francés, experimentó durante años en busca de una técnica para fijar la imagen proyectada en la parte posterior de una cámara oscura. En 1816 obtuvo un negativo en papel tratado con cloruro de plata, pero la imagen desapareció al exponerla a la luz solar. Hacia 1822 ideó un procedimiento al que llamó «heliografía», utilizando una placa de vidrio o de metal cubierta con betún de Judea, que se endurece al exponerse a la luz: al lavarla con aceite de lavanda, solo permanecían las partes endurecidas. Se necesitaban ocho horas de exposición para fijar la imagen. Así fue como obtuvo en 1827 la fotografía más antigua que se conserva, en la que aparecen unos edificios de su finca de Saint-Loup-de-Varennes. Hacia el final de su vida colaboró con Louis Daguerre para mejorar su técnica.

Véase también: Alhacén 28–29

ANDRÉ-MARIE AMPÈRE
1775–1836

André-Marie Ampère, físico francés, supo en 1820 que Hans Christian Ørsted había descubierto accidentalmente la relación entre la electricidad y el magnetismo, y se propuso elaborar una teoría matemática y física que la explicara. Así formuló la ley que lleva su nombre, que establece la relación matemática entre un campo magnético y la corriente eléctrica que lo genera. Ampère publicó sus resultados en 1827 en su memoria *Sur la théorie mathématique des phénomènes électrodynamiques uniquement déduite de l'expérience*. Esta obra dio nombre a una nueva rama científica: la electrodinámica. En su honor se denominó amperio la unidad estándar de intensidad de corriente eléctrica.
Véase también: Hans Christian Ørsted 120 ▪ Michael Faraday 121

LOUIS DAGUERRE
1787–1851

El pintor y físico francés Louis Daguerre colaboró con Nicéphore Niépce a partir de 1826 para mejorar el procedimiento heliográfico, inventado por este, que requería como mínimo ocho horas de exposición. Después de la muerte de Niépce, Daguerre consiguió revelar una imagen sobre una placa de plata yodada exponiéndola a gases de mercurio y fijarla con solución salina. El tiempo de exposición se reducía a 20 minutos, lo que hacía factible fotografiar personas. En 1839, Daguerre presentó una descripción completa de este procedimiento, al que llamó daguerrotipo y que le permitió amasar una fortuna.
Véase también: Alhacén 28–29

AUGUSTIN FRESNEL
1788–1827

El ingeniero y físico francés Augustin Fresnel se conoce sobre todo por haber inventado la lente que lleva su nombre, que permite ver la luz de un faro a una gran distancia. Para estudiar el comportamiento de la luz se inspiró en los experimentos de la doble ranura de Thomas Young, con quien mantuvo correspondencia. Llevó a cabo un vasto e importante trabajo teórico en el campo de la óptica y formuló una serie de ecuaciones que describen cómo se refleja o se refracta la luz al pasar de un medio a otro. La importancia de gran parte de su trabajo no se reconoció hasta después de su muerte.
Véase también: Alhacén 28–29 ▪ Christiaan Huygens 50–51 ▪ Thomas Young 110–111

CHARLES BABBAGE
1791–1871

El matemático británico Charles Babbage ideó el primer ordenador. Consternado por los numerosos errores de las tablas matemáticas impresas, Babbage diseñó una máquina que permitía calcular las tablas automáticamente y, en 1823, contrató al ingeniero Joseph Clement para que la construyera. Su «máquina diferencial» iba a ser un elegante aparato con engranajes de metal, pero desgraciadamente no pasó de ser un prototipo, ya que Babbage se quedó sin dinero y sin energía. En 1991, científicos del Museo de la Ciencia de Londres construyeron una máquina diferencial siguiendo las instrucciones de Babbage y con la tecnología disponible en su época. Finalmente, la máquina di-ferencial funcionó, aunque tendía a bloquearse al cabo de un minuto o dos. Babbage también concibió una «máquina analítica» que pudiera seguir instrucciones a partir de tarjetas perforadas, «almacenar» datos, realizar cálculos e imprimir los resultados. Bien hubiera podido tratarse de un ordenador en el sentido actual de la palabra. Su protegida, Ada Lovelace (hija del poeta Lord Byron), escribió programas para la máquina analítica y se considera la primera programadora de la historia. Sin embargo, el proyecto no llegó a despegar.
Véase también: Alan Turing 252–253

SADI CARNOT
1796–1832

Nicolas-Léonard-Sadi Carnot estudió en la École Polytechnique de París y sirvió en el ejército como ingeniero militar antes de consagrarse al diseño y la construcción de motores de vapor con la esperanza de que Francia alcanzara a Gran Bretaña en la revolución industrial. En su única obra, titulada *Reflexiones sobre la potencia motriz del fuego y sobre las máquinas adecuadas para desarrollar esta potencia* y publicada en 1824, Carnot explicaba que el rendimiento de un motor de vapor depende sobre todo del diferencial térmico entre sus partes más calientes y sus partes más frías. Rudolf Clasius, en Alemania, y William Thomson (Lord Kelvin), en Gran Bretaña, desarrollaron esta obra pionera de la termodinámica, que pasó casi desapercibida en vida de Carnot. Este falleció a los 36 años de edad durante una epidemia de cólera.
Véase también: Joseph Fourier 122 ▪ James Joule 138

JEAN-DANIEL COLLADON
1802–1893

El físico suizo Jean-Daniel Colladon demostró que es posible confinar la luz mediante reflexión total en el interior de un tubo y hacer que avance en una trayectoria curva, el principio fundamental de las fibras ópticas actuales. Con sus experimentos en el lago Lemán probó que el sonido viaja a una velocidad cuatro veces mayor por el agua que por el aire. Logró transmitir sonido a través del agua a una distancia de 50 km y propuso este método para establecer la comunicación de un lado a otro del canal de la Mancha. También llevó a cabo importantes trabajos en el campo de la hidráulica y estudió la compresibilidad del agua.

Véase también: Léon Foucault 136–137

JUSTUS VON LIEBIG
1803–1873

Hijo de un fabricante de productos químicos de Darmstadt (Alemania), Justus von Liebig realizó sus primeros experimentos químicos de niño, en el laboratorio de su padre. Luego se convirtió en un carismático profesor de química cuyos métodos docentes basados en el laboratorio fueron muy influyentes. Descubrió la importancia de los nitratos para el crecimiento de las plantas y desarrolló los primeros abonos industriales. Interesado también en la química de la alimentación, creó procedimientos para fabricar extractos de carne de vacuno y fundó la empresa Liebig Extract of Meat Company (Lemco), que luego comercializó cubitos de caldo concentrado.

Véase también: Friedrich Wöhler 124–125

CLAUDE BERNARD
1813–1878

Claude Bernard, fisiólogo francés y pionero de la medicina experimental, fue el primer científico que estudió la regulación interna del organismo. Las investigaciones que llevó a cabo condujeron al concepto de homeostasis, el proceso por el que el cuerpo mantiene un medio interno estable a pesar de los cambios del medio exterior. Bernard estudió la función del páncreas y el hígado en la digestión, y explicó que las sustancias químicas se descomponen en sustancias más simples para reorganizarse en las moléculas complejas necesarias para construir los tejidos del cuerpo. En 1865 publicó su obra principal: *Introduction à l'étude de la médecine expérimentale*.

Véase también: Louis Pasteur 156–159

WILLIAM THOMSON
1824–1907

El físico británico William Thomson, también conocido como Lord Kelvin, nació en Belfast. A los 22 años de edad ya era profesor de filosofía natural en la Universidad de Glasgow y en 1892 se le concedió el título nobiliario de barón de Kelvin, por el río que atraviesa dicha universidad. Thomson consideraba que los cambios físicos son fundamentalmente cambios de energía, y su trabajo abarca numerosas áreas de la física. Desarrolló la segunda ley de la termodinámica y estableció en −273,15 °C el valor del «cero absoluto», la temperatura a la que cesa todo movimiento molecular. La escala cuyo 0 es el cero absoluto lleva su nombre. Además, inventó el galvanómetro de espejo, que sirve para detectar señales telegráficas tenues, y presidió el tendido del cable trasatlántico en 1866. Inventó asimismo una brújula náutica mejorada y una máquina para predecir las mareas. La figura de William Thomson presenta facetas controvertidas, pues rechazó la teoría de la evolución de Darwin e hizo muchas afirmaciones osadas, como la predicción de que los aeroplanos jamás llegarían a tener una utilidad práctica, un año antes del primer vuelo de los hermanos Wright en 1903. Por el contrario, la cita que se le atribuye con frecuencia de que «no queda nada nuevo por descubrir en la física» seguramente es apócrifa.

Véase también: James Joule 138 ▪ Ludwig Boltzmann 139 ▪ Ernest Rutherford 206–213

JOHANNES VAN DER WAALS
1837–1923

El físico holandés Johannes van der Waals hizo una notable aportación al campo de la termodinámica en su tesis doctoral del año 1873. En ella, Van der Waals demostró la continuidad entre el estado líquido y el estado gaseoso a nivel molecular. No afirmó solo que estos dos estados de la materia se confunden, sino que comparten esencialmente la misma naturaleza. Postuló la existencia de unas fuerzas entre moléculas que en la actualidad se conocen como fuerzas de Van der Waals y que explican propiedades de las sustancias químicas como la solubilidad.

Véase también: James Joule 138 ▪ Ludwig Boltzmann 139 ▪ August Kekulé 160–165 ▪ Linus Pauling 254–259

ÉDOUARD BRANLY
1844–1940

Édouard Branly fue profesor de física en el Instituto Católico de París y pionero de la telegrafía sin hilos. En 1890 inventó un detector de ondas de radio, conocido como cohesor de Branly, que consistía en un tubo con dos electrodos en su interior ligeramente separados y con limaduras metálicas entre ambos. Cuando le llegaba una señal de radio, la resistencia de las limaduras disminuía y permitía el flujo de corriente eléctrica entre los electrodos. El invento de Branly fue utilizado por el italiano Guglielmo Marconi en sus experimentos sobre las comunicaciones por radio, así como en la telegrafía hasta el año 1910, cuando aparecieron detectores más sensibles.

Véase también: Alessandro Volta 90–95 ▪ Michael Faraday 121

IVÁN PAVLOV
1849–1936

El ruso Iván Pavlov, hijo de un pope, abandonó los planes de seguir los pasos de su padre para estudiar química y fisiología en la Universidad de San Petersburgo. En la década de 1890 empezó a estudiar la salivación de los perros al observar que los suyos empezaban a salivar en cuanto entraba en la habitación, incluso cuando no les llevaba comida. Dedujo que debía de tratarse de un comportamiento adquirido y llevó a cabo una serie de experimentos a lo largo de treinta años sobre lo que llamó «reflejos condicionados». Uno de sus experimentos consistía en tocar una campana cada vez que daba de comer a los perros, y así descubrió que, tras un periodo de aprendizaje (condicionamiento), salivaban tan solo al oír la campana. De esta manera Pavlov sentó las bases del estudio científico de la conducta, si bien los fisiólogos en la actualidad consideran sus explicaciones excesivamente simples.

Véase también: Konrad Lorenz 249

HENRI MOISSAN
1852–1907

El químico francés Henri Moissan recibió el premio Nobel de química en 1906 por haber aislado el flúor. Lo obtuvo mediante electrólisis a partir de una solución de fluoruro de potasio y ácido fluorhídrico: cuando enfrió la solución a −50 °C, apareció hidrógeno puro sobre el electrodo negativo, y flúor puro sobre el positivo. También creó un horno de arco eléctrico que podía alcanzar una temperatura de 3.500 °C y que usó en sus intentos de sintetizar diamantes. No lo consiguió, pero más tarde se demostró que su teoría de que es posible obtener diamantes sometiendo el carbono a grandes presiones y altas temperaturas era correcta.

Véase también: Humphry Davy 114 ▪ Leo Baekeland 140–141

FRITZ HABER
1868–1934

El legado científico del químico alemán Fritz Haber presenta luces y sombras. Por un lado, Haber y su colega Carl Bosch desarrollaron un procedimiento para sintetizar amoníaco (NH_3) a partir de hidrógeno y de nitrógeno atmosférico. Como el amoníaco es un ingrediente esencial de los abonos, el procedimiento Haber-Bosch permitió la producción industrial de abonos artificiales, que aumentó de forma significativa la producción de alimentos. Por otro lado, Haber desarrolló cloro y otros gases letales para la guerra de trincheras durante la Primera Guerra Mundial y supervisó personalmente su utilización en el campo de batalla. Su esposa Clara, también química, se quitó la vida en 1915 como consecuencia de su rechazo a la participación de su marido en el uso de cloro en Ypres.

Véase también: Friedrich Wöhler 124–125 ▪ August Kekulé 160–165

C. T. R. WILSON
1869–1959

Charles Thomson Rees Wilson fue un meteorólogo escocés especializado en el estudio de las nubes. Con este fin ideó un método para expandir aire húmedo dentro de una cámara cerrada y producir así el estado de saturación necesario para la formación de nubes (o de niebla). Descubrió que las nubes se formaban con mucha más facilidad si en la cámara había partículas de polvo; de lo contrario, solo aparecían cuando la saturación del aire superaba un punto crítico. Wilson creía que las nubes se formaban a partir de iones (moléculas cargadas) existentes en el aire. Para probar esta teoría hizo pasar radiación a través de la cámara y descubrió que dejaba un rastro de vapor de agua tras de sí. La cámara de niebla de Wilson resultó crucial para las investigaciones de la física nuclear y le valió el premio Nobel de física en 1927. En 1932 se detectó el primer positrón gracias a una cámara de niebla.

Véase también: Paul Dirac 246–247 ▪ Charles Keeling 294–295

EUGÈNE BLOCH
1878–1944

El físico francés Eugène Bloch se dedicó a la espectrografía y obtuvo pruebas a favor de la interpretación de Einstein del efecto fotoeléctrico mediante la idea de la luz cuantizada. Durante la Primera Guerra Mundial trabajó en telecomunicaciones militares y desarrolló los primeros amplificadores electrónicos para receptores de radio. Víctima de las leyes antisemitas del gobierno de Vichy, en 1940 fue destituido de su cargo de profesor de física en la Universidad de París y huyó a la zona libre (no ocupada), pero la Gestapo lo detuvo en 1944 y lo deportó a Auschwitz, donde murió.

Véase también: Albert Einstein 214–221

MAX BORN
1882–1970

En la década de 1920, el físico alemán Max Born, entonces profesor de física experimental en la Universidad de Gotinga, colaboró con Werner Heisenberg y Pascual Jordan en la formulación de la mecánica matricial. Cuando Erwin Schrödinger formuló su ecuación de la función de onda, Born fue el primero en sugerir lo que significaba para el mundo real: la probabilidad de encontrar una partícula en un punto específico del continuo espacio-tiempo. En 1933, cuando los nazis privaron a los judíos de sus cargos académicos, partió de Alemania con su familia hacia Gran Bretaña y en 1939 obtuvo la nacionalidad británica. En 1954 recibió el premio Nobel de física por su trabajo sobre mecánica cuántica.

Véase también: Erwin Schrödinger 226–233 ▪ Werner Heisenberg 234–235 ▪ Paul Dirac 246–247 ▪ J. Robert Oppenheimer 260–265

NIELS BOHR
1885–1962

El danés Niels Bohr fue uno de los primeros grandes teóricos de la física cuántica. Su principal aportación fue el modelo atómico basado en el de Ernest Rutherford que presentó en 1913, añadiendo la idea de que los electrones ocupan órbitas cuantizadas específicas alrededor del núcleo. En 1927 colaboró con Werner Heisenberg en la elaboración de una explicación de los fenómenos cuánticos conocida como interpretación de Copenhague. Uno de los conceptos clave de dicha interpretación es el principio de complementariedad de Bohr, que afirma que un fenómeno físico, como el comportamiento de un fotón o de un electrón, puede expresarse de distinta manera en función del dispositivo experimental usado para observarlo.

Véase también: Ernest Rutherford 206–213 ▪ Erwin Schrödinger 226–233 ▪ Werner Heisenberg 234–235 ▪ Paul Dirac 246–247

GEORGE EMIL PALADE
1912–2008

El biólogo celular rumano George Emil Palade se doctoró en medicina en la Universidad de Bucarest en 1940 y, tras la Segunda Guerra Mundial, emigró a EE UU, donde llevó a cabo su trabajo más importante en el Instituto Rockefeller de Nueva York. Gracias a sus nuevas técnicas de preparación de tejidos pudo examinar la estructura de las células con microscopio electrónico, lo que supuso un gran avance hacia el conocimiento de la organización celular. En la década de 1950 descubrió los ribosomas, unos cuerpos del interior de las células que hasta entonces se creía que eran fragmentos de mitocondrias y que, en realidad, son los máximos responsables de la síntesis de proteínas al unir los aminoácidos en una secuencia específica.

Véase también: James Watson y Francis Crick 276–283 ▪ Lynn Margulis 300–301

DAVID BOHM
1917–1992

David Bohm, físico teórico estadounidense, planteó una interpretación no ortodoxa de la mecánica cuántica. Postuló la existencia de un «orden implicado» en el Universo, un orden de la realidad más esencial que los fenómenos que percibimos en forma de tiempo, espacio y conciencia. Escribió: «Es posible un tipo de conexión básica entre los elementos totalmente distinto, a partir del cual nuestros conceptos habituales de espacio y tiempo, así como los relativos a las partículas materiales que existen de forma autónoma, se convierten en formas abstractas derivadas del orden más profundo». Bohm trabajó con Albert Einstein en la Universidad de Princeton hasta principios de la década de 1950, cuando sus opiniones marxistas le incitaron a abandonar EE UU, primero por Brasil y luego por Londres, donde fue profesor de física del Birkbeck College desde 1961.

Véase también: Erwin Schrödinger 226–233 ▪ Hugh Everett III 284–285 ▪ Gabriele Veneziano 308–313

FREDERICK SANGER
1918–2013

El bioquímico británico Frederick Sanger es uno de los cuatro científicos galardonados con dos premios Nobel, ambos de química. Recibió el primero en 1958 por haber determinado la secuencia de aminoácidos que constituyen la molécula de insulina. Sus investigaciones sobre la insulina demostraron que cada proteína posee una secuencia de aminoácidos única, lo cual permitió comprender la codificación del ADN de la producción de proteínas. El segundo le fue otorgado en 1980 por su contribución a la secuenciación del ADN. Su equipo secuenció el ADN mitocondrial humano: 37 genes que se hallan en las mitocondrias y que solo se heredan de la madre. El Instituto Sanger, fundado en su honor cerca de Cambridge, es hoy uno de los centros de investigación genómica más importantes del mundo.

Véase también: James Watson y Francis Crick 276–283 ▪ Craig Venter 324–325

MARVIN MINSKY
n. en 1927

El matemático y científico cognitivo estadounidense Marvin Minsky es uno de los pioneros de la inteligencia artificial. En 1959 cofundó el laboratorio de IA del Instituto Tecnológico de Massachusetts (MIT), donde desarrolló el resto de su carrera. Su trabajo se centró en la generación de redes neuronales, o «cerebros» artificiales que pueden desarrollarse y aprender de la experiencia. En la década de 1970, Minsky y su colega Seymour Papert elaboraron la teoría de la «sociedad de la mente», que explica la posibilidad de que surja inteligencia en un sistema compuesto únicamente por elementos no inteligentes. Minsky define la inteligencia artificial como «la ciencia de conseguir que las máquinas hagan cosas que exigirían inteligencia si tuvieran que hacerlas los seres humanos». Fue uno de los asesores de la película *2001: Una odisea del espacio* y ha especulado acerca de la posibilidad de que exista inteligencia extraterrestre.

Véase también: Alan Turing 252–253 ▪ Donald Michie 286–291

MARTIN KARPLUS
n. en 1930

El químico teórico estadounidense de origen austriaco Martin Karplus y su colega de origen israelí Arieh Warshel crearon en 1974 un modelo informático de la compleja molécula del retinol, esencial para el funcionamiento del ojo y que cambia de forma cuando se expone a la luz. Karplus y Warshel usaron tanto la física clásica como la mecánica cuántica para modelar el comportamiento de los electrones en dicha molécula. Su trabajo mejoró significativamente la sofisticación y la precisión de los modelos informáticos de sistemas químicos complejos. Ambos compartieron el premio Nobel de química de 2013 con el también químico británico Michael Levitt.

Véase también: August Kekulé 160–165 ▪ Linus Pauling 254–259

ROGER PENROSE
n. en 1931

En 1969, el matemático británico Roger Penrose colaboró con el físico Stephen Hawking para demostrar que la materia de un agujero negro se colapsa en una singularidad. Luego tradujo al plano matemático los efectos de la gravedad en el espacio-tiempo en las proximidades de un agujero negro. Interesado en temas muy diversos, Penrose ha propuesto también una teoría de la conciencia basada en los efectos de la mecánica cuántica a escala subatómica en el cerebro y, recientemente, una teoría cosmológica cíclica, según la cual la muerte térmica (fase final) de un universo se convierte en el Big Bang de otro, en un ciclo eterno.

Véase también: Georges Lemaître 242–245 ▪ Subrahmanyan Chandrasekhar 248 ▪ Stephen Hawking 314

FRANÇOIS ENGLERT
n. en 1932

En 2013, el físico belga François Englert compartió el premio Nobel de física con Peter Higgs por haber propuesto, de forma independiente, lo que en la actualidad se conoce como campo de Higgs, que aporta masa a las partículas elementales. En 1964 y junto con su colega Robert Brout, también belga, sugirió por primera vez que el espacio «vacío» podría contener un campo que confiriera masa a la materia. El premio Nobel se le concedió a raíz del descubrimiento del bosón de Higgs en el CERN en 2012, que confirmó las predicciones de Englert, Higgs y Brout. Este último, fallecido en 2011, no pudo compartir el premio, ya que no se otorga a título póstumo.

Véase también: Sheldon Glashow 292–293 ▪ Peter Higgs 298–299 ▪ Murray Gell-Mann 302–307

STEPHEN JAY GOULD
1941–2002

Stephen Jay Gould, paleontólogo estadounidense, se especializó en la evolución de los caracoles de tierra de las Antillas y escribió ampliamente sobre múltiples aspectos de la evolución y de la ciencia. En 1972, Gould y su colega Niles Eldredge propusieron la teoría del equilibrio puntuado. Según esta teoría, la evolución no es un proceso constante y gradual tal como propuso Darwin, sino que se produce bruscamente y en periodos breves a escala geológica, como unos cuantos milenios, seguidos de largos periodos de estabilidad. A fin de sustentar su afirmación, aportaron los modelos evolutivos de varios organismos del registro fósil. En 1982, Gould acuñó el término «exaptación» para designar un rasgo que se transmite por un motivo concreto y después es seleccionado para cumplir una función muy distinta. Su obra ha permitido ampliar la comprensión de los mecanismos de la selección natural.

Véase también: Charles Darwin 142–149 ▪ Lynn Margulis 300–301 ▪ Michael Syvanen 318–319

RICHARD DAWKINS
n. en 1941

El zoólogo británico Richard Dawkins es especialmente conocido por sus libros de divulgación científica, como *El gen egoísta* (1976). Su principal aportación en el campo de la genética es el concepto de «fenotipo extendido». El genotipo de un organismo es la suma de las instrucciones que contiene su código genético; el fenotipo es la expresión de ese código. Mientras que los genes individuales pueden simplemente codificar la síntesis de distintas sustancias en el cuerpo de un organismo, el fenotipo debe entenderse como todo lo que resulta de esa síntesis. Por ejemplo, el termitero puede considerarse un elemento del fenotipo extendido de una termita. Según Dawkins, el fenotipo extendido es el modo en que los genes maximizan sus probabilidades de supervivencia en la generación siguiente.

Véase también: Charles Darwin 142–149 ▪ Lynn Margulis 300–301 ▪ Michael Syvanen 318–319

JOCELYN BELL BURNELL
n. 1943

En 1967, cuando la astrofísica británica Jocelyn Bell trabajaba como ayudante de investigación en la Universidad de Cambridge y llevaba el registro de cuásares (núcleos galácticos lejanos), descubrió una extraña serie de señales de radio procedentes del espacio que los miembros de su equipo denominaron humorísticamente LGM (*Little Green Man*, «hombrecillos verdes»), en alusión a la remota posibilidad de que se tratase de un intento de comunicación extraterrestre. Posteriormente determinaron que las fuentes de las señales eran estrellas de neutrones que giraban rápidamente, a las que llamaron púlsares. En 1974, dos de sus colegas recibieron el premio Nobel de física por el descubrimiento de los púlsares, pero a ella se lo negaron porque entonces solo era estudiante, una omisión por la que protestaron públicamente Fred Hoyle y otros destacados astrónomos.

Véase también: Edwin Hubble 236–241 ▪ Fred Hoyle 270

MICHAEL TURNER
n. en 1949

Las investigaciones del cosmólogo estadounidense Michael Turner se centran en la comprensión de lo que sucedió inmediatamente después del Big Bang. Turner cree que las fluctuaciones cuánticas que ocurrieron durante el periodo de expansión acelerada conocida como inflación cósmica pueden explicar la estructura actual del Universo, incluidas la existencia de galaxias y la asimetría entre materia y antimateria. En 1998 acuñó la expresión «energía oscura» para denominar a la energía hipotética que permea todo el espacio y explica la observación de que el Universo se expande en todas direcciones y cada vez a mayor velocidad.

Véase también: Edwin Hubble 236–241 ▪ Georges Lemaître 242–245 ▪ Fritz Zwicky 250–251

TIM BERNERS-LEE
n. en 1955

Pocos científicos han ejercido en vida tanto impacto sobre la vida cotidiana como el británico Tim Berners-Lee, inventor de la World Wide Web. En 1989, cuando trabajaba en el CERN, la Organización Europea para la Investigación Nuclear, se le ocurrió la idea de establecer una red de documentos que los científicos de todo el mundo pudieran compartir a través de Internet. Un año después creó los primeros cliente y servidor web y, en 1991, el CERN inauguró el primer sitio web. En la actualidad, Berners-Lee aboga por el acceso libre a Internet, sin control gubernamental.

Véase también: Alan Turing 252–253

GLOSARIO

Aceleración Variación de la velocidad como resultado de la aplicación de una fuerza que provoca un cambio de la dirección y/o la velocidad de un objeto.

Ácido Compuesto químico que, al disolverse en agua, libera iones de hidrógeno y vuelve rojo el tornasol.

ADN (ácido desoxirribonucleico). Molécula de gran tamaño y con forma de doble hélice que contiene la información genética de los cromosomas.

Agujero negro Región del espacio tan densa que la luz no puede escapar de su campo gravitatorio.

Álcali Base soluble en agua y que neutraliza los ácidos.

Algoritmo En matemáticas y en programación informática, procedimiento lógico que permite realizar cálculos.

Aminoácidos Compuestos químicos orgánicos cuyas moléculas contienen grupos amino (NH_2) y grupos carboxilo (COOH). Las proteínas están compuestas por aminoácidos. Cada proteína contiene una secuencia de aminoácidos específica.

Antipartícula Partícula idéntica a una partícula ordinaria, pero con una carga eléctrica opuesta. Cada partícula tiene una antipartícula correspondiente.

Átomo La parte más pequeña de un elemento que tiene las propiedades químicas de ese elemento. Se creía que era la parte más pequeña de la materia, pero actualmente se conocen muchas partículas subatómicas.

ATP (trifosfato de adenosina). Sustancia química que almacena y transporta energía entre las células.

Base Sustancia química que reacciona con un ácido para producir agua y una sal.

Big Bang Explosión de una singularidad que originó el Universo.

Bosón Partícula subatómica que transporta fuerzas entre otras partículas.

Bosón de Higgs Partícula subatómica asociada al campo de Higgs que confiere masa a la materia al interactuar con ella.

Brana En la teoría de cuerdas, objeto que posee entre cero y nueve dimensiones.

Carga de color Propiedad de los quarks que hace que se vean afectados por la fuerza nuclear fuerte.

Carga eléctrica Propiedad de las partículas subatómicas que hace que se atraigan o repelan mutuamente.

Célula La unidad más pequeña de un organismo capaz de sobrevivir por sí sola. Las bacterias y los protistas son organismos unicelulares.

Cero absoluto La temperatura más baja posible: 0 K, o –273,15 °C.

Cladística Sistema de clasificación de los seres vivos que agrupa la especies en función de sus antepasados comunes más próximos.

Corriente eléctrica Flujo de electrones o iones.

Cromosoma Estructura compuesta por ADN y proteínas que contiene la información genética de una célula.

Cuerpo negro Objeto teórico que absorbe toda la radiación que recibe. Un cuerpo negro irradia energía en función de su temperatura, por lo que puede no aparecer totalmente negro.

Deriva continental Lento desplazamiento de los continentes por el globo a lo largo de millones de años.

Desintegración beta Forma de desintegración radiactiva durante la cual el núcleo atómico emite partículas beta (electrones o positrones).

Desintegración gamma Forma de desintegración radiactiva durante la cual el núcleo atómico emite rayos gamma, de alta energía y longitud de onda corta.

Desintegración radiactiva Proceso por el que los núcleos atómicos inestables emiten partículas o radiación electromagnética.

Desplazamiento o corrimiento hacia el rojo Desplazamiento hacia el extremo rojo del espectro observado en la luz que emiten las galaxias que se alejan de la Tierra, debido al efecto Doppler.

Difracción Desviación de las ondas alrededor de obstáculos y después de pasar por pequeñas aberturas.

Ecología Estudio científico de las relaciones de los organismos vivos con su entorno.

Efecto Doppler Cambio de frecuencia de una onda que percibe un observador en movimiento relativo respecto a la fuente de la onda.

Efecto fotoeléctrico Fenómeno consistente en la emisión de electrones por algunas sustancias cuando la luz las alcanza.

Electrodinámica cuántica (EDC) Teoría que explica la interacción de partículas subatómicas mediante el intercambio de fotones.

Electrolisis o electrólisis Cambio químico producido en una sustancia por el paso de una corriente eléctrica a través de ella.

Electrón Partícula subatómica con carga eléctrica negativa.

Elemento Sustancia que no puede descomponerse en otras sustancias mediante reacciones químicas.

Endosimbiosis Relación entre dos organismos, uno de los cuales vive en el interior del cuerpo o de las células del otro y de la que ambos obtienen beneficio.

Energía Capacidad de un objeto o un sistema para el trabajo mecánico. Existen muchas formas de energía, como la cinética (del movimiento) o la potencial (por ejemplo, en un muelle). La energía puede cambiar de una forma a otra, pero jamás crearse o destruirse.

Energía oscura Fuerza aún poco conocida que actúa en dirección opuesta a la gravedad y que hace que el Universo se expanda. Unas tres cuartas partes de la masa-energía del Universo son energía oscura.

Enlace covalente Enlace entre dos átomos que comparten electrones.

Enlace iónico Enlace entre dos átomos que intercambian un electrón para convertirse en iones. Los iones con carga eléctrica opuesta se atraen mutuamente.

Enlace pi Enlace covalente en el que los lóbulos de los orbitales de dos o más electrones se superponen lateralmente.

Enlace sigma Enlace covalente que se crea cuando los orbitales de los electrones de dos átomos se alinean frontalmente. Se trata de un enlace relativamente fuerte.

Entrelazamiento En física cuántica, fenómeno por el que las partículas están enlazadas de modo que un cambio en una afecta a la otra independientemente de la distancia que las separe.

Entropía Medida del desorden de un sistema y que refleja el número de formas específicas en que puede organizarse un sistema.

Espacio-tiempo Continuo resultante de la combinación de las tres dimensiones espaciales con una dimensión temporal.

Espín Propiedad de las partículas subatómicas análoga al momento angular.

Etología Estudio científico de la conducta animal.

Evolución Proceso por el que las especies cambian a lo largo del tiempo.

Exoplaneta Planeta extrasolar, es decir, que orbita alrededor de una estrella distinta al Sol.

Fermión Partícula subatómica, como un electrón o un quark, asociada a la masa.

Fotón Partícula de la luz que transfiere la fuerza electromagnética de un lugar a otro.

Fotosíntesis Proceso por el que las plantas utilizan la energía del Sol para obtener nutrientes a partir del agua y el dióxido de carbono.

Fractal Patrón geométrico en el que se ven formas similares a distintas escalas.

Fuerza Empuje o tracción que desplaza un objeto o cambia su forma.

Fuerza electromagnética Una de las cuatro fuerzas fundamentales de la naturaleza, responsable de la transferencia de fotones entre partículas.

Fuerza o interacción nuclear débil Una de las cuatro fuerzas fundamentales, que actúa en el interior del núcleo del átomo y es responsable de la desintegración beta.

Fuerza o interacción nuclear fuerte Una de las cuatro fuerzas fundamentales, que mantiene unidos los quarks para formar neutrones y protones.

Gases de efecto invernadero Gases como el dióxido de carbono y el metano que absorben la energía reflejada por la superficie terrestre e impiden que escape al espacio.

Gen Unidad básica de la herencia de los organismos vivos, que contiene instrucciones codificadas para la formación de sustancias químicas como las proteínas.

Gravedad Fuerza de atracción entre objetos con masa. También afecta a los fotones, carentes de masa. La teoría de la relatividad general la describe como una curvatura del espacio-tiempo.

Hidrocarburo Compuesto químico cuyas moléculas contienen una o varias de las combinaciones posibles de átomos de hidrógeno y de carbono.

Horizonte de sucesos Límite que rodea a un agujero negro donde la atracción gravitatoria de este es tan intensa que la luz no puede escapar. Ninguna información del agujero negro puede atravesar su horizonte de sucesos.

Ión Átomo, o grupo de átomos, que ha perdido o ganado un electrón o más para adquirir carga eléctrica.

Leptón Fermión al que afectan todas las fuerzas fundamentales excepto la fuerza nuclear fuerte.

Luz polarizada Luz cuyas ondas vibran en un solo plano.

Magnetismo Fuerza de atracción o repulsión ejercida por los imanes. El magnetismo es producto de los campos magnéticos o de las partículas que poseen momento magnético.

Masa Cantidad de materia de un objeto medida por la fuerza requerida para acelerarlo.

Materia oscura Materia invisible que únicamente se detecta por su efecto gravitatorio sobre la materia visible y que mantiene unidas las galaxias.

Mecánica clásica (También conocida como mecánica newtoniana). Conjunto de leyes que describen el movimiento de los cuerpos sometidos a la acción de fuerzas. Proporciona resultados precisos para los objetos macroscópicos que no viajan a una velocidad cercana a la de la luz.

Mecánica cuántica Rama de la física que trata de las interacciones de las partículas subatómicas mediante «paquetes», o cuantos, de energía.

Mitocondria Elemento del interior de la célula que le proporciona energía.

Modelo estándar Teoría de la física de partículas según la cual existen doce fermiones básicos: seis quarks y seis leptones.

Molécula La unidad más pequeña de un compuesto que tiene sus propiedades químicas, formada por dos o más átomos.

Momento o momento lineal Cantidad de fuerza requerida para detener un objeto en movimiento. Es igual al producto de la masa del objeto por su velocidad.

Momento angular Medida de la rotación de un objeto, que tiene en cuenta su masa, su forma y velocidad de rotación.

Muerte térmica Posible estado final del Universo en el que no existirán diferencias de temperatura en el espacio y no será posible el trabajo mecánico.

Multiverso Conjunto hipotético de universos donde suceden todos los eventos posibles.

Neutrino Partícula subatómica con carga eléctrica neutra y masa muy pequeña. Los neutrinos pueden atravesar la materia sin ser detectados.

Neutrón Partícula subatómica con carga eléctrica neutra que forma parte del núcleo del átomo. Consta de un quark arriba y dos quarks abajo.

Número atómico Número de protones que hay en el núcleo de un átomo. Cada elemento tiene un número atómico distinto.

Onda Perturbación de un medio que se propaga y transfiere energía.

Óptica Estudio de la visión y del comportamiento de la luz.

Paralaje Movimiento aparente de un objeto debido al cambio de posición del observador.

Partícula Constituyente diminuto de la materia que puede tener velocidad, posición, masa y carga eléctrica.

Partícula alfa Partícula compuesta por dos neutrones y dos protones, emitida durante una forma de desintegración radiactiva llamada desintegración alfa. Es idéntica al núcleo del átomo de helio.

Pi (π) Relación entre la circunferencia de un círculo y su diámetro. Equivale a 22/7, o 3,14159 aproximadamente.

Polímero Sustancia cuyas moléculas tienen forma de largas cadenas de unidades llamadas monómeros.

Positrón Antipartícula correspondiente al electrón, con la misma masa pero con carga eléctrica positiva.

Presión Fuerza continua ejercida sobre un objeto. La presión de los gases es consecuencia del movimiento de sus moléculas.

Principio de exclusión de Pauli En física cuántica, principio según el cual dos fermiones (partículas con masa) no pueden tener el mismo estado cuántico en el mismo punto del espacio-tiempo.

Principio de incertidumbre En mecánica cuántica, principio según el cual cuanto mayor sea la precisión con que se midan ciertos valores, como el momento lineal, menos se sabrá de otros, como la posición, y viceversa.

Protón Partícula con carga positiva que forma parte del núcleo de un átomo. Contiene dos quarks arriba y un quark abajo.

Quark Partícula subatómica de la que constan los protones y los neutrones.

Radiación Onda electromagnética o haz de partículas emitidas por una fuente radiactiva.

Radiación electromagnética Energía que se desplaza a través del espacio. Se compone de un campo magnético y un campo eléctrico que forman un ángulo recto entre ellos. La luz es una forma de radiación electromagnética.

Relatividad especial Teoría que parte del principio de que tanto la velocidad de la luz como las leyes de la física son las mismas para todos los observadores y excluye la posibilidad de un tiempo o un espacio absolutos.

Relatividad general Descripción del espacio-tiempo en la que Einstein considera referentes acelerados. La teoría de la relatividad general describe la gravedad como una curvatura del espacio-tiempo por efecto de la masa. Muchas de sus predicciones se han demostrado empíricamente.

Respiración Proceso por el que los organismos absorben oxígeno y lo usan para descomponer el alimento en energía y dióxido de carbono.

Sal Compuesto formado por la reacción de un ácido con una base.

Selección natural Proceso por el que se transmiten características que aumentan las probabilidades de reproducción de un organismo.

Singularidad Punto del espacio-tiempo con longitud cero.

Sistema caótico Sistema cuyo comportamiento cambia radicalmente en respuesta a pequeñas variaciones de su condición inicial.

Superposición En física cuántica, principio según el cual, hasta que se mide, una partícula, como un electrón, existe en todos sus estados posibles simultáneamente.

Tectónica de placas Estudio de la deriva continental y de la expansión del fondo oceánico.

Teoría de cuerdas Teoría de la física que describe las partículas como cuerdas unidimensionales en vez de como puntos.

Teoría electrodébil Teoría según la cual la fuerza electromagnética y la fuerza nuclear débil son una sola, llamada fuerza electrodébil.

Termodinámica Rama de la física que estudia el calor y su relación con la energía y el trabajo mecánico.

Transpiración En botánica, proceso por el que las plantas desprenden vapor de agua por la superficie de las hojas.

Uniformismo Teoría que afirma que las mismas leyes de la física rigen en todo momento y en todos los lugares del Universo.

Valencia Número de enlaces químicos que puede establecer un átomo con otros átomos.

Vitalismo Doctrina según la cual la materia viva es fundamentalmente distinta de la inerte y la vida depende de una «energía vital» especial. Es rechazada por la ciencia moderna.

INDICE

Los números en **negrita** remiten a las entradas principales.

AGRADECIMIENTOS

Dorling Kindersley y Tall Tree Ltd. desean expresar su agradecimiento a Peter Frances, Marty Jopson, Janet Mohun, Stuart Neilson y Rupa Rao por su asistencia editorial; a Helen Peters por la elaboración del índice; y a Priyanka Singh y Tanvi Sahu por su ayuda con las ilustraciones. El autor de las biografías es Rob Colson. Las ilustraciones adicionales son de Ben Ruocco.

CRÉDITOS FOTOGRÁFICOS